Frank Eckgold

Windows 95
Anwendungs- und
Systemprogrammierung

Professional Computing

QM-Handbuch der Softwareentwicklung
Muster und Leitfaden nach DIN ISO 9001
von Dieter Burgartz

Qualitätsoptimierung der Software-Entwicklung
Das Capability Maturity Model (CMM)
von Georg Erwin Thaller

Management von DV-Projekten
Praxiswissen zur erfolgreichen Projektorganisation
im mittelständischen Unternehmen
von Wolfram Brummer

Die Feinplanung von DV-Systemen
Ein Handbuch für detailgerechtes Arbeiten in DV-Projekten
von Georg Liebetrau

Effiziente Datenbankentwicklung mit INFORMIX-4GL
von Reinhard Lebensorger

Effizienter DB-Einsatz von Adabas
von Dieter W. Storr

**Windows 95
Anwendungs- und Systemprogrammierung**
von Frank Eckgold

C/C++ Werkzeugkasten
von Arno Damberger

Systemnahe Programmierung mit Borland Pascal
von Christian Baumgarten

SQL
Eine praxisorientierte Einführung
von Jürgen Marsch und Jörg Fritze

CICS
Eine praxisorientierte Einführung
von Thomas Kregeloh und Stefan Schönleber

Vieweg

Frank Eckgold

Windows 95 Anwendungs- und Systemprogrammierung

Von den Grundlagen bis hin zur
Programmierung komplexer APIs

Additional material to this book can be downloaded from http://extras.springer.com

Gedruckt auf säurefreiem Papier

ISBN 978-3-322-88951-5   ISBN 978-3-322-88950-8 (eBook)
DOI 10.1007/ 978-3-322-88950-8

Vorwort

Mit WINDOWS 95 findet erstmalig ein Betriebssystem weite Verbreitung, das nicht nur den Bereich der Personal Computer, sondern darüber hinaus auch andere wichtige Prozessorplattformen mit einer Vielzahl von Leistungsmerkmalen versorgt, die einerseits dem Systembenutzer einen hohen Grad an Oberflächen- und Funktionalitätsnormierung bieten, andererseits dem Entwickler den weitgehend prozessorunabhängigen Zugriff auf Systemressourcen und weitergehende Programmierschnittstellen verfügbar macht.

Für den absehbaren Markterfolg von WINDOWS 95 dürften zwei Gründe ausschlaggebend sein. Zum einen ist hier sicherlich die technisch gelungene Konstruktion des Betriebssystems zu nennen, die neben einer konsistenten 32-Bit-Architektur vor allem mit dem Grundkonzept der virtuellen Maschine die prinzipiell leichte Portierbarkeit des Betriebssystems selbst – und damit auch der auf dieser Basis professionell entwickelten Software – auf andere Prozessoren ermöglicht. Dies aber, verbunden mit der für zukünftige Erweiterungen offenen Programmierschnittstelle, ist der entscheidende Faktor für die Zukunftssicherheit nicht nur des Betriebssystems, sondern damit verbunden auch die der mit großem Entwicklungsaufwand – und Kosten – erstellten Anwendungen.

Der zweite Grund muß aber in der jetzt schon überraschend umfangreichen und qualitativ hochwertigen Ausstattung von WINDOWS 95 mit zusätzlichen Anwendungsprogrammierschnittstellen (API) gesehen werden. Diese APIs decken wesentliche Bereiche der Anwendungsprogrammierung ab; beginnend mit Grafik-, Multimedia-, Game- und Renderingschnittstellen über die Unterstützung unterschiedlicher Netzwerkprotokolle bis hin zur Programmierung verteilter Prozesse werden umfangreiche Programmierschnittstellen angeboten, die – und das ist in Hinblick auf die potentiellen Portierungskosten bestehender professioneller Software wesentlich – in einigen Bereichen die de facto-Standards unterstützen; hier soll beispielhaft die Bereitstellung des OpenGL-Standards im Bereich der 3D-Grafik und des Rendering genannt werden.

Zusammenfassend muß erwartet werden, daß WINDOWS 95 die Entwicklungsplattform der nächsten Jahre sein wird, die geeignet ist, nicht nur die Kosten professioneller Softwareentwicklung in der Erstellungsphase niedrig zu halten, sondern darüber hinaus auch investitionssichernd den Softwarepflegeaufwand – z. B. bei der Portierung auf zukünftige, leistungsstärkere Hardware – zu minimieren.

Gerade professionelle Softwareentwickler, nicht nur diejenigen der kommerziellen Softwareproduktion, sondern vor allem auch Anwendungs- und Systemprogrammierer in den Entwicklungsbereichen der Industrie, haben hier die Möglichkeit, mit vertretbarem Aufwand problembezogene Anwendungen zu entwickeln, die hohen Anforderungen an die Betriebssicherheit ebenso genügen, wie sie eine niedrige anwenderseitige Akzeptanzschwelle aufgrund ihrer grafischen Oberfläche haben.

Das vorliegende Buch wendet sich an Anwendungs- und Systementwickler, die klar strukturierte Informationen sowohl bezüglich der Grundlagen der Programmierung eines nachrichten- und objektbasierten Betriebssystems als auch wichtiger APIs suchen.

Inhaltsverzeichnis

1 Einleitung

1.1 Inhalt

Das vorliegende Buch gibt einen detailierten Einblick in den Aufbau und die Programmierung des WINDOWS 95 Betriebssystems. Dieses Betriebssystem ist nicht etwa eine einfache Erweiterung des Vorgängers WINDOWS 3.x, sondern aufgrund wesentlicher Änderungen in seiner Struktur – hier seien beispielhaft

- volle 32-bit Adressierung,

- preemptives Multitasking,

- virtuelle Maschine

genannt – ein im Ansatz vollwertiges Workstationbetriebssystem. Nicht nur das: zusätzlich sind umfangreiche Schnittstellen, gerade auch in den Bereichen

- Interprozeßkommunikation,

- Grafik, 3D-Grafik, Spieleprogrammierung

hinzugekommen, die einen Großteil der Attraktivität des neuen Betriebssystems ausmachen.

In den folgenden Kapiteln wird die Struktur des Betriebssystems und seiner Programmierschnittstellen beschrieben. Dabei wird detailliert, bis hin zu notwendigen Funktionen und Strukturen, auch anhand vieler Programmbeispiele, der programmiertechnische Zugang dargestellt.

Zusätzlich finden sich zu vielen Hauptthemen entsprechende Programmbeispiele mit allem notwendigen Quellcode zur weiteren Verwendung frei verfügbar auf dem beiliegenden Datenträger. Darunter findet sich z. B. auch ein komplettes

Programmhilfe-Projekt, das als Grundlage zur Entwicklung eigener Online-Hilfen dienen mag.

1.2   Voraussetzungen

Besonderer Wert wird darauf gelegt, gerade auch Lesern einen fundierten Zugang zur Programmierung eines modernen Betriebssystems zu bieten, die noch keine Erfahrung mit 32-bit Adressierung, grafischer Oberfläche, Nachrichtenhandhabung und dergleichen haben. Diese Grundlagen werden zu Beginn ausführlich dargestellt und an Codebeispielen demonstriert.

Programmierer, die lediglich eine prägnante Zusammenfassung und einen klar strukturierten Zugang zu den zusätzlichen Leistungen von WINDOWS 95 – ausgehend von vorhandener Erfahrung mit anderen entsprechenden Betriebssystemen oder auch WINDOWS 3.x – suchen, finden in den weiteren Kapiteln Zugang zu wichtigen API-Bereichen des neuen WIN32.

Vorausgesetzt wird lediglich die Beherrschung der Programmiersprache C. Um die Programmbeispiele umsetzen und praktisch „erproben" zu können, muß ein entsprechendes Entwicklungssystem vorhanden sein, zu dem auch ein Hilfecompiler und eine Onlinehilfe zur API-Syntax gehören sollte.

1.3   Aufbau

Der Aufbau des Buchs ist themenorientiert. Zu jedem Thema wird zunächst der Aufbau der entsprechenden API (application programming interface: Programmierschnittstelle) dargestellt. Hierbei werden auch die wichtigen Abläufe zu jedem Thema dargestellt.

Bei vielen Themen folgt die kommentierte Darstellung eines Codebeispiels.

Wichtige Fakten werden mit nebenstehendem „Ausrufezeichen" markiert.

2.1 WINDOWS-Plattformen

Aus Sicht des Programmentwicklers existieren z. Zt. drei Zielplattformen, die sich alle mit dem Präfix WINDOWS schmük-
ken. Diese sind:

- das 16-Bit Betriebssystem WINDOWS 3.1,

- das 32-Bit-Betriebssystem WINDOWS NT 3.51, das vollwer-
  tige Unterstützung für den Multitasking- und Multiusereinsatz bereitstellt und

- das 32-Bit-Betriebssystem WINDOWS 95, das für den Ein-
  satz auf 1-Prozessor-Maschinen konzipiert ist und den
  Multitaskingeinsatz unterstützt.

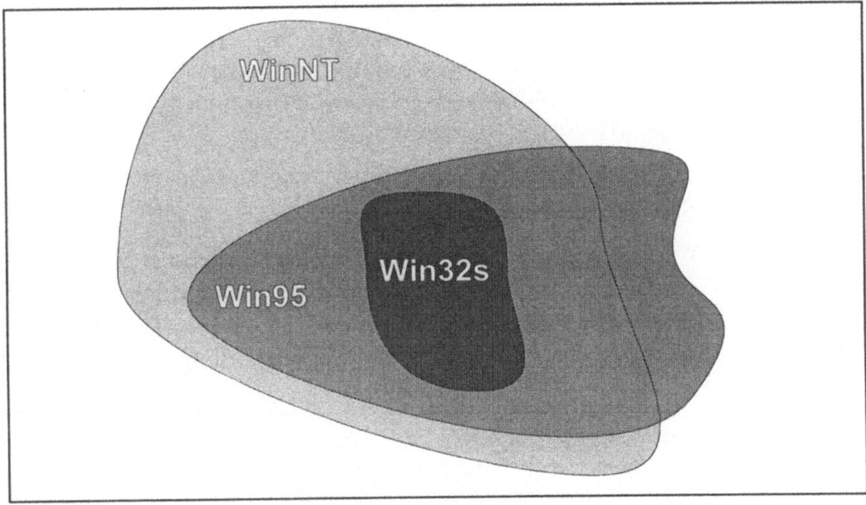

Abb. 2.1:   *WIN32-Plattformen*

Zunächst einmal ist der Funktionsumfang dieser drei Zielplattformen naturgemäß unterschiedlich; das 16-Bit-Betriebssystem WINDOWS 3.1x hat dabei den geringsten Funktionsumfang (hier fehlen Kernobjekte wie z. B. der Thread), WINDOWS 95 als 32-Bit-Betriebssystem erreicht fast den Funktionsumfang von WINDOWS NT 3.51. Es fehlen hier lediglich alle Unterstützungsfunktionen für den Multiusereinsatz.

Das grundlegende Problem, Funktionen zu realisieren, die einem der beteiligten Betriebssysteme prinzipiell fehlen und andererseits doch in einem gemeinsamen Programm-Interface vorhanden sein müssen, wird durch einen Trick gelöst. So findet der Programmierer, der für die Zielplattform WINDOWS 95 entwickelt, zwar Funktionen der Plattform WINDOWS NT vor; diese Funktionen sind allerdings unter WINDOWS 95 lediglich Leerfunktionen, die ausschließlich den vereinbarten Code für die *Nichtausführbarkeit* der Funktion (in der Regel NULL) an das aufrufende Programm zurückgeben. Eine tatsächliche Implementation ihrer Arbeitsweise ist nicht realisiert und kann bei der Unterschiedlichkeit der Betriebssystemansätze auch nicht erwartet werden.

Wichtig erscheint noch, darauf hinzuweisen, daß WINDOWS 95 nicht etwa eine echte Teilmenge von WINDOWS NT ist. Tatsächlich gibt es Eigenschaften des Programmier-Interfaces WIN32, die nur unter WINDOWS 95, nicht aber unter WINDOWS NT verfügbar sind und umgekehrt.

2.2   Struktur des Betriebssystems

WINDOWS 95 ist ein vollwertiges 1-Prozessor Multitaskingsystem. Es wird echtes preemptives Multitasking unterstützt; die Möglichkeiten zur Handhabung mehrerer Benutzer (z. B. Sicherheitshandling) wird aber nicht geboten.

Die Struktur des Betriebsystems aber ist bereits hochkomplex und modular aufgebaut.

2.2.1 Systemkomponenten

Zwischen der Hardware und der Benutzeroberfläche (innerhalb derer die Anwendungen ablaufen) liegt eine Vielzahl von Systemkomponenten, die letztendlich eine Portierung des Betriebssystems auf eine anderer Prozessorhardware (Alpha, PowerPC) wesentlich verkürzt.

Es wurden folgende Systemkomponenten eingefügt:

- Benutzerinterface als 32-Bit-Oberfläche (API)

- Systemregistratur, hier werden Parametereinstellungen für das System und die Anwendungsprogramme zentral geführt.

- WINDOWS 95 Systemkern, dieser Bereich bildet die Hauptzwischenschicht zwischen dem hardwarenahen Bereich und der Programmoberfläche (Kernel).

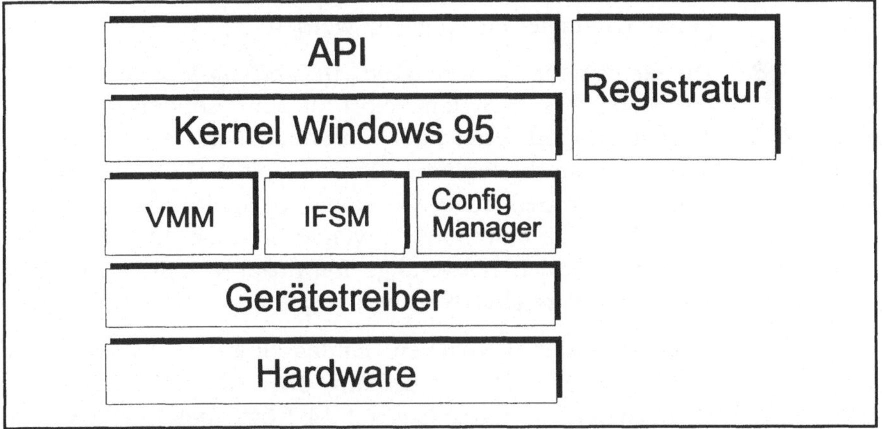

Abb. 2.2:   *Aufbau des Betriebssystems*

Hier sind alle wesentlichen Programmierschnittstellen untergebracht.

Der darunterliegende Bereich ist der hardwarenahe Bereich, der die Schnittstelle zwischen Systemkern und der eigentlichen Hardware bildet.

- Virtual machine manager (VMM): Dieser Teil handhabt die Abschottung zwischen parallel laufenden Prozessen. Jeder Prozeß verhält sich so, als liefe er auf einer eigenen, virtuellen Computerhardware.

- Installierbares Dateisystem (installable file system IFSM).

- Konfigurationsmanager (CM).

Unter dieser Zwischenschicht, direkt vor der unmittelbaren Ansteuerung der Hardware, befindet sich die Schicht der Gerätetreiber, die Steueranweisungen der aufgesetzten Programmierschnittstellen umsetzen in direkte Geräteanweisungen, die dann auch gerätespezifisch sind.

2.2.2   Registratur (registry)

Die Systemregistratur ist eine systemweit erreichbare Datenbasis, in derm Informationen über Systemeinstellungen, Programmparameter etc. abgelegt werden.

Die Registratur ist von *allen Anwendungsprogrammen* und dem WINDOWS 95-System selbst für den lesenden und schreibenden Zugriff erreichbar. Informationen in der Struktur können vom kreierenden Prozeß mit Sicherheitsattributen versehen werden, so daß bestimmte Zugriffsarten seitens anderer Prozesse unterbunden werden können. In der Registratur werden auch notwendige Informationen über die installierte Hardware eines Rechners abgelegt.

Gegenüber der alternativen Handhabung von Systeminformation und Parameterdatenhaltung über Initialisierungsdateien (INI-Dateien), deren Inhalt auf 64 Kbyte beschränkt ist, unterliegt die Systemregistratur keinerlei derartiger Beschränkung. Da die Informationsstruktur der Registratur hierarchisch aufgebaut ist, kann ein Zugriff wesentlich schneller und gezielter erfolgen, als dies bei den textbasierten INI-Dateien möglich wäre.

Da WINDOWS 95 abwärtskompatibel zu vorherigen Windows-Versionen sein soll, werden nach wie vor INI-Dateien sowie der Inhalt der AUTEXEC.BAT und der CONFIG.SYS ausgewertet.

2.2.3 Virtuelle Gerätetreiber (virtual device driver VxD)

Virtuelle Gerätetreiber vermitteln den Zugriff auf beliebige Systemressourcen seitens des API. Ein virtueller Gerätetreiber kann sowohl eine Gerätehardware, als auch einen (softwareseitig realisierten) Zeitgeber (Timer) ansteuern.

Die Besonderheit bei der Benutzung von VXD-Treibern liegt darin, daß sie nur ein einziges Mal im Systemspeicher etabliert werden müssen, aber gleichzeitig von mehreren Prozessen aus nutzbar sind. Damit ist realisiert, daß mehrere parallel laufende Prozesse dieselben Systemressourcen quasi gleichzeitig benutzen können.

2.2.4 Virtuelle Maschinen (VMM)

Der VMM ist ein wesentlicher Teil von WINDOWS 95, der zwischen dem Betriebssystemkern und der Treiberschicht angesiedelt ist. Der VMM realisiert für jeden laufenden Prozeß eine virtuelle Maschinenumgebung, so daß aus Sicht des Prozesses jeweils ein eigener Rechner zur Verfügung steht. Für jeden Prozeß wird also sowohl ein prozeßeigener, privater Kernspeicher simuliert als auch das Vorhandensein eines eigenen Stacks und eigener Prozessor-Register. Jeder Prozeß hat also den Eindruck, über einen eigenen Rechner mit eigener CPU und eigenem Kernspeicher zu verfügen.

Sollte ein Prozeß destruktive Zugriffe auf Kernspeicherbereiche durchführen, so korrumpiert dies nicht die Integrität anderer Prozesse, da diese ja in einer eigenen virtuellen Maschine ablaufen.

Diesem Konzept untergeordnet ist auch das Betriebssystem selbst. WINDOWS 95 läuft selbst in einer eigenen virtuellen Maschine und ist somit (weitestgehend) von Übergriffen und Korrumpierungsversuchen seitens anderer Prozesse abgeschottet.

2.3 API-Struktur

Die Struktur des Programmier-Interfaces API ist prinzipiell zweigeteilt.

Das Betriebssystemkernel bearbeitet und verwaltet grundlegende Objekte wie z. B. Objekthandle,

- Prozesse,

- Dateien und

- Systemereignisse etc.

Zu diesen Kernelfunktionen stellt das API dem Programmierer teilweise Zugriffsfunktionen zur Verfügung. So kann der Programmierer beispielsweise auf ObjektHandle zugreifen und diese verwerten, er hat aber keinen definierten Zugriff auf die interne Speicherverwaltung des Betriebssystems.

Aus Programmierersicht steht lediglich für jeden Prozeß ein privater Adreßraum zur Verfügung; der Zugriff auf prozeßfremde Adreßbereiche ist nicht realisiert.

Zusätzlich zu diesem Basisbereich stellt das API weitere Programmiermodule zur Verfügung. Hiermit werden z. B. unterstützt:

- Grafikausgabe,

- Speicherverwaltung und

- Multimediaservice etc.

Darüber hinaus existieren Zusatzbibliotheken, die einen Großteil der Attraktivität der Zielplattform WINDOWS 95 ausmachen. Hierzu zählen z. B. die schnelle Grafikausgabe (realisiert durch das GameSDK) oder die Handhabung dreidimensionaler Objekte und ihre Beleuchtungs- und Schattierungsberechnung durch das OpenGL SDK, das ursprünglich von der Firma Silicon Graphics entwickelt wurde und mittlerweile zur Standard-Programmierschnittstelle zur Darstellung dreidimensionaler Objekte auf vielen Betriebssystemen geworden ist.

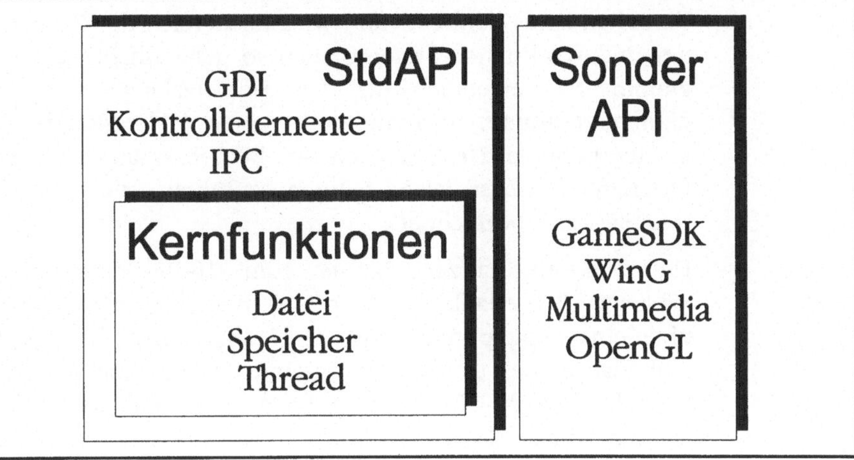

Abb. 2.3:   *Aufbau des API*

2.3.1 Multitasking

Wenn ein Betriebssystem mehrere Programme gleichzeitig ausführen muß, so wird es die Code-Abarbeitung eines Programms an geeigneter Stelle unterbrechen, die Datenbereiche für dieses Programm zwischenspeichern, sodann die Datenbereiche des nächsten Programms laden und dieses Programm an der Stelle weiter fortführen, an der es im vorherigen Durchlauf unterbrochen wurde.

Dieses Verfahren macht prinzipiell keinerlei Änderung des Programm-Codes der einzelnen auszuführenden Programme notwendig. Bestes Beispiel hierfür sind Großrechner- oder Workstation-Betriebssysteme, die schon seit Jahrzehnten ein solches Multitasking ermöglichen.

Es muß bei der Unterbrechung der Codebearbeitung je Programm nur darauf geachtet werden, das laufende Programm nicht innerhalb einer kritischen Code-Sektion abzubrechen. Eine kritische Code-Sektion liegt dann vor, wenn Fremdwirkungen auf die gerade benutzten Datenbereiche des laufenden Programms möglich sind und während der Unterbrechungsphase des Programms erfolgen können.

Trotzdem ist es denkbar (und wird im Bereich der Großrechner und Workstation-Systeme auch so gehandhabt), ein Programm, das eigentlich für den Singletaskingbetrieb programmiert wurde, unverändert in einen Multitaskingbetrieb zu übernehmen. Die Fähigkeit des Betriebssystems, mehrere Programme (quasi) gleichzeitig auszuführen, wird also als „Multitasking" bezeichnet.

Hier sei ein kurzer Exkurs zum 16-Bit-Betriebssystem WINDOWS 3.1 erlaubt. Auch dieses Betriebssystem verfügte über eine recht primitive Art des Multitaskings. Hierbei behielt das aktuell laufende Programm solange die Kontrolle über die gesamte CPU-Leistung, bis es ohne Berücksichtigung äußerer Notwendigkeiten die Kontrolle „sozusagen freiwillig" an das Betriebssystem zurückgab. Damit war ein einzelnes Programm in der Lage, die gesamte Rechnerleistung exklusiv zu nutzen und damit die Bearbeitung aller anderen Programme zu blockieren. Ein in diesem Sinne „unsauber" programmiertes Programm konnte also die scheinbare Multitasking-Fähigkeit des Betriebssystems WINDOWS 3.1 unterlaufen.

WINDOWS 95 verfolgt hier einen vollkommen anderen Ansatz.

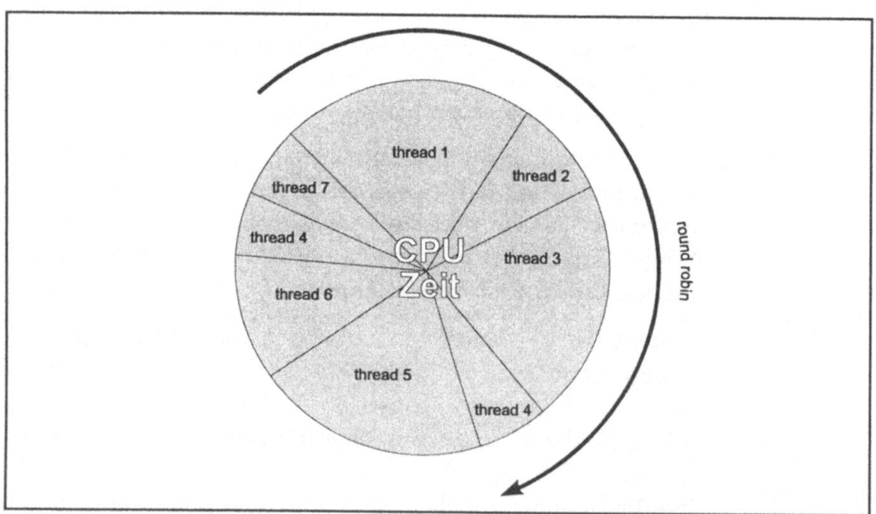

Abb. 2.4:   *Round Robin Verfahren*

Das Betriebssystem gibt niemals die Kontrolle über die Systemressourcen aus der Hand. Tatsächlich sorgt ausschließlich das Betriebssystem für die Zuteilung von CPU-Leistung an die einzelnen Threads.

Hierbei werden zwar Threads unterschiedlicher Priorität unterschieden; aber selbst ein Thread mit höchster Priorität wird zwar ggf. häufiger aktiviert und erhält bei Bedarf größere CPU-Anteile als konkurrierende Threads mit geringerer Priorität, dieser Thread wird aber vom Betriebssystem trotzdem deaktiviert, um alle anderen wartenden Threads ebenfalls mit Rechenleistung zu versorgen.

2.3.2   Grafische Oberfläche

Wesentlich schwerwiegender für die Codegestaltung ist die Verwendung einer grafischen Benutzeroberfläche. Betrachten wir zunächst einen einfachen Programmcode, der in einem Singletasking-Betriebssystem ausgeführt wird und eine Tastatureingabe seitens des Programmbenutzers erwartet.

Da dieses Programm das einzige ist, was aktuell ausgeführt wird, kann es sich erlauben, in einer Warteschleife ausschließlich die Tastatur abzufragen und damit auf die Benutzereingabe zu warten. Diese Methode der Eingabeabfrage blockiert zwar sämtliche Rechneraktivitäten; da aber ein Singletaskingsystem vorliegt, wird dabei ja kein anderes Programm behindert.

Anders ist die Situation schon bei einem Singletaskingsystem, das eine grafische Benutzeroberfläche für das Anwendungsprogramm unterstützt. Auch hier wartet das Programm auf die Eingabe seitens des Benutzers. Zusätzlich aber müssen noch weitere Eingabemöglichkeiten bezüglich des Programmfensters oder anderer Elemente der grafischen Oberfläche überwacht werden.

So kann der Programmbenutzer ja statt der erwarteten Tastatureingabe zunächst das Fenster verschieben, die Fenstergröße verändern, das Fenster schließen oder andere grafische Operationen innerhalb der Oberfläche ausführen.

Wollte das Programm alle diese Möglichkeiten durch eine ständige Reihumabfrage überwachen, so würde insbesondere bei der Überwachung von Mausaktivitäten eine inakzeptabel große Zeitverzögerung auftreten. Diese Situation wird dann verschärft, wenn zu einem Multitaskingsystem übergegangen wird, bei dem mehrere Programme gleichzeitig aktiv sind und damit auch mehrere Programmfenster, Dialogboxen und weitere vielfache Möglichkeiten der Benutzermanipulation überwacht werden müssen.

Wollte der einzelne Programmcode oder das Betriebssystem alle diese Eingabemöglichkeiten in einem Rundumverfahren ständig abfragen, so wären die verfügbaren Rechenkapazitäten schon alleine durch die Abfrage der Benutzereingabemöglichkeiten schnell erschöpft.

Hinzu käme die inakzeptable Einschränkung, daß während der Überwachung von Eingabemöglichkeiten keinerlei sonstige Programmaktivitäten (z. B. Textformatierung oder Berechnung) möglich wären.

Um ein Beispiel zu bilden: Die Situation entspräche einem Büroangestellten, der einen Text zu bearbeiten hätte und auf dessen Schreibtisch sich mehrere Telefone befänden. Tatsächlich wird dieser Büroangestellte sinnvollerweise solange mit der Bearbeitung seines Textes befaßt sein, bis eines der Telefone klingelt. Vollkommen sinnlos wäre stattdessen die Taktik, in einem Reihumverfahren alle Telefonhörer abzunehmen und nachzuprüfen, ob ein Gesprächspartner aktuell vorhanden ist.

2.3.3   Verwendung von Nachrichten

Für die Struktur eines Multitaskingprogrammes unter Nutzung einer grafischen Benutzeroberfläche ist also entscheidend, daß in der Regel die Zeiträume zwischen Benutzeraktionen (also Tastatureingaben oder Mausaktionen) gemessen an der Abarbeitungsgeschwindigkeit des Programmcodes sehr groß sind. In der so verfügbaren „benutzereingabefreien" Zeit kann das Betriebssystem sinnvoll irgendwelchen Programmcode ausführen.

Sollte aktuell kein Programmcode auszuführen sein, so kann das Betriebssystem alternativ auch einfach ohne jede Programmausführung abwarten, bis eine Benutzeraktion innerhalb der grafischen Oberfläche des Betriebssystems erfolgt.

Hier muß nun ein Mechanismus gefunden werden, der das Betriebssystem von einer erfolgten Benutzeraktion informiert, ohne daß das Betriebssystem ständig alle Eingabemöglichkeiten überwachen müßte. Die Lösung ist naheliegend: Ähnlich wie im Beispiel des Büroangestellten mit seinen Telefonen wartet das Betriebssystem auf das „Klingeln eines Telefons"; das programmtechnische Pendant zum Telefonklingeln ist in modernen Multitasking-Betriebssystemen das Versenden einer geeigneten Nachricht.

Betätigt also der Programmbenutzer innerhalb des aktiven Fensters irgendein grafisches Objekt, dem eine Programmfunktion hinterlegt ist, so schickt dieses Objekt eine entsprechende Nachricht (die Nachricht enthält alle wesentlichen Informationen über die Objektbetätigung) an das Betriebssystem.

Das Betriebssystem seinerseits entscheidet darüber, welchem laufenden Prozessen diese Nachricht zugesandt wird. Beispielsweise ist die Betätigung eines Programmfensterelementes in der Regel nur für das dazugehörige Programm interessant; wird innerhalb eines Prozesses allerdings eine Änderung an der Farbpalette des Gesamtsystems vorgenommen, so müssen hiervon sinnvoll alle laufenden Prozesse informiert werden.

2.3.4 Direkte Nachrichtenzustellung

Neben der Zustellung von Nachrichten über die Nachrichtenwarteschlange eines Threads bietet das Betriebssystem eine zweite Möglichkeit der Nachrichtenzustellung.

Dabei wird die Nachricht vom Betriebssystem unmittelbar an die zuständige Fensterfunktion weitergeleitet. Die betriebssystemeigene Warteschlange und die Warteschlange des Threads werden dabei umgangen.

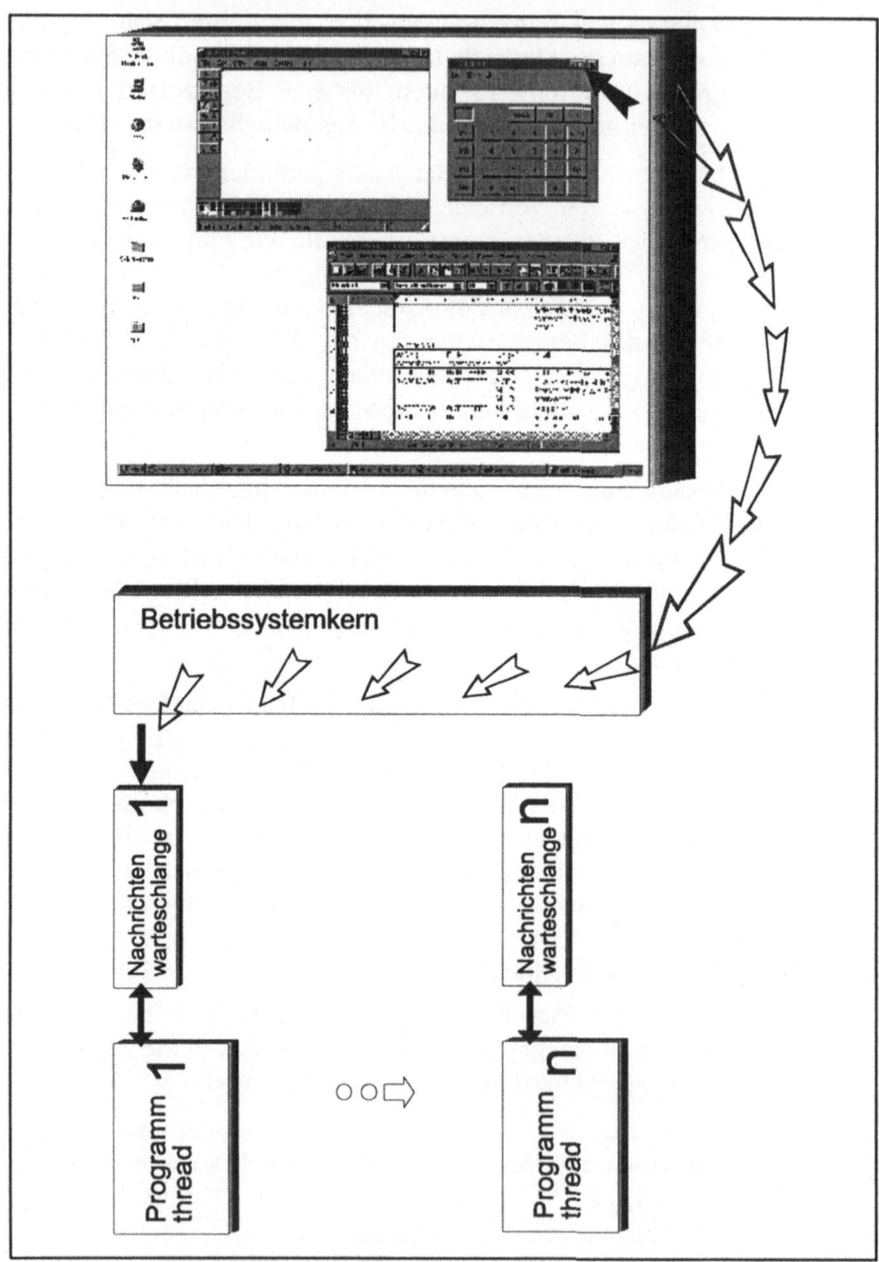

Abb. 2.5:   *Nachrichtenkonzept*

Beispiele hierfür sind die Nachrichten

- WM_ACTIVATE,

- WM_SETFOCUS und

- WM_SETCURSOR.

Wie sind nun die innerhalb des Gesamtsystems versendeteten Nachrichten aufgebaut? Immer dann, wenn das Betriebssystem eine Nachricht in die Nachrichtenwarteschlange eines Threads einfügt, wird eine Struktur nachfolgenden Typs ausgefüllt und in die Nachrichtenwarteschlange eingefügt.

```
typedef struct {
HWND    hwnd       Handle des Fensters, dessen Fensterfunktion Adressat
                   der Nachricht ist
UINT    message    Nachrichtenkonstante (Bezeichner der Nachricht)
WPARAM  wParam     Nachrichtenparameter; Bedeutung hängt von Nachricht ab
LPARAM  lParam     Nachrichtenparameter; Bedeutung hängt von Nachricht ab
DWORD   time       Systemzeit, zu der die Nachricht in die Warteschlange
                   eingefügt wird
POINT   pt         Mauszeigerkoordinaten (in Bildschirmkoordinaten) zum
                   Zeitpunkt der Nachrichtenerzeugung
} MSG;
```

Tatsächlich kann auch abhängig von der Programmlogik eine Nachricht beliebigen Typs vom Thread selbst versendet werden. Dies wird insbesondere dann genutzt, wenn die Fensterfunktion eines Fensters, das Kontrollelemente benutzt, eine Manipulation dieser Kontrollelemente vornehmen will. Hierzu werden entsprechende, kontrollelementspezifische Nachrichten an die Fensterfunktion gesandt, die das Kontrollelement handhabt. Dies ist tatsächlich auch das Standardverfahren, mit dem Kontrollelemente seitens eines Anwenderprogrammes gehandhabt werden.

Innerhalb eines Programmes muß sich also eine Codefolge befinden, die die Nachrichtenwarteschlange des Threads abfragt. Folgender Code ist typisch für diese Aufgabe.

```
while (GetMessage(&msg, NULL, 0, 0)) {
  TranslateMessage(&msg);
  DispatchMessage(&msg);
```

Dabei liest die Funktion GetMessage() die Nachricht aus der Warteschlange. Dies wird solange durchgeführt, bis die Nachricht WM_QUIT eingelesen wird.

Das Einlesen dieser Nachricht beendet dann die Abfrageschleife. Als nächstes wird dann die Funktion Translate-Message() aufgerufen, die dazu dient, Nachrichten von der Benutzung der Tastatur so umzucodieren, daß sie vom Programm weiterverarbeitet werden können.

Als letztes wird dann die Funktion DispatchMessage() aufgerufen, die die Nachricht an die Fensterfunktion des in der MSG-Struktur definierten Fensters zustellt.

Hierbei muß beachtet werden, daß unabhängig von der Anzahl der in einer Anwendung verwendeten Fenster für jeden Thread (also auch für den Hauptthread des Prozesses) genau eine Nachrichtenwarteschlange existiert und insofern auch nur eine Abfrageschleife programmiert werden muß. Die Funktion DispatchMessage sorgt für die korrekte Zustellung aller Nachrichten – auch dann, wenn Programmunterfenster (Kindfenster) verwendet werden.

2.3.5 Warteschlangen (queues)

Die Zustellung einer Nachricht vom Betriebssystem zum laufenden Thread (im einfachsten Fall führt jeder Prozeß genau einen Thread aus) erfolgt nicht direkt in das Programm hinein, sondern gepuffert mittels einer Nachrichtenwarteschlange.

Jeder Thread verfügt über eine eigene Nachrichtenwarteschlange, die er immer dann, wenn er keine anderen Aufgaben zu erfüllen hat, auf Vorliegen von Nachrichten abfragt.

Das Konzept der Nachrichtenwarteschlange je Thread hat den großen Vorteil, daß keinerlei Zeitverzögerung auftritt. Das Betriebssystem legt die Nachricht einfach in der korrekten Nachrichtenwarteschlange ab und muß nicht darauf warten, daß der dazugehörige Thread diese Nachricht auch aus der Nachrichtenwarteschlange entnimmt. Damit ist sichergestellt, daß das Gesamtsystem nicht auf die Abarbeitung einer einzelnen Nachricht innerhalb eines spezifischen Threads warten muß.

Der Thread selbst entnimmt nun die nächste Nachricht seiner eigenen Warteschlange und verzweigt in seiner Programmlogik nach dem Nachrichtentyp. Entsprechend des Typs der entgegengenommenen Nachricht wird nun eine Thread-spezifische Anweisungsfolge ausgeführt.

Das Prinzip der Programmereignisauslösung mittels Versendung von Nachrichten geht über das Zusammenspiel von Benutzer, Betriebssystemoberfläche, Betriebssystem und Nachrichtenwarteschalnge des Hauptthreads der einzelnen Programmprozesse hinaus.

Präsentiert das Programm zum Beispiel zu einem bestimmten Zeitpunkt eine Dialogbox, so wird diese Dialogbox als Unter- oder Kindfenster des laufenden Programmes aufgefaßt.

Genauso wie zum Programmhauptfenster die zugehörige Fensterfunktion die Abarbeitung der für das Programmhauptfenster bestimmten Nachrichten übernimmt, existiert auch zu jedem Programmunterfenster (also auch zur Dialogbox) eine eigene Fensterfunktion.

Will das Hauptprogramm (vertreten durch den Hauptthread) nun eine Aktion innerhalb der dargestellten Dialogbox vornehmen (z. B. eine Textausgabe) so geschieht dies nicht etwa direkt, sondern durch Versenden einer Nachricht von der Fensterfunktion des Programmhauptfensters an die Fensterfunktion der Dialogbox.

2.3.6 Standardprogrammaufbau

Der Aufbau eines Programms, das die grafische Oberfläche des WINDOWS 95 nutzt, mithin also Fenster und Dialogboxen verwendet und Nachrichten versendet und empfängt, ist in der Regel immer gleich.

Das BS startet die Programmausführung (noch einigen Initialisierungen, die nichts mit dem eigentlichen Programmcode zu tun haben) immer mit der Funktion

```
int APIENTRY WinMain(HINSTANCE hInstance,
                     HINSTANCE hPrevInstance,
                     LPSTR lpCmdLine,
                     int nCmdShow)
```

Dies ist also der Einstiegspunkt in ein WINDOWS 95-Programm; er entspricht der Funktion `main{ }` in ANSI-C.

Der erste Parameter ist `hInstance`, die Instanz des gestarteten Programms. Bei Funktionsaufruf sorgt das BS dafür, daß hier die Anfangsadresse des Programmcodes im prozeßeigenen virtuellen Adreßraum steht. Praktisch ist dieser Parameter von Bedeutung, wenn z. B. Prozeßressourcen geladen werden sollen und hierbei das Instanzenhandle gebraucht wird. Praktisch ist es, das Instanzenhandle als globale Variable abzulegen, die dann von jeder Stelle des Programms errreichbar ist.

Manche API-Funktionen verlangen statt des Instanzenhandles ein Modulhandle; beide Angaben sind praktisch identisch.

In den 16-bit Versionen des BS war das Instanzenhandle für jedes gestartete Programm – auch wenn dasselbe Programm mehrmals gestartet wurde – als Basisadresse des Programmcodes innerhalb eines von allen Prozessen gemeinsam genutzten Speichers notwendigerweise jeweils unterschiedlich. Dieser Unterschied konnte (WINDOWS 3.x) dazu verwendet werden, anhand des zweiten Parameters (`hPrevInstance`), der das Instanzenhandle der ggf. vorher gestarteteten Instanz desselben Programms angab, festzustellen, ob bereits eine (eigentlich: mindestens eine) Instanz des Programms aktiv war.

Das geht jetzt nicht mehr, da das Instanzenhandle immer denselben Wert hat (bei WINDOWS 95 z. Zt. den Wert `0x004000000`); also `hInstance` und `hPrevInstance` nicht zu unterscheiden sind.

Abhilfe schafft bei diesem Problem die Funktion

```
hwnd = FindWindow (szAppName, NULL);
```

wie unten detaillierter beschrieben. Zunächst wird hier eine Programminitialisierung durchgeführt; die Fensterklasse des Programmfensters wird definiert und eingetragen.

```
if (!hPrevInstance) {
  if (!InitApplication(hInstance)) {
    return (FALSE);
  }
}
```

Jetzt wird die Programminstanz initialisiert. Hier wird das Programmhauptfenster sichtbar gemacht.

```
if (!InitInstance(hInstance, nCmdShow)) {
  return (FALSE);
}
```

Hier können noch einige Vorarbeiten erledigt werden, wie z. B. das Laden der Tastenabkürzungen

```
hAccelTable = LoadAccelerators (hInstance,
        szAppName);
```

Der wichtigste Teil aber ist die Abfrage der Nachrichtenschleife – ohne diesen Codeblock wird zwar das Fenster dargestellt, sonst tut sich aber überhaupt nichts.

Hier kommen die Nachrichten vom Betriebssystem an (besser: sie werden aus der Warteschlange mittels...

```
while (GetMessage(&msg, NULL, 0, 0)) {
```

...geholt) und zwar solange, bis nichts mehr in der Schleife liegt.

Hier sind jetzt „Verteiler" einzubauen, die die eingehenden Nachrichten von der Standardverarbeitung durch die Hauptfensterfunktion WndProc() abhalten und statt dessen in Sonderbehandlungen umlenken.

Dies kann wie hier im Beispiel die Bearbeitung eines Tastaturkürzels sein; aber auch die Bearbeitung von Nachrichten an eine nichtmodale Dialogbox wird hier „eingeklinkt".

```
if (!TranslateAccelerator (msg.hwnd,
                   hAccelTable,
                   &msg)) {
```

Falls keine Sondernachrichten vorliegen, wird hier nun die „normale" Bearbeitung durch WndProc() durchgeführt.

```
TranslateMessage(&msg);
```

Die Funktion

```
DispatchMessage(&msg);
```

schickt die vorverarbeiteten Befehle letztendlich an die Hauptfensterfunktion WndProc. Das Eintragen der Fensterklasse findet in

```
BOOL InitApplication(HINSTANCE hInstance)
```

statt. Zuerst nachschauen, ob es bereits eine laufende Programmversion (Instanz) gibt:

```
hwnd = FindWindow (szAppName, NULL);
if (hwnd) {  Instanz gefunden…
```

Die hier folgende Reaktion ist natürlich freigestellt. Normalerweise können von „kleineren" Programmen, die nicht so große Ressourcenanforderungen haben, mehrere Versionen gleichzeitig laufen. Beispiele hierfür sind die WINDOWS-Programme notebook.exe, paintbrush.exe etc.

Soll aber eine zweite Instanz eines sehr „ressourcenhungrigen" und leistungsfähigen Programms (z. B. WinWord.exe) gestartet werden, ist es wesentlich sinnvoller, lediglich die bereits laufende Instanz zu aktivieren (wie hier im Beispiel).

```
if (IsIconic(hwnd)) {
  ShowWindow(hwnd, SW_RESTORE);
}
SetForegroundWindow (hwnd);
```

```
return FALSE;
```

Ist keine laufende Instanz des Programms gefunden worden, so kann die Fensterklasse definiert werden. Dabei wird einmal die Grundfunktionalität des Programmfensters festgelegt; insbesonder wird aber die für das Fenster zuständige Fensterfunktion (im Beispiel WndProc) mit dem Fenster verbunden. Es wird also das Fensterobjekt mit der Bearbeitungsmethode verknüpft.

```
wc.style = CS_HREDRAW | CS_VREDRAW;
wc.lpfnWndProc = (WNDPROC)WndProc;
wc.cbClsExtra = 0;
wc.cbWndExtra = 0;
wc.hInstance = hInstance;
wc.hIcon = LoadIcon (hInstance, iconname);
wc.hCursor = LoadCursor(NULL, IDC_ARROW);
wc.hbrBackground = (HBRUSH)(COLOR_WINDOW+1);
wc.lpszMenuName = menuname;
wc.lpszClassName = szAppName;
```

Nach der Definition der Fensterklasse muß sie noch registriert und damit dem Betriebssystem bekannt gemacht werden.

```
return MyRegisterClass(&wc);
```

Dazu wird die Funktion

```
ATOM MyRegisterClass(CONST WNDCLASS *lpwc)
```

verwendet. Hier werden im wesentlichen weitere Klassen(Fenster)eigenschaften definiert.

```
wcex.style = lpwc->style;
wcex.lpfnWndProc = lpwc->lpfnWndProc;
wcex.cbClsExtra = lpwc->cbClsExtra;

wcex.cbWndExtra = lpwc->cbWndExtra;
wcex.hInstance = lpwc->hInstance;
wcex.hIcon = lpwc->hIcon;
wcex.hCursor = lpwc->hCursor;
wcex.hbrBackground = lpwc->hbrBackground;
```

```
wcex.lpszMenuName = lpwc->lpszMenuName;
wcex.lpszClassName = lpwc->lpszClassName;
wcex.cbSize = sizeof(WNDCLASSEX);
return (*proc)(&wcex);
```

Jetzt Registrierung durchführen.

```
return (RegisterClass(lpwc));
```

Wie besprochen, wird in der Funktion

```
BOOL InitInstance(HINSTANCE hInstance, int nCmdShow)
```

nun endlich das Programmfenster geöffnet und dargestellt.

```
// Titelzeile laden
LoadString(hInst, IDS_STRING1, buffer, 256);
// Fenster kreieren
hWnd = CreateWindow(szAppName,
                    buffer,
                    WS_OVERLAPPEDWINDOW,
                    CW_USEDEFAULT,
                    0,
                    CW_USEDEFAULT,
                    0,
                    NULL,
                    NULL,
                    hInstance,
                    NULL);
if (!hWnd) {
return (FALSE);
}
// Fenster darstellen
ShowWindow(hWnd, nCmdShow);
UpdateWindow(hWnd);
```

Die eigentliche Programmlogik beginnt jetzt in der Klassenfunktion (CALLBACK, weil diese Funktion vom BS mit Nachrichten versorgt wird)

```
LRESULT CALLBACK WndProc(HWND hWnd,
                         UINT message,
```

```
          WPARAM wParam,
          LPARAM lParam)
```

Die Hauptstruktur der Fensterfunktion (jeder Fensterfunktion)
besteht aus einem „Verteiler" für die eingehenden Nachrichten nach Nachrichtentyp.

```
switch (message) {
  case WM_COMMAND:
```

In der Nachricht ist in den Nachrichtenparametern codiert,
welche Operation (und ggf. mit welchen Werten) für jede
Nachricht ausgeführt werden soll.

```
wmId = LOWORD(wParam);
wmEvent = HIWORD(wParam);
switch (wmId) {
```

Hier werden Nachrichten abgearbeitet, die von Menüauswahl
oder Auswahl sonstiger Kontrollelemente durch den Programmbenutzer stammen.

```
  case IDM_ENDE:
          DestroyWindow (hWnd);
          break;
  case IDM_START1:{
                  }
          break;
}
break;  //Ende WM_COMMAND
```

Das Betriebssystem sendet auch noch andere Nachrichten an
die Fensterfunktion, die u. U. nicht direkt vom Programmbenutzer ausgelöst wurden.

```
case WM_DESTROY:
          PostQuitMessage(0);
          break;

default:
```

Der Aufruf dieser Funktion zum Ende des Nachrichtenvertei-
lers ist wichtig: hier werden diejenigen Nachrichten abgehan-

delt, die nicht explizit von der Fensterfunktion bedient wurden; für diese Nachrichten findet dann hier eine Standardbearbeitung statt.

```
    return (DefWindowProc(hWnd,
                          message,
                          wParam,
                          lParam));
}
return (0);
```

2.4   Prozeß und Thread

Immer dann, wenn das Betriebssystem entweder vom Systembenutzer oder von bereits laufenden Anwendungen aufgefordert wird, ein Programm zu starten, wird ein neuer Prozeß von seiten des Betriebssystems gestartet.

Jeder Prozeß besteht aus einem Block ausführbaren Codes und einem Datenblock, in dem statische Programmdaten definiert sind. Beide Datenblöcke werden in der Regel aus EXE-Dateien oder DLL-Dateien geladen.

2.4.1   Prozeß

Der Begriff des Prozesses bedarf der exakteren Definition. Das Betriebssystem faßt unter dem Oberbegriff Prozeß

- den Codebereich des Programms

- den Datenbereich des Programms

- einen nur für diesen Prozeß zur Verfügung stehenden virtuellen Adreßbereich von zwei Gigabyte

- Dateien

- dynamischer Speicherbereich

- Threads

- einen nur für diesen Prozeß zur Verfügung stehenden virtuellen Adreßbereich von zwei Gigabyte

- Dateien

- dynamischer Speicherbereich

- Threads

zusammen. Alle diese Ressourcen stehen ausschließlich dem eigenen Prozeß zur Verfügung und werden vom Betriebssystem gelöscht, wenn der Prozeß beendet wird.

Ein Prozeß ist also die Gesamtheit aller Codebereiche, Datenbereiche und Ressourcen, die zur Ausführung des Codebereiches notwendig sind.

Was ein Prozeß allerdings nicht tut, ist das durch den Codebereich definierte Programm auszuführen. Das Betriebssystem stellt nämlich einem *Prozeß nicht direkt Rechenzeit* zur Verfügung.

2.4.2 Thread

Um nun den Programmcode ausführen zu können, muß jeder Prozeß mindestens einen *Thread* kreieren. Dieses Betriebssystemobjekt (außer einem Thread gibt es noch einige weitere Betriebssystemobjekte, die in folgenden Kapiteln besprochen werden) bekommt nun vom Betriebssystem Rechenzeit zugeteilt. Um allerdings den Codebereich des Programms korrekt ausführen zu können, besteht ein Thread neben seinem

- Anspruch auf CPU-Rechenzeit noch aus einem eigenen, privaten vollständigen Satz

- CPU-Register und einem

- Stack.

Damit ist klar: Ein Prozeß selber führt niemals irgendwelche Teile eines Programmcodes aus. Hierfür sind Threads zuständig, die vom Prozeß verwaltet werden. Wörtlich übersetzt heißt Thread „Faden" – wohl eine Anspielung auf die Sequenz ausführbarer Maschineninstruktionen, die vom Thread in die CPU gebracht und ausgeführt wird.

Aufgrund der Tatsache, daß jeder Thread seine eigene CPU-Zeit, sein eigenes Register und seinen eigenen Stack besitzt, kann das Betriebssysstem ohne großen Aufwand von der Bearbeitung eines Threads zu der Bearbeitung eines anderen Threads übergehen. Im einfachsten Fall ist damit sichergestellt, daß das Betriebssystem sinnvoll und effektiv nacheinander verschiedene Prozesse bearbeiten kann. Für den Systembenutzer entsteht der virtuelle Eindruck einer Parallelbearbeitung mehrerer Programme, falls dieser Threadwechsel häufig genug durchgeführt wird und die CPU-Leistung eine zügige Bearbeitung der einzelnen Threads gewährleistet.

Da das Betriebssystem niemals die Kontrolle über die Vergabe von Prozessorleistung verliert und jeder Prozeß sowie die mit dem Prozeß verbundenen Threads einen eigenen virtuellen Adreßraum sowie eine eigene Ressourcenverwaltung besitzt, kann ein einzelner Thread

- nicht die gesamte CPU-Zeit beanspruchen

- Daten und/oder Programmbereiche anderer Prozesse nicht überschreiben (und auch nicht lesen)

  und

- aufgrund des privaten CPU-Registersatzes und Stacks durch eine ungültige Maschinenoperation zwar den eigenen Prozeß „abstürzen lassen", nicht aber andere Prozesse oder gar das Betriebssystem selbst.

Die ausschließliche Kontrolle der Vergabe der CPU-Leistung durch das Betriebssystem an letztendlich unterschiedliche Prozesse und (aus Benutzersicht) parallel arbeitende Programme wird als „preemptives multitasking" bezeichnet.

Im Gegensatz zu WINDOWS 95 geht das ebenfalls mit 32-Bit Adressen arbeitende Betriebssystem WINDOWS NT im Bereich der Prozessorverwaltung noch ein deutliches Stück weiter.

Während nämlich WINDOWS 95 ausschließlich genau eine CPU bearbeiten kann und eine scheinbare Parallelbearbeitung gleichzeitig aktiver Programme ausschließlich auf einem schnellen Wechsel zwischen den einzelnen Threads beruht, kann WINDOWS NT die Bearbeitung der insgesamt im System aktiven Threads durchaus auf mehrere Prozessoren (falls diese physikalisch vorhanden sind) verteilen und damit eine physikalische Parallelbearbeitung mehrerer Programme realisieren.

Der „normale" Ablauf einer Programmabarbeitung besteht also darin, daß das Betriebssystemkernel den programmeigenen Prozeß startet und innerhalb dieses Prozesses automatisch den ersten Thread erzeugt, der bei der Zuteilung von Rechenzeit damit beginnt, den Programmcode auszuführen. Bei vielen Programmen wird dies auch gleichzeitig der einzige Thread bleiben, der während der gesamten Lebenszeit des Programmprozesses existiert.

Nun steht es dem Programmierer allerdings frei, im Verlauf eines Programms zusätzliche, ebenfalls zum Prozeß gehörende Threads zu kreieren und mit Teilaufgaben zu versehen. Eine Standardsituation, die das Kreieren eines zusätzlichen Threads notwendig macht, ist z. B. die Durchführung einer zeitlich umfangreichen Zwischenrechnung, die dann einem zweiten Thread übertragen werden kann. Während dieser zweite Thread mit der Berechnung beschäftigt ist, kann der erste Thread des Prozesses weiterhin ebenfalls aktiv sein und Benutzerein- und ausgaben bearbeiten.

Der Programmbenutzer muß daher während der im Hintergund ablaufenden Berechnung (durch den zweiten Thread) nicht darauf verzichten, aktiv mit dem laufenden Programm arbeiten zu können.

Ein weiteres Beispiel für die Verwendung zusätzlicher Threads innerhalb eines Prozesses kann z. B. die Abarbeitung eines Druckauftrages im Hintergund durch einen zusätzlichen Thread sein, während das Programm selbst weiterhin aktiv ist.

Neben den Threads, die durch einzelne Prozesse kreiert wurden und für die Abarbeitung dieser Prozesse notwendig sind, muß das Betriebssystem selbst ebenfalls eigene Threads kreieren, die betriebssystemspezifische Aufgaben wahrnehmen.

Threads geladen werden. Befindet sich eine große Anzahl Threads aktiv im System, so kann der hiermit verbundene Verwaltungsaufwand einen für den Programmbenutzer spürbaren Verzögerungseffekt haben. Threads sollten also nur dann zusätzlich kreiert werden, wenn aufgrund der Programmlogik eine Hintergunrdverarbeitung einzelner Teilabläufe notwendig und sinnvoll ist.

Programmierung

Die Programmierung von Threads ist recht einfach. Zunächst einmal sollte daran gedacht werden, alle Thread-Funktionen (also die Funktionen, die jeweils einen Thread ausführen) im Programmvorspann mit Prototypen zu nennen.

```
DWORD Thread1(LPDWORD);
DWORD Thread2(LPDWORD);
```

Wichtig ist auch die Definition globaler Variablen zur Verwendung in Threads; sie stellen damit eine zwar sehr einfache Datenschnittstelle zwischen dem Hauptthread und den Unterthreads (auch zwischen den Unterthreads!) dar, sind aber wegen der Anfälligkeit für logische Fehler (Nebeneffekte) mit äußerster Vorsicht zu benutzen!

```
DWORD thread_hWndMain;
```

Erst in der Fensterfunktion beginnt die Berücksichtigung der Threads mit ihrer Kreation.

```
case IDM_START2THREADS:{
DWORD threadID1;
HANDLE hThread1;
DWORD threadID2;

HANDLE hThread2;
DWORD parameter1;
```

Der erste Thread wird gestartet. Falls dies funktioniert, wird ein Handle für den Thread erzeugt.

In die globale Variable thread_hWndMain wird das Handle des Hauptfensters eingetragen, damit der Thread hier schreibend zugreifen kann.

```
thread_hWndMain = (DWORD)hWnd;
```

Der Parameter wird gesetzt

```
hThread1 = CreateThread(
```

keine Sicherheitsattribute gesetzt

```
    NULL,
```

Der Stack des Threads soll Standardgröße haben

```
    0,
```

Zeiger auf die Funktion, die den Thread ausführen soll (Name der Thread-Funktion)

```
    (LPTHREAD_START_ROUTINE) Thread1,
```

Übergabe des einzigen Parameters, der an eine Thread-Funktion übergeben werden kann (außer natürlich der Zugriff auf globale Variablen!).

Der Parameter ist vom Typ LPVOID und muß genau 32 bit groß sein (falls nicht, wird der Thread nicht gestartet!). Im Beispiel wird eine Zahl übergeben.

```
    (LPDWORD)&parameter1,
```

Standardthread

```
    0,
```

Die threadID wird sofort zurückgegeben!

```
    &threadID1);
```

Jetzt wird noch die „normale" Thread-Priorität gesetzt. Der Thread soll eine Stufe niedriger eingestuft werden als normale Threads.

```
SetThreadPriority(hThread1, THREAD_PRIORITY_BELOW_NORMAL);
```

Der zweite Thread wird gestartet. Falls dies funktioniert, wird ein Handle für den thread erzeugt.

```
hThread2 = CreateThread(
```

keine Sicherheitsattribute gesetzt

```
        NULL,
```

Der Stack des Threads soll Standardgröße haben

```
        0,
```

Zeiger auf die Funktion, die den Thread ausführen soll (Name der Thread-Funktion)

```
        (LPTHREAD_START_ROUTINE) Thread2,
```

Übergabe des einzigen Parameters, der an eine Thread-Funktion übergeben werden kann (außer natürlich der Zugriff auf globale Variablen!).

Der Parameter ist vom Typ LPVOID und muß genau 32 bit groß sein (falls nicht, wird der Thread nicht gestartet!). Im Beispiel wird eine Zahl übergeben.

```
        (LPDWORD)&parameter1,
```

Standardthread

```
        0,
```

Die threadID wird sofort zurückgegeben!

```
        &threadID2);
```

Jetzt wird noch die Thread-Priorität gesetzt. Der Thread Nummer 2 soll die niedrigste Stufe bekommen und damit langsamer sein als der erste, solange der erste noch arbeitet. Die Priorität ist ja nur eine Relativangabe – ihre Wirkung ist immer abhängig von der Systembelastung.

```
SetThreadPriority(hThread2, THREAD_PRIORITY_LOWEST);
```

An anderer Stelle können jetzt die Thread-Funktionen definiert sein.

```
/**********************************************
Funktionsname Thread1
Aufgabe Funktion für thread 1
**********************************************/
```

Einer Thread-Funktion muß genau ein Parameter mit genau 32 bit Länge übergeben werden.

```
DWORD Thread1(LPDWORD lpdwParam) {
HDC hdc;
char strbuffer[32];
char buffer[16];
int i,y;
```

Der Thread soll eine Berechnung ausführen und das Ergebnis laufend als Text im Hauptfenster ausgeben...

```
hdc = GetDC((HWND)thread_hWndMain);
```

 Der hier bereitgestellte Gerätekontext macht Grafikausgaben im Fensterausgabebereich des Hauptthreads möglich – es können sogar (wie hier im Beispiel) mehrere Threads gleichzeitig einen gültigen Gerätekontext auf ein und dasselbe Fenster bekommen und damit gleichzeitig Grafik ausgeben!

```
for(i=0; i<5000; i++){
```

erstmal rechnen und den String zusammenbosseln...

```
y = i*i;
strcpy(strbuffer, "thread 1 meldet : " );
strcat(strbuffer, itoa(i, buffer, 10));
strcat(strbuffer, ", ");
strcat(strbuffer, itoa(y,buffer,10));
```

jetzt Textausgabe in den Gerätekontext..

```
TextOut(hdc, 50, 150, strbuffer, strlen(strbuffer));
}
```

Gerätekontext baldmöglichst freimachen.

```
ReleaseDC((HWND)thread_hWndMain, hdc);
return 0;
}
```

Der zweite Thread ist genauso codiert wie der erste – er gibt nur an eine anderen Stelle des Fensters aus.

```
/*********************************************
Funktionsname Thread2
Aufgabe Funktion für thread 2
*********************************************/
DWORD Thread2(LPDWORD lpdwParam) {
 HDC hdc;
 char strbuffer[64];
 char buffer[16];
 int i,y;
```

> Der Thread soll eine Berechnung ausführen und das Ergebnis laufend als Text im Hauptfenster ausgeben...

```
hdc = GetDC((HWND)thread_hWndMain);
for(i=0; i<5000; i++){
```

> erstmal rechnen und den String zusammenbosseln...

```
 y = i*i;
 strcpy(strbuffer, "thread 2 ist etwas langsamer : " );
 strcat(strbuffer, itoa(i, buffer, 10));
 strcat(strbuffer, ", ");
 strcat(strbuffer, itoa(y,buffer,10));
```

> jetzt Textausgabe...

```
TextOut(hdc, 50, 100, strbuffer, strlen(strbuffer));
}
ReleaseDC((HWND)thread_hWndMain, hdc);
 return 0;
}
```

Die Verwendung zusätzlicher Threads innerhalb eines Prozesses zur Erledigung von Teilaufgaben stößt allerdings dann an eine Grenze, wenn die zu delegierende Teilaufgabe so komplex ist, daß sie ihrerseits wieder in mehrere parallel arbeitende Threads zu unterteilen wäre.

Will man den hiermit verbundenen großen Koordinationsaufwand vermeiden und zusätzlich sicherstellen, daß die zu delegierenden Arbeiten innerhalb eines eigenen Adreßraumes stattfinden oder auch vermeiden, daß schwere Programmfehler innerhalb dieses Aufgabenbereiches die Weiterverarbeitung des Hauptprogrammes verhindern, so ist es sinnvoll, diese Aufgaben nicht auf einen Thread innerhalb des Hauptprozesses zu verlagern, sondern hierzu einen neuen, eigenen Prozeß zu generieren.

Dieser neue Prozeß verfügt dann, wie jeder andere Prozeß auch, über einen eigenen, gegenüber anderen Prozessen geschützten Adreßraum und über eigene Prozessorressourcen. Ein Fehler innerhalb dieses Unterprozesses (child process) kann schlimmstenfalls zum Abbrechen des Unterprozesses selbst, nicht aber zum Abbrechen des ihn aufrufenden Hauptprozesses führen.

Die Generierung eines Kindprozesses vom laufenden Thread eines Programms aus ist schnell durchgeführt.

```
case IDM_STARTPROZESSE :{
```

Wesentlich sind die zwei Strukturen

```
STARTUPINFO si;
PROCESS_INFORMATION pi;
```

Die erste Struktur enthält Informationen, die die Generierung des neuen Prozesses beeinflussen; sie ist daher vor der Prozeßgenerierung entsprechend zu füllen.

```
si.cb = sizeof(STARTUPINFO);
si.lpReserved = NULL;
si.lpReserved2 = NULL;
si.cbReserved2 = 0;
si.lpDesktop = NULL;
si.dwFlags = 0;
si.lpTitle = NULL;
```

Die beiden Flags bedeuten, daß die folgenden Strukturelemente benutzt werden sollen.

```
si.dwFlags = STARTF_USESHOWWINDOW | STARTF_USESIZE;
```

Das neue Programmfenster soll angezeigt werden; im übrigen können hier auch alle anderen Optionen SW_* verwendet werden. Als Fenstergröße werden Standardvorgaben genommen.

```
si.wShowWindow = SW_SHOW;
si.dwXSize = (unsigned long)CW_USEDEFAULT;
si.dwYSize = (unsigned long)CW_USEDEFAULT;
```

Die Funktion

```
CreateProcess(
```

kreiert nun den neuen Prozeß; dabei müssen folgende Werte übergeben werden.

Name des zu startenden Programms

```
      "D:\\WINDOWS\\WRITE",
```

Kommandozeile mit Parametern

```
      NULL,
```

Sicherheitsattribute des Prozesses

```
      NULL,
```

Sicherheitsattribute des Threads

```
      NULL,
```

Handlevereerbung

```
      FALSE,
```

Modus des neuen Prozesses

```
      NORMAL_PRIORITY_CLASS,
```

Umgebungsblock

```
      NULL,
```

Arbeitsverzeichnis

```
      NULL,
```

Zeiger auf STARTUPINFO

```
      &si,
```

Zeiger auf PROCESS_INFORMATION

```
      &pi
);
```

Der Elternprozeß wartet auf die Beendingung des neuen Prozesses...

```
WaitForSingleObject( pi.hProcess, INFINITE );
```

2.5 Speicherverwaltung

Bevor auf die Speicherverwaltung unter WINDOWS 95 eingegangen wird, sei hier ein kurzer Rückblick auf das 16-Bit-Betriebssystem WINDOWS 3.x gestattet. Das grundlegende Problem bei der Bereitstellung von programmeigenem Speicherbereich ist hier die Adressierung mit 16-Bit langen Adressen. Hiermit ist prinzipiell nur ein 64 KB großer Speicherblock zu adressieren.

Dieser auch Segment genannte Speicherblock kann dann seitens des Programms mittels eines near pointers adressiert werden. Benötigt ein Programm allerdings mehr als 64 KB Speicherbereich, so müssen mehrere Speichersegmente hintereinander dem Programm zur Verfügung gestellt werden. Hierzu bedarf es dann einer zusätzlichen Adressierung der einzelnen Segmente, die durch einen 20-Bit langen Pointer (far pointer) realisiert wurden.

Aber auch die Benutztung von far pointern stößt dann an eine Grenze, wenn mehr als zwei Segmente (also mehr als 128 KB) benötigt werden. Um noch größere Speicherblöcke verwalten zu können, müssen die far pointer mittels einer cast-Operation in huge pointer umgewandelt werden. Der Grund für die ausgesprochen verwirrende und fehleranfällige Adressierungsart unter WINDOWS 3.x ist also die Beschränkung auf 16-Bit lange Adressen. WINDOWS 95 verwaltet seinen prozeßeigenen Adreßraum mit Zeigern, die 32 Bit lang sind. Damit entfällt die Notwendigkeit, verschiedene Sorten (verschiedene Längen) von Pointern zu unterscheiden.

Rein rechnerisch können mit 32 Bit langen 4 GB große Speicherbereiche verwaltet werden. WIN32 nutzt von diesen 4 GB allerdings nur die Hälfte, also einen Bereich von 2 GB Speicherraum für die prozeßeigenen Daten aus. Eins allerdings ist erfreulich: Jegliche Form von Adreßkonvertierung entfällt.

Die Pointer, die bei der Reservierung von Speicherbereich erzeugt werden, sind immer 32 Bit lang; unter anderem hat dies auch zur Folge, daß altbekannte Funktionen wie `malloc()` wieder benutzt werden dürfen. Noch eine abschließende Bemerkung für WINDOWS 3.x-Programmierer: Unter WINDOWS 95 wird nicht zwischen lokalem und globalem Speicher unterschieden.

WINDOWS 95 verhindert konsequent Übergriffe auf Adreßbereiche von fremden Prozessen. Sollte also innerhalb eines laufenden Programms (eigentlich des laufenden Threads) die Grenze des für diesen Prozeß reservierten Speicherbereiches überschrieben werden, so wird das Betriebssystem den dies verursachenden Prozeß anhalten und eine Speicherbereichsverletzung durch diesen Prozeß anzeigen.

Damit ist zwar das den Fehler verursachende Programm zu einem frühzeitigen Ende gekommen, andere laufende Prozesse werden dadurch aber nicht gestört. Hier gibt es einen wichtigen Unterschied zwischen WINDOWS NT und WINDOWS 95: Während unter WINDOWS NT auch der Adreßbereich, der vom Betriebssystem selbst benutzt wird, genau wie die Adreßbereiche der laufenden Prozesse auch, geschützt ist und damit vor Überschreiben durch laufende Threads abgesichert ist, gilt dies für WINDOWS 95 gerade nicht.

Hier sind zwar die Adreßbereiche der einzelnen Prozesse gegeneinander abgeschottet, der vom Betriebssystem genutzte Adreßbereich allerdings liegt offen und kann bei entsprechenden Programmfehlern innerhalb eines Prozesses korrumpiert werden und damit die Stabilität des Betriebssystems beeinflussen. Nachfolgende Grafik stellt die Speicherverwaltung für WINDOWS NT und WINDOWS 95 einander gegenüber.

WINDOWS NT

Anfang Adreßbereich	Ende Adreßbereich	Länge (in byte)	Inhalt
0x00000000	0x0000FFFF	64 KB	NULL-Pointer Zuweisung
0x00010000	0x7FFEFFFF	2 GB - 64 KB - 64 KB	Privater Adreßbereich für jeden Prozeß, beliebig vom Prozeß reservierbar
0x7FFF0000	0x7FFFFFFF	64 KB	bad pointer
0x8000000	0xFFFFFFFF	2 GB	Reserviert und geschützt für Betriebssystem

WINDOWS 95

Anfang Adreßbereich	Ende Adreßbereich	Länge (in byte)	Inhalt
0x00000000	0x00000FFF	4096	Reserviert für DOS und 16-bit WINDOWS, kein Zugriff NULL-Pointer Zuweisung
0x00001000	0x003FFFFF	4.190.208	Reserviert für DOS und 16-bit WINDOWS, Lese/Schreib-Zugriff, nicht reservierbar
0x00400000	0x7FFFFFFF	2GB - 4MB= 2.143.289.344	Privater Adreßbereich für jeden Prozeß, beliebig vom Prozeß reservierbar
0x80000000	0xBFFFFFFF	1 GB	Unter Betriebssystem-verwaltung, genutzt für Speicherdateien, gemeinsam genutzte DLL's
0xC0000000	0xFFFFFFFF	1 GB	Unter Betriebssystem-verwaltung. Gerätetreiber, Speichertreiber, gemeinsam von allen Prozessen genutzter Speicherbereich (shared memory). Ungeschützt: hier können fehlerhafte Threads Code zerstören und das BS abstürzen lassen

Beide Systeme reservieren für die Belange des Betriebssystems ca. 2 GB Adreßraum. Der größte Teil dieses betriebssystemeigenen Adreßraums wird allerdings für Objekte verwendet, die von allen laufenden Prozessen gleichzeitig verwendet werden; hierzu zählen insbesondere die für jeden Prozeß notwendigen DLLs. Weiterhin liegen hier auch Datenbereiche, die von mehreren laufenden Prozessen gleichzeitig im lesenden oder schreibenden Zugriff benutzt werden.

Programmierung

Hier wird gezeigt, wie auf mehreren möglichen Wegen dasselbe gemacht werden kann: Das Reservieren von (fast) beliebig großen (max 2 GB können verwaltet werden!) Kernspeicherbereichen.

```
case IDM_START1:{
```

Der Beginn des Speicherbereichs, der später alloziert wird, wird als Pointer auf den Datentyp deklariert, der in den Speicherbereich geschrieben werden soll.

```
char *pbuffer;
```

Für zwei der drei möglichen Methoden ist noch ein Handle auf den Speicherbereich zu deklarieren...

```
HGLOBAL hgmem;
```

1. Globaler Speicher wird mittels WIN32-Funktionen reserviert und genutzt und wieder freigegeben. Es werden jeweils 1024*Größe des Elements benutzt.

```
hgmem = GlobalAlloc(GHND, 1024*sizeof(char));
```

Das Flag GHND bedeutet, daß der Speicherbereich

1. Mit Nullen aufgefüllt wird (es steht also vom vorherigen Gebrauch kein Schrott mehr drin!) und

2. im Kernspeicher verschiebbar ist; dies wird vom BS genutzt, um immer möglichst große zusammenhängende Speicherblöcke zu haben.

Der Speicher ist jetzt alloziert, kann aber noch unkontrollierbar verschoben werden. Bevor man ihn nutzten kann, muß er für die Dauer der Nutzung festgelegt (locked) werden.

```
pbuffer = (char *)GlobalLock(hgmem);
```

Jetzt kann der Speicher benutzt werden

```
for(i=0; i<1024; i++){
*(pbuffer + i) = 0x53; /* ...so*/
pbuffer[i] = 0x53;      /* ...oder so */
}
```

Nach der Benutzung wird zuerst die Sperrung aufgehoben

```
GlobalUnlock(hgmem);
```

Hier kann jetzt das BS den Speicherblock (mitsamt dem unbeeinträchtigten Inhalt) verschieben, um den Gesamtspeicher zu optimieren; der Speicher kann jederzeit wieder verwendet werden. Hierzu muß nur wieder eine „logische Klammer" aus Lock + Unlock benutzt werden.

```
pbuffer = GlobalLock(hgmem);
```

Jetzt kann der Speicher wieder benutzt werden.

```
b = *(pbuffer + 128); /* hier sollte jetzt wieder 0x53 stehen */
b = pbuffer[128];     /* hier sollte auch wieder 0x53 stehen */
```

Nach der Benutzung wird wieder die Sperrung aufgehoben

```
GlobalUnlock(hgmem);
```

Der Speicher wird gelöscht, wenn er überhaupt nicht mehr benutzt werden soll; aller Inhalt geht verloren.

```
GlobalFree(hgmem);
```

Gleiches Beispiel, aber entsprechend mit Lokalem Speicher. Dies war bei den 16-bit BS-Versionen ein Unterschied; hier aber werden ebenfalls 32-bit-Adressen erzeugt.

```
char *pbuffer;
HLOCAL hgmem;
hgmem = LocalAlloc(LHND, 1024*sizeof(char));
pbuffer = (char *)LocalLock(hgmem);
```

Jetzt kann der Speicher benutzt werden

```c
for(i=0; i<1024; i++){
*(pbuffer + i) = 0x53; /* ...so        */
pbuffer[i] = 0x53;      /* ...oder so */
}
```

Nach der Benutzung wird zuerst die Sperrung aufgehoben

```c
LocalUnlock(hgmem);
```

Hier kann jetzt das BS den Speicherblock (mitsamt dem unbeeinträchtigten Inhalt) verschieben, um den Gesamtspeicher zu optimieren; der Speicher kann jederzeit wieder verwendet werden.

Der Speicher wird gelöscht, wenn er überhaupt nicht mehr benutzt werden soll; aller Inhalt geht verloren.

```c
LocalFree(hgmem);
```

Dritte Möglichkeit, die erst ab Win95 erlaubt und fehlerfrei ist: Verwendung der **ANSI-C** Funktionen (z. B. `malloc()`) Hierbei wird zwar ein fester Pointer auf den Beginn des Speicherbereichs erzeugt, da aber der VM-Manager diese virtuellen Adressen erst in physikalische Adressen umsetzt, können die Speicherbereiche trotzdem verschoben werden.

```c
char *pbuffer;
pbuffer = (char *)malloc(1024*sizeof(char));
```

Jetzt kann der Speicher benutzt werden

```c
for(i=0; i<1024; i++){
*(pbuffer + i) = 0x53; /* ...so        */
pbuffer[i] = 0x53;      /* ...oder so */
}
```

Der Speicher wird gelöscht, wenn er überhaupt nicht mehr benutzt werden soll; aller Inhalt geht verloren.

Achten Sie bitte auf den Cast `(void *)`.

```c
free((void*)pbuffer);
```

2.6 Fenster

Jedes Programm, das unter WINDOWS 95 abläuft und die grafische Benutzeroberfläche benutzt, erhält ein eigenes Programmfenster. Ist dieses Programmfenster aktiv (es kann immer nur genau ein Programmfenster aktiv sein), so werden Tastatureingaben für dieses Fenster akzeptiert.

Die Aktivierung eines Programmfensters bedeutet indes nicht, daß die Programme in den nicht aktiven Fenstern nicht weiter mit Rechenzeit versorgt werden und im Hintergrund ihre Berechnungen durchführen können.

Letztendlich sind alle grafischen Funktionselemente der grafischen Benutzeroberfläche aus Unterfenstern zusammengesetzt. In diesem Sinne ist auch jeder Druckknopf innerhalb einer Dialogbox ein Unterfenster dieser Dialogbox.

Der einzige Unterschied zu Programmierer-definierten Fenstern liegt darin, daß für die vordefinierten Fensterklassen der grafischen Kontrollelemente betriebssystemintern die Fensterfunktionen vordefiniert sind.

Der Programmierer einer die grafische Benutzeroberfläche nutzenden Anwendung muß also nicht mehr die Fensterfunktionen für die Kontrollelemente definieren, die er in seinen Programmfenstern benutzt.

2.6.1 Fensterkontrollen

Das teilweise recht komplizierte Verhalten einzelner Kontrollelemente ist also bereits größtenteils seitens des Betriebssystems vordefiniert. Betätigt der Programmbenutzer beispielsweise einen Druckknopf, so erscheint dieser Druckknopf als „eingedrückt". Markiert der Programmbenutzer innerhalb eines Editorkontrollelementes mittels der Maus einen Textbereich, so erscheint dieser Textbereich als farblich invers dargestellt. Beides sind Beispiele für Kontrollelementeigenschaften, die bereits seitens des Betriebssystems in der entsprechenden Kontrollelementeklasse vordefiniert sind.

- Maximieren: Bei Anklicken dieses Symbols wird das Programmfenster auf die maximale Oberflächengröße vergrößert. Dabei werden alle anderen aktiven Programmfenster überdeckt.

- Schließen: Das Anklicken des „Schließen"-Feldes bedingt ein Beenden des Programms und Schließen des Programmhauptfensters.

- Rollbalken (vertikal): Die Darstellung des Programmdokumentes innerhalb des Ausgabebereiches wird durch Betätigung des vertikalen Rollbalkens nach unten oder oben verschoben. Die virtuelle Verschiebung des Dokumentes erfolgt derart, daß eine Betätigung des Rollbalkens „nach oben" die Darstellung eines weiter oben liegenden Dokumententeils bedingt.

- Rollbalken (horizontal): Entsprechendes gilt für den horizontalen Rollbalken, der eine virtuelle Dokumentenverschiebung nach rechts oder links bedient.

- Rahmen: Führt der Benutzer mit der Maus eine Verschiebeoperation im Bereich der Fensterrahmen ausschließlich der Fensterecken durch, so kann die Größe des Programmfensters für den jeweils aktivierten Fensterrahmenteil (oben, rechts, unten, links) geändert werden. Wird die Verschiebeaktion innerhalb der Ecken des Fensterrahmens ausgeführt, so kann für die jeweils angeklickte Fensterecke die Fenstergröße zweidimensional geändert werden.

- Größenfeld: Das im Bereich des Fensterrahmens rechts unten liegende Größenfeld erfüllt die gleiche Aufgabe wie die rechte untere Ecke des Fensterrahmens. Auch hiermit kann die Fenstergröße variabel in zwei Dimensionen geändert werden.

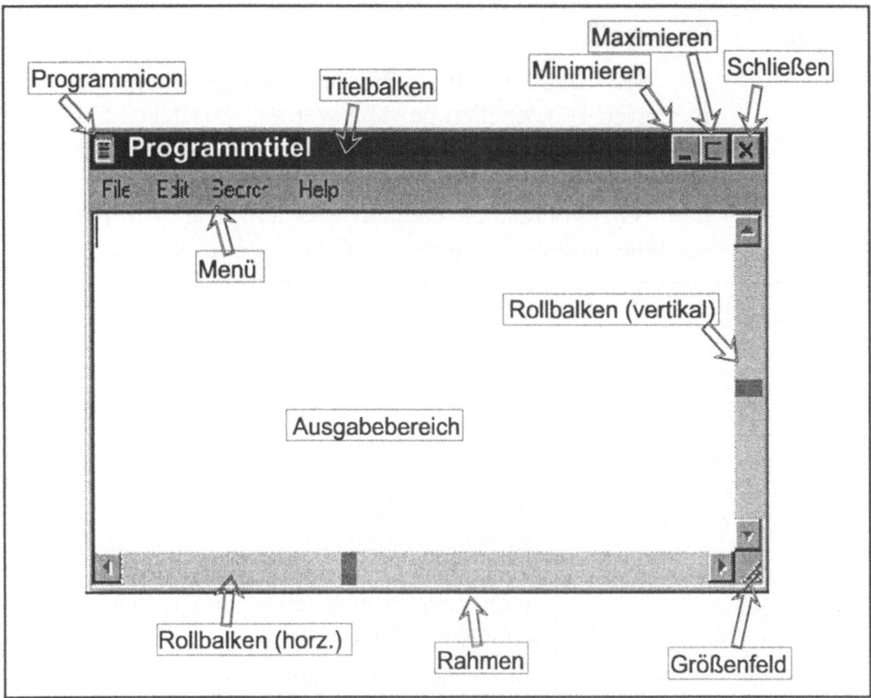

Abb. 2.6: *Standardkontrollelemente im Fenster*

- Ausgabebereich: Programmausgaben gleich welcher Art (Text, Grafik o.ä.) können nur innerhalb des in der Abbildung weiß dargestellten Ausgabebereiches des Programmfensters ausgeführt werden. Für die Darstellung der Programmdaten innerhalb des Ausgabebereiches ist ausschließlich die Programmlogik und nicht etwa das Betriebssystem zuständig. Sollten Teile des Fensterausgabebereiches durch irgendwelche Benutzeraktionen zerstört worden sein, so muß die Programmlogik entscheiden, wie und wann diese Bereiche neu dargestellt werden müssen.

Neben diesen Standardelementen eines Programmfensters können noch viele weitere Kontrollelemente innerhalb des Fensterrahmens etabliert werden. Die Besprechung dieser zusätzlichen Kontrollelemente erfolgt separat.

2.6.2   Fensterstil

Bei der Kreation eines Programmfensters kann zwischen mehreren Fensterstilen gewählt werden. Zusätzlich zur Gestaltung des Programmhauptfensters durch die Wahl der Stilelemente können beliebige weitere Kontrollelemente innerhalb des Fensterbereiches etabliert werden. Die wählbaren Stilattribute sind nachfolgender Tabelle zu entnehmen.

`WS_EX_ABSPOSITION`	Wird innerhalb der Betriebssystemoberfläche fest positioniert und ändert seine Position auf dem Bildschirm nicht.
`WS_EX_ACCEPTFILES`	In ein mit diesem Stil kreiertes Fenster können Dateisymbole mittels einer Verschiebeoperation abgelegt werden.
`WS_EX_APPWINDOW`	Wenn das Programmfenster minimiert wird, wird das Betriebssystem mit dieser Stilangabe dazu gezwungen, innerhalb der Betriebssystem-Programmleiste eine verkleinerte Version des Programmfensters darzustellen.
`WS_EX_CLIENTEDGE`	Der Fensterausgabebereich wird als tieferliegend dargestellt.
`WS_EX_CONTEXTHELP`	Innerhalb des Titelfeldes des Fensters wird ein Fragezeichen dargestellt. Wenn der Benutzer dieses Fragezeichen anklickt, ändert sich der Mauszeiger zu einem Fragezeichen. Wird mit diesem so geänderten Mauszeiger ein Kontrollelement oder ein sonstiges Kindfenster innerhalb des Fensterausgabebereiches angeklickt, so erhält die für dieses Element zuständige Fensterfunktion eine Nachricht vom Typ `WM_HELP`. Damit kann eine Erläuterung der Funktion des so angeklickten Kontrollelementes dargestellt werden.
`WS_EX_CONTROLPARENT`	Der Programmbenutzer kann innerhalb der Kindfenster, die zum Programmhauptfenster gehören, mittels der Tabulatortaste hin- und herschalten.
`WS_EX_DLGMODALFRAME`	Das Fenster wird mit einem doppelt dargestellten Fensterrahmen dargestellt.

`WS_EX_LEFT`	Texte werden linksbündig dargestellt. Dies ist die Voreinstellung.
`WS_EX_LEFTSCROLLBAR`	Falls die Systemsprache Hebräisch, Arabisch oder eine andere Sprache mit geänderter Leserichtung ist, wird der vertikale Rollbalken am linken Fensterrand dargestellt.
`WS_EX_LTRREADING`	Fenstertext wird in der Leserichtung rechts-links dargestellt. Dies ist die Voreinstellung.
`WS_EX_MDICHILD`	Ein Kindfenster mit dem MDI-Stil wird kreiert.
`WS_EX_NOPARENTNOTIFY`	Sollte ein Kindfenster, das zu einem Elternfenster gehört, mit diesem Stil kreiert werden, so sendet es keine `WM_PARENTNOTIFY`-Nachricht an das Elternfenster.
`WS_EX_OVER-LAPPEDWINDOW`	Stilkombination `WS_EX_CLIENTEDGE WS_EX_WINDOWEDGE`
`WS_EX_PALETTEWINDOW`	Stilkombination `WS_EX_WINDOWEDGE WS_EX_TOOLWINDOW WS_EX_TOPMOST`
`WS_EX_RIGHT`	Fenstertext wird rechtsbündig dargestellt. Dies hat nur bei bestimmten Systemsprachen Bedeutung.
`WS_EX_RIGHTSCROLLBAR`	Ein vertikaler Rollbalken wird an der rechten Fensterseite dargestellt. Dies ist die Voreinstellung.
`WS_EX_RTLREADING`	Fenstertext wird in der Lesereihenfolge rechts-links dargestellt.
`WS_EX_STATICEDGE`	Der Fensterrahmen wird als dreidimensional grafisch dargestellt. Dieser Stil sollte nur für Fenster verwendet werden, die keinerlei Benutzereingabe akzeptieren.
`WS_EX_TOOLWINDOW`	Ein Fenster wird kreiert, das Werkzeugsymbole (Werkzeugkontrollelemente) aufnehmen soll. Ein Fenster mit einem solchen Stil hat einen kürzeren Titeltext, der auch in kleineren Buchstaben dargestellt wird.

WS_EX_TOPMOST	Das Fenster soll immer an der Oberfläche aller geöffneten Fenster dargestellt werden. Diese Position soll auch erhalten bleiben, wenn dieses Fenster nicht mehr aktiv ist.
WS_EX_TRANSPARENT	Ein Fenster mit einem solchen Stil wird als durchsichtig dargestellt. Außerdem wird verhindert, daß unter diesem Fenster liegende geöffnete weitere Programmfenster durch das transparente Fenster zerstört werden.
WS_EX_WINDOWEDGE	Das Fenster hat einen Rahmen mit grafisch hervorgehobenen Ecken.

Neben diesen erweiterten Stilangaben können ebenfalls bei der Kreation des Programmfensters folgende weitere Fensterstilangaben gemacht werden; sollte als Fensterklasse allerdings die Klasse eines Kontrollelementes gewählt werden, so sind an dieser Stelle Stilangaben zu machen, die für die Kontrollelementeklasse gültig sind. Diese Stile werden in Zusammenhang mit den Kontrollelementen besprochen.

WS_BORDER	Das Fenster hat einen dünnen Rahmen.
WS_CAPTION	Das Fenster hat eine Titelzeile.
WS_CHILD	Ein Kindfenster wird kreiert. Dieser Stil ist nicht kombinierbar mit WS_POPUP.
WS_CHILDWINDOW	Gleiche Funktion wie WS_CHILD.
WS_CLIPCHILDREN	Diese Stilangabe für das Elternfenster (also i.d.R. für das Programmhauptfenster) bedingt, daß später kreierte Kindfenster von dem Neuzeichnen des Elternfensters ausgeschlossen sind.
WS_CLIPSIBLINGS	Wurden ein Elternfenster (i.d.R. Programmhauptfenster) mehrere gleichberechtigte Kindfenster kreiert, ist es möglich, daß sich diese Kindfenster gegenseitig überlappen. Wird nun der Fensterinhalt eines dieser Kindfenster restauriert (neu gezeichnet), so ist es möglich, daß hierdurch Fensterbereiche anderer Kindfenster beeinträchtigt werden. Die Wahl dieser Stilangabe schließt eine solche Beeinträchtigung von „Geschwister"-Fenstern aus.

`WS_DISABLED`	Das Fenster wird bei der Erstdarstellung als inaktiv dargestellt.
`WS_DLGFRAME`	Der Rahmen dieses Fensters entspricht dem Rahmen von Dialogboxen. Dieses Fenster hat zusätzlich keine Titelzeile.
`WS_GROUP`	Alle nachfolgend definierten Fenster inklusive des mit diesem Stil definierten Fensters gehören zu einer Gruppe; siehe hierzu auch Gruppierungsboxen. Die Gruppenzugehörigkeit wird beendet durch das nachfolgend kreierte Fenster, das ebenfalls diese Stilangabe enthält.
`WS_HSCROLL`	Das Fenster hat einen horizontalen Rollbalken.
`WS_ICONIC`	Das Fenster wird erstmals minimiert dargestellt.
`WS_MAXIMIZE`	Das Fenster wird erstmalig maximiert dargestellt.
`WS_MAXIMIZEBOX`	Das Fenster hat einen Maximierknopf.
`WS_MINIMIZE`	Gleiche Funktion wie `WS_ICONIC`.
`WS_MINIMIZEBOX`	Das Fenster hat einen Minimierknopf.
`WS_OVERLAPPED`	Ein Fenster mit Rahmen und Titelzeile wird dargestellt.

`WS_OVERLAPPEDWINDOW`	Kombination von
	`WS_OVERLAPPED`
	`WS_CAPTION`
	`WS_SYSMENU`
	`WS_THICKFRAME`
	`WS_MINIMIZEBOX`
	`WS_MAXIMIZEBOX`.

`WS_POPUP`	Dieser Fensterstil ist im wesentlichen zu verwenden für nur kurzzeitig dargestellte Fenster wie z. B. Dialogboxen oder Nachrichtenboxen. Prinzipiell entspricht ein Popup-Fenster einem Fenster mit dem Stil `WS_OVERLAPPED`. Einzige Ausnahme ist, daß ein Popup-Fenster keinen Titelbalken hat, es sei denn, dieser Titelbalken wird explizit definiert.

WS_POPUPWINDOW	Kombination von WS_BORDER WS_POPUP WS_SYSMENU
WS_SIZEBOX	Das Fenster hat einen Größenveränderungs-rahmen.
WS_SYSMENU	Das Programmicon wird links oben dargestellt. Damit ist das Systemmenü erreichbar.
WS_TABSTOP	Fenster kann den Tastatureingabefocus erlangen, wenn der Benutzer die Tabulatortaste benutzt.
WS_THICKFRAME	Das Fenster erhält einen Größenveränderungs-rahmen.
WS_TILED	Gleiche Funktion wie WS_OVERLAPPED.
WS_TILEDWINDOW	Kombination von WS_OVERLAPPED WS_CAPTION WS_SYSMENU WS_THICKFRAME WS_MINIMIZEBOX WS_MAXIMIZEBOX
WS_VISIBLE	Bei erstmaliger Darstellung ist das Fenster sicht-bar.
WS_VSCROLL	Das Fenster hat einen vertikalen Rollbalken.

2.6.3 Fensterrelationen

Normalerweise werden Programmhauptfenster als überlappende Oberflächenfenster (overlapped windows) kreiert. Mit den entsprechenden Stilangaben wird ein solches Programmhauptfenster dann mit den Standardkontrollelementen dargestellt.

Zur kurzfristigen Darstellung geeignet sind popup-Fenster, die entsprechend auch nur für Dialogboxen oder Nachrichtenboxen verwendet werden sollten. Ansonsten können popup-Fenster durchaus mit den bekannten Stilelementen eines Programmhauptfensters ausgestattet werden.

Dies entspricht aber nicht immer den Normierungsbemühungen des Systemherstellers, die zur Unterstützung einer einheitlichen Programmoberfläche befolgt werden sollten.

Eine wichtige Unterordnungsstruktur innerhalb der Fenster ist das Kindfenster, das zu einem Elternfenster gehört. Dieses Elternfenster kann seinerseits wiederum ein Kindfenster sein, ein Überlappfenster oder ein Popup-Fenster. Die Unterordnung eines Fensters als Kindfenster unter ein Elternfenster bedingt spezielles Verhalten des Kindfensters bei entsprechenden Aktionen des Elternfensters.

Wird das Elternfenster in Folge der Beendigung des Programmes zerstört, so werden *vorher* alle Kindfenster ebenfalls zerstört.

Wird das Elternfenster minimiert, so werden vorher alle Kindfenster ebenfalls minimiert. Kindfenster sind nur dann sichtbar, wenn auch das zugehörige Elternfenster sichtbar ist.

Wird das Elternfenster auf der Systemoberfläche verschoben, so werden ebenfalls alle Kindfenster in gleicher Weise verschoben. Wird der Ausgabebereich des Elternfensters neu gezeichnet, so werden normalerweise alle Kindfenster innerhalb des Elternfenster-Ausgabebereiches überschrieben.

Dies muß explizit durch Verwendung der entsprechenden Stilangabe WS_CLIPCHILDREN verhindert werden. Da ein Elternfenster mehrere Kindfenster gleichzeitig haben kann (die

Ordnungsrelation der Kindfenster untereinander wird als Geschwisterfenster bezeichnet), so können sich die Fensterbereiche der Geschwisterfenster untereinander überlappen.

Wird der Fensterausgabebereich eines der Geschwisterfenster restauriert, so können davon die Fensterbereiche anderer Geschwister-Fenster berührt werden. Dies kann ausgeschlossen werden, wenn hier der Stil `WS_CLIPSIBLINGS` gewählt wird.

Die Kindfenster können innerhalb des Fensterausgabereiches des Elternfensters verschoben werden. Sie werden aber niemals außerhalb des Fensterausgabebereiches des Elternfensters dargestellt.

Die Eltern-Kind-Relation kann, abhängig von der Programmlogik, nach der Kreation des Kindfensters geändert werden. Damit wird das Kindfenster einem anderen Programmhauptfenster zugewiesen. Jedes Kindfenster wird durch eine eigene Fensterfunktion betreut, die auch ohne Umwege über die Fensterfunktion des Elternfensters alle Nachrichten vom Betriebssystem zugestellt bekommt, die für das Kindfenster bestimmt sind.

Dies sind insbesondere auch Tastatur- oder Mauseingabenachrichten oder/und Benachrichtigungen über die Notwendigkeit, den Fensterausgabereich des Kindfensters neu zu zeichnen.

2.7   MDI

Eine besondere Bedeutung haben Kindfenster dann, wenn unter einer Programmoberfläche (d. h. in einem Programmhauptfenster) mehrere Dokumente auf die gleiche Art und Weise bearbeitet werden sollen. Solche Fenster werden als MDI-Fenster (multiple document interface) bezeichnet.

Einfachstes Beispiel hierfür ist z. B. eine Textverarbeitung, in der mehrere Textdokumente gleichzeitig bearbeitet werden sollen.

Hierbei sind zwei Forderungen gleichzeitig zu erfüllen.

1. Zum einen soll jedes Dokument in einem separaten Fenster dargestellt und bearbeitet werden können.

2. Zum anderen sollen aber die im Programmhauptfenster präsentierten Programmfunktionen, die als Menü, als Werkzeugleisten und als Tastaturabkürzungen definiert sind, für alle Textdokumente gleich anwendbar sein.

Um nun zu verhindern, daß für jedes der Kindfenster (also für jedes der Textdokumente) alle Funktionen des Programmhauptfensters separat definiert und zur Verfügung gestellt werden müssen, definiert man eine MDI-Dokumentenschnittstelle. Grob gesagt werden die Programmfunktionen hierbei nur für das Programmhauptfenster (das Elternfenster) definiert.

Nur das Programmhauptfenster bietet also alle Menüs, Werkzeuge und Tastaturabkürzungen, die zur Bearbeitung der Dokumente notwendig sind. Die in Kindfenstern separat dargestellten Dokumente kommen zunächst ohne jede Programmfunktion aus; keines der Kindfenster verfügt also über eigene Funktionseinheiten wie Menüs, Werkzeugleisten oder ähnliches.

Erst dann, wenn eines der Kindfenster – und damit das in ihm dargestellte Dokument – maximiert wird, führt die MDI-Schnittstelle folgende zwei Operationen aus.

1. Der Fensterausgabebereich des zu maximierenden Kindfensters (also nur der in dem Fensterausgabebereich dargestellte Text) wird komplett und füllend im Fensterausgabebereich des Elternfensters dargestellt. Fensterrahmen und alle anderen Fensterelemente des Kindfensters werden unterdrückt.

2. Die Verfügung über die Operatioonselemente (also Menü, Tastatureingabe etc.) wird an das Eleternfenster übergeben; alle Benutzereingaben im Kontrollbereich des Elternfensters beziehen sich jetzt auf den Datenbestand des MDI-Fensters.

Typische Beispiele für solche MDI-Fenster finden sich vor allem in den professionellen Programmen, die sowohl viele

Einzeldokumente separat bearbeiten müssen – als auch über eine umfangreiche Benutzerschnittstelle, also viele Funktionselemente verfügen.

3 Programmierung

3.1 Programmerstellung

Unabhängig vom jeweils verwendeten Entwicklungsinstrumentarium benötigt man zur kompletten Beschreibung eines WINDOWS 95-Projekts folgende Dateien – die Dateiendungen beziehen sich auf den C++ 2.0 ff. Compiler der Firma MICROSOFT. Sie sind allerdings soweit normiert, daß sie auch von anderen Entwicklungssystemen so verwendet werden.

Inhalt	Komponente des Entwicklungssystems	Datei
Die Quellcodes werden in Dateien entsprechend der verwendeten Sprache abgelegt.	Editor Compiler	C CPP etc.
Programmressourcen, die extern definert werden sollten sind z.B. Menüs, Dialogboxen, Icons, Bitmaps etc. Sie werden entweder unter direkter Verwendung der Ressourcensyntax mittels eines Editors definiert - oder, was wesentlich komfortabler ist, sie werden mittels eines Ressourceneditors definiert.	Editor (Standard) Ressourceneditoren, jeweils für die gewünschte Ressource	RC ICO BMP etc.
Da sowohl im Programmcode selbst als auch bei der Definition der externen Ressourcen Konstanten definiert und diesen Konstanten mittels #define-Anweisungen Namen verliehen wurden, müssen diese Konstantenbenennungen - möglichst in Headerdateien - aufgeschrieben werden.	Editor, für eigene Konstantendefinitionen Automatisch generiert von Ressourceneditoren (z.B. RESOURCE.H)	H

Inhalt	Komponente des Entwicklungssystems	Datei	
In früheren Versionen des Entwicklungspakets mußten noch die Namen der verwendeten CALLBACK-Funktionen (also i.w. die der Fensterfunktionen) exportiert (d.h. explizit in einer eigenen Datei genannt) werden. Dies ist jetzt nur noch nötig, wenn mann eine DLL fertigt - man gibt dann hier die Namen der nach außen sichtbaren Funktionen der DLL an.	Editor	DEF	
		Quelle	Ziel
Die extern definierten Ressourcen müssen in Binärcode gewandelt werden, sodaß sie an das Programm angebunden werden können.	Ressourcencompiler	RC	RES
Auch der Programmcode selber muß nun compiliert werden; es werden Objektmodule erzeugt.	Compiler	C CPP H	OBJ
Sind die Binärzwischencodes erzeugt, so kann anschließend alles zu einem Programm zusammengebunden werden. Tatsächlich versuchen die meisten (guten) Linker, sich möglichst wenig Arbeit zu machen - wie jeder von uns. Dazu legen sie interne Verweislisten auf die zusammenzubindenden Objekte an; wenn möglich, wird dann nur derjenige Teil neu gebunden, der sich geändert hat. Die internen Linkerlisten werden in Dateien (ILK) gespeichert.	Linker	OBJ RES	EXE DLL
Generierung einer statischen Bibliothek	Linker	OBJ RES	LIB
Generierung einer DLL	Linker	OBJ RES	DLL EXP LIB
Die gesamte Projekthandhabung kann einfacher mittels einer Projektdefinitionsdatei organisiert werden.	Projektmanager; in Folge alle oben genannten Programme	MAK	

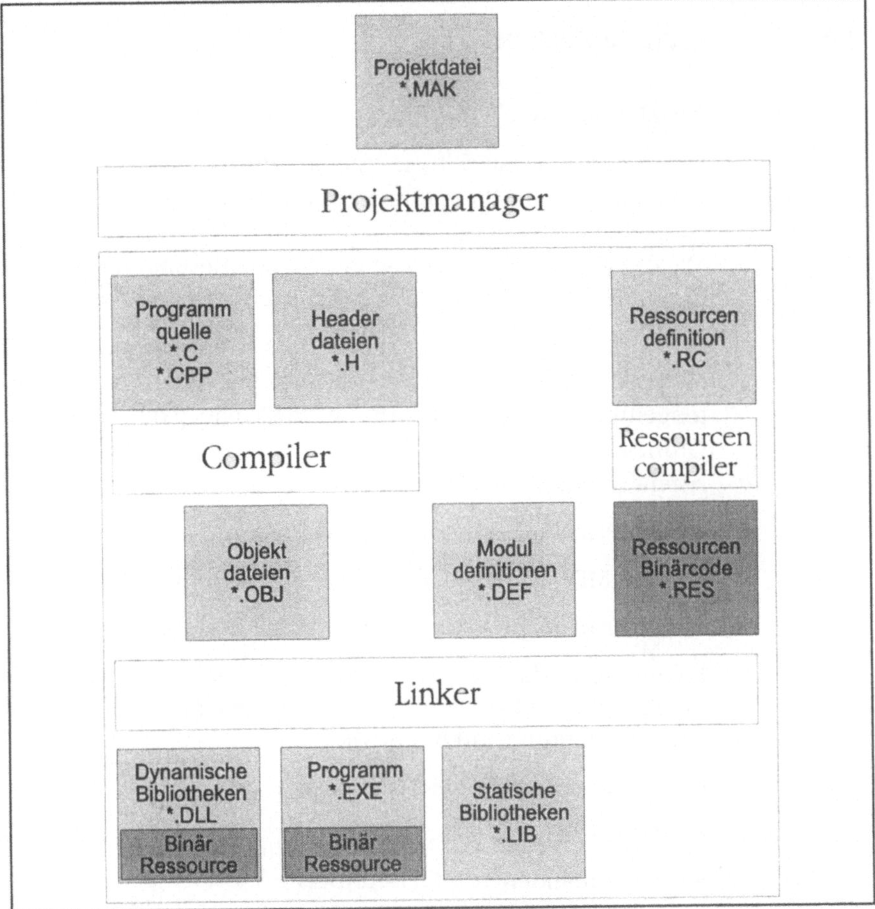

Abb. 3.1:   *Projektablauf und beteiligte Dateien*

Die Bearbeitung von Programmhilfeprojekten wird im entsprechenden Kapitel separat besprochen.

Nachfolgend gehen wir auf einige zentrale – oder aus der Norm fallende – Programmerstellungskomponenten ein.

3.2   Projektaufbau bei C++

3.2.1   Projektmanager (ClassWizard)

Die meisten Entwicklungssysteme, die die objektorientierte Entwicklung von Programmen unter Benutzung einer WIN32-tauglichen Klassenbibliothek erlauben (wie z. B. MFC bei MICROSOFT), unterstützen die Projektgenerierung und -verwaltung mit äußerst komfortablen Werkzeugen bzw. Assistenten.

Wir wollen uns das Beispiel des Class Wizard ansehen, der in MICROSOFT C++ 2.0 ff. arbeitet. Schon im Verlauf der assistentengeführten Projektgenerierung wird eine ganze Reihe von Grundausstattungen für das Projekt festgelegt. Der Projektassistent fragt im einzelnen ab, ob

- das Programm ein einfaches Hauptfenster,

- eine MDI-Schnittstelle mit Dokumentenunterfenstern oder

- als Programmfenster lediglich einen Dialograhmen

haben soll; die Arbeitssprache (der Standardkommentare, Menüeinträge etc.) wird ebenfalls festgelegt. Weiterhin werden Projektgrundstrukturen wie

- die Anbindung einer Datenbasis,

- die Art der OLE-Unterstützung,

- das Einbinden von OLE-Automation,

- die Existenz diverser Fensterkontrollelemente (das Fenstermenü kann nicht weggelassen werden!) und

- welcher Art die Einbindung der MFC-Bibliothek ist

im Verlauf der Projektgenerierung definiert. Auf Grund der Festlegungen wird dann nicht etwa nur eine Projektdatei `*.MAK` generiert, die zur Projektverwaltung geeignet wäre – darüber hinaus werden alle nötigen Dateien wie

- Quellcodedateien `*.CPP`,

- Headerdateien `*.H`,

- Ressourcendateien `*.RC`.

mitsamt einem Grundgerüst an Quellcode automatisch so generiert, daß das Projekt unmittelbar compilier- und linkbar und mit den festgelegten Projekteigenschaften auch ausführbar ist!

3.2.2 Projektdateien und Codegenerierung

Es werden in unserem Beispiel \hallo automatisch folgende Dateien angelegt.

HALLO.MAK

Projektdatei, die zur automatischen Neugenerierung von HALLO.EXE dient; dabei werden immer nur die minimal notwendigen Operationen ausgeführt.

HALLO.H

Headerdatei des Projekts. Hierüber werden auch weitere Headerdateien (z. B. RESOURCE.H) geladen sowie die Programmklasse des Projekts CHalloApp generiert.

Nach einigem Vorspann werden zunächst die Ressourcensymbole geladen-

```
#include "resource.h"        // main symbols
```

Dann folgt die Klassenbenennung der Programmklasse sowie einiger Klassenfunktionen.

```
class CHalloApp : public CWinApp
{
public:
    CHalloApp();
```

Die ebenfalls automatisch generierten Kommentarzeilen haben wir hier weggelassen.

```
public:
    virtual BOOL InitInstance();
    afx_msg void OnAppAbout();
```

Der folgende Kommentar aber soll kurz vorgestellt werden – offensichtlich wird hier davor gewarnt, selbsttätig Änderungen im Code vorzunehmen. Tatsächlich ist die automatische Codegenerierung über den ClassWizard wesentlich sicherer und einfacher!

```
// NOTE - the ClassWizard will add and remove member
// functions here.
// DO NOT EDIT what you see in these blocks of generated code!
```

Die Nachrichtenliste (message map), die hier vorbereitet wird, ist ein recht eigenwilliger, aber trotzdem wegen seiner äußerst einfachen Handhabung empfehlenswerter Weg, die an die Fensterfunktion gesendeten Nachrichten zu verarbeiten. In der Datei HALLO.CPP wird nämlich für jede Fensterklasse (also im klassischen Sprachgebrauch: für jede Fensterfunktion, die der Empfänger von Nachrichten ist und diese verarbeiten muß) vorab eine solche Nachrichtenliste (mit je einem Makro für jede Nachricht) automatisch generiert.

```
  DECLARE_MESSAGE_MAP()
};
```

HALLO.CPP

Programmcode C++ ; hier ist der Code der Programmklasse CHalloApp definiert – das vordefinierte Programmgerüst muß „nur" noch mit der programmeigenen Logik gefüllt werden. Zunächst werden alle notwendigen Headerdateien geladen...

```
#include "stdafx.h"
#include "Hallo.h"
#include "mainfrm.h"
#include "Hallodoc.h"
#include "Hallovw.h"
```

Jetzt beginnt die eigentliche Codierung der Programmklasse CHalloApp. Zunächst wird also hier – wie oben angesprochen – die Nachrichtenliste als Makroliste angelegt. Sinn der Sache ist, für jede zu berücksichtigende Nachricht eine eigene Funktion innerhalb der Programmklasse zu definieren, die ausschließlich für die Bearbeitung der ihr hier in der Nachrichtenliste zugeordneten Nachricht zuständig ist. Eine Verteilung der Nachrichten in einem switch – case-Block wie in einer C-Syntax-Fensterfunktion entfällt also.

```
BEGIN_MESSAGE_MAP(CHalloApp, CWinApp)
```

Die Zuordnung von Klassenfunktion und Nachricht erfolgt hier in diesem Block – und sollte tatsächlich nur vom Class-Wizard durchgeführt werden. In diesem Beispielprogramm wird die Menünachricht `WM_COMMAND`, Parameterwert `ID_APP_-ABOUT`, die bei der Betätigung des entsprechenden Menüpunkts versendet wird und die About-Dialogbox (definiert in der Ressource `HALLO.RC`) darstellen und bearbeiten soll der Nachrichtenfunktion OnAppAbout zugeordnet, die natürlich noch (teilweise) codiert werden muß.

Es wird immer vor die zu verknüpfende Windowsnachricht das Makro `ON_` gehängt; der verknüpfte Funktionsname wird dann aus „On" und dem Stamm des Namens der Nachricht (ohne `WM_`) gebildet. Also aus `WM_PAINT` wird dann `ON_WM_PAINT`, verknüpft mit der Funktion `OnPaint()` – diese Nachricht wird aber nur in der `CHalloView`-Klasse verarbeitet!

```
ON_COMMAND(ID_APP_ABOUT, OnAppAbout)
```

Neben den vom Programmierer noch zu codierenden „Nachrichtenfunktionen" werden auch einige Standarddialoge (siehe Kapitel 8.4) eingebunden.

```
ON_COMMAND(ID_FILE_NEW, CWinApp::OnFileNew)
ON_COMMAND(ID_FILE_OPEN, CWinApp::OnFileOpen)
END_MESSAGE_MAP()
```

Jetzt beginnt die eigentliche Codierung der Klassenfunktionen. Hier wird das Klassenobjekt (also das Programmfenster) aufgerufen.

```
CHalloApp theApp;
```

Es folgen Klasseninitialisierungen

```
BOOL CHalloApp::InitInstance()
{
  Enable3dControls();
  LoadStdProfileSettings();
```

Dabei wird auch bereits die Dokumentenklasse vorbereitet.

```
    CSingleDocTemplate* pDocTemplate;
    pDocTemplate = new CSingleDocTemplate(
                            IDR_MAINFRAME,
                            RUNTIME_CLASS(CHalloDoc),
                            RUNTIME_CLASS(CMainFrame,
                            RUNTIME_CLASS(CHalloView));
    AddDocTemplate(pDocTemplate);
    OnFileNew();
    return TRUE;
}
```

Die eigentliche Programmlogik muß die eingehenden Nachrichten berücksichtigen.

Da die obige Nachrichtenliste lediglich eine Nachricht vorsieht, muß jetzt auch nur die eine Funktion OnAppAbout codiert werden. Da dies aber wieder eine eigenständige Fensterfunktion ist (sie erhält ja eigene Nachrichten), muß zunächst eine entsprechende Klasse definiert werden – die Klassendefinition impliziert hier die Einrichtung einer entsprechenden Nachrichtenwarteschlange.

```
class CAboutDlg : public CDialog
{
public:
    CAboutDlg();
    enum { IDD = IDD_ABOUTBOX };

protected:
    virtual void
    DoDataExchange(CDataExchange* pDX);
    //{{AFX_MSG(CAboutDlg)

    // No message handlers
    //}}AFX_MSG
    DECLARE_MESSAGE_MAP()
};

CAboutDlg::CAboutDlg() : CDialog(CAboutDlg::IDD)
{
```

```
  //{{AFX_DATA_INIT(CAboutDlg)
  //}}AFX_DATA_INIT
}

void CAboutDlg::DoDataExchange(CDataExchange* pDX)
{
  CDialog::DoDataExchange(pDX);
  //{{AFX_DATA_MAP(CAboutDlg)
  //}}AFX_DATA_MAP
}

BEGIN_MESSAGE_MAP(CAboutDlg, CDialog)
  //{{AFX_MSG_MAP(CAboutDlg)
  // No message handlers
  //}}AFX_MSG_MAP
END_MESSAGE_MAP()
```

Jetzt wird endlich die Funktion definiert, die oben der WM_COMMAND-Nachricht (vertreten durch ON_COMMAND) zugeordnet wurde:

```
void CHalloApp::OnAppAbout()
{
  CAboutDlg aboutDlg;
  aboutDlg.DoModal();
}
```

HALLO.RC

Hier werden alle Programmressourcen definiert; ggf. wird hier auch auf externe Dateien (*.ICO, *.BMP etc.) zur Ressourcendefinition verwiesen. Alle diese externen Ressourcendateien werden – der guten Ordnung halber – im Unterordner \HALLO\RES aufgehoben. Hierzu gehören u. a. standardmäßig auch RES\HALLO.ICO, das Programm-Icon.

RES\HALLO.RC2

Diese zweite Ressourcendatei des Projekts wird automatisch angelegt, um hier Ressourcen einzubinden, die nicht vom Ressourceneditor des Systems verarbeitet werden können – und das können tatsächlich einige sein! Die vorliegende Version des Ressourceneditors kann keinerlei *Erweiterte Kontrollelemente* oder auch z.B. Multimediaobjekte verarbeiten; solche Ressourcen sollten dann hier eingebunden werden.

RESOURCE.H

Dies ist die zur Projektressource gehörende Headerdatei.

HALLO.CLW

Diese Datei dient lediglich dem Projektmanager (ClassWizard) zur Verwaltung des Projekts. Insbesondere zur Generierung von Nachrichtenlisten, Dialoglisten, Prototypen neuer Funktionen und nicht zuletzt zur Neugenerierung benötigter Klassen werden hier Informationen gespeichert.

mainfrm.H, mainfrm.CPP

Hier wird für das Programmhauptfenster eine eigene Fensterklasse mit der Standardbenennung `CMainFrame` angelegt, die von der MFC-Klasse `CFrameWnd` abgeleitet wird.

Der Code in dieser Datei ist nach der Besprechung des Inhalts von `HALLO.CPP` jetzt eigentlich ganz leicht zu verstehen.

Es wird die Fensterklasse zur Handhabung der Standardelemente des Programmhauptfensters definiert; hier kann bereits sehr viel vorgegeben werden, da viele Fensteraktionen Standard sind. Die Nachrichtenliste z. B. behandelt nur die Menüpunkte des Hilfemenüs.

```
BEGIN_MESSAGE_MAP(CMainFrame, CFrameWnd)
  ON_COMMAND(ID_HELP_INDEX,
    CFrameWnd::OnHelpIndex)
  ON_COMMAND(ID_HELP_USING,
    CFrameWnd::OnHelpUsing)
  ON_COMMAND(ID_HELP,
    CFrameWnd::OnHelp)
  ON_COMMAND(ID_CONTEXT_HELP,
    CFrameWnd::OnContextHelp)
  ON_COMMAND(ID_DEFAULT_HELP,
    CFrameWnd::OnHelpIndex)
END_MESSAGE_MAP()
```

Der ganze Rest definiert nur die Standardfunktionen der Klasse (Konstruktor und Destruktor).

Hallodoc.H, Hallodoc.CPP

Da der Projektmanager davon ausgeht, daß jedes halbwegs ernsthafte Projekt irgendwelche Dokumentendaten bearbeitet, wird hier die Dokumentenklasse CHalloDoc angelegt – die natürlich noch vom Programmierer exakt beschrieben werden muß!

Hallovw.H, Hallovw.CPP

Hier wird die Klasse CHalloView angelegt, die die Darstellung der Dokumentendaten aus CHalloDoc übernehmen wird.

Hier wird also alle Ausgabe im Fensterausgabebereich durchgeführt! Da dies besonders wichtig ist, wollen wir in das automatisch generierte Codegerüst einfach nur die Bearbeitung der WM_PAINT-Nachricht einfügen – und dort etwas Text im Fenster ausgeben lassen.

Achtung: nur diese Klasse ist für Fensterausgaben zuständig.

Wie nicht anders zu erwarten war, fügt der ClassWizard in die Nachrichtenliste das entsprechende Makro ein:

```
BEGIN_MESSAGE_MAP(CHalloView, CView)
  ON_WM_PAINT()
END_MESSAGE_MAP()
```

Aber Achtung: benutzen Sie hierfür auch wirklich den ClassWizard, und fügen Sie den entsprechenden Code nicht etwa selbst ein!

Der Funktionsrahmen wurde zwar automatisch generiert (kursiv gekennzeichnet!), der eigentliche Inhalt der Funktion mußte aber „zu Fuß" ergänzt werden.

```
void CHalloView::OnPaint()
{
   CPaintDC dc(this);
// device context for painting
   CRect rect;
```

```
GetClientRect(rect);
dc.SetTextAlign(TA_BASELINE | TA_CENTER);
dc.SetTextColor
        (::GetSysColor(COLOR_WINDOWTEXT));
dc.SetBkMode(TRANSPARENT);
CString string;
string.LoadString(IDS_HALLO);
dc.TextOut
        ((rect.right / 2),
        (rect.bottom / 2),
        string);
}
```

MAKEHELP.BAT

Diese Batchdatei generiert das zum Programm gehörende Hilfesystem, das dann letztendlich in `HALLO.HLP` gespeichert werden wird.

HALLO.HPJ

Projektdatei für den Hilfecompiler (siehe hierzu auch Kapitel 7).

*.BMP

Im Unterordner \HALLO\HLP finden sich eine Menge automatisch angelegter Bitmaps, die alle zur ebenfalls in diesem Verzeichnis abgelegten Kapiteldatei `afxcore.RTF` gehören, die ihrerseits bereits den Standardrahmen einer projekteigenen Hilfetextdatei darstellt.

STDAFX.H, STDAFX.CPP

Standarddateien, die zur Erzeugung von vorübersetzten Headerdateien (`HALLO.PCH` und `STDAFX.OBJ`) benötigt werden.

3.3 Registratur (registry)

Die Registratur ist eine Datenbasis, die von Anwendungsprogrammen genauso wie vom WINDOWS 95 selbst und seinen Komponenten dazu benutzt wird, Konfigurationsdaten zu speichern und abzufragen. Die Daten werden dabei in Binärdateien gespeichert. Um den Zugriff (lesend und schreibend) seitens einer Anwendung auf die Registratur zu erleichtern, wurde eine entsprechende API-Schnittstelle zur Handhabung der Registraturinformationen kreiert.

3.3.1 Struktur der Registratur

Die Datenstruktur, die innerhalb der Registratur des Systems geführt wird, ist eine hierarchische Baumstruktur. Beginnend mit dem Haupteintrag, der „Schlüssel" genannt wird, folgen weitere Einträge. Der Inhalt eines Schlüssels kann entweder eine beliebige Anzahl von weiteren Schlüsseln (Unterschlüssel) sein und/oder Dateneinträge (Werte).

Jeder Schlüssel wird durch einen eindeutig zugeordneten Namen kenntlich gemacht. Innerhalb der Zeichenfolge, die einen Schlüsselnamen angibt, dürfen nur folgende Zeichen verwendet werden.

Erlaubte Zeichen in einer Schlüsselbenennung sind die ASCII's aus dem Bereich [32,127]. Verboten sind explizit die Zeichen [Leerzeichen (space), Backslash (\), Wildcard (* oder ?)]. Der Punkt (.) als Namensanfang bezeichnet reservierte Namen und ist somit nicht frei wählbar.

Vordefinierte Schlüsselnamen sind wie folgt definiert:

HKEY_CLASSES_ROOT	Registratureinträge, die unter diesen Hauptschlüssel eingeordnet werden, definieren i.d.R. Typen von Dokumenten und die damit verbundenen Eigenschaften.
HKEY_CURRENT_USER	Schlüsseleinträge unter diesem Hauptschlüssel definieren i.d.R. Einstellungen des Programmbenutzers bzgl. Programmgruppen, Farben, Drucker- und Netzwerkeinstellungen und sonstigen Sondereinstellungen für Anwendungsprogramme.
HKEY_LOCAL_MACHINE	Schlüsseleinträge unter diesem Hauptschlüssel definieren den physikalischen Zustand des Computers, des Bustyps, des Systemspeichers und der installierten Hardware und Software.
HKEY_USERS	Registratureinträge unter diesem Hauptschlüssel definieren Voreinstellungen für neue Benutzer.

Die beiden Hauptschlüsseleinträge `HKEY_LOCAL_MACHINE` und `HKEY_USERS` sind im Wurzelverzeichnis der Registratur vordefiniert. Der Schlüssel `KEY_CLASSES_ROOT` ist ein Unterschlüssel zu `HKEY_LOCAL_MACHINE`. Der Schlüssel `HKEY_CURRENT_USER` ist ein Unterschlüssel zu `HKEY_USERS`. Schlüsselpfade, beginnend mit einem der genannten Wurzelschlüssel werden durch Aneinanderreihen der Schlüsselnamen, jeweils durch den Backslash getrennt aufgeführt.

Folgende Funktionen stehen zur Manipulation der Schlüsseleinträge zur Verfügung.

`RegOpenKey()`	Die Funktion öffnet einen angegebenen Schlüssel.
`RegOpenKeyEx()`	Diese Funktion öffnet ebenfalls einen angegebenen Schlüssel. Es wird dabei eine Sicherheitsmarkierung berücksichtigt. Diese Sicherheitsmarkierung schränkt u. U. die Zugriffsfähigkeit fremder Programme auf den einzutragenden neuen Schlüssel und seine Inhalte ein.
`RegCreateKey()`	Die Funktion kreiert einen neuen Schlüssel.
`RegCreateKeyEx()`	Die Funktion kreiert einen neuen Schlüsselnamen. Es können Sicherheitsangaben für die weitere Verwendung des Schlüssels gemacht werden.
`RegCloseKey()`	Die Funktion löscht das Handle auf einen vorher geöffneten Schlüssel. Dies sollte immer dann durchgeführt werden, wenn ein weiterer Zugriff auf den Schlüssel oder die Registratur nicht mehr benötigt wird.
`RegFlushKey()`	Alle spezifizierten Attribute eines vorher geöffneten Schlüssels werden in die Registratur geschrieben.
`RegSetValue()`	Es wird der Wert in einen vorher geöffneten Schlüssel eingetragen. Der Wert muß eine Zeichenkette sein.
`RegSetValueEx()`	Die Funktion speichert einen Wert in einen vorher geöffneten Schlüssel. Es sind verschiedene Datenformate für den Werteintrag erlaubt.
`RegDeleteValue()`	Es wird ein Wert aus einem geöffneten Registraturschlüssel gelöscht.

RegDeleteKey()	Es wird ein Schlüssel mitsamt aller darunterliegender Information, also auch der darunterliegenden Unterschlüssel, gelöscht.
RegSetKeySecurity()	Für einen geöffneten Schlüssel werden Sicherheitsattribute gesetzt. Diese Funktion steht nur unter WINDOWS NT zur Verfügung.
RegEnumKey()	Für einen geöffneten Schlüssel werden alle Unterschlüssel aufgezählt. Es werden nur die direkt unter der Ebene des geöffneten Schlüssels angesiedelten Unterschlüssel aufgelistet. Die Reihenfolge der Listung ist zufällig. Die Namen der gefundenen Unterschlüssel werden in einem Pufferspeicher abgelegt, sodaß sie von dort weiterverarbeitet werden können.
RegEnumKeyEx()	Hier werden ebenfalls, wie oben beschrieben, die Unterschlüssel eines geöffneten Schlüssels aufgelistet. Zusätzlich werden noch der Klassenname und die Zeit und das Datum der letzten Modifikation des Unterschlüssels ermittelt.
RegQueryInfoKey()	Alle Informationen eines geöffneten Schlüssels werden ermittelt.
RegGetKeySecurity()	Eine Kopie des Sicherheitsblocks für einen geöffneten Registraturschlüssel wird angelegt. Diese Funktion steht nur unter WINDOWS NT zur Verfügung.
RegEnumValue()	Für einen geöffneten Schlüssel werden alle Dateneinträge (Werte) aufgelistet. Typangabe und Datenangabe jedes eingetragenen Wertes werden in einem Puffer abgelegt, sodaß sie von dort weiterverarbeitet werden können.
RegQueryValue()	Der Datenwert eines Registratureintrages wird ermittelt.
RegQueryValueEx()	Für einen geöffneten Schlüssel werden Typ und Datenbereich einer Werteangabe ermittelt.

Programme können Teile der Registratur in einer Datei speichern und bei Bedarf wieder in die Registratur einlesen. Damit können Anwendungsprogramme ihren eigenen Registratureintrag vorbereiten und z. B. bei Programminitialisierungs-Sequenzen in die Registratur einfügen.

Ein Dateizugriff ist dann sinnvoll, wenn die Registratureinträge einen großen Datenumfang haben. Um einen Schlüssel und alle damit verbundenen Unterschlüssel und Werte in einer Datei zu sichern, wird die Funktion RegSaveKey() verwendet. Umgekehrt kann die so in einer Datei abgespeicherte Information in die Registratur zurückgeschrieben werden, indem eine der Funktionen RegLoadKey(), RegReplaceKey() oder RegRestoreKey() aufgerufen wird.

3.4   Bildschirmschoner (screen saver)

Bildschirmschoner sind eigentlich nichts anderes als normale Windows-Anwendungen, die nach einer bestimmten Zeit, in der keine Tastatur- oder Mauseingaben registriert wurden, die Kontrolle über die Monitorausgabe übernehmen und dort dafür sorgen, daß der Phosphor des Monitors nicht dadurch ausgebrannt wird, daß für eine längere Zeit dieselben Pixel aktiviert werden.

Eine weitere sinnvolle Anwendung für Bildschirmschoner ist das Löschen sicherheitsempfindlicher Information vom Bildschirm; dies kann z. B. dann sinnvoll sein, wenn der Programmbenutzer zwischenzeitlich seinen Arbeitsplatz verlassen muß und keine sicherheitsrelevante Information auf dem Bildschirm verbleiben soll. Hierzu sind Bildschirmschoner standardmäßig mit einer Paßwortabfrage zu versehen.

Es gibt eine Reihe von Gründen, die ein Starten des Bildschirmschoners verhindern, so z. B.

- Die aktive Anwendung ist keine Windows-Anwendung (sondern z. B. eine DOS-Anwendung).

- Ein Programm, das Windows-Training durchführt (CBT), ist aktiv.

Programmierung

Die Datei SCRNSAVE.LIB muß zur Laufzeit des Bildschirmschoners vorhanden sein. Zunächst einmal muß bei einer
Bildschirmschoner-Anwendung eine spezielle Fensterklasse
gewählt werden.

```
WNDCLASS cls;

cls.hCursor          = NULL;
cls.hIcon            = LoadIcon(hInst, MAKEINTATOM(ID_APP));
cls.lpszMenuName     = NULL;
cls.lpszClassName    = "WindowsScreenSaverClass";
cls.hbrBackground    = GetStockObject(BLACK_BRUSH);
cls.hInstance        = hInst;
cls.style            = CS_VREDRAW | CS_HREDRAW |
                       CS_SAVEBITS | CS_DBLCLKS;
cls.lpfnWndProc      = (WNDPROC) ScreenSaverProc;
cls.cbWndExtra       = 0;
cls.cbClsExtra       = 0;
```

Jedes Bildschirmschoner-Programm muß genau drei spezielle
Funktionen unterstützen und definieren. Jede dieser Funktionen übernimmt spezielle Aufgaben und die Abarbeitung bestimmter Nachrichten, die an die Funktion gesendet werden.

```
ScreenSaverProc()
```

Die nachfolgenden Nachrichten müssen in dieser Funktion
bearbeitet werden; jede andere Nachricht muß dann an die
Funktion DefScreenSaverProc() zur Nachbehandlung weiter
gegeben werden.

WM_CREATE	Hier müssen Initialisierungen für den Bildschirmschoner durchgeführt werden. Initialisierungsdaten werden aus der Datei REGEDIT.INI entnommen. Insbesondere wird hier die Zeitspanne abgefragt, nach der der Bildschirmschoner aktiviert werden soll.
WM_ERASEBKGND	Der Hintergrund des Bildschirmschonerfensters wird gelöscht.
WM_TIMER	Ausgabeoperationen werden durchgeführt.

WM_DESTROY	Die angeschalteten Timer werden gelöscht. Es wird jegliche Art von Aufräumarbeit vor Beendigung des Programms durchgeführt.

DefScreenSaverProc()

Die Funktion bearbeitet folgende Nachrichten.

WM_SETCURSOR	Der Cursor wird gelöscht.
WM_PAINT	Der Monitorhintergrund wird gezeichnet.
WM_LBUTTONDOWN	Beendigung des Bildschirmschoners.
WM_MBUTTONDOWN	Beendigung des Bildschirmschoners.
WM_RBUTTONDOWN	Beendigung des Bildschirmschoners.
WM_KEYDOWN	Beendigung des Bildschirmschoners.
WM_MOUSEMOVE	Beendigung des Bildschirmschoners.
WM_ACTIVATE	Falls wParam FALSE ist, Beendigung des Bildschirmschoners.

ScreenSaverConfigureDialog()

Diese Funktion ist zuständig für die Präsentation und Bearbeitung einer Dialogbox, die für die spezifischen Parametereinstellungen des Bildschirmschoners zuständig ist. Die Dialogbox wird vom System aufgerufen, wenn der Benutzer den Bildschirmschoner konfigurieren will. Parametereinstellungen werden in der Datei REGEDIT.INI gespeichert und können dort ausgelesen werden.

RegisterDialogClasses()

Diese Funktion wird von der BSS-Anwendung aufgerufen, um dort bestimmte Fensterklassen zu registrieren.

Nachdem nun die oben beschriebenen drei Funktionen programmiert wurden, muß nach der Kompilation der Name der Bildschirmschoner-Programmdatei umgenannt werden, so daß die Dateitypangabe .SCR heißt. Nur so kann der Bildschirmschoner vom System als solcher erkannt und in die Liste aller verfügbaren Bildschirmschoner eingefügt werden.

Will man den Bildschirmschoner als eigenständiges Programm führen, so muß noch ein Icon hinzugefügt werden. Die Dateierweiterung .EXE kann dann bestehen bleiben.

3.5 64-Bit Integeroperationen

Das Rechnen mit langen Ganzzahlvariablen (Integerwerten) ist eine Option, die bei speziellen mathematischen Anwendungen notwendig ist. Ganzzahlarithmetik wird zunächst von den Standard-Datentypen wie folgt abgedeckt.

Typ	ANSI (byte)	WIN32 (byte)	Wertebereich
char	1	1	[-128,127]
int	2 (min)	4	[-32768, 32767] bei 2 [-2147483647-1, +2147483647]
short	2	2	[-32768, 32767]
long	4	4	[-2147483647L-1, +2147483647L]
__int8		1	[-128i8,127i8]
__int16		2	[-32768i16, 32767i16]
__int32		4	[-2147483647i32 - 1), 2147483647i32]
__int64 auch LONGLONG		8	[-9223372036854775807i64 - 1, 9223372036854775807i64]
__int128		16	[-170141183460469231731687303715884105727i128 - 1), +170141183460469231731687303715884105727i128]

Die Addition und Subtraktion langer Integervariablen ist mittels des Operationszeichens durchzuführen. Die Multiplikation und Division sowie das Verschieben des Bitmusters nach links oder rechts (shifting) bedarf eigener Funktionen. Hierzu sind die nachfolgenden Funktionen dieser Schnittstelle definiert worden.

`Int32x32To64`	Multiplikation zweier Variablen vom Typ Long. Das Ergebnis ist 64 Bit lang.
`Int64Shl1Mod32`	Funktion führt eine logische Linksverschiebung durch.

`Int64ShraMod32`	Die Funktion führt eine arithmetische Rechtsverschiebung durch.
`Int64ShrlMod32`	Die Funktion führt eine logische Rechtsverschiebung durch.
`MulDiv`	Zunächst werden zwei Integerzahlen (Länge jeweils 4 Byte) miteinander multipliziert. Das Resultat wird mit 8 Byte gespeichert und anschließend durch einen dritten 4 Byte langen Wert dividiert. Das Ergebnis ist wiederum 4 Byte lang.
`UInt32x32To64`	Die Funktion multipliziert zwei 4 Byte lange Integerwerte. Das Ergebnis ist 8 Byte lang. Alle beteiligten Werte sind unsigned.

Die jeweils beteiligten Variablentypen sind:

Funktion	Operanden	Ergebnis
Int32x32To64	LONG, LONG	LONGLONG
Int64ShllMod32	DWORDLONG, DWORD	DWORDLONG
Int64ShraMod32	LONGLONG, DWORD	LONGLONG
Int64ShrlMod32	DWORDLONG, DWORD	DWORDLONG
MulDiv	int, int, int	int
UInt32x32To64	DWORD, DWORD	DWORDLONG

3.6   DLL (dynamic link library)

Der normale Weg, Funktionen in einem Programm zu nutzen, ist diese zusammen mit dem übrigen Programmcode zu kompilieren und den so entstandenen Maschinencode zu einem ausführbaren Programm zusammenzubinden (zu linken). Die so definierten Funktionen (Unterprogramme) sind damit ausschließlicher Bestandteil des ausführbaren Programms. Sie stehen damit auch nur diesem Programm zur Verfügung.

Will ein parallellaufendes Programm die gleiche Funktion benutzen, so muß eine Kopie dieser Funktion ebenfalls Bestandteil dieses zweiten, ausführbaren Programms sein. Damit ist die Situation entstanden, daß ein- und derselbe Funktionscode, jeweils für jedes der laufenden Programme, doppelt im Kernspeicher vorhanden sein muß.

Aus dieser Erkenntnis heraus arbeitet das Betriebssystem des WINDOWS 95 mit dem Konzept der DLL; hierbei werden Funktionen separat von irgendeinem ausführbaren Programm übersetzt und gelinkt. Das Ergebnis ist ausführbarer Programmcode, der ausschließlich einzelne Funktionen, die nicht miteinander verkettet sind, definiert. Der Binärcode solcher ausführbarer Funktionen wird in speziellen Bibliotheken, den sogenannten DLLs gespeichert.

Prinzipiell gibt es dann zwei unterschiedliche Wege, diese vorübersetzten und gebundenen Funktionen in ein laufendes Programm einzubinden.

3.6.1 Dynamisches Verbinden während des Ladevorgangs (load time dynamic linking)

Hierbei werden die benötigten DLL-Funktionen während der Kompilation des Programms ermittelt und unmittelbar danach während des Linkens des Programms so eingebunden, daß feste Verweise auf die DLL-Funktionen im Programmcode verankert werden. Wird dieses Programm dann gestartet, so werden während des Programmstarts die Verweise auf die externen DLL-Funktionen durch Suchen in den Betriebssystem-DLLs befriedigt. Dabei wird folgende Suchreihenfolge eingehalten.

1. Das Heimatverzeichnis des laufenden Programms

2. Das aktuelle Verzeichnis

3. Das WINDOWS-Systemverzeichnis

4. Das WINDOWS-Verzeichnis

5. Alle Verzeichnisse, die in der PATH-Variable definiert wurde

Da das Programm zu diesem Zeitpunkt noch nicht gestartet ist, kann bei fehlerhafter Suche (eine DLL-Funktion wurde nicht gefunden) das Programm bereits vor Programmstart abgebrochen und eine entsprechende Fehlermeldung angezeigt werden.

Sind so alle DLL-Funktionen gefunden worden, so wird der Programmcode selbst noch während der Startphase dahingehend geändert, daß die Verweise auf die externen DLL-Funktionen durch die entsprechenden, gefundenen Adressen dieser Funktionen ersetzt werden.

Ist dieser Prozeß abgeschlossen, so wird das so präparierte Programm gestartet und ausgeführt. An den entsprechenden Programmstellen wird dann auf die aktuellen Adressen der DLL-Funktionen verzweigt.

3.6.2   Dynamisches Binden während der Ausführung (Run time dynamic linking)

Diese Art des Ansprechens externer DLL-Funktionen wird dann gewählt, wenn innerhalb des Programmcodes logisch vor Aufruf einer DLL-Funktion die Funktion `LoadLibrary()` ausgeführt wird, die eine gesamte DLL zur Verfügung stellt. Bei Ausführung dieser Funktion wird das gesamte DLL-Modul in den Adreßraum des aufrufenden Prozesses kopiert; damit stehen alle DLL-Funktionen dieser DLL zur Verfügung.

Bevor nun die eigentliche DLL-Funktion ausgeführt werden kann, muß mittels der Funktion `GetProcAdress()` aus dem vorher geladenen DLL-Modul die Adresse der DLL-Funktion ermittelt werden.

Da dieser Prozeß während der Abarbeitung des eigentlichen Programmes abläuft, besteht keine Notwendigkeit zum Einbinden des Funktionscodes oder zur Einbindung der Funktionsadressen. Statt dessen wird unmittelbar auf die Adresse innerhalb des DLL-Moduls im Kernspeicher verzweigt, wenn die DLL-Funktion aufgerufen wird.

Dieses Vorgehen ermöglicht es, mit nur einer Kopie der DLL im Kernspeicher den Aufruf ein- und derselben DLL-Funktion aus mehreren Prozessen heraus mit nur dieser DLL-Kopie zu befriedigen. Es muß damit der Funktionscode nicht mehrfach im Kernspeicher gehalten werden.

Sobald eine DLL nicht mehr genutzt wird, wird der Kernspeicherbereich mittels der Funktion FreeLibrary() wieder freigegeben.

Unabhängig von der Art des Aufrufs der DLL-Funktion gelten folgende Regeln.

- Jede DLL-Funktion wird im Rahmen des Threads und Prozesses ausgeführt, von dem aus sie aufgerufen wird.

- Der aufrufende Thread kann Objekte, die von der DLL-Funktion erzeugt werden (Handle) verwenden und umgekehrt.

- Die DLL-Funktion benutzt den Stack des Threads und den Adreßraum des aufrufenden

- Sollte die DLL-Funktion Speicherbereich anfordern, so wird dieser im Speicherbereich des Prozesses eingerichtet.

- Sollten globale Variablen innerhalb der DLL deklariert worden sein, so können alle Threads des Prozesses auf diese Variablen zugreifen.

Insgesamt bieten sich folgende Vorteile bei der Verwendung von DLL-Funktionen.

- Es muß nur eine einzelne Kopie der DLL im Kernspeicher gehalten werden; trotzdem können mehrere Prozesse auf die darin enthaltenen Funktionen zugreifen.

- Darüberhinaus ist die Änderung der Funktionalität von DLL-Funktionen einfach zu realisieren. Es muß lediglich die innerhalb der DLL definierte Funktion geändert werden; dabei muß der Funktionskopf erhalten bleiben. Eine Änderung der Programme, die eine solche Funktion verwenden, erübrigt sich.

3.6.3   Moduldefinitionsdatei

Diese Datei, die mit der Dateierweiterung DEF gekennzeichnet wird, enthält Angaben zur Kompilation der DLL. Beim Kompilationsprozeß der DLL muß eine Import Bibliothek (LIB) und eine Exportdatei (EXP) angelegt werden. Bei der

Bildung der DLL wird die Moduldefinitionsdatei nach Angaben bzgl. dieser beiden Objekte untersucht. Die Datei muß damit folgende Einträge obligatorisch enthalten.

1. Zunächst eine Benennung der anzulegenden Bibliothek (.LIB).

```
LIBRARY dllname
```

2. Dann ein Abschnitt, in dem die nach außen bekanntzugebenden Funktionen der DLL namentlich aufgeführt werden.

```
EXPORTS
funktionsname_1 @1
funktionsname_2 @2
...
funktionsname_3 @3
```

Programmierung

Das die DLL-Funktionen aufrufende Programm ist schnell vorgestellt.

```
// Funktionsprototypen
ATOM MyRegisterClass(CONST WNDCLASS*);
BOOL InitApplication(HINSTANCE);
BOOL InitInstance(HINSTANCE, int);
LRESULT CALLBACK WndProc(HWND, UINT, WPARAM, LPARAM);
```

Die DLL-Funktion wird als Prototyp genannt; normalerweise steht dies im entsprechenden Headerfile. Diese Funktion ist in der DLL `dlldef.dll` definiert; sie wird als Load Time Linking benutzt

```
VOID dllfunktion1(HWND);
```

Die folgende DLL-Funktion ist als Run Time Linking zu benutzen; sie ist in der DLL `dllrunt.dll` definiert. Diese DLL wird nicht an dieses EXE angelinkt, sondern zur Laufzeit dynamisch geladen!

```
VOID dllfunktionRunTime(HWND);
```

Die DLL-Funktionen werden dann, je nach ihrer Anbindungsart, wie folgt aufgerufen.

```
case IDM_START1:{
```

Die DLL-Funktion kann hier einfach aufgerufen werden, da die zuständige DLL (dlldef.dll) mittels ihrer Bibliotheksdatei dlldef.lib an diese EXE-Datei angebunden wurde.

Damit konnte der Linker einen Verweis auf die DLL-Funktion einbinden – die Anfangsadresse der Funktion ist damit bekannt und kann hier angesprungen werden.

```
dllfunktion1(hWnd);
}
break;

case IDM_START2:{

HINSTANCE hinstLibrary;
FARPROC ProcAdresse;
```

Hier soll erst zur Laufzeit – nicht zur Ladezeit – eine DLL-Funktion aufgerufen werden. Dies wird natürlich nur dann überhaupt ausgeführt, wenn dieser logische Programmpunkt erreicht wird!

Das Laden der DLL findet also nur dann statt, wenn die Funktion auch wirklich benötigt wird.

Zuerst muß die DLL geladen werden...

```
hinstLibrary = LoadLibrary("DLLRUNT");
```

...erst danach kann die Anfangsadresse der benötigten DLL-Funktion ermittelt werden.

```
ProcAdresse = GetProcAddress(hinstLibrary,
                    "dllfunktionRunTime");
```

Nur, wenn eine Anfangsadresse gefunden wurde (Wert ungleich 0), wird die Funktion auch ausgeführt.

```
if( ProcAdresse )
(ProcAdresse) (hWnd);
```

Die DLL kann jetzt wieder freigegeben werden; sie wird erst
dann vollständig aus dem Kernspeicher entfernt, wenn kein
Thread sie mehr benötigt (was hier aber wohl der Fall ist).

```
FreeLibrary
  ((HMODULE)hinstLibrary);
}
break;
```

Die eigentlichen DLL-Funktionen (je DLL eine Funktion im
Beispiel) schreiben sich wie folgt; wir beginnen mit der DLL,
die zur Ladezeit angebunden wird (loadtime linking).

Zunächst muß die Funktion in der Datei dlldef.def exportiert werden; nicht alle Funktionen innerhalb der DLL sollen
ja vielleicht von außen sichtbar sein – sie werden dann einfach nicht exportiert!

```
; Die DEF -Datei exportiert die Funktionsnamen der DLL

LIBRARY DLLDEF

CODE PRELOAD MOVEABLE DISCARDABLE
DATA PRELOAD SINGLE

EXPORTS
 dllfunktion1 @1
```

Die Funktion wird dann in dlldef.c codiert; offensichtlich ist
dies nichts Besonderes.

```
#include <windows.h>

VOID dllfunktion1(HWND hWnd)
{
 HDC hdc;
 char puffer[64];

 RECT rect;

hdc = GetDC(hWnd);
GetClientRect(hWnd, &rect);
```

```c
strcpy(puffer, "Testausgabe durch DLL-Funktion");

TextOut(hdc,
        rect.right / 2,
        rect.bottom / 2,
        puffer,
        strlen(puffer));


 ReleaseDC(hWnd, hdc);
}
```

Damit die Funktion auch wirklich angebunden werden kann, wenn das Programm gestartet wird, muß die bei der Kompilation der DLL erzeugte Bibliothek `dlldef.lib` angebunden werden. Erst damit wird die Anfangsadresse der DLL-Funktion erkennbar und ins EXE einbindbar.

Dieses Problem entfällt bei der zweiten Linkmethode, dem runtime linking (Laufzeitanbindung). Wieder muß die DLL-Funktion exportiert werden...

```
; Die DEF -Datei exportiert die Funktionsnamen der DLL

LIBRARY DLLRUNT

CODE PRELOAD MOVEABLE DISCARDABLE
DATA PRELOAD SINGLE

EXPORTS
 dllfunktionRunTime @1
```

...und wieder ist die Codierung der DLL nichts Neues:

```c
#include <windows.h>

VOID dllfunktionRunTime(HWND hWnd)
{
 HDC hdc;
 char puffer[64];
 RECT rect;
 hdc = GetDC(hWnd);
```

```
GetClientRect(hWnd, &rect);

strcpy(puffer,
       "Testausgabe durch Run Time DLL-Funktion");
TextOut(hdc,
        rect.left + 10,
        rect.top + 10,
        puffer,
        strlen(puffer));

ReleaseDC(hWnd, hdc);
}
```

3.7   Strukturierte Ausnahmebehandlung (SEH)

Die strukturierte Behandlung von Ausnahmesituationen (structured exeption handling) oder kurz SEH behandelt die Art von Programmfehlern, die ohne dieses Hilfsmittel nicht aufgefangen werden könnten und zu einem unkontrollierten Programmende (Programmabsturz) führen würde.

Die meisten Syntaxfehler in einem Programm werden von einem Compiler oder vom Linker entdeckt.

Logische Programmfehler lassen sich mit Hilfe leistungsfähiger Debugger leicht aufspüren und während eines Programmtests eliminieren. Es scheint aber unmöglich, alle logischen Programmfehler, die ja von der dynamischen Parametersituation des Programms abhängen können, im Vorhinein aufzuspüren.

Es muß also damit gerechnet werden, daß trotz intensiver Fehlersuche Programmsituationen auftreten können, die so nicht vorhersehbar waren und Fehlersituationen hervorrufen, die zu einem Programmabbruch führen. Standardbeispiel hierfür ist ein ungültiger Speicherzugriff, weil z. B. ein falscher Zeiger emittelt wurde oder zu lange Daten in einen Speicherbereich kopiert werden und damit andere, wichtige Programmdaten überschreiben.

Gute Programme fangen die meisten dieser Situationen zwar durch Kontrollabfragen nachfolgender Art ab.

```
HANDLE hDatei;

 hDatei = CreateFile("NEUDATEI.TXT
                GENERIC_READ,
                FILE_SHARE_READ
                (LPSECURITY_ATTRIBUTES) NULL,
                OPEN_EXISTING,
                FILE_ATTRIBUTE_NORMAL,
                (HANDLE) NULL);

 if (hDatei == INVALID_HANDLE_VALUE) {
     ErrorHandler("Fehler beim Dateiöffnen");
 }
```

In diesem Fall wird zunächst versucht, eine Datei zu öffnen; da nicht sichergestellt ist, daß die Funktion korrekt ausgeführt wird, wird anschließend das zurückgegebene Handle der Datei auf Gültigkeit hin untersucht und ggf. eine geregelte Fehlerbehandlung eingeleitet.

Allerdings wird eine solche Sicherheitsabfrage nicht in allen Fällen möglich sein; ggf. bricht das System schon während der Ausführung einer Funktion zusammen, ohne daß anschließend noch die Möglichkeit zu einer Fehlerabfrage gegeben wäre. Dies wird in der Regel dann der Fall sein, wenn Speicherschutzverletzungen oder fehlerhafte Hardware-Zugriffe durchgeführt werden sollen.

An dieser Stelle greift man auf das SEH zurück. Damit ist es möglich, auch die letzten „Absturzursachen" in einem Programm unter Kontrolle zu bringen und damit ausgesprochen robuste und benutzerfreundliche Programme zu generieren. Zwar mag nach einem Ausnahmereignis (exeption) eine korrekte Weiterführung des eigentlichen Programms unmöglich sein; immerhin aber wird das Programm nicht kommentarlos und ohne Fehlermeldung oder korrekte Endebehandlung (z. B. Rettung der Benutzerdaten) abgebrochen.

3.7.1   Syntax

Die nachfolgend beschriebene Implementierung ist unter MICROSOFT C++ 2.0 ff. verfügbar. Es gibt zwei prinzipiell unterschiedliche Möglichkeiten der Ausnahmebehandlung.

Die erste Möglichkeit besteht darin, die Weiterverarbeitung des Programms wiederherzustellen. Das Programm soll also nicht geregelt abgebrochen, sondern die Weiterverarbeitung möglichst sichergestellt werden. Hierzu wird ein Block nachfolgender Syntax definiert.

```
try {
```

Hier steht die Operation, die überwacht werden soll. Dies kann z. B. ein schreibender Speicherzugriff sein

```
}
except (Filterausdruck) {
```

Hier kommt der Code, der bei Auftreten einer Ausnahme (exeption), die dem angegebenem Filter entspricht, abgearbeitet wird.

```
}
```

Der Filterausdruck hat typischerweise die Form

```
GetExceptionCode() == EXCEPTION_ACCESS_VIOLATION ?
        EXCEPTION_EXECUTE_HANDLER :
        EXCEPTION_CONTINUE_SEARCH
```

Dabei sind die beiden Bearbeitungsalternativen aus der Menge

`EXCEPTION_EXECUTE_HANDLER`	Der Ausnahmebehandlungsblock wird ausgeführt
`EXCEPTION_CONTINUE_SEARCH`	Es wird nach einer anderen Ausnahmebehandlung gesucht
`EXCEPTION_CONTINUE_EXECUTION`	Es wird einfach versucht, den Thread weiter zu bearbeiten

ausgewählt; die Art des Ausnahmeereignisses stammt aus der Menge

`EXCEPTION_ACCESS_VIOLATION`	Es wird ein lesender oder schreibender Zugriff auf einen virtuellen Speicherbereich versucht, der nicht freigegeben ist.
`EXCEPTION_BREAKPOINT`	Ein Breakpoint ist gefunden worden.
`EXCEPTION_DATATYPE_-MISALIGNMENT`	Es wurde eine Datenein- oder Ausgabe versucht, die den Anforderungen der Datenausrichtung auf dem Gerät widersprach. (z. B. 32-Bitwerte auf 4-Byte-Grenzen).
`EXCEPTION_SINGLE_STEP`	Eine Einzelschritt-Anweisung ist gefunden worden.
`EXCEPTION_ARRAY_-BOUNDS_EXCEEDED`	Es soll ein Feldzugriff über die Feldgrenzen hinaus gemacht werden.
`EXCEPTION_FLT_DENORMAL_OPERAND`	Es wurde eine Fließ,Operation versucht, bei der ein Operand abnormal ist. Dies kann z. B. dann der Fall sein, wenn einer der Operanden zu klein ist.
`EXCEPTION_FLT_DIVIDE_BY_ZERO`	Eine Fließ,Division durch 0 wurde versucht.
`EXCEPTION_FLT_INEXACT_RESULT`	Das Ergebnis einer Fließ,Operation kann nicht exakt genug dargestellt werden.
`EXCEPTION_FLT_-INVALID_OPERATION`	Irgendein anderer Fließ,Fehler ist aufgetreten.
`EXCEPTION_FLT_OVERFLOW`	Der Exponent in der Fließ,Darstellung eines Operanden ist zu groß geworden.
`EXCEPTION_FLT_STACK_CHECK`	Aufgrund einer Fließ,Operation ist ein Stack-Fehler aufgetreten.
`EXCEPTION_FLT_UNDERFLOW`	Der Exponent einer Fließ, Zahl ist zu klein.
`EXCEPTION_INT_DIVIDE_BY_ZERO`	Es soll eine Integer-Division durch 0 erfolgen.
`EXCEPTION_INT_OVERFLOW`	Das Ergebnis einer Integer-Operation ist zu groß.

EXCEPTION_PRIV_INSTRUCTION	Ein privilegierter Maschinenbefehl soll ausgeführt werden, der im aktuellen Prozessormodus verboten ist.
EXCEPTION_NONCONTINUABLE_-EXCEPTION	Nach einer Ausnahmesituation kann die Weiterausführung des Threads nicht durchgeführt werden.

Die zweite Möglichkeit einer Ausnahmebehandlung besteht darin, zunächst wie bereits oben beschreiben, einen blocküberwachten Codes zu definieren. Danach wird ein zusätzlicher Codeblock definiert, der in jedem Fall ausgeführt wird, unabhängig davon ob innerhalb des geschützten Codeblocks ein Ausnahmereignis eingetreten ist oder nicht.

```
try {

    /* Überwachter Bereich */

}
finally {

    /* Dieser Block wird garantiert ausgeführt */

}
```

Diese Möglichkeit wird also dann ausgenutzt, wenn vom Programmierer im überwachten Block das Auftreten eines Fehlers erwartet wird oder zumindest von der Programmierung her nicht ausgeschlossen werden kann, gleichzeitig aber der nachfolgend definierte Anweisungsblock in jedem Fall ausgeführt werden muß.

Dies wird insbesondere dann der Fall sein, wenn das Ausnahmereignis ein Weiterführen des Programms oder des Threads unmöglich macht.

In diesem Fall wird in der `finally`-Sektion der Ausnahmebehandlung eine sinnvolle Endebehandlung des Threads oder des Prozesses (also des Programms) durchgeführt. Hierzu werden die beiden Funktionen `ExitThread()` oder `Exit-Process)` verwendet. Um aber sicherzustellen, daß tatsächlich im überwachten Block ein Ausnahmeereignis eingetreten ist, muß innerhalb des `finally`-Blocks die Funktion `Abnormal-Termination()` aufgerufen werden, mit deren Hilfe festgestellt werden kann, ob in dem überwachten Block eine Ausnahmesituation aufgetreten ist oder nicht. In Abhängigkeit von der Antwort dieser Funktion kann dann eine Endebehandlung durchgeführt werden oder nicht. Die oben beschriebenen SEH-Blöcke können entsprechend ineinander geschachtelt werden.

Programmierung

Ein kurzes Programmbeispiel macht die Programmierung unmittelbar deutlich; besondere Bibliotheken oder Headerfiles sind nicht nötig.

```
case IDM_START1:{
int x, y;
x = 0;
```

Dieses Beispiel zeigt eine geschützte Ausnahmebehandlung; der Fehler ist eine Division durch 0.

```
_try {
y = 1/x;;
}
```

Dieser Block wird im Fehlerfall abgehandelt; hier würde im Ernstfall versucht zu retten, was zu retten ist – z. B. könnten hier Programmdaten in eine Datei gerettet werden, bevor das programm beendet wird.

```
_except (GetExceptionCode() ==
   EXCEPTION_INT_DIVIDE_BY_ZERO){
     y = 0;
}
}
break;
case IDM_START2:{
int x, y;
x = 0;
```

Dieses Beispiel zeigt eine nichtgeschützte Ausnahmesituation; der Fehler ist eine Division durch 0.

```
MessageBox(hWnd,
        "Jetzt folgt eine ungeschützte Division
         durch 0. Das Programm stürzt dann ab",
        "INT Division durch 0",
        MB_OK);
```

Tatsächlich bricht das Programm hier unkontrolliert ab (was auch sonst).

```
y = 1/x;
}
break;
```

3.8   Fehlerbehandlung

Ausnahmesituationen, die durch Fehler, wie z. B. die Division durch 0, auftreten können, werden durch den SEH-Mechanismus abgefangen. Darüberhinaus können aber noch weitere Programmfehler während der Laufzeit des Programms auftreten, die innerhalb einer Funktion eines API stattfinden und lediglich durch den Rückgabewert der Funktion dokumentiert werden.

Die meisten API-Funktionen geben einen solchen Fehlercode zurück. Dies sind in den meisten Fällen die Werte:

- FALSE

- NULL

- 0xFFFFFFFF

- -1

An diesen Rückgabewerten ist in der Regel nicht zu erkennen, welcher Art der innerhalb der API-Funktion aufgetretene Fehler im Detail ist.

Tatsächlich benutzen die meisten API-Funktionen aber ein internes Fehlerregister, das detailliertere Informationen über den innerhalb der Funktion aufgetretenen Fehler beinhaltet. Dieses interne Fehlerregister wird mittels der Funktion `GetLastError()` abgefragt.

Dieser interne Fehlercode wird innerhalb der API-Funktion mittels der Funktion `SetLastError()` gesetzt. Alle diese Fehlercodes, ihr Konstantenname und ihre Erläuterung sind aus der Systemdatei `WINERROR.H` zu entnehmen.

Es gibt nun eine Reihe von Funktionen, die genutzt werden können, um den Benutzer vom Eintreten eines irgendwie gearteten Fehlers oder einer ungewöhnlichen Programmsituation zu informieren bzw. zu warnen.

Die Funktionen

`Beep()`

`MessageBeep()`

`FlashWindow()`

informieren den Programmbenutzer durch einen Signalton bzw. ein optisches Signal vom Vorliegen einer Ausnahmesituation.

Da das Betriebssystem von sich aus bei Vorliegen bestimmter Fehlerarten (z. B. Festplatten- oder Diskettenfehler) eine Nachrichtenbox erzeugt, um den Programmbenutzer vom Vorliegen der Ausnahmesituation zu informieren, sieht das API eine Möglichkeit vor, die automatische Ausgabe solcher Nachrichtenboxen zu unterdrücken.

Die Funktion `SetErrorMode()` ermöglicht das Einstellen des Betriebssystemverhaltens bei Fehlersituationen.

Abhängig von der Art des eingetretenen Fehlers können nachfolgende Situationen auftreten.

Fehler korrigierbar

Threadabbruch	`ExitThread()`
Prozeßabbruch	`ExitProcess()`
Programmende	`ExitWindowsEx (EWX_FORCE, NULL)`
Ende aller Taskprogramme Abmelden der Task	`ExitWindowsEx(EWX_LOGOFF, NULL)`
Runterfahren des gesamten Systems Stromabschalten (falls unterstützt)	`ExitWindowsEx(EWX_ POWEROFF, NULL)`
Runterfahren des gesamten Systems Neustarten des Systems	`ExitWindowsEx(EWX_REBOOT, NULL)`
Runterfahren des gesamten Systems	`ExitWindowsEx(EWX_ SHUTDOWN, NULL)`

Informationen an den Programmbenutzer können entweder durch eine selbstdefinierte Dialogbox oder (einfacher) mittels der Funktion MessageBox() ausgegeben werden.

4 Dateien

4.1 Dateisysteme

Das API unterstützt mehrere unterschiedliche Dateisysteme. Die aktuell auf einem bestimmten Computer verfügbaren Dateisysteme hängen von der Konfiguration des Computers ab; eine WIN32-Applikation kann eines der nachfolgend aufgeführten Dateisysteme benutzen.

Jedes dieser Dateisysteme unterstützt mehrere DLL-Bibliotheken, die die unterschiedlichen Datenformate und sonstigen Leistungen des jeweiligen Dateisystems unterstützen.

Vor diesem Hintergrund muß empfohlen werden, vor dem ersten Zugriff auf ein physikalisches Speichergerät (Festplatte) zunächst Informationen über Art und Umfang der auf diesem Gerät unterstützten Dateisysteme einzuholen. Hierzu wird die Funktion GetVolumeInformation() benutzt.

```
BOOL GetVolumeInformation(
```

LPCTSTR lpRootPathName	Adresse eines Strings, der den Namen des Wurzelverzeichnisses des Gerätes enthält. Hier ist der Wert NULL anzugeben, falls das aktuell benutzte Gerät verwendet werden soll.
LPTSTR lpVolumeNameBuffer	Adresse eines Puffers, der den Gerätenamen enthält.
DWORD nVolumeNameSize	Länge des Puffers, der den Gerätenamen enthält.
LPDWORD lpVolume SerialNumber	Adresse einer Variable, die die Geräte-Seriennumer enthält. Hier kann auch der Wert NULL angegeben werden.

```
LPDWORD  lpMaxi-
mumComponentLength
```
Die Maximallänge eines Dateinamens, der vom auf dem aktuellen Gerät benutzten Dateisystem unterstützt wird, muß hier angegeben werden.

```
LPDWORD
lpFileSystemFlags
```
Die Systemeinstellungen des Dateisystems müssen hier angegeben sein. Es können dabei alle Kombinationen der nachfolgend genannten Konstanten benutzt werden; Ausnahmen werden separat genannt.

`FS_CASE-_SENSITIVE`	Dateinamen werden nach Groß- und Kleinbuchstaben unterschieden.
`FS_UNICODE-_STORED_ON-_DISK`	Es werden Unicode-Zeichen innerhalb Dateinamen unterstützt.
`FS-_PERSISTENT-_ACLS`	Das Dateisystem unterstützt Liste, die den benutzerspezifischen Zugriff auf einzelne Dateien kontrolliert. Diese Systemeigenschaft wird z. Zt. ausschließlich von WINDOWS NT unterstützt.
`FS_FILE-_COMPRESSION`	Das Dateisystem unterstützt die Dateikomprimierung.
`FS_VOL_IS-_COMPRESSED`	Der Inhalt des Gerätes wurde bereits einer Komprimierung unterzogen.

```
LPTSTR  lpFile-
SystemNameBuffer
```
Adresse eines Puffers, der die Kurzbezeichnung des Dateisystems enthält.

```
DWORD  nFile-
SystemNameSize
);
```
Länge dieses Puffers.

Grundsätzlich sollten, falls keine anderen Angaben durch diese Informationsfunktion ermittelt werden, mindestens 260 Zeichen für die Länge des Dateinamens vorgesehen werden.

1. New Technology file system (NTFS)

Grundsätzlich kann man NTFS als Obermenge der Eigenschaften von FAT und HPFS bezeichnen. Das NTFS unterstützt lange Dateinamen wie das HPFS, darüber hinaus werden aber auch Unicode-Dateinamen sowie eine große Anzahl von Sicherheitsfunktionen unterstützt. Ein weiterer wesentlicher Unterschied besteht darin, daß NTFS die automatische Wiederherstellung der Datenkonsistenz nach CPU-Fehlern, Systemabstürzen und allgemeinen Datenaustauschfehlern beim Lesen und schreiben auf das Speichergerät unterstützt.

2. File allocation table (FAT) file system

   Dieses Dateisystem, das bereits unter dem altbekannten MS-DOS-Betriebssystem verwendet wurde, unterliegt strengen Beschränkungen bzgl. Länge und Zeichensatz bei Dateinamen. Jeder Dateiname darf maximal 8 Buchstaben lang sein und kann um eine maximal dreistellige Datei-Attributangabe verlängert werden.

   Die Betriebssysteme MS-DOS, MICROSOFT WINDOWS und OS/2 unterstützten dieses Dateisystem. FAT hat darüber hinaus aktuelle Bedeutung, da es das einzige Dateisystem ist, das auf wechselbaren Medien (z. B. Disketten) unterstützt wird.

3. Protected-mode FAT file system

   Dieses Dateisystem ist kompatibel zu dem unter (2) beschriebenen FAT-System. Zusätzlich werden lange Dateinamen mit maximal 255 Zeichen akzeptiert.

4. High-performance file system (HPFS)

   Unter HPFS können Dateinamen mit maximal 254 Zeichen unterstützt werden. Darüberhinaus können in der den Dateinamen definierenden Zeichenkette Sonderzeichen verwendet werden, die unter FAT verboten sind. Es kann gewählt werden, ob Groß- und Kleinschreibung unterschieden wird.

4.2   Handhabung von Dateien

WINDOWS 95 handhabt das Kreieren, Speichern und Abrufen von Daten in Dateien auf Datenträgern durch eine eigene Funktionsschnittstelle; aus Kompatibilitätsgründen zu früheren Betriebssystemversionen und wohl auch aus Rücksicht auf die Portabilität alter Programmcodes werden darüber hinaus bekannte Ein-/Ausgabefunktionen aus MS-DOS-Zeiten unterstützt.

Um die Aufwärtskompatibilität zu folgenden Betriebssystemversionen zu gewährleisten, wird dringend empfohlen, die neu definierten WINDOWS-Funktionen zu benutzen.

WINDOWS unterstützt die o. g. Dateisysteme. In diesem Zusammenhang ist es wichtig zu betonen, daß je Speichergerät zwar genau ein Dateisystem ausgewählt werden muß, systemweit aber durchaus unterschiedliche Dateisysteme Verwendung finden können.

So können je nach Anforderung an Sicherheit, Datenintegrität und Ein-/ausgabeleistung je Speichergerät ein unterschiedliches Dateisystem gewählt werden. Die volle Leistung des Sicherheitsstandards des Dateisystems NTFS steht allerdings nur unter WINDOWS NT zur Verfügung und wird hier nicht weiter beschrieben.

Ähnlich wie bei der Grafikausgabe liegt auch bei der Datenein-.und Ausgabe ein spezieller Gerätetreiber zwischen der Funktionsschnittstelle des API und dem eigentlichen physikalischen Gerät. Sämtliche Funktionsaufrufe werden mittels dieses Gerätetreibers interpretiert und ggf. an das Gerät weitergegeben.

Wichtig ist in diesem Zusammenhang, daß unabhängig vom verwendeten Dateisystem, die Funktionsschnittstelle des API unverändert und in gleicher Funktionalität verwendet werden kann. Berücksichtigt also der Programmcode durch geeignete Initialisierungsabfragen die Besonderheiten des aktuell verwendeten Dateisystems, so kann jeglicher Ein-/Ausgabecode unabhängig vom aktuellen Dateisystem unverändert verwendet werden.

4.3 Konventionen für Dateinamen

Unabhängig davon, daß die unterschiedlichen Dateisystem verschiedenartige Regeln für die Benennung von Dateien definieren, gelten einige Grundregeln zur Dateibenennung für alle Dateisystem gleichzeitig.

Länge des Dateinamens	FAT	HPFS	NTFS
	8.3	254 (+\0)	255

Trennzeichen zwischen Pfadkomponenten	Backslash '\' oder Slash '/'
Verbotene Zeichen	Code [0,31] und explizit im jeweiligen System verbotene Zeichen, mindestens < > : " / \ |
Aktuelles Verzeichnis	Punkt '.'
Wurzelverzeichnis	2 Punkte ".."
Trenner zwischen Dateiname und Erweiterung	Punkt '.'
Verbotene, weil von WINDOWS reservierte Namen	z. B. aux, con, prn
Pfad als String	Die gesamte Pfadangabe muß als char-Folge mit abschließendem \0 programmiert werden
Pfad Maximallänge	MAX_PATH Bei Unicode-Namen sind längere Angaben erlaubt
Groß/Klein	Nicht darauf verlassen, daß immer Groß/Kleinschreibung unterschieden wird.

4.4   Dateioperationen

4.4.1   Öffnen

Das Neuanlegen (Kreieren) einer neuen Datei bzw. das Öffnen
einer bereits vorhandenen Datei zum erneuten Gebrauch wird
insgesamt durch die Funktion CreateFile() wie nachfolgend
beschrieben ausgeführt. Tatsächlich handhabt diese Funktion
auch eine Vielzahl weiterer Operationen und Objekte.

Sie ist deshalb zwar ausgesprochen umfangreich, bietet aber
dafür eine einheitliche Schnittstelle zum gesamten Bereich
des zur Verfügungstellens von Ein-/Ausgabeobjekten unter
WINDOWS 95.

```
HANDLE CreateFile(
```

LPCTSTR lpFileName	Puffer, in dem der Name des Ein-/Ausgabeobjektes definiert ist. Ein Ein-/Ausgabegerät kann hier eine Datei, eine Pipeline, eine Kommunikationsressource, ein physikalisches Gerät oder eine Eingabetastatur sein.
DWORD dwDesiredAccess	Hier wird die Art des Zugriffs auf das Ein-/Ausgabegerät beschrieben. Folgende Möglichkeiten sind gegeben.

	0	Dieser Modus wird verwendet, wenn lediglich Information über das Objekt abgefragt werden soll und tatsächlich kein Datentransfer bzgl. dieses Objektes stattfinden soll.
	GENERIC_READ	Es soll aus dem Objekt gelesen werden.
	GENERIC_WRITE	Es sollen Daten zu diesem Objekt gesendet werden.

DWORD dwShare- Mode	Hier wird festgelegt, inwieweit der Zugriff auf dieses Objekt mit anderen Prozessen und/oder Threads geteilt werden soll. Folgende Möglichkeiten sind gegeben.

	0	Das Objekt darf mit anderen Anfragen nicht geteilt werden.

`FILE_SHARE_READ`	Das Objekt darf prinzipiell für den lesenden Zugriff mit anderen Anfragen geteilt werden.
`FILE_SHARE_WRITE`	Das Objekt darf für den schreibenden Zugriff mit anderen Anfragen geteilt werden.
`LPSECURITY-` `_ATTRIBUTES` `lpSecurity-` `Attributes`	Zeiger auf eine nachfolgend beschriebene Struktur, die sämtliche Sicherheitsattribute des Ein-/Ausgabeobjektes beschreibt. Dieser Modus wird lediglich von bestimmten Dateisystemen (NTFS) unterstützt. Die Sicherheitsattribute stehen in der Regel nur unter WINDOWS NT zur Verfügung.
`typedef struct` `_SECURITY-` `_ATTRIBUTES {` `DWORD  nLength`	Länge der Struktur in Byte.
`LPVOID` `lpSecurity-` `Descriptor`	Zeiger auf eine Struktur, die den Sicherheitsmodus des Objektes angibt. Wird hier der Wert `NULL` angegeben, so wird die Voreinstellung für die Sicherheitseinstufung des Objektes angenommen. Der Aufbau der Struktur ist in der Dokumentation nicht offengelegt; eine Manipulation dieser Struktur ist nur durch einen Satz fest definierter Funktionen möglich. Diese Funktionen stehen lediglich unter WINDOWS NT zur Verfügung. Unter WINDOWS 95 kann hier also nur die Voreinstellung gewählt werden.
`BOOL  bInherit-` `Handle`	Hier wird festgelegt, inwieweit das erzeugte Objekthandle vererbbar ist oder nicht.
`} SECURITY-` `_ATTRIBUTES;`	

`DWORD`
`dwCreation-`
`Distribution`
	Hier wird festgelegt, welche Aktion stattfinden soll, wenn das Objekt existiert oder nicht existiert.

`CREATE_NEW`	Es soll immer ein neues Objekt erzeugt werden. Die Funktion geht fehl, wenn ein solches Objekt bereits existiert.
`CREATE_ALWAYS`	Es wird immer ein neues Objekt kreiert. Falls das Objekt bereits existiert, wird es überschrieben.
`OPEN_EXISTING`	Das Objekt soll geöffnet werden, falls es existiert. Falls es nicht existiert, geht die Funktion fehl. Dieser Modus ist immer dann zu wählen, wenn das Objekt eine Tastaturein-/ausgabe sein soll.
`OPEN_ALWAYS`	Das Objekt soll geöffnet werden, falls es existiert. Falls es nicht existiert, soll es neu kreiert werden.
`TRUNCATE_EXISTING`	Das existierende Objekt soll geöffnet werden. Falls das Objekt nicht existiert, geht die Funktion fehl. Der Inhalt eines so geöffneten existierenden Objektes wird auf die Länge 0 gekürzt.

`DWORD  dwFlags-` `AndAttributes`	Hier hinter verbirgt sich eine Vielzahl auswählbarer und untereinander kombinierbarer Objektattribute.

`FILE_ATTRIBUTE-` `_ARCHIVE`	Das Objekt wird als Archivobjekt deklariert. Es wird damit bei nachfolgenden Datensicherungsoperationen berücksichtigt.

`FILE_ATTRIBUTE-` `_COMPRESSED`	Das Objekt ist komprimiert. Ist das Objekt eine Datei, bedeutet das Attribut, daß alle Daten innerhalb der Datei komprimiert sind. Ist das Objekt ein Verzeichnis, bedeutet das Attribut, daß alle Dateien innerhalb dieses Verzeichnisses als Voreinstellung komprimiert werden.
`FILE_ATTRIBUTE-` `_NORMAL`	Es sind keine bestimmten Attribute für dieses Attribut ausgewählt. Dieses Attribut darf mit anderen Attributen nicht kombiniert werden, sondern lediglich alleine verwendet werden.
`FILE_ATTRIBUTE-` `_HIDDEN`	Das Objekt (meistens eine Datei) gilt als "versteckt". Es wird damit in normalen Auflistungen eines Ordnerinhaltes nicht aufgeführt.
`FILE_ATTRIBUTE-` `_READONLY`	Aus diesem Objekt darf nur gelesen, in dieses Objekt hinein nie geschrieben werden. Auch ist das Löschen oder Inhaltskürzen dieses Objektes verboten.
`FILE_ATTRIBUTE-` `_SYSTEM`	Das Objekt (eine Datei) ist Eigentum des Betriebssystems.
`FILE_FLAG_WRITE-` `_THROUGH`	Alle Ausgabefunktionen, die in dieses Objekt hinein schreiben, werden diese Ausgabeoperation direkt in dieses Objekt hinein durchführen. Irgendwelche zwischengeschalteten Zwischenspeicher (cache) werden ignoriert.

`FILE_FLAG-_OVERLAPPED`	Für dieses Objekt (meistens eine Datei) wird überlappendes Lesen und schreiben erlaubt. Hierzu muß die Funktion `Read-File()` oder `WriteFile()` eine entsprechende Struktur bereitstellen. Ist dieser Objektmodus gewählt, so können mehrere Operationen quasi gleichzeitig mit diesem Objekt ausgeführt werden.
`FILE_FLAG-_NO_BUFFERING`	Jegliche Art der Interaktion zwischen API-Funktion und dem Objekt selbst wird ohne Zwischenspeicherung durchgeführt. Dieser Modus wird insbesondere dann gewählt, wenn schnelle Ein-/Ausgaben bzgl. einer Datei durchgeführt werden sollen. Hierzu ist zu berücksichtigen, daß bei Dateizugriffen immer ein ganzzahliges Vielfaches der Sektorgröße der Datei (bzw. des Datenträger) bewegt werden müssen.
`FILE_FLAG-_RANDOM_ACCESS`	Es ist bei Dateien ein beliebiger, wahlweiser Datensatzzugriff erlaubt und unterstützt.
`FILE_FLAG-_SEQUENTIAL_SCAN`	Es wird lediglich ein sequentieller Datensatzzugriff bei Dateien erlaubt. Dieser Modus ist dann sinnvoll zu wählen, wenn eine große Anzahl hintereinander liegender Datensätze bewegt werden soll.
`FILE_FLAG_DELETE-_ON_CLOSE`	Das Objekt soll gelöscht werden, sobald der letzte Lese- bzw. Schreibzugriff geschlossen wurde. Dieser Modus wird insbesondere dann sinnvoll verwandt, wenn temporäre Dateien

	nach Erledigung der mit ihnen verbundenen Aufgabe automatisch gelöscht werden sollen.
`FILE_FLAG_BACKUP-_SEMANTICS`	Diese Option steht nur unter WINDOWS NT zur Verfügung. Sie steuert das Datensicherungsverhalten der Datei.
`FILE_FLAG_POSIX-_SEMANTICS`	Die mit diesem Attribut kreierte Datei steht einem Zugriff unter POSIX-Regeln zur Verfügung. Sie kann u. U. von Programmen, die für MS-DOS, WINDOWS 3.x oder WINDOWS NT geschrieben wurden, nicht genutzt werden.
`SECURITY_ANONYMOUS`	Ist das Objekt eine Pipeline, so wird der Klient als anonym angenommen.
`SECURITY-_IDENTIFICATION`	Ist das Objekt eine Pipeline, so wird der Klient als identifizierbar angenommen.
`SECURITY-_IMPERSONATION`	Ist das Objekt eine Pipeline, so wird der Klient als neutral angenommen.
`SECURITY-_DELEGATION`	Ist das Objekt eine Pipeline, so wird der Klient als delegierbar angenommen.
`SECURITY_CONTEXT-_TRACKING`	Ist das Objekt eine Pipeline, so wird der Sicherheitsmodus als dynamisch angenommen.
`SECURITY-_EFFECTIVE_ONLY`	Ist das Objekt eine Pipeline, so werden nur seitens des Klienten freigegebene Sicherheitsmodi verfügbar gemacht.
`HANDLE hTemplateFile`	Es wird ein Objekt (eine Datei) mit dem Modus `GENERIC_READ` kreiert, das ansonsten kompatibel zum hier angegebenen Template (Vorlage) ist.

```
);
```

Der Rückgabewert dieser Funktion ist, falls sie erfolgreich durchgeführt wurde, ein gültiges Handle für das kreierte Objekt.

4.4.2   Löschen und Schließen

Natürlich muß ein solches Handle baldmöglichst nach Gebrauch, wie jede andere Systemressource auch, freigegeben werden.

Sämtliche mittels der Funktion CreateFile() definierten Objekte müssen abschließend mit der Funktion CloseHandle() gelöscht werden.

Diese Objekte sind im einzelnen

- Konsolein/ausgabe (z. B. Tastatur)

- Datei

- Dateiüberlappung

- Mutex

- benannte Pipeline

- Prozeß

- Semaphore

- Thread

Um explizit eine bestehende Datei zu löschen, die aktuell vorher geschlossen werden muß, benutzt man die Funktion DeleteFile().

Hiermit wird die sogenannten Datei auf dem Datenträger (zumindest im Datenträgerverzeichnis) gelöscht. Eine physikalische Löschung der mit der Datei verbundenen Daten (Überschreiben des Dateiinhaltes) wird hierbei nicht durchgeführt.

4.4.3 Kopieren

Eine weitere Operation, die mit Dateiobjekten durchgeführt werden kann, ist das Kopieren einer bestehenden Datei zu einer neuen logischen Position und/oder in eine neue Datei mittels der Funktion `CopyFile()`.

Das Verschieben einer bestehenden Datei zu einer neuen logischen Position wird mittels `MoveFile()` durchgeführt.

4.4.4 Suchen

Auch das Suchen einer Datei in einem festgelegten Verzeichnis ist möglich. Der Suchvorgang wird mittels der Funktion `FindFirstFile()` eingeleitet und logisch mittels der Funktion `FindClose()` abgeschlossen. Innerhalb dieser logischen Funktionsklammer kann mittels `FindNextFile()` die Suche nach weiteren Dateien, die das gegebene Suchmuster erfüllen, fortgeführt werden. Bei der Definition des Suchmusters dürfen die bekannten Platzhalterzeichen (Multiplikationszeichen und Fragezeichen) verwendet werden. Bei diesen Suchfunktionen spielt die nachfolgende Struktur eine zentrale Rolle; in ihr werden alle Informationen über die gefundene Datei abgelegt.

```
typedef struct _WIN32_FIND_DATA {
```

`DWORD` `dwFileAttributes`	Die Dateiattribute der gefundenen Datei werden spezifiziert. Neben den bereits weiter oben definierten Dateiattributen sind hier nachfolgend genannte, zusätzliche Angaben möglich.
`FILE_ATTRIBUTE-` `_DIRECTORY`	Die Datei ist ein Verzeichnis.
`FILE_ATTRIBUTE-` `_TEMPORARY`	Die Datei ist eine temporäre Datei.
`FILETIME` `ftCreationTime`	Datum und Zeitpunkt der Dateikreation.
`FILETIME ftLast-` `AccessTime`	Datum und Zeitpunkt des letzten Dateizugriffs.

`FILETIME` `ftLastWriteTime`	Datum und Zeitpunkt des letzten schreibenden Zugriffs auf die Datei.
`DWORD` `nFileSizeHigh`	Größe der Datei in Byte. Die Dateigröße ist wie folgt codiert. `(nFileSizeHigh * MAXDWORD) + nFileSizeLow`
`DWORD` `nFileSizeLow`	Siehe oben.
`DWORD` `dwReserved0`	Reserviert für zukünftige Nutzung.
`DWORD` `dwReserved1`	Reserviert für zukünftige Nutzung.
`TCHAR cFileName` `[ MAX_PATH ]`	Name der Datei.
`TCHAR cAlterna-` `teFileName[14]`	Alternativer Dateiname.
`} WIN32_FIND_DATA;`	

Weitere Informationsfunktionen, die detaillierte Informationen über eine bestimmte Datei bzw. über ein bestimmtes Ein-/Ausgabeobjekt einholen, sind die Funktionen

`GetFileAttributes`	Die definierten Objektattribute werden ermittelt.
`GetFileType`	Die Art des Ein-/Ausgabeobjektes wird ermittelt.
`GetFileSize`	Die Größe der Datei wird ermittelt.
`GetFullPathName`	Die exakte logische Lage des Objektes (der Datei) innerhalb einer Verzeichnisstruktur wird ermittelt.
`GetFileTime`	Alle zu einer Datei gehörenden Zeitangaben werden ermittelt.

4.5 Verzeichnisse

Der Umgang mit Verzeichnissen wird durch einige Funktionen unterstützt.

`CreateDirectory`	Neuanlegen eines Verzeichnisses.
`RemoveDirectory`	Löschen eines Verzeichnisses. Ein Verzeichnis, das noch andere Objekte (Verzeichnisse) und/oder Dateien enthält kann nicht gelöscht werden, bevor es ganz leer ist.
`GetCurrentDirectory`	Aktuelles Verzeichnis.
`SetCurrentDirectory`	Das aktuelle Verzeichnis wird neu definiert.
`CreateFile`	Diese Funktion nimmt zusätzlich zu der bereits definierten Aufgabe unter WINDOWS NT eine Zusatzaufgabe wahr; hiermit können auch gültige Handle auf Verzeichnisse kreiert werden.
`FindFirstChange-Notification` `FindNextChange-Notification Find-CloseChange-Notification`	Mittels dieser Funktionen wird ein Verzeichnisbereich definiert, der dann auf das Eintreten einer bestimmten Operation überwacht wird. Dies kann z. B. ein Lese- oder Schreibzugriff auf eine Datei innerhalb dieses Verzeichnisbereiches sein. solche Überwachungsfunktionen können dazu benutzt werden, um automatisch die Auflistung eines Verzeichnisbereiches in einem Programmausgabefenster zu aktualisieren, wenn eine Änderung des Verzeichnisinhaltes stattgefunden hat.
`WaitForSingleObject WaitForMultiple-Objects`	Diese beiden Funktionen ermitteln die Art der Objektänderung, die von der vorher definierten Funktionsgruppe gemeldet wird.

4.6   Geräte (Laufwerke)

Auch über die Geräte, auf denen sich Verzeichnis- und Dateistrukturen befinden, können Informationen erlangt werden. Hierzu werden nachfolgende Funktionen verwendet.

`GetVolumeInformation`	Information über das auf dem Gerät unterstützte Dateisystem. Hier werden auch Laufwerksname, Seriennummer sowie weitere Informationen über das Dateisystem abgelegt.
`GetSystemDirectory`	Der komplette Pfad des Verzeichnisses, das das WINDOWS-System enthält, wird ermittelt.
`GetWindowsDirectory`	Der komplette Pfad des Verzeichnisses, das den Hauptordner des WINDOWS-Betriebssystem darstellt, wird ermittelt.
`GetDiskFreeSpace`	Informationen über das verwendetet Gerät (die Festplatte) wird ermittelt.
`GetDriveType`	Information über die Art des Gerätes (Festplatte, Diskette, CD-ROM, RAM) wird ermittelt.
`GetLogicalDrives`	Die z. Zt. innerhalb des Systems verfügbaren Laufwerke werden ermittelt.
`GetLogical-` `DriveStrings`	Die Benennung der z. Zt. innerhalb des Systems verfügbaren Laufwerke wird als Zeichenkette ermittelt.

4.7   Ein-/Ausgabefunktionen

Nach dem mittels der Funktion `CreateFile()` ein Ein-/Ausgabegerät kreiert wurde, stellt das ATI einen Satz weiterer Funktionen zur Verfügung, die speziell die Ein-/Ausgabe bzgl. Dateien verfügbar machen. Bei der Dateiein-/ausgabe spielt der Dateizeiger (file pointer) eine wichtige Rolle.

Dieser Dateizeiger identifiziert zu jedem Zeitpunkt die aktuelle Position innerhalb einer Datei durch Angabe der Bytenummer, gemessen vom Beginn der Datei. eine Ausgabe in die Datei beginnt an dieser Position (einschließlich); das Lesen von Daten aus der Datei beginnt ebenfalls an der durch den Dateizeiger identifizierten Position.

Der Dateizeiger steht beim Öffnen einer Datei immer am Anfang der Datei; er hat dann den Wert 0. Die Funktion SetFile-Pointer() ermöglicht es der Programmlogik, diesen Dateizeiger beliebig innerhalb des Datenraums der Datei zu bewegen.

Die Manipulation des Datenein-/ausgabestroms (das Lesen bzw. Schreiben bzgl. einer Datei) wird durch die Funktionen ReadFile() und WriteFile() gehandhabt. Die Funktion ReadFile() hat dabei nachfolgende Syntax.

```
BOOL ReadFile(
```

HANDLE hFile	Dateihandle
LPVOID lpBuffer	Adresse eines Puffers, der die aus der Datei gelesenen Daten aufnimmt.
DWORD nNumberOfBytesToRead	Anzahl der Bytes, die aus der Datei gelesen werden sollen. Das Lesen der Daten beginnt mit der Position des Dateizeigers.
LPDWORD lpNumberOfBytesRead,	Adresse einer Variablen, die die Anzahl der tatsächlich gelesenen Zeichen aus der Datei nach dem Lesevorgang enthält.
LPOVERLAPPED lpOverlapped	Zeiger auf eine Struktur nachfolgenden Typs, die dann benutzt wird, wenn ein überlappender Zugriff auf den Dateiinhalt definiert wurde und durchgeführt werden soll.

```
);
```

```
typedef struct _OVERLAPPED {
```

DWORD Internal	Dieser Eintrag wird vom Betriebssystem benutzt.
DWORD InternalHigh	Dieser Wert wird vom Betriebssystem benutzt.
DWORD Offset	Dateiposition, an der der Überlappungsbereich beginnt. Dieser Eintrag wird ignoriert, wenn aus einer Pipeline oder aus einem Ein-/Ausgabegerät gelesen werden soll.
DWORD OffsetHigh	Die Startposition des Überlappungsbereiches, gezählt als Offset vom Dateianfang wird hier definiert. Es wird das HIWORD() des Offsets festgelegt.

```
HANDLE hEvent
```
Ereignis, das eintritt, wenn der Überlappungsbe-
reichs-Transfer beendet ist.

```
} OVERLAPPED;
```

Ähnlich ist die Funktion `WriteFile()` definiert. Die Daten werden so gelesen bzw. geschrieben, wie sie zeichenweise an die Datei übergeben bzw. aus der Datei übernommen werden. Es findet keinerlei Formatierung statt.

Da das Betriebssystem den gleichzeitigen Zugriff mehrerer Threads auf ein- und dieselbe Datei erlaubt, gleichzeitig aber dafür sorgen muß, daß ein unkontrolliertes Überschreiben von Datenbereichen verhindert werden kann, werden zwei API-Funktionen angeboten, die das Sperren von Dateibereichen ermöglichen.

Die Funktion `LockFile()` sperrt ein definierbares Intervall von Bytes in einer Datei. Damit wird allen anderen Threads ein irgendwie gearteter Zugriff (lesend oder schreibend) auf den gesperrten Dateibereich untersagt.

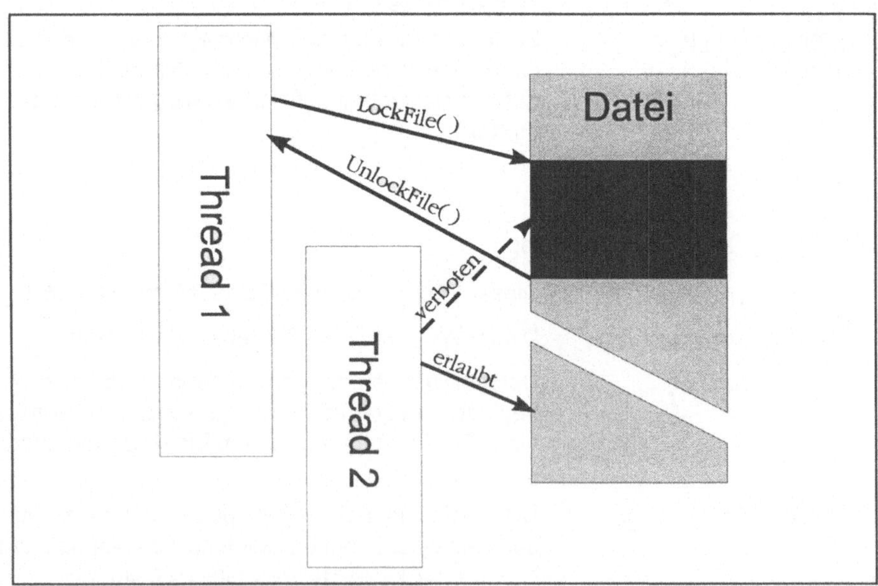

Abb. 4.1   *Mehrfacher Dateizugriff*

Die Sperrung muß explizit mittels der Funktion UnlockFile()
aufgehoben werden; dies kann nur von dem Prozeß aus geschehen, der auch das Sperren veranlaßt hat.

Programmierung

Ein/Ausgabe Datei

```
case IDM_START1:{
  HANDLE hdatei;
  DWORD anzahlBytegeschrieben;
  HDC hdc;
  int y, deltay;
  DWORD dateizeiger;
  DWORD dateigroesse;
  char *pbuffer;
```

Eine neue Datei wird angelegt und zum Beschreiben bereitgestellt.

```
hdatei = CreateFile("test1.TXT", /* Dateiname */
  GENERIC_WRITE,   /* Schreiben */
  0,               /* kein gemeinsamer Zugriff */
  (LPSECURITY_ATTRIBUTES) NULL,
                   /* keine Sicherheitsattribute */
  CREATE_ALWAYS,   /* Falls bereits existent: überschreiben */
  FILE_ATTRIBUTE_NORMAL |   /* normale Datei */
  FILE_FLAG_RANDOM_ACCESS,   /* beliebiger Zugriff auf
                   Dateipositionen wird optimiert */
  (HANDLE) NULL); /* keine Vorlage (template) duplizieren*/
```

Zuerst wird ein Text in die Datei geschrieben. Hier wird
erstmal der Text in einen Puffer geschrieben – dieser Puffer
wird dann in der Datei byteweise abgelegt.

```
strcpy(puffer,
       "Dieser Text steht am Anfang der Datei");
WriteFile(hdatei,
        puffer,
        strlen(puffer),
        &anzahlBytegeschrieben,
        NULL);
```

Zur Kontrolle wird die Anzahl der tatsächlich in die Datei geschriebenen byte zurückgegeben.

Jetzt ermitteln wir die aktuelle Position des Dateizeigers, der auf der nächsten vorgesehenen Schreibposition liegt.

```
dateizeiger = SetFilePointer(hdatei,
        OL,
        NULL,
        FILE_CURRENT);
```

Der Dateizeiger wird um 10 byte ab der aktuellen Position zurückgesetzt.

```
dateizeiger = SetFilePointer(hdatei,
        -10L,
        NULL,
        FILE_CURRENT);
```

Es wird erneut Text ausgegeben

```
strcpy(puffer,
        "Beginn des neuen Textes,
        der den alten teilweise überschreibt");
WriteFile(hdatei,
        puffer,
        strlen(puffer),
        &anzahlBytegeschrieben,
        NULL);
```

Zur Kontrolle wird die Anzahl der tatsächlich in die Datei geschriebenen byte zurückgegeben.

Jetzt ermitteln wir wieder die aktuelle Position des Dateizeigers, der auf der nächsten vorgesehenen Schreibposition liegt.

```
dateizeiger = SetFilePointer(hdatei,
                OL,
                NULL,
                FILE_CURRENT);
```

Die Datei wird geschlossen; die aktuelle Position des Dateizeigers geht dabei verloren.

```
CloseHandle(hdatei);
```

Die eben geschlossene Datei wird erneut geöffnet, der Text gelesen und zur Kontrolle ausgegeben.

```
hdatei = CreateFile("test1.TXT", /* Dateiname */
    GENERIC_READ , /* Lesen */
    0,   /* kein gemeinsamer Zugriff */
    (LPSECURITY_ATTRIBUTES) NULL,
                /* keine Sicherheitsattribute   */
    OPEN_EXISTING, /* Falls nicht existent: Fehler */
    FILE_ATTRIBUTE_NORMAL |  /* normale Datei        */
    FILE_FLAG_RANDOM_ACCESS, /*beliebiger Zugriff auf
                    Dateipositionen wird optimiert */
    (HANDLE) NULL); /* keine Vorlage (template) duplizieren */
```

Die Größe der Datei (in byte) wird ermittelt.

```
dateigroesse = GetFileSize(hdatei, NULL);
```

Speicher für den Dateiinhalt wird alloziert

```
pbuffer = (char*)malloc(dateigroesse);
```

Dateiinhalt lesen und im Speicher ablegen

```
ReadFile(hdatei,
        pbuffer,
        dateigroesse,
        &anzahlBytegeschrieben,
        NULL);
```

Schließen der Datei

```
CloseHandle(hdatei);
```

Freigeben des Speichers

```
free(pbuffer);
```

Löschen des Kontext

```
ReleaseDC(hWnd, hdc);
}
```

4.8   Dateikomprimierung

Alle Datenspeichergeräte, die das NTFS-Dateisystem benutzen, unterstützen das Komprimieren von Dateiinhalten und Verzeichnisinhalten. Dabei kann das Komprimierungsattribut selektiv für jede Datei bzw. jedes Verzeichnis gesetzt werden.

Um herauszufinden, ob das aktuell installierte Dateisystem die Dateikomprimierung unterstützt, muß erfragt werden, ob die Funktion GetVolumeInformation() das Attribut FS_FILE_ COMPRESSION liefert.

Zentrale Bedeutung bei der Handhabung des Kompressionsstatus sowie bei der weitergehenden direkten Beeinflussung von Speichergeräten (Datenein-/ausgabegeräten) hat die Funktion DeviceIOControl().

Diese Funktion sendet treiberspezifische Kontrollcodes direkt an den Gerätetreiber. Damit sollen entsprechende Operationen des Datenein-/ausgabegerätes verursacht werden.

```
BOOL DeviceIoControl(
```

HANDLE hDevice	**Handle des Gerätes.**
DWORD dwIoControlCode	**Kontrollcode der einzuleitenden Operation. Hier kann einer der nachfolgenden Werte angegeben werden. Alle diese Operationen stehen nur unter WINDOWS NT zur Verfügung.**

```
FSCTL_DISMOUNT_VOLUME

FSCTL_GET_COMPRESSION

FSCTL_LOCK_VOLUME

FSCTL_READ_COMPRESSION

FSCTL_SET_COMPRESSION

FSCTL_UNLOCK_VOLUME

FSCTL_WRITE_COMPRESSION

IOCTL_DISK_CHECK_VERIFY

IOCTL_DISK_EJECT_MEDIA
```

```
                    IOCTL_DISK_FORMAT_TRACKS
                    IOCTL_DISK_GET_DRIVE_GEOMETRY
                    IOCTL_DISK_GET_DRIVE_LAYOUT
                    IOCTL_DISK_GET_MEDIA_TYPES
                    IOCTL_DISK_GET_PARTITION_INFO
                    IOCTL_DISK_LOAD_MEDIA
                    IOCTL_DISK_MEDIA_REMOVAL
                    IOCTL_DISK_PERFORMANCE
                    IOCTL_DISK_REASSIGN_BLOCKS
                    IOCTL_DISK_SET_DRIVE_LAYOUT
                    IOCTL_DISK_SET_PARTITION_INFO
                    IOCTL_DISK_VERIFY
                    IOCTL_SERIAL_LSRMST_INSERT
```

`LPVOID` `lpInBuffer`	Adresse eines Puffers, der die ggf. durch die Operation angeforderten Daten enthält.
`DWORD` `nInBufferSize`	Größe des Puffers in Byte.
`LPVOID` `lpOutBuffer`	Zeiger auf einen Puffer, der ggf. notwendige Ausgabedaten enthält.
`DWORD` `nOutBufferSize`	Größe des Puffers in Byte.
`LPDWORD` `lpBytesReturned`	Zeiger auf eine Variable, die die Anzahl der transferierten Byte enthält.
`LPOVERLAPPED` `lpOverlapped`	Zeiger auf eine Struktur, die für die Handhabung asynchroner Operationen genutzt wird.

```
);
```

4.9   Speicherdateien (file mapping)

Das WINDOWS 95-API unterstützt Speicherdateien; dabei wird der Inhalt einer Datei mit einem Speicherbereich des virtuellen Adreßraumes assoziiert.

Prozesse greifen auf den so mit dem Dateiinhalt verbundenen Kernspeicherbereich zu, als ob sie mit alloziertem Speicher umgehen würden.

Hierzu sorgt das Betriebssystem dafür, daß zunächst der definierte Bereich der Datei in den Kernspeicher geschrieben und bei Bedarf wieder in die Datei zurückgeschrieben wird. In der Zwischenzeit kann das Programm mittels geeigneter Funktionen lesend und schreibend auf den Kernspeicherbereich zugreifen, indem der Dateiinhalt steht.

Diese Zugriffe erfolgen naturgemäß wesentlich schneller als Zugriffe auf die Datei, die ja auf einem (langsamen) Datenein-/ausgabegerät liegt.

Darüber hinaus kann eine Speicherdatei dazu verwendet werden, sehr leicht Dateiinhalte zwischen zwei Prozessen aufzuteilen bzw. von diesen beiden Prozessen gleichzeitig handhabbar zu machen.

Nachdem eine Datei zunächst mittels der bekannten Funktion `CreateFile()` zum geplanten Zugriff (lesend und/oder schreibend) geöffnet wurde, wird mittels der Funktion `CreateFileMapping()` eine Speicherdatei mit dem gewünschten Inhalt oder Inhaltsteil der Gerätedatei eröffnet.

Um vor einem Bearbeiten des Speicherinhaltes zunächst ein Kopieren des Dateibereiches in den Speicherbereich aktuell hervorzurufen, muß die Funktion `MapViewOfFile()` aufgerufen werden. Hierdurch wird eine Kopie des Dateiinhaltes in den Speicherbereich übertragen.

Erst danach können Lese-/Schreibzugriffe oder irgendeine andere Form von Datenmanipulation auf den Bereich der Speicherdatei (im Kernspeicher) durchgeführt werden.

Wenn all diese Operationen im Kernspeicher abgeschlossen sind, kann der Inhalt der Speicherdatei mittels der Funktion

UnmapViewOfFile() in die Originaldatei auf dem Speichergerät zurückübertragen werden. Gleichzeitig werden die benutzten Handle wieder freigegeben.

Das Zurückschreiben des Inhaltes der Speicherdatei (des Kernspeicherinhaltes) kann zwischendurch erzwungen werden, indem die Funktion FlushViewOfFile() aufgerufen wird. Damit werden die Daten im Kernspeicher unmittelbar in die Gerätedatei geschrieben.

Nachdem mittels CreateFileMapping() eine Speicherdatei angelegt wurde und diese Speicherdatei mit einem anderen Prozeß geteilt werden soll, kann dies leicht durch Aufrufen der Funktion OpenFileMapping() durch den zweiten Prozeß durchgeführt werden.

Damit öffnet dieser zweite Prozeß ein benanntes Speicherdateiobjekt und erhält ein gültiges Handle für dieses Objekt als Funktionsrückgabewert.

Mittels dieses Handles kann nun der zweite Prozeß in geeigneter Art und Weise (siehe Synchronisation) auf die Speicherdatei zugreifen.

WINDOWS 95 unterstützt in diesem Zusammenhang keine Datenkohärenz. Datenkohärenz ist notwendig, wenn ein- und dieselbe Datendatei von Prozessen auf zwei unterschiedlichen Computern in eine Speicherdatei (jeweils auf einem Computer) abgebildet wird. Beide Computer können sodann innerhalb dieser Speicherdatei Änderungen vornehmen.

Datenkohärenz läge dann vor, wenn das Betriebssystem in der Lage wäre, den Inhalt beider Kopien der Gerätedatei identisch zu halten.

 Dies wäre dann der Fall, wenn eine Änderung seitens des Computers 1 automatisch in die Speicherkopie der Datei auf dem Computer 2 abgebildet würde.

Dies ist unter WINDOWS 95 nicht realisiert. Damit ist eine Datenkohärenz bei einem Betrieb innerhalb eines Netzwerkes (mehr als ein Computer) nicht mehr gewährleistet.

Werden unter diesen Voraussetzungen Speicherdateien zurück auf die physikalische Gerätedatei kopiert, so gilt diejenige Kopie, die zeitlich nachfolgend kopiert wurde.

5 Zeitmesser (Timer)

5.1 Übersicht

Ein Zeitmesser in eine interne Betriebssystemroutine, die ein Zeitintervall in Millisekunden abmißt. Jedesmal, wenn ein solches vorher definiertes Zeitintervall abggelaufen ist, wird die mit dem Zeitmesser assoziierte Fensterfunktion von diesem Ereignis durch Zustellung einer WM_TIMER-Nachricht benachrichtigt.

Da ein Zeitmesser ebenso wie alle anderen vom Betriebssystem gehandhabten Threads dem Entzug von Rechenzeit unterworfen ist, sind die hiermit abzumessenden Zeitintervalle nur annäherend korrekt.

5.2 Einrichten und Löschen

Die Fensterfunktion kreiert einen Zeitmesser mittels der Funktion `SetTimer()`; dabei wird sowohl das Handle des Eigentümerfensters und damit der zuständigen Fensterfunktion, die später die WM_TIMER-Nachricht erhalten soll angegeben, als auch eine Identifikationskonstante des Zeitmessers selbst. Darüberhinaus werden Länge des zu durchmessenden Zeitintervalls und optional die Adresse einer eigenen Funktion, die bei Bedarf die eingehende WM_TIMER-Nachricht abzuarbeiten hat, angegeben.

Der Zeitmesser wird mittels der Funktion `KillTimer()` gelöscht.

Die WM_TIMER-Nachricht führt neben der Identifikationskonstante auch die Adresse der optionalen Funktion mit, die statt der Fensterfunktion die Abarbeitung der Nachricht übernehmen soll.

Programmierung

Ein Timer wird aktiviert; die TimerID 0x0001 wird willkürlich festgelegt (aber eindeutig!). Der Timer wird auf 0.75 sek gesetzt.

```
SetTimer(hWnd, (UINT)0x0001, 750, NULL);
```

Zu einem späteren Zeitpunkt wird der Timer wieder gelöscht.

```
KillTimer(hWnd, 0x0001);
```

Zwischen Kreation und Löschen des Timers sendet der Timer alle 0.75 sek eine Nachricht vom Typ WM_TIMER an die Fensterfunktion; hier kann dann zeitintervallabhängig irgendwas gemacht werden – eben alle 0.75 sek.

```
case WM_TIMER:
```

Falls mehrere Timer gleichzeitig laufen (in der Regel natürlich mit unterschiedlichen Zeitintervallen) muß der korrekte Timer aus wParam herausgesucht werden.

```
if(wParam == 0x0001){
```

Hier wird jetzt irgendwelcher Code zeitintervallabhängig ausgeführt.

```
}
break;
```

Menüs

6.1 Menütypen

Das in der Regel unmittelbar unter der Titelzeile eines Programmfensters angeordnete Programmenü ist eine der wesentlichen Benutzerschnittstellen eines jeden WINDOWS 95-Programms. Hierüber wird normalerweise der Programmbenutzer die wesentlichen Leistungen des Programms anwählen können.

Ein Menü ist hierarchisch gegliedert; das bedeutet, daß jeder Menüpunkt bei seiner Aktivierung seinerseits ein Untermenü aktivieren und anzeigen kann.

Diese hierarchische Gliederung eines Programmenüs, beginnend mit der Programmleiste, die ständig an der Oberkante des Programmfensters sichtbar ist, sollte dazu benutzt werden, die angebotenen Menüleistungen ebenfalls inhaltlich hierarchisch zu gliedern und auf die Menüs und Untermenüs zu verteilen.

Während der Menübalken ständig sichtbar ist, werden untergeordnete Untermenüs (auch pop-up Menüs genannt) nur dann sichtbar, wenn der entsprechende übergeordnete Menüpunkt ausgewählt wurde. Sie werden dann wieder eingerollt, wenn entweder ein anderer, übergeordneter Menüpunkt ausgewählt wurde, eine Benutzerwahl innerhalb des dargestellten Untermenüs stattgefunden hat oder der Programmbenutzer außerhalb des dargestellten Menübereiches eine Mausaktivierung vornimmt. Wichtig ist, daß nur Programmhauptfenster, nicht aber Kindfenster einen Menübalken darstellen können.

Jedes Menü muß ein Eigentümerfenster besitzen; das Betriebssystem schickt alle an das Menü gerichteten Nachrichten an die Fensterfunktion dieses Eigentümerfensters. Solche Nachrichten werden insbesondere dann generiert, wenn der Programmbenutzer Menüs und Untermenüs aufrollt oder hierin eine Auswahl trifft.

Untermenüs können entweder einem übergeordneten Menüpunkt zugeordnet sein und damit letztendlich hierarchisch einem Menüpunkt des Hauptmenüs eines Programms zugeordnet sein oder sie können als eigenständiges pop-up Menü beliebig innerhalb des Fensterausgabebereiches des Programmfensters eingeblendet und wieder gelöscht werden.

Normalerweise werden solche eigenständigen Untermenüs (floating pop-up Menüs) mit bestimmten, vom Programm gehandhabten Objekten verbunden und stellen eine Auswahl von Operationen zur Verfügung, die speziell auf das mit Ihnen verbundene Programmobjekt abgestimmt sind.

Solche eigenständigen Untermenüs, die an Programmobjekte gebunden sind und irgendwo innerhalb des Fensterausgabebereichs sichtbar gemacht werden können, werden auch Kontext-Menüs genannt. Diese Kontext-Menüs werden normalerweise (und man sollte sich an diese Norm halten) mittels der rechten Maustaste aktiviert. Es ist sinnvoll, ein Kontext-Menü möglichst unmittelbar neben dem mit ihm assoziierten Objekt sichtbar zu machen.

Es gibt noch eine dritte Sorte von Untermenüs; diese als Kontrollmenü bezeichneten Elemente werden vom Betriebssystem verwaltet und normalerweise jedem Programmhauptfenster zugeordnet. Sie werden aktiviert, indem man das Programmicon unmittelbar neben der Titelzeile des Programmhauptfensters aktiviert. Normalerweise bringt das Betriebssystem in diesem Systemmenü oder Kontrollmenü Leistungen unter, die sich auf Benutzeroperationen mit dem Programmhauptfensterrahmen beziehen.

So findet man hier Menüpunkte, die eine Größenveränderung, Einschließen oder Verschieben des Programmhauptfensters ermöglichen. Normalerweise ist auch immer eine zusätzliche Option zum Beenden des Programms vorgesehen.

6.2 Identifikation von Menüpunkten

Mit jedem Untermenü innerhalb der Menühierarchie assoziiert ist ein 32-Bit langer Identifikationscode, der zusammen mit einer WM_HELP-Nachricht an die Fensterfunktion gesandt wird, falls der Programmbenutzer zusätzlich zur Menüpunktaktivierung die F1-Taste gedrückt hat; das Programm sollte dann in der Lage sein, einen erläuternden Hilfetext zur jeweiligen Menüoption einzublenden.

Aktiviert nun der Programmbenutzer einen Menüpunkt, so wird das Betriebssystem eine von zwei möglichen Aktivitäten ausführen.

Falls der vom Benutzer ausgewählte Menüpunkt eine Programmleistung anfordert, wird das Betriebssystem eine WM_COMMAND-Nachricht an die Fensterfunktion senden, so daß diese Fensterfunktion dann die entsprechende Programmleistung ausführen kann.

Falls aber der angewählte Menüpunkt keine Programmleistung initiieren soll, sondern lediglich auf ein Untermenü verweist, wird das Betriebssystem lediglich dieses Untermenü darstellen und keine WM_COMMAND-Nachricht an die Fensterfunktion versenden. Geschachtelte Untermenüs werden automatisch dadurch gekennzeichnet, daß einem Menüpunkt rechtsstehend ein Verweispfeil zugeordnet wird.

Jeder Menüeintrag hat einen eindeutigen Identifikationscode, der dann entsprechend bei seiner Auswahl mittels der WM_COMMAND-Nachricht an die Fensterfunktion gesandt wird. Darüberhinaus kann jedem Menüpunkt innerhalb der beliebigen Menühierarchien eine eindeutige Position zugeordnet werden, die sich automatisch aus der Anordnung der Untermenüs ergibt.

Diese automatisch vom Betriebssystem jedem Menüpunkt zugeordnete Positionsnummer ergibt sich unter Berücksichtigung der Menühierarchie (also beginnend mit dem immer sichtbaren Menübalken) und der mit dem Wert 0 je Menühierarchie beginnenden Zählung von links nach rechts bzw. von oben nach unten. Der Programmierer kann auf einen bestimmten Menüpunkt entweder durch den eindeutigen Identifikationscode oder durch die Positionsnummer zugreifen.

6.3　Modifikation

Jeder Menüeintrag (also jede Menüzeile) kann in verschiedener Art und Weise markiert oder dargestellt werden.

Status	Typische Verwendung	Menü-balken	Unter-menü
Ausgewählt (checked)	die Menüoption wurde bereits ausgewählt und ist z.Zt. aktiv	nein	ja
nicht ausgewählt (unchecked)	die Option ist z.Zt. inaktiv, kann aber aktiviert werden	nein	ja
aktiv (enabled)	Voreinstellung Die Menüoption ist auswählbar	ja	ja
inaktiv (disabled)	Die Menüoption ist zwar normal dargestellt, aber nicht auswählbar	ja	ja
grau (grayed)	Die Menüoption ist grau dargestellt und nicht auswählbar	ja	ja
hervorgehoben (highlighted)	Die Menüoption wird als selektiert dargestellt, nicht aber tatsächlich selektiert	ja	ja

Das Betriebssystem unterstützt drei Arten von Menüzeilen.

1. Normalerweise wird in einer Menüzeile ein Text dargestellt;

2. stattdessen kann aber auch eine Grafik, die vom Programmierer vorgefertigt wurde, dargestellt werden.

3. Die dritte Möglichkeit ist, die Darstellung der Menüzeile vollkommen dem Programm zu überlassen. So kann hier z. B. Text ausgegeben werden, der unterschiedliche Schriftarten benutzt.

Ebenfalls vordefiniert sind zwei weitere Menügestaltungsoptionen. Zum einen kann, um bestimmte Teile eines Menüs optisch voneinander zu trennen, eine waagerechte Trennlinie eingefügt werden, die seitens des Benutzers nicht auswählbar ist. Die zweite Möglichkeit besteht darin, einen Zeilenwechsel (bei waagerechten Menüleisten) oder einen Spaltenwechsel (bei senkrecht dargestellten Untermenüs) an einer bestimmten Stelle des Menüs einzufügen.

Dies nutzt das Betriebssystem übrigens auch automatisch, wenn mehr Menüpunkte in ein Menü eingefügt wurden, als in einer Zeile oder Spalte gleichzeitig darstellbar sind; hier führt das Betriebssystem dann automatisch einen Zeilen- bzw. Spaltenumbruch durch.

Das Programmhauptfenster enthält normalerweise das Menü, das bei der Kreation der Fensterklasse bereits spezifiziert wurde.

```
HINSTANCE hinst;

int APIENTRY WinMain(...)
{
...
    wc.style = 0;
    wc.lpfnWndProc = (WNDPROC) Hauptfensterfunktion;
    wc.cbClsExtra = 0;
    wc.cbWndExtra = 0;
    wc.hInstance = hinstance;
    wc.hIcon = LoadIcon(NULL, IDI_APPLICATION);
    wc.hCursor = LoadCursor(NULL, IDC_ARROW);
    wc.hbrBackground = GetStockObject(WHITE_BRUSH);
    wc.lpszMenuName =   "Hauptfenstermenu";
    wc.lpszClassName = "MainWClass";
    if (!RegisterClass(&wc))
        return FALSE;
}
```

In der Hauptfensterfunktion, die vom Betriebssystem die Menünachricht via WM_COMMAND zugestellt bekommt, wird dann die Bearbeitung der einzelnen Menüpunkte ausgeführt.

```
LRESULT APIENTRY Hauptfensterfunktion(...)
{
switch (nachricht) {
...
  case WM_COMMAND:
      switch(LOWORD(wParam)) {
    case IDM_MENUPUNKT1:

                   ...

        break;
    case IDM_MENUPUNKT1:

                   ...

        break;

       ...
  default:
  break;
  }
  return 0;
...
}
```

Alle Eigenschaften einer Menüzeile, die einem bestehenden Menü hinzugefügt werden sollen, werden in der nachfolgenden Struktur definiert.

```
typedef struct tagMENUITEMINFO {
```

UINT	cbSize	Größe der Struktur in Byte
UINT	fMask	Hier wird angegeben, welcher Teil der nachfolgenden Struktur benutzt werden soll. Es können nachfolgende Konstanten verwendet werden.

MIIM_CHECKMARKS	hbmpChecked, hbmpUnchecked
MIIM_DATA	dwItemData
MIIM_ID	wID
MIIM_STATE	fState
MIIM_SUBMENU	hSubMenu
MIIM_TYPE	fType

UINT	fType	Art des Menüeintrages. Es können nachfolgende Konstanten verwendet werden.

	`MFT_BITMAP`	Die Menüzeile stellt eine Bitmapgrafik dar.
	`MFT_MENUBARBREAK`	Es wird ein Zeilen- oder Spaltenwechsel innerhalb des Menüs eingefügt. Dabei wird eine Trennlinie gezeichnet.
	`MFT_MENUBREAK`	Es wird ein Zeilen- bzw. Spaltenwechsel innerhalb des Menüs durchgeführt. Eine Trennlinie wird nicht gezeichnet.
	`MFT_OWNERDRAW`	Das Programm selbst ist für die Darstellung dieses Menüeintrages zuständig.
	`MFT_RADIOCHECK`	Falls der Menüeintrag als ausgewählt markiert wird, geschieht dies mit einem Radioknopf.
	`MFT_RIGHTJUSTIFY`	Für einen Menübalken werden die Menüeinträge rechtsbündig dargestellt.
	`MFT_SEPARATOR`	Der Menüeintrag ist ein nicht auswählbarer Trennstrich innerhalb des Menüs.
	`MFT_STRING`	Der Menüeintrag ist ein Text.
`UINT`	`fState`	**Status des Menüeintrages. Dabei sind folgende Konstanten möglich.**
	`MFS_CHECKED`	Der Menüeintrag wird markiert.
	`MFS_DEFAULT`	Der Menüeintrag wird als Voreinstellung fettgedruckt dargestellt. Jedes Menü kann nur genau einen solchen Menüeintrag besitzen.
	`MFS_DISABLED`	Der Menüeintrag ist inaktiv; er wird aber nicht grau dargestellt.
	`MFS_ENABLED`	Der Menüeintrag ist auswählbar und wird normal dargestellt.
	`MFS_GRAYED`	Der Menüeintrag ist inaktiv und grau dargestellt.

MFS_HILITE	Der Menüeintrag wird als ausgewählt dargestellt (invertiert).
MFS_UNCHECKED	Der Menüeintrag wird als nicht markiert dargestellt.
MFS_UNHILITE	Der Menüeintrag wird als nicht invertiert (nicht ausgewählt) dargestellt.
UINT wID	Identifikationscode des Menüeintrages.
HMENU hSubMenu	Handle des Untermenüs, zu dem der Menüeintrag gehört. Handelt es sich nicht um ein Untermenü, so wird hier NULL eingetragen.
HBITMAP hbmpChecked	Handle einer Bitmap, die verwendet wird, wenn der Menüeintrag als markiert dargestellt werden soll.
HBITMAP hbmpUnchecked	Handle einer Bitmap, die verwendet wird, wenn der Menüeintrag als nicht markiert dargestellt wird.
DWORD dwItemData	Zur programmeigenen Verwendung.
LPTSTR dwTypeData	Hängt vom Typ des Menüeintrages ab.
UINT cch	Falls der Menüeintrag ein Text ist, wird hier die Textlänge eingegeben.

```
} MENUITEMINFO;
```

Diese Informationsstruktur wird in den nachfolgend genannten Funktionen verwendet. Diese Funktionen ermöglichen es dem Programm, ein vorab in einer Ressource definiertes Menü nachträglich während des Programmablaufes zu ändern. In der nachfolgenden Tabelle werden diese für die Veränderung von Menüs zuständigen Funktionen aufgelistet; zusätzlich sind die bislang in alten WIN32-Versionen gültigen Funktionsnamen zur Information aufgelistet.

Funktion	Alte Funktion	Verwendung
CheckMenu-RadioItem		In der Menüzeile wird eine Markierung (checkmark) eingefügt. Gleichzeitig sorgt die Funktion dafür, daß alle anderen Menüzeilen, die zur selben Gruppe gehören, ohne Markierung dargestellt werden.

Funktion	Alte Funktion	Verwendung
GetMenu- DefaultItem		Die Funktion ermittelt die Zeile des Menüs, die als Voreinstellung benutzt wird, falls der Benutzer die ENTER-Taste drückt.
GetMenuItemInfo	GetMenuState	Die Informationsstruktur für diese Menüzeile wird gefüllt.
GetMenuItemRect		Die Koordinaten des die Menüzeile umgebenden Rechteckes in Bildschirmkoordinaten wird ermittelt.
InsertMenuItem	AppendMenu InsertMenu	Eine neue Menüzeile wird an einer anzugebenden Position innerhalb des Hauptmenübalkens oder eines Untermenüs eingefügt.
MenuItemFromPoint		Die Funktion ermittelt, welche Menüzeile unterhalb einer anzugebenden Bildschirmkoordinate liegt.
SetMenu- DefaultItem		Es wird die Menüzeile bestimmt, die als Voreinstellung benutzt wird.
SetMenuItemInfo	ChangeMenu CheckMenu- ItemModifyMenu	Die Informationsstruktur der Menüzeile wird gefüllt und bestimmt damit den Status dieser Menüzeile.
TrackPopupMenuEx		Ein Kontextmenü wird an der zu bestimmenden Bildschirmposition dargestellt.

Programmierung

Hier soll kurz gezeigt werden, wie in ein bestehendes Menü ein neuer Menüpunkt eingetragen werden kann.

```
case IDC_BUTTON1:
{
HMENU hmenu;
char puffer[128];
MENUITEMINFO mmi;
```

```
                    Handle des Hauptmenüs holen
hmenu = GetMenu(GetParent(hDlg));
```

Den Text aus dem Editorfeld holen...

```
GetDlgItemText(hDlg, IDC_EDIT1, (LPTSTR)puffer, 128);
```

...und dann den Menüpunkt einfügen. Hierzu muß zunächst eine Struktur vom Typ MENUITEMINFO ausgefüllt werden.

```
mmi.cbSize = sizeof(MENUITEMINFO);
mmi.fMask = MIIM_DATA | MIIM_ID | MIIM_STATE | MIIM_TYPE;
mmi.fType = MFT_STRING;
```

der neue Menüeintrag wird deaktiviert und grau dargestellt

```
mmi.fState = MFS_GRAYED;
mmi.wID = 0x00;
mmi.hSubMenu = NULL;
mmi.hbmpChecked = NULL;
mmi.hbmpUnchecked = NULL;
mmi.dwTypeData = puffer;
mmi.cch = strlen(puffer);
```

Jetzt kann der Menüeintrag gemacht werden.

```
InsertMenuItem(hmenu, IDM_MENUES, FALSE,
              (LPMENUITEMINFO)&mmi );
```

Die Änderung ist jetzt zwar schon erfolgt, wird aber noch nicht dargestellt. Hierfür muß noch separat gesorgt werden.

```
DrawMenuBar(GetParent(hDlg));
}
break;
```

Hilfeprojekte

Ein wesentliches Merkmal von Standardanwendungen unter WINDOWS 95 ist das Bereithalten von Hilfeinformationen für den Programmbenutzer.

Der Zugang zu den Hilfetexten ist dabei auf unterschiedliche Art und Weise realisierbar. Ein wesentlicher Zugang zu Hilfeinformationen erfolgt über das Menü des Fensterhauptprogramms. Wählt der Programmbenutzer hier eine der Untermenükategorien aus, so wird der Fensterfunktion eine WM_COMMAND-Nachricht zugesandt, die nach entsprechender Auswertung in einem separaten Fenster den angeforderten Hilfetext darstellt.

Ein weiterer Zugang des Programmbenutzers zur Hilfeinformation ist die Benutzung der F1-Taste; damit wird eine WM_HELP-Nachricht erzeugt, die ebenfalls an die Fensterfunktion gesendet wird. Das Betriebssystem sorgt dafür, daß diese Nachricht an die Fensterfunktion gesendet wird, die für die Betreuung des Oberflächenelementes zuständig ist, das aktuell den Eingabefocus innehat. Damit ist es möglich, fensterspezifische oder kontrollelementspezifische Hilfetexte unmittelbar darzustellen.

Eine weitere Möglichkeit, spezifische Informationen zu einzelnen Elementen eines Programmfensters oder eines Programmes direkt anzuwählen, ist das Auswählen des Fragezeichen-Symbols in der Menüleiste des zuständigen Fensters mit unmittelbar nachfolgendem Anklicken des Kontrollelementes.

Damit wird ebenfalls eine WM_HELP-Nachricht an die für die Kontrolle des Elementes zuständige Fensterfunktion versendet. Unter Normierungsgesichtspunkten sei darauf hingewiesen, daß die Verwendung des Fragezeichen-Symbols in der Menüleiste nur in Dialogboxen zu verwenden ist.

Die Verfügbarkeit von Hilfeinformationen in Dialogboxen durch einen eigenständigen Druckknopf sollte zukünftig nicht mehr realisiert werden. Unabhängig davon, wie die Fensterfunktion die Anforderung eines Hilfetextes durch Zusenden einer entsprechenden Nachricht empfängt, muß sie dafür sorgen, daß der angeforderte Hilfetext dargestellt wird.

7.1   Einbinden in ein Programm

Der hierzu notwendige Verwaltungsaufwand wie z. B. das Kreieren und Öffnen eines Fensters, die Darstellung einer Hilfeübersicht oder das unmittelbare Einblenden eines spezifischen Textes wird dem Programmierer durch das Betriebssystem abgenommen. Es reicht aus, als Reaktion auf die Hilfe anfordernde Nachricht die Funktion WinHelp() aufzurufen.

```
BOOL WinHelp(
```

`HWND  hwnd,`	**Fensterhandle**
`LPCTSTR` `lpszHelp,`	**Ordnerpfad der Hilfedatei**
`UINT` `uCommand,`	**Typ Hilfe**

`HELP_COMMAND`	**Hilfemakros werden ausgeführt. Die Makronamen müssen durch Semikolon getrennt werden.**
`HELP_CONTENTS`	**Der Hilfetext zu einer Kapitelüberschrift wird dargestellt. Das Kapitel muß in der** `[OPTIONS]`**-Sektion der Hilfedatei aufgeführt sein.**
`HELP_CONTEXT`	**Der Text eines Kapitels wird dargestellt. Die Identifikation des Kapitels muß in der** `[MAP]`**-Sektion der Hilfedatei aufgeführt sein.**

HELP_CONTEXTPOPUP	Der Hilfetext wird in einem pop-up-Fenster dargestellt. Die Identifikation des Hilfetextes muß in der MAP-Sektion der Hilfedatei aufgeführt sein.
HELP_FORCEFILE	Es wird sichergestellt, daß die Funktion die korrekte Hilfedatei und keine Ersatzdatei darstellt.
HELP_HELPONHELP	Die Anleitung zur Benutzung der Hilfefunktion wird dargestellt.
HELP_INDEX	Der Index der Hilfedatei wird dargestellt.
HELP_KEY	Alle Kapitel, die zu einem Schlüsselwort passen, werden aufgelistet.
HELP_MULTIKEY	Alle Kapitel, die zu mehreren alternativen Schlüsselworten passen, werden aufgelistet.
HELP_PARTIALKEY	Falls zu dem Schlüsselwort genau eine Kapitelüberschrift paßt, wird diese angezeigt. Falls zum Schlüsselbegriff mehrere Kapitelüberschriften passen, wird das Indexfenster dargestellt.
HELP_QUIT	Das Hilfesystem wird davon informiert, daß es beendet werden soll. Falls keine weiteren Programmme die gleiche Hilfefunktion angefordert haben, wird das Hilfefenster geschlossen.

HELP_SETCONTENTS	Das Kapitel, das im Inhaltsfenster der Hilfeanwendung dargestellt wird, wird spezifiziert.
HELP_SETINDEX	Es wird eine Schlüsselwortliste spezifiziert, die im Indexfenster der Hilfeanwendung dargestellt wird.
HELP_SETWINPOS	Größe und Position des Hilfefensters werden spezifiziert. Das Hilfefenster wird dargestellt.

```
DWORD  dwData      zusätzliche Daten
);
```

Eine typische Codefolge zur Darstellung der Hilfeinformation:

```
WinHelp(hWnd,
      "WINDOWS.HLP", HELP_KEY,
      (DWORD) "KapitelID");
```

Das Hilfefenster wird geöffnet und das Kapitel passend zum Schlüsselbegriff dargestellt.

7.2   Hilfeprojekt und Hilfeinhalte

Das Problem einer wirkungsvollen Hilfefunktion liegt also nicht in der ohnehin schon perfekten Präsentation des Hilfetextes durch die Betriebssystemfunktion `WinHelp()`, sondern wesentlich in der Gestaltung des Hilfetextes selbst. Die Gestaltungsmöglichkeiten des Hilfetextes sind vielfältig; folgende Präsentationseigenschaften können verwendet werden.

- Text in verschiedenen Schrifttypen, -größen und -farben,

- Grafiken (auch farbige Grafiken),

- Grafiken, bei denen bestimmte Regionen mit Funktionen unterlegt sind, die anzuwählen sind,

- Querverweise, die auf andere Kapitel verweisen,

- Informationspräsentation in zusätzlichen Fenstern,

- Schlüsselwortsuche.

Die Gestaltung einer Hilfedatei gerät schnell zu einem eigenständigen, großen Projekt. Zunächst müssen mittels eines Editors alle notwendigen Hilfetexte erfaßt werden. Die einzelnen Hilfetexte werden mit Überschriften, Querverweisen und Grafiken versehen. Diese ganzen Informationen werden in einer sogenannten „Kapiteldatei" zusammengefaßt; jedes Kapitel innerhalb dieser Datei repräsentiert einen Informationsblock, der zusammenhängend in einem Hilfefenster dargestellt wird. Das Hilfesystem zeigt dabei jeweils nur genau einen Informationsblock (Kapitel) gleichzeitig an.

Solche Kapiteldateien können entweder direkt mittels eines beliebigen Texteditors verfaßt werden; dabei müssen alle Formatierungsmakros als Textfolgen eingefügt werden. Die andere Möglichkeit ist die Verwendung eines Editors, der das Textformat RTF unterstützt. Editiert man damit eine Kapiteldatei, so können die Formatierungsanweisungen mittels spezieller Textformatierungen in dem RTF-Format durchgeführt werden. In jedem Fall werden alle Informationskapitel zusammengefaßt in einer Datei mit der Endung .RTF abgespeichert. Werden in dieser Datei Grafiken (Bitmaps) verwendet, so müssen diese in einer separaten Grafikdatei abgespeichert werden.

Das WINDOWS-Hilfesystem unterstützt dabei folgende Formate.

- WINDOWS-Bitmapdateien (BMP) Es werden lediglich monochrome oder 16-farbige Grafiken unterstützt. Das WINDOWS-Hilfesystem unterstützt keine 256-farbigen Bitmaps.

- Metadateien (WMF)

- Bitmaps mit skalierbarer Auflösung (MRB)

- segmentierte Grafiken (SHG) Hierbei handelt es sich um Bitmaps, bei denen abgegrenzte Bildregionen mit einer Funktion hinterlegt sind.

Unabhängig von der Art der Grafik müssen alle in einer Kapiteldatei (RTF) verwendeten Grafiken in separaten Grafikdateien gehalten werden.

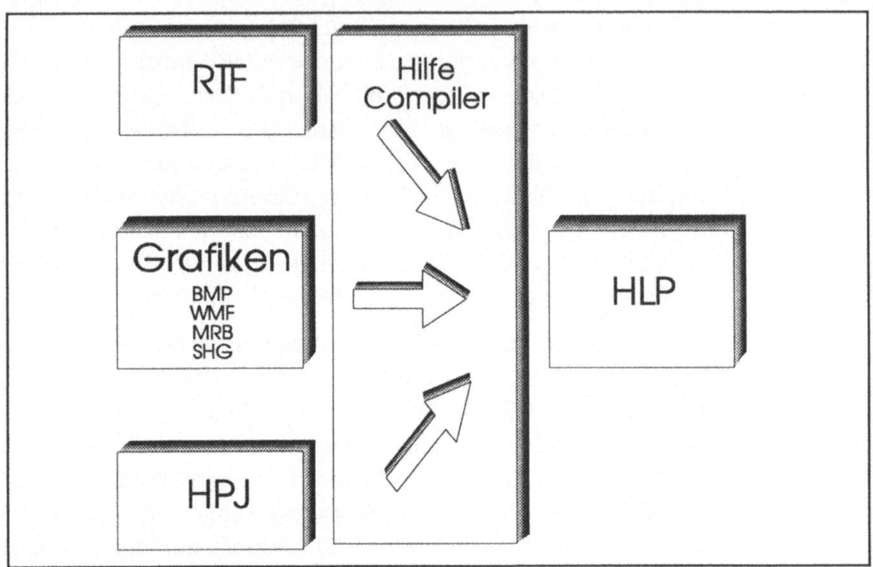

Abb. 7.1:   *Hilfeprojektdateien*

Ist dieser Arbeitsschritt erledigt, so wird die Gesamtheit aller die Information definierenden Dateien mittels eines speziellen Hilfecompilers und einer Projektdatei mit der Endung .HPJ zu einer Hilfedatei mit der Endung .HLP zusammengebunden.

7.3   Syntax in Kapiteldateien (topic files) (RTF)

In den Kapiteldateien (RTF) werden Formatierungsbefehle in nachfolgender Syntax formuliert.

Formatierungsbefehle

```
\befehl
```

Jeder Befehl muß vom Folgetext abgetrennt werden. Diese Trennung kann erfolgen durch

- ein Leerzeichen,

- Ziffernfolge, auch beginnend mit einem „-"-Zeichen als Zahlparameter; dieser Zahlparameter muß dann durch ein Leerzeichen abgeschlossen sein,

- irgendein Zeichen, das nicht Buchstabe oder Ziffer ist (Sonderzeichen).

Statt expliziter Angabe der Formatierungsbefehle können auch RTF-Formattierungen direkt verwendet werden.

Gruppen

Eine Gruppe wird in ein Klammerpaar „{ }" eingeschlossen. Innerhalb einer Gruppenklammer können Formatierungsbefehle oder Text eingeschlossen sein. Formatierungsbefehle beziehen sich ausschließlich auf das Klammerinnere (die Gruppe).

Unformattierter Text

Hier dürfen alle 7-bit ASCII Zeichen verwendet werden, deren ASCII-Wert kleiner gleich 127 ist (Buchstaben). Hier werden die eigentlichen Hilfetexte definiert.

7.4   Syntax in Projektdateien (project files) (HPJ)

Der Aufbau einer Projektdatei muß folgenden Regeln genügen. Jede Projektdatei besteht aus mehreren Sektionen, die durch ihre Überschrift (eingeschlossen in eckige Klammern) identifiziert werden. Nachfolgend sind diese Sektionsüberschriften aufgelistet; obligatorisch ist die Sektion `[Files]`.

`[OPTIONS]` — Optionale Sektion. In diesem Bereich werden die Optionen definiert, die vom Hilfecompiler bei der Erstellung der Hilfedatei benutzt werden. Falls diese Sektion benutzt wird, sollte sie die erste Sektion in der Projektdatei sein.

`[FILES]` — Obligate Sektion. Hier werden alle Kapiteldateien (RTF) definiert, die für den Hilfetext benutzt werden sollen.

`[BUILDTAGS]` — Optionale Sektion. Hier wird festgelegt, welche der Kapitel, die in den Kapiteldateien beschrieben sind, zur Konstruktion der Hilfedatei einbezogen werden.

[CONFIG]   Optionale Sektion. Hier werden Makros definiert, die Dialo-
                    gelemente beschreiben, die nicht zum Standard einer Hilfe-
                    anwendung gehören. Hierzu können Menüs, Druckknöpfe
                    und andere Elemente gezählt werden.

[BITMAPS]   Optionale Sektion. Hier werden Grafikdateien beschrieben,
                    die zur Bildung der Hilfedatei herangezogen werden sollen.

[MAP]   Optionale Sektion. Hier werden Erläuterungstexte mit In-
                    dexnummern verbunden. Diese Indexnummern werden bei
                    der kontextsensitiven Hilfe an die Fensterfunktion übermit-
                    telt und können dann zur Darstellung des angeforderten
                    Hilfetextes genutzt werden.

[ALIAS]   Optionale Sektion. Hier werden Hilfetexte bestimmten Kapi-
                    telüberschriften zugeordnet.

[WINDOWS]   Optionale Sektion. Alle Charakteristika des Hilfefensters
                    werden hier beschrieben. Falls die angebotene Pro-
                    grammhilfe mehrere Fenster benutzt, ist diese Sektion obli-
                    gat und wird dazu benutzt, alle Charakteristika dieser zu-
                    sätzlichen (zweiten) Fenster zu definieren.

[BAGGAGE]   Optionale Sektion. Hier werden Dateien aufgelistet, die in-
                    nerhalb der angebotenen Programmhilfe aufgerufen werden
                    können.

Die einzelnen Sektionen der Projektdatei gehorchen dabei
nachfolgender Syntax.

[OPTIONS]

BMROOT   Hier wird der Pfad definiert, der die Grafikdateien für den
                    Hilfetext enthält.

BUILD   Alle Kapitel, die in den Hilfetext eingebunden werden sollen,
                    werden hier spezifiziert.

CITATION   Hier wird ein Text definiert, der an alle diejenigen Kapitel-
                    überschriften angehängt wird, die von der original
                    WINDOWS-Hilfe-Datei kopiert werden. Dieser Text ersetzt
                    den Copyright-Text.

COMPRESS   Hier wird angegeben, ob die Hilfe-Datei aus Platzgründen
                    einer Kompression unterzogen wird oder nicht.

CONTENTS   Hier wird der Text definiert, der eingeblendet wird, wenn der
                    Menüpunkt „Inhalt" ausgewählt wird.

COPYRIGHT	Eine eigene Copyright-Nachricht für die Hilfedatei wird definiert.
ERRORLOG	Fehler, die während der Erstellung der Hilfedatei auftreten, werden in die hier anzugebende Datei geschrieben.
ICON	Falls das Hilfefenster minimiert wird, wird das hier spezifizierte Icon dargestellt.
LANGUAGE	Für skandinavische Sprachen wird hier eine andere Ordnungsrelation für das Sortieren von Informationen innerhalb der Hilfedatei spezifiziert.
MAPFONTSIZE	Die Größe einer verwendeten Schrift wird hier für den Bildungsprozeß der Hilfedatei umdefiniert.
MULTIKEY	Eine alternative Schlüsselwort-Tabelle wird definiert.
OLDKEYPHRASE	Hier wird festgelegt, ob der Hilfecompiler die existierende, bereits definierte Schlüsselwort-Tabelle benutzt oder eine neue automatisch kreiert.
OPTCDROM	Die Hilfe-Datei wird für die Verwendung von CD-ROM definiert.
REPORT	Während des Bildungsprozesses der Hilfedatei werden Meldungen angezeigt.
ROOT	Es wird das Verzeichnis spezifiziert, in dem die Kapiteltexte und weitere Daten-Dateien des Hilfeprojektes liegen.
TITLE	Der Text innerhalb der Titelzeile des Hilfefensters wird definiert.
WARNING	Die Art der Fehlermeldung während des Bildungsprozesses der Hilfe-Datei wird definiert.

Eine solche Projektdatei könnte also wie folgt aussehen.

```
[OPTIONS]
COMPRESS = HIGH
ROOT=C:\WINHELP\HELPDIR

[FILES]
Kapitel1\TEXTE1.RTF
Kapitel1\TEXTE2.RTF
Kapitel2\HINWEISE.RTF
```

```
[BUILDTAGs]
TEXTE1
TEXTE2
HINWEISE

[BITMAPS]
BILD1.BMP
BILD2.WMF
\ANDERER_ORDNER\BILD3.BMP
```

```
[WINDOWS]
```

typ = *"Fenstertitel"*, (*x*, *y*, *Breite*, *Höhe*), *Modus*, (*Farbe1*), (*Farbe2*), (*Top*)

typ	Der Fenstertyp wird festgelegt. Für das Hauptfenster muß hier der Wert **main** angegeben werden.
Fenstertitel	Der Titel des Hilfefensters wird festgelegt. Dieser Text gilt für alle Folgefenster, die nach dem ersten Hilfefenster geöffnet werden.
x	Die x-Koordinate der linken oberen Fensterecke wird festgelegt. Hierbei wird vorausgesetzt, daß die Bildschirmbreite immer 1.024 Einheiten breit ist.
y	Die y-Koordinate der linken oberen Fensterecke des Hilfefensters wird definiert. Hierbei wird angeommen, daß die Höhe des Bildschrims immer 1.024 Einheiten bemißt.
Breite	Breite des Hilfefensters.
Höhe	Höhe des Hilfefensters.
Modus	Die relative Größe eines zweiten Hilfefensters wird festgelegt. Hierbei bedeutet der Wert 0 eine Verwendung der oben genannten Parameter und die Angabe des Wertes 1 das Maximieren des Hilfefensters.
Farbe1	Die Hintergrundfarbe des Fensters wird definiert. Dabei werden RGB-Werte angegeben.
Farbe2	Die Farbe einer nicht rollbaren Region innerhalb des Fensters wird definiert; hierbei wird der RGB-Wert angegeben.
Top	Hier wird festgelegt, wie das zweite Fenster des Hilfetextes relativ zum ersten Hilfefenster angeordnet ist. Wird der Parameter 1 angegeben, so wird das zweite Hilfefenster über allen anderen angelegt; bei der Angabe von 0 gilt die normale Überlappungsfolge.

Beispiel

```
[WINDOWS]
ZweitesFensterpicture = "Beispiel",
                        (20,40,128,64), 0,
                        (0,255,255), (255,0,0)
```

In den Projektdateien (HPJ) werden unter anderem Makros verwendet, die wesentlich zur Darstellung von Oberflächenelementen benutzt werden. Diese Makros werden in nachfolgender Syntax definiert.

```
'Makroname "Parameter als Zeichenkette"   '
```

Makros dürfen geschachtelt werden; damit können Makroaufrufe als Parameter innerhalb eines Makros verwendet werden. So eingebettete Makros müssen insgesamt in einfache Hochkommata eingeschlossen sein. Jeder Parameter eines Makros muß seinerseits in doppelte Hochkommata eingeschlossen werden.

Das Beispiel gibt diese Regel wieder.

```
CreateButton("idOk", "&Ok",
             "JumpId('okdatei.hlp', 'dir')")
```

7.5 Erstellen einer Programmhilfe

Der einfachste Weg zur Erstellung einer eigenen Programmhilfe ist das Einfügen eigener Text, Bitmaps etc. in das beigefügte Beispielprojekt im Ordner ...\hilfe.

7.5.1 Hilfedatei aus Programm aufrufen

Zunächst sei kurz der Code des Programms besprochen, der die eigentliche Hilfedatei hilfe.hlp dann aufruft.

```
case IDM_HILFE:{
```

Das Hilfefenster wird dargestellt und die Hilfedatei *.hlp geöffnet. Der Benutzer kann das Hilfesystem solange handhaben, bis er das Hilfefenster schließt.

```
WinHelp(hWnd, "hilfe.hlp", HELP_INDEX, OL);
}
break;

case IDM_INDEX:{
```

Das Hilfefenster wird dargestellt und die Hilfedatei *.hlp so
geöffnet, daß der Index dargestellt wird.

```
WinHelp(hWnd, "hilfe.hlp",
          HELP_PARTIALKEY, (DWORD)"indexangabe");
}
break;

case IDM_HILFEHILFE:{
```

Das Hilfefenster wird dargestellt und die Hilfedatei win-
help.hlp geöffnet.

```
WinHelp(hWnd, "WINHELP.HLP", HELP_HELPONHELP, OL);
}
break;


}
break; Ende WM_COMMAND
```

Fenster wird zerstört

```
case WM_DESTROY:
```

Das Hilfefenster wird mit dem Programmfenster geschlossen,
falls kein anderes Programm ein Hilfesystem geöffnet hat.

```
WinHelp(hWnd, "hilfe.hlp", HELP_QUIT, OL);
```

7.5.2 Ressourcen zur Hilfeerstellung

Zunächst einmal benötigen Sie die im Ordner \hilfe enthaltenen Dateien wie folgt.

Extension	Bedeutung	Benutzt von
C	C-Quellcode; hier wird lediglich die Hilfedatei geladen und dargestellt	C-Entwicklungssystem
CNT	Diese Datei wird vom Hilfecomiler dazu benutzt, das Hilfefenster „Inhalt" zu kreieren	Hilfecompiler (z. B. HW32.EXE)
HPJ	Projektdatei, die den exakten Bildungsvorgang der Hilfedatei steuert	Hilfecompiler
RTF	Dies ist eine Textdatei im RTF-Format. Hier isr der gesamte Inhalt des Hilfesystems mit Texten, Verweisen, Grafiken, Audio etc. gespeichert	Hilfecompiler, Editor zur Bearbeitung von RTF-Dateien (z. B. Word for Windows)
BMP	Bitmapdateien, die in das Hilfesystem eingebunden werden	Hilfecompiler, Programm zur Bearbeitung von Bitmapgrafiken (z. B. DRAW.EXE)
WAV	Kurzgesang, der ebenfalls ins Hilfesystem eingebunden wird	Hilfecompiler, Audioprogramme zur Bearbeitung von WAV-Dateien (z. B. SNDREC32.EXE)
SHG	Bitmap, die zusätzlich mit rechteckigen, wahlweise unsichtbaren Bereichen hinterlegt ist, die im Hilfesystem als Sprungverweise dienen	Hilfecompiler, SHG-Fähiger Editor (z. B. SHED.EXE, liegt dem Microsoft Compiler bei)
HLP	Fertiges Hilfesystem	kommt als Ergebnis des Hilfecompilers heraus

Die ebenfalls notwendigen Programme wurden ja gerade genannt; es geht ersatzweise sicherlich auch mit anderen Programmen gleicher Spezifikation.

Wie geht man nun vor, wenn man ein eigenes Hilfesystem entwickeln und dem Programm anfügen möchte? Ändern Sie zunächst Ihre Programmquelle so ab, daß das Hilfesystem nach Ihren Wünschen (und natürlich denen des Benutzers) aufgerufen wird – das ist sicherlich recht einfach. Laden Sie dann die *.RTF-Datei in den RTF-fähigen Editor. Sie finden dann etwa folgenden Text dargestellt.

```
#.$.+.K.Erste Kapitelüberschrift
#. ...usw.
```

Wichtigstes Hilfsmittel bei der Definition von Verweisen, Indices etc. sind die Fußnoten – folgen Sie zur weiteren Erläuterung einfach den Angaben der Datei *.RTF – hier ist alles erklärt.

Jetzt müssen Sie nur noch Ihren eigenen Text, ihre Bitmaps etc. in die Datei einfügen (ändern Sie einfach hierzu ggf. die Dateinamen, die in den Blöcken {...} genannt werden, in die von Ihnen definierten Dateien ab).

Als nächstes starten Sie den Hilfecompiler und laden die Projektdatei *.HPJ. Wählen Sie „compilieren" aus – fertig ist die neue Datei *.HLP, die dann unmittelbar von Ihrem Programm geladen werden kann.

Lädt man stattdessen die Datei *.CNT, so kann die Darstellung im „Inhalt"-Fenster des Hilfesystem geändert werden. Es muß allerdings nach Änderung diese Datei zunächst gesichert werden; danach muß das Hilfeprojekt neu kompiliert werden.

Der folgende Text findet sich auch im in der Datei \hilfe\hilfe.RTF definierten Hilfetext; wenn die Hilfedatei hilfe.HLP erstellt ist, kann dieser Hilfetext im Demoprogramm \hilfe\hilfe.exe aufgerufen werden.

7.5.3   Aufbau einer *.RTF Datei

Wenn Sie ihr eigenes Hilfeprojekt verfassen wollen, dann laden sie einfach die Datei hilfe.rtf in einem Editor, der RTF-Format lesen und schreiben kann. Fügen Sie dann in diesem Text Ihren Hilfetext, Ihre Kapitelüberschriften usw. ein, ohne die Formatierung zu ändern. Diese Formatierung nämlich **bestimmt die Funktion** der Textelemente!

Sie können dann beliebige Textformatierungen vornehmen, um Ihren Text zu gestalten, wenn Sie keine der funktionsbedingenden Formatierungen verwenden.

Erlaubt sind Textformatierungen wie z. B.

fettdruck

kursivdruck

<u>unterstreichen</u>

ODER AUCH EIN ANDERER TEXTSTIL und/oder eine andere Textgröße

Die Verwendung von Tabellen mit Word ist ebenfalls eine erlaubte Formatierung.

Zur weiteren Gestaltung Ihres Textes können Sie auch Grafiken einfügen `{bmc hilfe1.bmp}` (als *.BMP-Datei, die Sie selbst gemalt haben!) oder Multimediadateien einfügen – z. B. einen Klang: `{mci EXTERNAL PLAY,ikesingt.wav}`. Diese Audiodatei wird immer dann abgespielt, wenn das Kapitel aufgeblättert (aktiviert) wird.

Beendet wird ein Kapitel durch einen Seitenwechsel; danach folgt dann die nächste Kapitelüberschrift.

7.5.4 Verweise und Sprünge

Sprungverweise bestehen aus einem Verweistext, der dann im Hilfetext (meist grün) unterstrichen erscheint und beim Anklicken einen anderen Textteil desselben Kapitels oder eines anderen Kapitels sichtbar macht. Dieses mächtige Instrument bildet eines der wesentlichen Leistungsmerkmale einer Hilfedatei, wenn es wirklich zusammengehörige Informationen miteinander verbindet – man spart dann im Gegensatz zur Buchbenutzung gewaltig viel Zeit! Die Definition der Sprunganweisung wird wie folgt durchgeführt:

1. Schreiben Sie den Text, der sichtbar sein soll (meist wird er grün dargestellt und unterstrichen) – dieser Text soll das Sprungziel ausreichend beschreiben.

2. Wählen Sie für diesen Text den Stil „doppelt unterstrichen"

3. Schreiben Sie **direkt** hinter den Text (ohne Leerzeichen!) das Wort, das die Sprungmarke sein soll (Sprungmarken dürfen irgendwo im Text sein, auch in anderen Kapiteln, und dürfen immer nur genau einmal vorkommen).

4   Wählen Sie für das Sprungmarkenwort den Stil „unsichtbar".

<u>Springe ins erste KapitelMARKEANFANG</u>
<u>Springe zum Ende des Kapitels MARKE1</u>
<u>Springe ins nächste Kapitel (und zwar an den Anfang)</u>
<u>MARKE2</u>

Damit ist die Sprunganweisung selbst definiert. Die Sprungmarke muß nun noch gesetzt werden.

1. Setzen Sie die Schreibmarke genau vor die Stelle, an die gesprungen werden soll

2. Wählen Sie „Fußnote einfügen"

3. Wählen Sie als Fußnotenzeichen # aus.

4. Tippen Sie als Fußnote das Sprungmarkenwort ein.

7.5.5   Grafiken als Sprungmarken

Neben den Textsprungmarken können Sie auch Bitmaps als Sprungmarke verwenden; das Sprungziel hinter dieser Bitmap ist MARKEANFANG und verweist auch an den Anfang des ersten Kapitels

<u>{bmct sprung.bmp}MARKEANFANG</u>

Eine andere Art der Marke ist die Verweismarke, die bei Anklicken keinen Sprung ausführt, sondern nur einen Pop-Up-Text einblendet – sonst aber an der vorherigen Textstelle verbleibt.

<u>Nur eine Information einblendenPOPUPINFO</u>

7.5.6   Mehrfachverweise in Grafiken (multiple hotspot graphic)

{bmct hilfe2.bmp}

Eine besonders interessante Methode des Verweises auf Sprungmarken ist die Verwendung einer Bitmapgrafik vom Typ *.SHG. Für die Definition einer solchen Grafik brauchen Sie einen Grafikeditor, der verdeckte Sprungmarken in der Bitmap definieren kann; einer ist z. B. SHED.EXE – er gehört zum Microsoft C++2.0 Compiler ff.

Dabei wird wie folgt vorgegangen:

1   Definieren einer Grafik und Speichern als „normale" *.BMP-Datei; Teilen der Grafik soll dann im folgenden ein Sprungverweis hinterlegt werden.

2.   Laden der Grafik in den SHED.EXE-Editor, Definieren der Sprungmarken, Speichern als *.SHG-Datei

3.   Einbinden der Datei wie folgt.

```
{bmct MULTSPRG.SHG}
```

7.5.7   Alle wichtigen Fußnotenarten

Mittels Fußnoten und dem jeweiligen Sonderzeichen der Fußnote lassen sich wesentliche Informationen jedem Kapitel zuweisen. Folgende Fußnotensonderzeichen können verwendet werden.

#	Sprungmarke	Sprungmarken können beliebig im gesamten Hilfetext verteilt werden. Ein Kapitel kann durchaus mehrere Sprungmarken beinhalten. Jede Sprungmarke darf aber nur genau einmal eingesetzt werden!
$	Titel	Der Titeltext für ein Kapitel wird festgelegt. Dieser Titeltext kann aber durchaus vom sichtbaren Titel der Kapitelseite abweichen. Er wird in der Auflistung der Kapitelseiten benutzt

K	Index (keyword, deshalb das Kürzel K)	Indextext; bei der Bildung des Suchindex wird dieser Text genommen. Normalerweise gibt man hier mehrere Suchbegriffe, jeweils durch Semikolon getrennt an. Es können auch Unterbegriffe einem Oberbegriff nachgeordnet werden, indem die Untrebegriffe vom Oberbegriff und untereinander mittels Kommata getrennt werden; der letzte Unterbegriff wird vom nächsten Oberbegriff wieder durch Semikolon getrennt. Die Auswahl irgendeines Suchbegriffes aus dieser Liste verzweigt dann zum Fußnotenort (meistens am Kapitelanfang plaziert)
+	Seitenzahl	Hier wird die Position der Kapitelseite in der sequentiellen Folge aller Seiten angegeben. Soll der Benutzer mittels **>>(nächste Seite)** und **<<(vorherige Seite)** blättern können, ist diese Angabe am Kapitelanfang obligatorisch!
!	Makroaufruf	Sobald das Kapitel geöffnet (also die Seite dargestellt) wird, wird das hier angegebene Makro ausgeführt.
@	Kommentar	Ein Kommentartext kann eingegeben werden, der aber vom Benutzer nicht eingesehen werden kann (z.B. Autoren/Versionshinweise)

8 Kontrollelemente

8.1 Einleitung

Kontrollelemente vermitteln (fast) jede Form der Interaktion zwischen dem Benutzer eines Programmes und der Programmlogik. Wann immer also eine einfache Dialogbox oder auch ein komplizierter Dateiauswahldialog dem Programmbenutzer präsentiert wird, liegt eine Kombination der seitens des Betriebssystems bereitgestellten Kontrollelemente vor.

Aber auch Fensterauswahlmenüs, Funktionsleisten oder automatische Punktionshinweise, die nicht notwendigerweise innerhalb eines Dialoges, sondern auch im Bereich des Programmhauptfensters auftreten können, gehören zu den Kontrollelementen.

Eine von WINDOWS 95 bereitgestellte Dialogbox ist ein vom Hauptprogramm temporär eröffnetes Programmunterfenster, das dem Benutzer Informationen zur Verfügung stellt und/oder Eingaben des Benutzers entgegennimmt. Typischerweise benutzen Programme Dialogboxen, um dem Benutzer zusätzliche Informationen zur Verfügung zu stellen oder mittels unterschiedlicher Kontrollelemente Informationen vom Benutzer zu erfragen, die für den weiteren Ablauf des Programmes notwendig sind.

8.2 Dialoge

Vorab ein Wort zu Dialogboxen. Aus Normierungsgründen ist eine Dialogbox der einzig akzeptable Weg, um den Informationsfluß zwischen Programm und Benutzer des Programms zu realisieren. Natürlich könnte ein Programm auch direkte Tastatureingaben abfragen und so z. B. den Namen einer zu öffnenden Datei erfragen. Dieser Weg würde aber die grafische Benutzeroberfläche umgehen und damit gerade die normierte und damit einfach zu erlernende Bedienung unterschiedlichster WINDOWS 95 Programme unterlaufen.

In jedem Fall ist die Programmlogik dafür zuständig, notwendige Informationen an geeigneter Stelle vom Benutzer (natürlich durch eine Dialogbox) zu erfragen und darüberhinaus dafür zu sorgen, daß die Dialogbox unmittelbar danach wieder gelöscht wird.

Eine wichtige Eigenschaft von Dialogboxen muß an dieser Stelle noch beschrieben werden. Abhängig vom Verwendungszweck müssen wir zwei unterschiedliche Typen von Dialogboxen unterscheiden.

8.2.1   Modale Dialogbox

Diese Form des Dialoges wird typischerweise dann verwendet, wenn eine für den weiteren Programmablauf unbedingt notwendige Information vom Benutzer erfragt werden muß.

Hierzu wird die Dialogbox dargestellt, die Benutzereingabe abgewartet und nach der Bestätigung des Benutzers (in der Regel durch den OK-Knopf) wird diese Dialogbox wieder gelöscht. Bevor aber nicht der Dialog korrekt vom Benutzer bedient und abgeschlossen wurde (d. h., bevor nicht alle notwendige Information dem Programm zur Verfügung gestellt wurde), ist eine weitere Bearbeitung des die Dialogbox verwaltenden Programms nicht möglich.

Mit anderen Worten: Solange die modale Dialogbox geöffnet ist, ist es nicht möglich, innerhalb des Hauptprogramms weitere Aktionen durchzuführen. Sehr wohl möglich ist aber ein Wechsel zu einem anderen beliebigen Programm innerhalb der Multitasking-Umgebung des Betriebssystems. Eine solche, die weitere Verwendung des Programms blockierende modale Dialogbox wird durch die Funktion `DialogBox()` geöffnet.

Programmierung

Zunächst darf natürlich die Angabe des Prototyps der Dialogfensterfunktion nicht vergessen werden:

Funktionsprototypen

```
...
```

Dialogfunktionen

```
LRESULT CALLBACK DlgKNOPFINDIALOG(HWND,
                                  UINT,
                                  WPARAM,
                                  LPARAM);
...usw.
```

In der Hauptfensterfunktion dann...

```
/***********************************************
Funktionsname WndProc
Aufgabe Bearbeiten der Nachrichten,
die an das Programmhauptfenster gesendet werden
***********************************************/
LRESULT CALLBACK WndProc(HWND hWnd,
                         UINT message,
                         WPARAM wParam,
                         LPARAM lParam)
```

...wird aufgrund irgendeiner beliebigen Benutzeraktion (oder auch sonst aufgrund der Programmlogik) die modale Dialogbox dargestellt.

```
switch (message) {
```

Menü wurde bedient (Beispiel der Aktivierungsbedingung der Dialogbox)

```
case WM_COMMAND:
wmId = LOWORD(wParam);
wmEvent = HIWORD(wParam);

switch (wmId) {
```

Bearbeitung aller Menünachrichten; Verteilen auf die einzelnen Demofunktionen

Hier wird nun das Dialogfenster dargestellt.

```
case IDM_KNOPFINDIALOG:
```

Die Funktion...

```
DialogBox(hInst,
```

...öffnet einen modalen Dialog. Die genaue Darstellung und der Aufbau des Dialogfensters (also welche Kontrollelemente wo und in welchem Anfangszustand) ist in der externen Ressource (*.RC) beschrieben; hierauf wird mit der Konstante

```
"KNOPFINDIALOG",
```

Bezug genommen. Es muß noch das Handle des Elternfenster angegeben werden...

```
hWnd,
```

...und letztendlich natürlich noch diejenige Fensterfunktion angegeben werden, die für die Betreuung des Dialogfensters zuständig sein soll.

```
(DLGPROC)DlgKNOPFINDIALOG);
break;
```

Das ist dann schon alles; die Funktion kehrt zurück, wenn in der Dialogfuntion der Aufruf

```
EndDialog( )
```

gemacht wurde. Der Standardaufbau einer Dialogfensterfunktion ähnelt dem einer normalen Fensterfunktion; auch ihr werden automatisch die entsprechenden Nachrichten zugesandt.

Es kann praktisch sein, im Vorspann einige globale Variablen aus dem Bereich der Hauptfensterfunktion zu übernehmen:

```
extern HINSTANCE hInst;
```

Dann kann die eigentliche Funktion codiert werden; der Funktionskopf ist dabei bis auf den Funktionsnamen immer wie folgt zu programmieren (damit das BS auch die korrekten Parameter übergeben kann).

```
/**********************************************
Funktionsname DlgKNOPFINDIALOG
Inhalt Demo Knöpfe
**********************************************/
LRESULT CALLBACK DlgKNOPFINDIALOG(
        HWND hDlg,
        UINT message,
        WPARAM wParam,
        LPARAM lParam)
{
```

Der Funktionsrumpf enthält (oder besser: sollte enthalten) einige Standardbehandlungen für Nachrichten.

```
switch (message) {
```

Die Initialisierung unterscheidet sich von der der Fensterfunktion. Statt eines WM_CREATE wird hier ein...

```
  case WM_INITDIALOG:
```

versendet. Wenn alle Initialisierungen gemacht wurden, wird das Dialogfenster (die Dialogbox) mittels

```
ShowWindow (hDlg,
           SW_SHOW);
```

dargestellt; jetzt erst ist das Dialogfenster sichtbar.

```
return (TRUE);
break;
case WM_DESTROY:
```

In diesem Nachrichtenblock müssen Ressourcen, die innerhalb der Dialogfunktion belegt wurden, freigegeben werden.

```
break;
```

Ein Kontrollelement wurde bedient

```
  case WM_COMMAND:
```

- Art der Bedienung des Elements

```
wNotifyCode = HIWORD(wParam);
```

- Identifikation des Elements

```
idButton = (int) LOWORD(wParam);
switch (idButton) {
```

Dialog beenden; dieser Punkt sollte nie fehlen.

```
    case IDOK:
        EndDialog(hDlg,
                TRUE);
        return (TRUE);
        break;
```

Hier können nun noch weitere Kontrollelemente eingehängt werden.

```
    case IDC_RADIO1:
        ...
        break;
```

Wichtig ist das Weiterreichen nicht behandelter Nachrichten zur Ausführung einer Standardreaktion.

```
    default:
        return (DefWindowProc(hDlg,
                message,
                wParam,
                lParam));
}
break; // Ende WM_COMMAND
```

Die Dialogfunktion gibt immer.

```
    }
    return FALSE;
}
```

ans BS zurück.

8.2.2 Nichtmodaler Dialog

Die Funktion `CreateDialog()` dagegen eröffnet eine nicht-modale Dialogbox. Sie wird typischerweise dann verwendet, wenn ein Fortführen der Programmlogik auch ohne die in der nichtmodalen Dialogbox abgefragte Benutzerinformation möglich ist.

Der nichtmodale Dialog blockiert also die weitere Programmfunktion und Bedienung durch den Benutzer im Gegensatz zur modalen Dialogbox nicht.

Programmierung

Die Kreation einer nichtmodalen Dialogbox wird etwas anders durchgeführt. Die Aufruffolge liefert das Handle des Dialogs,

```
hwndDlg = CreateDialog(hinst,
```

lädt die Ressource, die den Dialog definiert

```
                MAKEINTRESOURCE(NONMODAL),
                hwnd,
```

und verbindet damit die entsprechende Dialogfensterfunktion.

```
                (DLGPROC) DlgNONMODAL);
```

Das Dialogfenster muß nun noch explizit dargestellt werden.

```
ShowWindow(hwndGoto, SW_SHOW);
```

Wichtig ist folgendes: das Handle der nonmodalen Dialogbox muß global vereinbart werrden, damit es in der Nachrichtenschleife der Hauptfensterfunktion abgefragt werden kann.

Hier muß nämlich explitzit dafür gesorgt werden, daß auch Nachrichten an die nonmodale Dialogfunktion versendet werden. Unterbleibt dies, kann die Dialogfunktion nicht arbeiten, weil keine Nachrichten eintreffen.

```
while (GetMessage(&msg, NULL, NULL, NULL)) {
    if (!IsWindow(hwndDlg) ||
```

Hier wird die Nachricht an die Dialogfunktion versendet (nur bei nichtmodalen Dialogen)

```
!IsDialogMessage(hwndDlg, &msg)) {
```

Sonst gehen die Nachrichten „normal" an die Fensterfunktion des Hauptprogramms.

```
TranslateMessage(&msg);
DispatchMessage(&msg);
}
}
```

Die Dialogfensterfunktion (nichtmodal) sieht dann wie folgt aus.

```
BOOL CALLBACK DlgNONMODAL(
                hwnd,
                message,
                wParam,
                lParam)
HWND hwndDlg;
UINT message;
WPARAM wParam;
LPARAM lParam;
{
```

Auch hier wird nach eingehenden Nachrichten verteilt.

```
switch (message) {
  case WM_INITDIALOG:
```

Hier Initialisierungen vornehmen...

```
    return TRUE;
```

Hier Bedienungen von Kontrollelementen abarbeiten...

```
  case WM_COMMAND:
    switch (LOWORD(wParam)) {
      case IDOK:
        return TRUE;
```

Wichtig ist die Behandlung des Schließens des Dialogfensters.

```
case IDCANCEL:
```

Zunächst muß das Dialogfenster explizit geschlossen werden (natürlich, nachdem etwaige Ressourcen freigegeben wurden):

```
DestroyWindow(hwnd);
```

Dann muß aber noch das globale Handle der Funktion ungültig gemacht werden (== NULL), damit keine Nachrichten mehr durchgestellt werden.

```
hwndDlg = NULL;
```

Das globale Handle ist nicht identisch mit dem an die Dialogfunktion übergebenen Handle!

```
            return TRUE;
        }
    }
    return FALSE;
}
```

8.3   Nachrichten

Größtenteils wird die Verbindung zwischen der zuständigen Dialogfensterfunktion und den von ihr betreuten Kontrollelementen mittels der Versendung und dem Empfang von Nachrichten gehandhabt; nur in wenigen Fällen werden Funktionen verwendet, die aber ihrerseits in der Regel wiederum die Nachrichtenschnittstelle zum/vom Kontrollelement ansprechen. Gleiches gilt auch für die manchmal verwendeten Makros.

•   Nachrichten von Kontrollelementen

Immer wenn der Benutzer ein Knopfkontrollelement bedient, sendet dieses Kontrollelement eine der Benutzeraktion entsprechende Nachricht an sein Elternobjekt.

Dieses Elternobjekt kann entweder das Programmhauptfenster, repräsentiert durch die Fensterfunktion oder aber eine Dialogbox, repräsentiert durch die eigene Dialogboxfunktion sein.

```
LRESULT CALLBACK DlgKNOPFINDIALOG(HWND hDlg,
                                  UINT message,
                                  WPARAM wParam,
                                  LPARAM lParam)
{
  ...
  switch (message) {
```

Ein Kontrollelement wurde bedient

```
  case WM_COMMAND:
    wNotifyCode = HIWORD(wParam);
    idButton = (int) LOWORD(wParam);
    switch (idButton) {
```

Dialog beenden

```
  case IDOK:
    EndDialog(hDlg, TRUE);
    return (TRUE);
    break;
```

- Nachrichten an Kontrollelemente

Das zuständige Elternobjekt kann seinerseits Nachrichten an seine ihm untergeordneten Kontrollelemente schicken. Dies kann grundsätzlich durch die Verwendung der Funktion SendMessage() erfolgen. Entweder wird eine solche Nachricht an das Kontrollelement dazu verwendet, um eine direkte Reaktion des Kontrollelementes hervorzurufen. Dies kann z. B. eine Änderung der grafischen Präsentation des Kontrollelementes sein.

Eine weitere Möglichkeit des Versendens einer Nachricht an ein Kontrollelement kann aber sein, eine Information (z. B. über den Zustand) des Kontrollelementes zu erfragen. In diesem Fall liefert die Funktion SendMessage() auch gleichzeitig die „Antwort" des Kontrollelementes auf die „Anfrage" seitens des Elternobjektes.

ZurVereinfachung wird auch häufig stattdessen die Funktion SendDlgItemMsg() verwendet, die ein Kontrollelement direkt anspricht und einfach schneller zu codieren ist. Beispielhaft hierzu die Programmierung eines Radioknopfes.

```
CheckRadioButton(hDlg,
          IDC_RADIO1,
          IDC_RADIO2,
          IDC_RADIO2);
```

Text hinter Radioknopf holen

```
GetDlgItemText(hDlg,
          IDC_RADIO2,
          puffer,
          sizeof(puffer));
```

Den Text im OK-Knopf darstellen

```
SendDlgItemMessage(hDlg,
          IDOK,
          WM_SETTEXT,
          0,
          (LPARAM)(LPCTSTR)puffer);
```

8.4   Standarddialoge

Entweder kann der Programmierer abhängig von den speziellen Erfordernissen seines Programmes aus den vorhandenen Kontrollelementen eigene Dialogboxen zusammenstellen und diese dann an geeigneter Stelle der Programmlogik dem Benutzer präsentieren oder aber, und dies erspart tatsächlich sehr viel Programmierarbeit, der Programmierer greift für Standardaufgaben auf vordefinierte Dialogboxen (Common Dialog Boxes) zurück, die bereits in WINDOWS 95 vordefiniert sind.

Beginnen wir mit den vordefinierten Standarddialogen.

Name	Beschreibung	Funktion
Color	Hier werden die für die entsprechende Grafikauflösung verfügbaren Farben angezeigt. Weiterhin werden für den Benutzer Möglichkeiten zur Verfügung gestellt, selber weitere Farben zu definieren.	ChooseColor
Font	Die verfügbaren Zeichensätze werden aufgelistet. Dabei enthält diese Liste sowohl Beispiele der einzelnen Zeichensätze als auch Angaben zu den für jeden Zeichensatz verfügbaren Punktgrößen.	ChooseFont
Open	Es wird ein Dateiauswahldialog dargestellt, der zum Öffnen einer durch den Benutzer auszuwählenden Datei führt. Dabei ist die benutzerdefinierte Wahl von Dateierweiterungen (extensions), Ordnern und Laufwerken möglich.	GetOpenFileName
Save As	Hierbei wird wiederum ein erweiterter Dateiauswahldialog wie unter Open bereitgestellt, der ebenfalls Dateierweiterungen, Ordner und Laufwerke wählbar zur Verfügung stellt. Darüberhinaus kann über die Tastatur frei ein Dateiname eingegeben werden.	GetSaveFileName
Print	Die aktuelle Konfiguration des ausgewählten Druckers wird angezeigt. Der Benutzer kann darüberhinaus innerhalb dieses Dialoges bestimmen, wie Einzelheiten der Druckausgabe durchgeführt werden sollen. Mit diesem Dialog wird zusätzlich der Beginn des Druckprozesses eingeleitet.	PrintDlg

Name	Beschreibung	Funktion
Page Setup	Dieser Dialog ermöglicht ebenfalls die Manipulation der Druckausgabe. Papierorientierung, Papiergröße, Magazinauswahl und Ränder können hier festgelegt werden.	`PageSetupDlg`
Find	Dieser Standarddialog stellt dem Benutzer die Möglichkeit zur Verfügung, eine zu suchende Zeichenfolge einzugeben. Suchrichtung und Vergleichsbedingungen können ebenfalls durch den Benutzer ausgewählt werden. Die tatsächliche Durchführung der Zeichenfolgesuche innerhalb eines Programmdatenbereiches muß dann allerdings separat programmiert werden.	`FindText`
Replace	Gleiches gilt für den Replace-Dialog. Hier kann, ähnlich wie im Find-Dialog, zunächst eine zu suchende Zeichenfolge eingegeben werden. Darüberhinaus wird vom Programmbenutzer erwartet, daß er eine weitere Zeichenfolge eingibt, die die erste Zeichenfolge ersetzen soll.	`ReplaceText`
sonstige Dialoge	Fehlernachbehandlung für die Standarddialoge	`CommDlgExtendedError`

Einige der wichtigsten Standarddialogfunktionen und ihre Strukturen sollen kurz beschrieben werden.

8.4.1 ChooseColor

Die Funktion kreiert eine Dialogbox, in der der Benutzer eine Farbe auswählen kann; es können selbstdefinierte Farben übergeben und dargestellt werden.

```
BOOL ChooseColor(
```

Adresse der Struktur mit Initialisationsdaten

```
                LPCHOOSECOLOR  lpcc
            );
```

Parameter

lpcc

Zeiger auf CHOOSECOLOR Struktur. Die Struktur dient zur Ein- und Ausgabe

```
typedef struct {   // cc
DWORD          lStructSize;
HWND           hwndOwner;
HWND           hInstance;
COLORREF       rgbResult;
COLORREF*      lpCustColors;
DWORD          Flags;
LPARAM         lCustData;
LPCCHOOKPROC   lpfnHook;
LPCTSTR        lpTemplateName;
} CHOOSECOLOR;
```

```
lStructSize
```
Länge der Struktur in byte

```
hwndOwner
```
Handle des Eigentümers

```
hInstance
```
Instanz

```
rgbResult
```
Eingabe: vorselektierte Farbe

Ausgabe: Benutzerselektierte Farbe

lpCustColors
Zeiger auf Feld, das bis zu 16 RGB-Farben enthält; diese Farben werden zusätzlich präsentiert.

```
Flags
```
Initialisationsflags

Zustandswert	Bedeutung
CC_ENABLEHOOK	Hookfunktion aktiv.
CC_ENABLETEMPLATE	System kreiert Dialogbox aus Dialogbox Template (aus hInstance und lpTemplateName).
CC_ENABLETEMPLATEHANDLE	Bedeutet, das ist Handle eines Datenblock mit pre-loaded Dialogbox Template.
CC_FULLOPEN	Gesamte Box wird dargestellt
CC_PREVENTFULLOPEN	Nur Teil der Box ist darstellbar
CC_RGBINIT	voreingestellte Selektion
CC_SHOWHELP	HELP wird dargestellt

lCustData
> Daten für Hookfunktion

lpfnHook
> Zeiger auf Hookfunktion

lpstrTemplateName
> Templatename

8.4.2 ChooseFont

```
BOOL ChooseFont(
```

Adresse der Struktur mit initialization data

```
        LPCHOOSEFONT  lpcf
        );
```

Parameter

lpcf
> Pointer auf CHOOSEFONT-Struktur; dies ist eine Ein- Ausgabestruktur

```
typedef struct {    // cf
DWORD          lStructSize;
HWND           hwndOwner;
```

```
HDC              hDC;
LPLOGFONT        lpLogFont;
INT              iPointSize;
DWORD            Flags;
DWORD            rgbColors;
LPARAM           lCustData;
LPCFHOOKPROC     lpfnHook;
LPCTSTR          lpTemplateName;
HINSTANCE        hInstance;
LPTSTR           lpszStyle;
WORD             nFontType;
WORD             __MISSING_ALIGNMENT__;
INT              nSizeMin;
INT              nSizeMax;
} CHOOSEFONT;
```

lStructSize
Größe der Struktur in byte

hwndOwner
Handle des Eigentümers

hDC
Gerätekontext, dessen Fonts dargestellt werden und zur
Auswahl bereit stehen; diese Auswahl hängt vom Gerät
ab.

lpLogFont
Zeiger auf LOGFONT-Struktur.

iPointSize
Größe des selektierten Fonts in point

Flags

Initialisierungsflags

Zustandswert	Bedeutung
CF_APPLY	Apply aktiv
CF_ANSIONLY	In WINDOWS 95 sollte CF_SCRIPTSONLY benutzt werden.

Zustandswert	Bedeutung
`CF_BOTH`	Anzeige von Bildschirm- und Druckerfonts
`CF_TTONLY`	Nur truetype Fonts
`CF_EFFECTS`	Fonteffekte und Farbe aktiv
`CF_ENABLEHOOK`	Hookfunktion aktiv
`CF_ENABLETEMPLATE`	`hInstance` enthält Dialogbox Template aus `lpTemplateName` Teil.
`CF_ENABLETEMPLATEHANDLE`	`hInstance` enthält preloaded Dialogbox Template.
`CF_FIXEDPITCHONLY`	Nur fixed Fonts
`CF_INITTOLOGFONTSTRUCTCT`	ChooseFont benutzt `LOGFONT`-Struktur aus `lpLogFont`.
`CF_LIMITSIZE`	ChooseFont wählt nur font Größen im Bereich `[nSizeMin, nSizeMax]`.
`CF_NOOEMFONTS`	siehe `CF_NOVECTORFONTS`.
`CF_NOFACESEL`	keine FACE-Vorauswahl
`CF_NOSCRIPTSEL`	nur WINDOWS 95: keine Textauswahl in Combobox
`CF_NOSTYLESEL`	keine Stilvorauswahl
`CF_NOSIZESEL`	keine Größenvorauswahl
`CF_NOSIMULATIONS`	keine GDI-Font-Simulation
`CF_NOVECTORFONTS`	keine Vektorfonts
`CF_NOVERTFONTS`	WINDOWS 95: nur Fonts, die horizontal ausgerichtet sind.
`CF_PRINTERFONTS`	nur Fonts, die vom Drucker unterstützt werden
`CF_SCALABLEONLY`	nur skalierbare Fonts
`CF_SCREENFONTS`	nur Bildschirmfonts
`CF_SCRIPTSONLY`	OEM und ANSI Fonts erlaubt

Zustandswert	Bedeutung
CF_SELECTSCRIPT	WINDOWS 95: Nur Fonts, die in `lfCharSet` Teil von LOGFONT-Struktur definiert sind.
CF_SHOWHELP	HELP-Knopf
CF_USESTYLE	`lpszStyle` Zeiger auf Pufferspeicher mit Stilangaben
CF_WYSIWYG	Fonts, die auf Drucker und Monitor gleich aussehen

`rgbColors`
  Textfarbe

`lCustData`
  Daten für Hookfunktion

`lpfnHook`
  Zeiger auf Hookfunktion

`lpTemplateName`
  Dialogbox Template

`hInstance`
  Instanz

`lpszStyle`
  Zeiger auf Puffer mit Stilangaben

`nFontType`
  Art des selektierten Fonts

Wert	Bedeutung
BOLD_FONTTYPE	BOLD (Fett)
ITALIC_FONTTYPE	kursiv
PRINTER_FONTTYPE	Druckerfont
REGULAR_FONTTYPE	normal
SCREEN_FONTTYPE	Bildschirmfont
SIMULATED_FONTTYPE	GDI-simulierter Font

```
nSizeMin
```
Minimale Punktgröße

```
nSizeMax
```
Maximale Punktgröße

8.4.3   FindText

```
HWND FindText(
```
Adresse der Struktur mit Initialisationsdaten

```
    LPFINDREPLACE   lpfr
    );
```

Parameter

```
lpfr
```
Zeiger auf FINDREPLACE-Struktur

```
typedef struct {     // fr
DWORD           lStructSize;
HWND            hwndOwner;
HINSTANCE       hInstance;
DWORD           Flags;
LPTSTR          lpstrFindWhat;
LPTSTR          lpstrReplaceWith;
WORD            wFindWhatLen;
WORD            wReplaceWithLen;
LPARAM          lCustData;
LPFRHOOKPROC    lpfnHook;
LPCTSTR         lpTemplateName;
} FINDREPLACE;
```

```
lStructSize
```
Größe der Struktur in byte

```
hwndOwner
```
Handle des Eigentümers

```
hInstance
```
Instanz

Flags
Flags (Stilangaben)

Zustandswert	Bedeutung
FR_DIALOGTERM	Bedeutet, daß Dialogbox geschlossen wird
FR_DOWN	Suchrichtung
FR_ENABLEHOOK	Hookfunktion aktiv
FR_ENABLETEMPLATE	Dialogbox aus Dialogbox Template
FR_ENABLETEMPLATEHANDLE	hInstance identifiziert Datenblock mit pre-loaded Dialogbox Template.
FR_FINDNEXT	suche nach nächstem Vorkommen
FR_HIDEUPDOWN	keine Richtungscheckbox
FR_HIDEMATCHCASE	keine MatchCase-Box
FR_HIDEWHOLEWORD	keine GanzeWort-Auswahl
FR_MATCHCASE	Groß/Klein-Unterscheidung aktiv
FR_NOMATCHCASE	Groß/Klein-Unterscheidung inaktiv
FR_NOUPDOWN	Suchrichtung inaktiv
FR_NOWHOLEWORD	GanzesWort inaktiv
FR_REPLACE	ersetzen bei nächstem Vorkommen
FR_REPLACEALL	alle Vorkommen ersetzen
FR_SHOWHELP	HELP aktiv
FR_WHOLEWORD	GanzesWort aktiv

```
lpstrFindWhat
```
Suchtext

```
lpstrReplaceWith
```
Ersetzungstext

```
wFindWhatLen
```
Länge des Suchtextes

```
wReplaceWithLen
```
Länge des Ersetzungstextes

```
lCustData
```
Daten für Hookfunktion
```
lpfnHook
```
Zeiger auf Hookfunktion
```
lpTemplateName
```
Dialogbox Template

8.4.4 GetFileTitle

```
short GetFileTitle(
```
Adresse für Pfad- und Dateiangabe
```
        LPCTSTR   lpszFile,
```
Adresse für Dateiname
```
        LPTSTR   lpszTitle,
```
Pufferlänge
```
        WORD   cbBuf
);
```

Parameter

lpszFile
Pfad und Dateiname
lpszTitle
Puffer für Dateiname
cbBuf
Länge des Puffers in byte

8.4.5 GetOpenFileName

```
BOOL GetOpenFileName(
```
Adresse der Struktur mit Initialisationsdaten
```
          LPOPENFILENAME   lpofn
);
```

Parameter

lpofn

Zeiger auf OPENFILENAME

```
typedef struct tagOFN { // ofn
DWORD            lStructSize;
HWND             hwndOwner;
HINSTANCE        hInstance;
LPCTSTR          lpstrFilter;
LPTSTR           lpstrCustomFilter;
DWORD            nMaxCustFilter;
DWORD            nFilterIndex;
LPTSTR           lpstrFile;
DWORD            nMaxFile;
LPTSTR           lpstrFileTitle;
DWORD            nMaxFileTitle;
LPCTSTR          lpstrInitialDir;
LPCTSTR          lpstrTitle;
DWORD            Flags;
WORD             nFileOffset;
WORD             nFileExtension;
LPCTSTR          lpstrDefExt;
DWORD            lCustData;
LPOFNHOOKPROC    lpfnHook;
LPCTSTR          lpTemplateName;
} OPENFILENAME;
```

lStructSize
Größe der Struktur in byte

hwndOwner
Handle des Eigentümers

hInstance
Instanz

lpstrFilter
Zeiger auf Puffer mit Dateisuchfiltern. Beispiele:

`"Text Files", "*.TXT;*.DOC;*.BAK "`

Es gehören immer je zwei Strings zusammen; der erste
mit Bezeichnung, der zweite mit Suchmustern.

```
lpstrCustomFilter
```
   siehe oben

```
nMaxCustFilter
```
   Größe des Filterpuffers in byte

```
nFilterIndex
```
   Index des ersten zu benutzenden Filterstringpaares

```
lpstrFile
```
   Initialisierung in der Dateiangabe

```
nMaxFile
```
   WINDOWS 95: Spezifiziert Größe in bytes oder characters
   von `lpstrFile`

```
lpstrFileTitle
```
   Selektierte Datei

```
nMaxFileTitle
```
   Maximale Länge des selektierten Dateinamens in byte

```
lpstrInitialDir
```
   Voreinstellung Pfad

```
lpstrTitle
```
   Titel der Dialogbox

Flags
   Dialogboxstilangaben

Zustandswert	Bedeutung
OFN_ALLOWMULTISELECT	Mehrfachselektion erlaubt
OFN_CREATEPROMPT	Nachfragen, ob Datei kreiert werden soll, falls sie nicht existiert
OFN_ENABLETEMPLATE	Dialogbox aus Dialogbox Template
OFN_ENABLETEMPLATEHANDLE	hInstance enthält preloaded Dialogbox Template
OFN_EXPLORER	Explorerstil
OFN_FILEMUSTEXIST	Datei muß existieren
OFN_LONGNAMES	Lange Dateinamen erlaubt
OFN_NOCHANGEDIR	Pfad darf nicht geändert werden

Zustandswert	Bedeutung
OFN_NOLONGNAMES	keine langen Dateinamen erlaubt
OFN_NONETWORKBUTTON	Kein Netzwerkzugriff
OFN_OVERWRITEPROMPT	Frage, ob überschrieben werden soll, falls Datei schon existiert
OFN_SHOWHELP	HELP aktiv

nFileOffset
>   Offset zum Beginn des Dateinamens

>   Beispiel: Bei Pfadstring ==`"c:\dir1\dir2\file.ext"` folgt hier der Wert 13.

nFileExtension
>   Offset bis zum Beginn des Dateityps

lpstrDefExt
>   Puffer mit Standarddateityp

lCustData
>   Daten für Hookfunktion

lpfnHook
>   Zeiger auf Hookfunktion

lpTemplateName
>   Dialogbox Template

Programmierung

Ein kurzer Codeblock soll die Programmierung verdeutlichen.

Zunächst wird die Struktur sowie ein Puffer für den String, der die komplette Pfad-Dateiangabe aufnehmen soll eingerichtet.

```
OPENFILENAME ofname;
char puffer [MAX_PATH];
puffer[0] = 0;
```

Die Struktur wird initialisiert...

```
ofname.lStructSize = sizeof (OPENFILENAME);
ofname.hwndOwner = NULL;
```

```
ofname.hInstance = hInst;
ofname.lpstrFilter =
            "Programmdateien\000 *.EXE\000\000";
ofname.lpstrCustomFilter = NULL;
ofname.nMaxCustFilter = 0;
ofname.nFilterIndex = 0;
ofname.lpstrFile = puffer;
ofname.nMaxFile = MAX_PATH;
ofname.lpstrFileTitle = NULL;
ofname.nMaxFileTitle = 0;
ofname.lpstrInitialDir = NULL;
ofname.lpstrTitle = NULL;
ofname.Flags = OFN_HIDEREADONLY;
ofname.nFileOffset = 0;
ofname.nFileExtension = 0;
ofname.lpstrDefExt = NULL;
ofname.lCustData = 0;
ofname.lpfnHook = NULL;
ofname.lpTemplateName = NULL;
```

...und dann der Dateiauswahldialog dargestellt.

```
GetOpenFileName (&ofname);
```

Anschließend ist in `puffer[ ]` der komplette

`Laufwerk:\Pfad\datei.extension`

String enthalten.

8.4.6 GetSaveFileName

```
BOOL GetSaveFileName(
```

Adresse der Struktur mit initialization data

```
    LPOPENFILENAME   lpofn
);
```

Parameter

lpofn
> Zeiger auf `OPENFILENAME`-Struktur

Programmierung

Einige Beispiele sollen die sehr einfache Programmierung der Standarddialoge verdeutlichen.

Der Farbauswahldialog wird wie folgt innerhalb der Fensterfunktion des Hauptfensters aktiviert.

```
case IDM_STDD_FARBE:{
```

Diese Struktur beinhaltet alle notwendigen Ein- und Ausgabeparameter

```
CHOOSECOLOR choose;

RGB ergebnis;
```

Es werden einige Standardfarbvorgaben definiert.

```
COLORREF farbvorgaben[16] = {
RGB(47, 255, 255), RGB(47, 239, 239),
RGB(179, 47, 223), RGB(207, 179, 207),
RGB(88, 191, 191), RGB(175, 175, 47),
RGB(159, 159, 159), RGB(143, 88, 143),
RGB(127, 127, 127), RGB(179, 111, 88),
RGB(88, 95, 88), RGB(79, 79, 79),
RGB(63, 88, 63), RGB(47, 179, 47),
RGB(31, 31, 179), RGB(15, 15, 15)
};
```

Die Struktur wird belegt. Dabei

```
choose.lStructSize = sizeof(CHOOSECOLOR);
choose.hwndOwner = hWnd;
```

...werden einige Standardfarben vorgegeben und...

```
choose.lpCustColors = (LPDWORD) farbvorgaben;
```

...erreicht, daß der Dialog nicht erweitert werden kann (keine eigendefinierten Farben erlauben)

```
choose.Flags = CC_PREVENTFULLOPEN;
```

Der Dialog wird dargestellt

```
ChooseColor(&choose);
```

Die ausgewählte Farbe steht jetzt hier zur Verfügung...

```
ergebnis = choose.rgbResult;
}
break;
```

Der Zeichensatzauswahldialog ist ähnlich einfach; es werden lediglich etwas umfangreichere Strukturen benötigt.

```
case IDM_STDD_FONT:{
CHOOSEFONT cf;
LOGFONT lf;
HDC hdc;
HFONT hfont;
HFONT hfontOld;
COLORREF crOld;
char buffer[64] = "Alles neu macht der Mai
                   #*+@1234567890ß?äöüÄÖÜ";
```

Initialisierungen ausführen

```
cf.lStructSize = sizeof (CHOOSEFONT);
cf.hwndOwner = hWnd;
cf.lpLogFont = &lf;
cf.Flags = CF_SCREENFONTS | CF_EFFECTS;
cf.rgbColors = RGB(0, 255, 255);
cf.nFontType = SCREEN_FONTTYPE;
```

Jetzt wird der Fontdialog ausgeführt..

```
if (ChooseFont(&cf)){
```

...und falls er erfolgreich war (es wurde ein Font ausgewählt), wird ein Probetext im Bildschirm ausgegeben.

```
hdc = GetDC(hWnd);
hfont = CreateFontIndirect(cf.lpLogFont);
hfontOld = SelectObject(hdc, hfont);
crOld = SetTextColor(hdc, cf.rgbColors);
TextOut(hdc, 50, 150,
buffer, strlen(buffer));
SetTextColor(hdc, crOld);
```

```
SelectObject(hdc, hfontOld);
DeleteObject(hfont);
ReleaseDC(hWnd, hdc);
}
}
break;
```

8.5   Einfache Kontrollelemente

Nachdem nun kurz die in ihrer Funktion schon recht komplizierten vordefinierten Standarddialoge vorgestellt wurden,
wollen wir uns jetzt ansehen, aus welchen einzelnen Kontrollelementen diese Dialoge zusammengesetzt werden können.

BUTTON	In diese Gruppe fallen alle Druckknöpfe. Im einfachsten Fall sind dies einfache Auswahlknöpfe, mit denen der Benutzer unmittelbar unterschiedliche Programmaktionen hervorrufen kann. Typischer Vertreter ist hier der OK-Knopf, mit dem der Benutzer sein Einverständnis zur Weiterverarbeitung des Dialoges an das Programm weitergibt. Ebenso in diese Gruppe gehören allerdings auch etwas kompliziertere Kontrollelemente. Die Radioknöpfe dienen dazu, jeweils genau eine Auswahl aus einer Gruppe von Möglichkeiten zu treffen. Wählt man einen dieser Radioknöpfe aus einer Gruppe aus, so werden alle anderen Radioknöpfe dieser Gruppe automatisch gelöscht. Es kann also immer nur genau ein Radioknopf aus einer Auswahlgruppe ausgewählt werden. Weiterhin sind hier die Mehrfachoptionsknöpfe zu nennen, bei denen beliebig viele Optionen innerhalb einer Gruppe angewählt und auch wieder seitens des Benutzers gelöscht werden können.
COMBOBOX	Die Combobox präsentiert eine einspaltige Liste von (im Prinzip) beliebig vielen Elementen, die ausgewählt und zusätzlich editiert werden können.

EDIT	Mit diesen Kontrollelementen werden dem Benutzer vordefinierte Texte angezeigt und/oder die Möglichkeit gegeben, Texte zu verändern. Diese Kontrollelemente operieren auch mit mehrzeiligen Texten und stellen bereits umfangreiche Editiermöglichkeiten zur Verfügung. Es ist somit sehr einfach, einen zwar primitiven aber bereits voll funktionsfähigen Editor in sein Programm einzubauen, ohne die notwendige und umfangreiche Programmlogik hierfür selber zu implementieren.
LISTBOX	Ebenso wie die Combobox präsentiert die Listbox dem Benutzer eine einspaltige Liste von i.d.R. Texteinträgen, von denen der Benutzer genau eine Zeile auswählen kann. Die Listbox stellt allerdings nicht die Möglichkeit zur Editierung zur Verfügung.
SCROLLBAR	Diese Kontrollelemente sind jedem WINDOWS-Benutzer wohl bekannt. Es handelt sich hierbei um die horizontalen oder vertikalen Rollbalken an den Rändern eines Programmfensters. Hiermit kann der Benutzer eine Position innerhalb eines virtuellen Arbeitsbereiches wählen, der nicht ganz innerhalb des Fensterausgabebereichs dargestellt werden kann.
STATIC	Diese Kontrollelemente werden i.d.R. dazu benutzt, feste, vom Benutzer nicht änderbare Texte innerhalb eines Dialoges darzustellen.

Bei einigen der o. g. Kontrollelemente kann das Aussehen vom Programmierer selbst bestimmt werden. Hierbei übernimmt also nicht das Betriebssystem, sondern der Programmierer selber die Aufgabe, die grafische Präsentation dieser Kontrollelemente vorzunehmen.

Im einzelnen können für Druckknöpfe, Listboxen und Comboboxen eigene Grafiken erzeugt und dargestellt werden. So kann beispielsweise das Innere eines Druckknopfes statt des seitens des Betriebssystems vorgesehenen Druckknopftextes auch eine programmiererdefinierte Grafik enthalten.

Ein weiterer Weg, die Standardverarbeitung von Kontrollelementen (wie sie das Betriebssystem vorsieht) zu verändern, ist das Definieren einer Unterklasse (subclassing). Hierbei wird nicht das Aussehen, sondern das Verhalten von Kontrollelementen verändert.

Wie werden nun Kontrollelemente dargestellt? Grundsätzlich muß jedes Kontrollelement zu einem Elternfenster gehören. Dieses Elternfenster kann dabei entweder ein Programmausgabefenster oder eine Dialogbox sein. Das Elternobjekt ist in jedem Fall für die Definition, die Initialisierung und die Bearbeitung von Benachrichtigungen seitens des Kontrollelementes zuständig.

Das Betriebssystem selbst kümmert sich dabei in der Regel um Standardreaktionen des Kontrollelementes, wenn der Programmbenutzer dieses bedient hat. Drückt z. B. der Programmbenutzer auf einen Knopf, so wird dieser als „gedrückt" grafisch dargestellt. Diese grafische Darstellung übernimmt das Betriebssystem; der Programmierer der Anwendung muß dies nicht mehr explizit erledigen.

Das Elternobjekt (also das Programmausgabefenster oder die Dialogbox) kommunizieren grundsätzlich über den Austausch von Nachrichten mit den Kontrollelementen. Dabei können sowohl die Kontrollelemente Nachrichten an das Elternobjekt senden, um in der Regel Benutzeraktionen mit dem Kontrollelement mitzuteilen als auch umgekehrt, das Elternobjekt Nachrichten an das Kontrollelement versenden, um hier z. B. Darstellungsattribute zu verändern.

8.5.1   Druckknöpfe (buttons)

Ein Druckknopfkontrollelement kann durch den Benutzer eines Programmes entweder durch Anklicken mit der Maus oder, falls das Druckknopfkontrollelement entsprechend voreingestellt ist (dies kann in der Regel mittels der TAB-Taste erreicht werden) mittels der ENTER-Taste aktiviert werden.

Wird ein Druckknopf auf diese Weise aktiviert, sorgt in der Regel das Betriebssystem dafür, daß sein grafisches Erscheinungsbild geändert wird. Der Druckknopf erscheint dann als eingedrückt. Durch dieses Aktivieren eines Druckknopfes teilt der Programmbenutzer dem Programm seinen Wunsch zur Ausführung einer entsprechenden Aktion mit.

Typisches Beispiel hierfür ist das Auswählen des OK-Knopfes innerhalb einer Dialogbox, wenn alle vom Benutzer verlangten Eingaben innerhalb dieser Dialogbox korrekt ausgefüllt sind und der Benutzer nun die so gegebene Information dem Programm übergeben will.

Zusätzlich zu diesen Druckknöpfen stellt das Betriebssystem noch zwei weitere Gruppen von Knopfkontrollelementen zur Verfügung.

Die Radioknöpfe dienen dazu, aus einer Gruppe von mehreren Optionen genau eine Option auszuwählen. Hierzu werden mehrere Radioknöpfe in einer Gruppe angeordnet. Der Benutzer kann nun entweder alle Radioknöpfe unbeachtet lassen oder aber genau einen Radioknopf aus dieser Gruppe selektieren.

Ändert er nachfolgend diese Auswahl, so wird der vorher selektierte Radioknopf automatisch seitens des Betriebssystems wieder gelöscht und der zuletzt selektierte Radioknopf als ausgewählt markiert.

Will man aus einer Gruppe von Selektionsmöglichkeiten keine, eine oder auch mehrere Optionen auswählen können, so stellt das Betriebssystem hierzu Mehrfachselektionsknöpfe (Check Boxes) zur Verfügung.

Auch diese Mehrfachselektionsknöpfe werden wiederum, genau wie die Radioknöpfe, in einer Gruppe zu mehreren Kontrollelementen zusammengefaßt.

Der Benutzer kann dann jedes dieser Mehrfachselektionselemente auswählen (checken), die vorher getroffene Auswahl wieder löschen und gegebenenfalls ein Mehrfachselektionselement auch in einen undefinierten, dritten Status versetzen.

Sowohl Radioknöpfe als auch Mehrfachselektionsknöpfe benötigen eine Gruppierungsbox, um seitens des Betriebssystems als Gruppe erkannt werden zu können.

Eine Gruppierungsbox (Group Box) kann ihrerseits nicht selektiert werden oder in irgendeiner anderen Art und Weise vom Benutzer bedient werden. Sie dient lediglich dazu, Kontrollelemente zu einer logischen Gruppe zusammenzufassen. Gruppierungsboxen können als Rechteck sichtbar gemacht werden, unsichtbar sein und/oder eine Textüberschrift haben.

Neben den o. g. drei Arten von Knopfkontrollelementen bietet das Betriebssystem zusätzlich die Möglichkeit, vom Programmierer selbst definierte Auswahlknöpfe darzustellen.

Hierbei kann der Programmierer vollkommen frei über das Aussehen, die Größe und das Selektionsverhalten dieser Individualknöpfe bestimmen.

Das Aussehen und Verhalten aller vier Formen von Knopfkontrollelementen werden durch nachfolgende Stilattribute definiert. Die meisten dieser Stilattribute können durch den Bit-Oder-Operator kombiniert werden.

BS_3STATE	Ein Mehrfachselektionsknopf wird dargestellt, der neben den beiden Auswahlzuständen für selektiert und nicht selektiert einen dritten, grau dargestellten Auswahlzustand (Status 3) darstellen kann.
BS_AUTO3STATE	Gleiches Verhalten wie BS_3STATE. Jedesmal wenn der Benutzer das Kontrollelement auswählt, wird der Selektionszustand (3 Zustände) geändert.
BS_AUTO-CHECKBOX	Ein Selektionsknopf wird dargestellt, der bei Anschalten des Selektionsstatus angekreuzt dargestellt wird.
BS_AUTORADIO-BUTTON	Hierbei wird ein Druckknopf dargestellt, der bei seiner Anwahl durch den Benutzer automatisch seine grafische Präsentation in den Zustand „hervorgehoben" ändert und, falls diese vorhanden sind, alle anderen Druckknöpfe der gleichen Gruppe in den Zustand „nicht hervorgehoben" versetzt.
BS_CHECKBOX	Ein einfacher Mehrfachselektionsknopf wird dargestellt; optionaler Text zu diesem Kontrollelement wird als Standard rechts vom Kontrollelement dargestellt, falls nicht explizit der Zustand BS_LEFTTEXT gewählt wurde.

BS_DEFPUSH-BUTTON	Ein Druckknopf wird dargestellt, der grafisch mit einem stärkeren Rand präsentiert wird. Der Benutzer kann diesen Druckknopf neben der normalen Selektion durch einen Mausklick auch durch Betätigen der ENTER-Taste auswählen.
BS_GROUPBOX	Eine Gruppierungsbox für Knopfkontrollelemente wird definiert und dargestellt. Falls gewünscht kann für diese Gruppierungsbox auch eine Überschrift angegeben werden.
BS_LEFTTEXT	Gültig für Radioknöpfe und Mehrfachselektionsknöpfe. Die optionale Beschriftung dieser Kontrollelemente wird, entgegen der Standardeinstellung, links vom Kontrollelement dargestellt.
BS_OWNERDRAW	Hiermit wird angegeben, daß ein Knopfkontrollelement sowohl in seiner grafischen Präsentation als auch in seiner Reaktion auf Benutzereingaben ausschließlich vom Programmierer selbst bestimmt wird. Das Betriebssystem übernimmt hier keinerlei Unterstützungsfunktionen in der grafischen Darstellung; Es werden lediglich die Nachrichten WM_MEASUREITEM: das Kontrollelement soll initialisiert werden und WM_DRAWITEM: das Kontrollelement muß neu bezeichnet werden an das Elternobjekt des Kontrollelementes verschickt.
BS_PUSHBOX	Diese Option wird in WINDOWS 95 nicht mehr unterstützt. Stattdessen soll die Option BS_PUSHBUTTON benutzt werden.
BS_PUSHBUTTON	Ein Druckknopfelement wird dargestellt.
BS_RADIO-BUTTON	Ein Radioknopf wird dargestellt. Optionaler Text zu diesem Kontrollelement wird rechts vom Kontrollelement angefügt, solange nicht explizit der Darstellungsstil BS_LEFTTEXT angegeben wird.
BS_USERBUTTON	Dieser Stil wird in WINDOWS 95 nicht mehr unterstützt. Stattdessen soll der Stil BS_OWNERDRAW benutzt werden.

Folgende Nachrichten können im einzelnen von Druckknopfelementen versandt werden.

BN_CLICKED	Der Benutzer hat einen einfachen Mausklick auf das Kontrollelement gegeben.
BN_DISABLE	Das Knopfelement ist in den Zustand „außer Funktion" gesetzt.
BN_HILITE	Das Kontrollelement ist im Zustand „Hervorgehoben"
BN_PAINT	Das Knopfkontrollelement sollte neu dargestellt werden.
BN_UNHILITE	Der Zustand „Hervorgehoben" des Kontrollelementes wurde zurückgesetzt.
BN_DBLCLK	Der Benutzer hat einen doppelten Mausklick auf das Kontrollelement gegeben.

Folgende Nachrichten können an ein Knopfkontrollelement versendet werden.

BM_GETCHECK	Der Selektionsstatus eines Knopfkontrollelementes wird ermittelt
BM_GETSTATE	Der Präsentationsstatus eines Knopfes wird ermittelt.
BM_SETCHECK	Für Radioknöpfe und Selektionsknöpfe wird der Selektionsstatus ausgewählt und dargestellt.
BM_SETSTATE	Der Zustand „hervorgehoben" des Kontrollelementes wird jeweils geändert.
BM_SETSTYLE	Der Darstellungsstil des Knopfkontrollelementes wird geändert.

Programmierung

Die Programmierung der Kontrollelemente, insbesondere die Handhabung von Kontrollelementenachrichten, kann dem folgenden Beispiel entnommen werden.

```
/***********************************************
Funktionsname DlgKNOPFINDIALOG
Inhalt        Demo Knöpfe
***********************************************/
LRESULT CALLBACK DlgKNOPFINDIALOG(HWND hDlg, UINT
                  message, WPARAM wParam, LPARAM lParam)
```

Dialog initialisieren

```
case WM_INITDIALOG:
```

Dialogfenster darstellen

```
ShowWindow (hDlg, SW_SHOW);
return (TRUE);
break;
```

Ein Kontrollelement wurde bedient

```
case WM_COMMAND:
 wNotifyCode = HIWORD(wParam);
 idButton = (int) LOWORD(wParam);
 switch (idButton) {
```

Dialog beenden

```
 case IDOK:
  EndDialog(hDlg, TRUE);
  return (TRUE);
 break;

 case IDC_RADIO1 :
```

Falls IDC_CHECK1 markiert ist (dann soll Textänderung erlaubt sein!)...

```
 if(IsDlgButtonChecked(hDlg, IDC_CHECK1) == BST_CHECKED){
```

Den Radioknopf mit Marke versehen; gleichzeitig alle Marken der anderen Radioknöpfe der Gruppe löschen

```
 CheckRadioButton(hDlg, IDC_RADIO1, IDC_RADIO2,
                 IDC_RADIO1);
```

Text hinter Radioknopf holen (ist zwar bekannt, so aber allgemeingültig, falls mal anderer Text da steht)

```
 GetDlgItemText(hDlg, IDC_RADIO1, puffer,
               sizeof(puffer));
```

Den Text im OK-Knopf darstellen

```
 SendDlgItemMessage(hDlg, IDOK, WM_SETTEXT, 0,
                   (LPARAM)(LPCTSTR)puffer);
 }
```

```
    break;

case IDC_RADIO2:
```

Falls IDC_CHECK1 markiert ist (dann soll Textänderung erlaubt sein!)...

```
  if(IsDlgButtonChecked(hDlg, IDC_CHECK1) == BST_CHECKED){
```

Den Radioknopf mit Marke versehen; gleichzeitig alle Marken der anderen Radioknöpfe der Gruppe löschen

```
    CheckRadioButton(hDlg, IDC_RADIO1, IDC_RADIO2,
                             IDC_RADIO2);
```

Text hinter Radioknopf holen (ist zwar bekannt, so aber allgemeingültig, falls mal anderer Text da steht)

```
    GetDlgItemText(hDlg, IDC_RADIO2, puffer,
                             sizeof(puffer));
```

Den Text im OK-Knopf darstellen

```
    SendDlgItemMessage(hDlg, IDOK, WM_SETTEXT, 0,
                             (LPARAM)(LPCTSTR)puffer);
  }
    break;

case IDC_CHECK1:
```

Markierung ändern; dies wird aber automatisch erledigt. Es ist dafür kein Programmcode notwendig

```
    break;
```

Ein anderes Beispiel zeigt die Verwendung von Bitmaps bei der Darstellung von Druckknöpfen. Damit ist praktisch keine Grenze mehr bei der Gestaltung und Präsentation von Knopfkontrollelementen gegeben.

Programme können damit nicht nur eigene Knopfgrafiken einbinden; es ist auch möglich, das grafische Verhalten des Knopfes bei Betätigung frei zu gestalten.

Als globale Variablen werden Handle für die Bitmaps, die die Knopfoberfläche darstellen sollen, benötigt.

```
extern HINSTANCE hInst;
extern HBITMAP hbmknopfoben;
extern HBITMAP hbmknopfunten;


/**********************************************
Funktionsname DlgKNOPFINDIALOG
Inhalt        Demo Knöpfe
**********************************************/
LRESULT CALLBACK DlgKNOPFSONSTIGES(HWND hDlg,
            UINT message, WPARAM wParam, LPARAM lParam)
```

Dialog initialisieren

```
 case WM_INITDIALOG:
```

Bitmaps für ownerdraw-Knopf laden. Sie stehen so während der ganzen Zeit zur Verfügung. Das spart Zeit und kostet Speicher

```
hbmknopfoben=LoadBitmap(hInst,
                  MAKEINTRESOURCE(IDB_KNOPFOBEN));
hbmknopfunten=LoadBitmap(hInst,
                  MAKEINTRESOURCE(IDB_KNOPFUNTEN));
```

Dialogfenster darstellen

```
ShowWindow(hDlg,SW_SHOW);
return(TRUE);
break;
```

Bitmap für Knopf zeichnen. Das BS schickt diese Nachricht immer dann, wenn das Element neu zu zeichnen ist.

```
case WM_DRAWITEM:
{
```

Erfreulicherweise steht in lParam ein Strukturpointer, in dem alles wissenswerte zur Neudarstellung aufgehoben ist

```
lpdis=(LPDRAWITEMSTRUCT)lParam;
```

> Ein Speichergerätekontext wird kreiert, der kompatibel zum DC des Dialogfensters ist

```
hdcMem = CreateCompatibleDC(lpdis->hDC);
```

> Der Zustand des Objektes wird erfragt (steht in der Struktur in lParam)...

```
if (lpdis->itemState & ODS_SELECTED){
```

> ...und hiervon abhängig wird die richtige Bitmap zunächst in den Speicherkontext kopiert – also hier noch nicht dargestellt!

```
    SelectObject(hdcMem,
            (HGDIOBJ)hbmknopfunten);
}
else{
    SelectObject(hdcMem, (HGDIOBJ)hbmknopfoben);
}
StretchBlt(
        lpdis->hDC,
        lpdis->rcItem.left,
        lpdis->rcItem.top,
        lpdis->rcItem.right - lpdis->rcItem.left,
        lpdis->rcItem.bottom - lpdis->rcItem.top,
        hdcMem,
        0, 0,
        64,64,
        SRCCOPY);

DeleteDC(hdcMem);
return TRUE;
}
break;

case WM_DESTROY:
DeleteObject(hbmknopfoben);
DeleteObject(hbmknopfunten);
break;
```

Ein Kontrollelement wurde bedient

```
case WM_COMMAND:
wNotifyCode = HIWORD(wParam);
idButton = (int) LOWORD(wParam);
switch (idButton) {
```

Knopf mit Bitmap gedrückt...

```
case IDC_BUTTON1:
{
EndDialog(hDlg, TRUE);
return (TRUE);
}
break;
```

Bisher wurden Knopfkontrollelemente nur in einem Dialogfenster benutzt; sie wurden dabei alle vorher in einer externen Ressourcendatei (*.RC) definiert.

Natürlich kann auch die Hauptfensterfunktion selbst, abhängig von der Programmlogik, ein solches Element kreieren und dann auch betreuen. Das Beispiel des im Fenster „laufenden" Knopfes zeigt dies deutlich.

```
/**********************************************
Funktionsname WndProc
Aufgabe Bearbeiten der Nachrichten, die an das Programm
hauptfenster gesendet werden
**********************************************/
LRESULT CALLBACK WndProc(HWND hWnd, UINT message,
                         WPARAM wParam, LPARAM lParam)
switch (message) {
```

Menü wurde bedient

```
case WM_COMMAND:
wmId = LOWORD(wParam);
wmEvent = HIWORD(wParam);
switch (wmId) {
```

Bearbeitung aller Menünachrichten; Verteilen auf die einzelnen Demofunktionen

Es wird ein im Fenster „laufender Knopf" dargestellt, der „gefangen" (angeklickt) werden soll. Hierzu sind die folgenden Nachrichtenhandler notwendig

```
case IDM_KNOPFINFENSTER:
```

zunächst muß der Knopf kreiert werden

```
hwndButton = CreateWindow
            ("BUTTON",
             "Fang mich doch",
             WS_VISIBLE | WS_CHILD | BS_DEFPUSHBUTTON,
             10,
             10,
             250,
             40,
             hWnd,
             NULL,
             (HINSTANCE) GetWindowLong(hWnd, GWL_HINSTANCE),
             NULL);
```

Damit der Knopf nur im Fensterausgabebereich bewegt wird, muß das Rechteck hierzu bestimmt werden

```
GetClientRect(hWnd, (LPRECT)&wndrect);
```

Ein Timer bestimmt die Verweildauer pro Position

```
SetTimer(hWnd, (UINT)0x0001, 750, NULL);
break;
```

hier wird abgetestet, ob der laufende Knopf getroffen wurde

```
case BN_CLICKED:
    if((HWND)lParam == hwndButton) {
```

OK-Knopf im Fenster wurde geklickt

```
KillTimer(hWnd, 0x0001);
DestroyWindow (hwndButton);
}
break;
```

Es gehört auch noch die Nachricht „case WM_TIMER" (siehe unten) dazu; hier endet dann der „laufende Knopf-Programmteil".

der „laufende" OK-Knopf ist sichtbar

```
case WM_TIMER:
  if(wParam == 0x0001){
```

...falls mehrere Timer laufen sollten!

```
short x,y;
x = (short)((rand() * (LONG)wndrect.right) / RAND_MAX);
y = (short)((rand() * (LONG)wndrect.bottom)/ RAND_MAX);
MoveWindow(hwndButton, x, y, 250, 40, TRUE);
}
break;
```

Fenster wird zerstört

```
case WM_DESTROY:
KillTimer(hWnd, 0x0001);
PostQuitMessage(0);
break;
```

8.5.2 Listen (list box)

Ein Listen-Kontrollelement ist ein Fenster, in dem auf verschiedene, vom Programmierer wählbare Art und Weise, eine Liste von Auswahlmöglichkeiten angeboten wird, aus der der Programmbenutzer eine oder mehrere Möglichkeiten anwählen kann.

Die angebotenen Auswahlelemente können dabei im einfachsten Fall zeilenweise angebotene Texte, aber auch Grafiken sein.

Die Auswahl seitens des Programmbenutzers erfolgt durch Anklicken des Listenobjektes mit der Maus.

Sollte die Größe des Listenkontrollelementes zur Darstellung aller Listenobjekte nicht ausreichen, so wird automatisch ein Rollbalken vom Listenkontrollelement generiert und auch verwaltet; der Programmierer muß sich also um die Verwaltung des Rollbalkens eines Listenkontrollelementes überhaupt nicht kümmern.

Die Kommunikation zwischen dem Hauptprogramm (eigentlich dem Elternobjekt des Listenkontrollelementes) und dem Listenkontrollelement selbst erfolgt durch Austausch von Nachrichten.

Selektiert z. B. der Programmbenutzer innerhalb des Listenkontrollelementes einen Eintrag, so schickt das Listenkontrollelement eine entsprechende Nachricht an das Elternobjekt.

Im umgekehrten Fall kann das Elternobjekt durch Versenden einer entsprechenden Nachricht an das Kontrollelement hier bestimmte Operationen durchführen; So kann auf diese Weise z. B. ein neuer Eintrag in das Listenkontrollelement hinzugefügt werden.

Grundsätzlich existieren zwei verschiedene Stile von Listenkontrollelementen. Beim Standardtyp kann der Programmbenutzer immer genau einen Eintrag der Liste auswählen; die zweite Listenart erlaubt dem Programmbenutzer die Auswahl gleich mehrerer Listenelemente. Insgesamt können folgende Stilelemente eines Listenkontrollelementes vom Programmierer ausgewählt werden.

LBS_DISABLENOSCROLL	Ein inaktiver senkrechter Rollbalken wird dargestellt, der erst dann aktiviert wird, wenn mehr als die direkt darstellbaren Listenelemente vorhanden sind. Standard ist die Unterdrückung des Rollbalkens bis zum Bedarfsfall.
LBS_EXTENDEDSEL	Hier wird die Auswahl mehrerer Listenelemente mit Hilfe der SHIFT-Taste und der Maus erlaubt.
LBS_HASSTRINGS	Dies ist die Standardeinstellung für Listenkontrollelemente. Der Inhalt eines Listenkontrollelementes besteht aus Textzeilen, deren Speicherverwaltung vom Listenkontrollelement ohne weiteres Zutun des Programmierers selbst verwaltet wird.

`LBS_MULTICOLUMN`	Das Listenkontrollelement enthält mehrere Spalten von Listeneinträgen. Sollte der zur Darstellung notwendige Platz für alle Listeneinträge nicht ausreichen, so wird ein horizontaler Rollbalken eingefügt. Die Breite der Listenspalten wird durch die Zusendung der Nachricht `LB_SETCOLUMNWIDTH` definiert.
`LBS_MULTIPLESEL`	Der Programmbenutzer kann eine beliebige Anzahl von Listeneinträgen auswählen.
`LBS_NODATA`	Wird nicht mehr benutzt.
`LBS_NOINTEGRALHEIGHT`	Normalerweise stellt das Betriebssystem eine Listbox in genau der Größe dar, die notwendig ist, um keine der Listenzeilen nur teilweise darzustellen. Um dies zu erreichen wird die vom Programmierer vorgesehene Größe - falls notwendig - etwas erhöht oder verringert. Wird dieser Stil jedoch angewählt, so wird die Listbox mit exakt der vom Programmierer vorgesehenen Größe präsentiert, ohne dabei Rücksicht auf eine gegebenenfalls notwendige Teildarstellung von Listenzeilen zu nehmen.
`LBS_NOREDRAW`	Das Listenkontrollelement selbst und sein Inhalt wird nicht neu bezeichnet. Dies gilt auch dann, wenn Teile des Listenelementes von anderen Fenstern verdeckt und/oder zerstört wurden. Die Auswahl dieses Stils kann dann sinnvoll sein, wenn Grafiken innerhalb der Listbox dargestellt werden sollen, die bei einer Neuberechnung und Neudarstellung erhebliche Rechenzeitanforderungen stellen würden. Das durch diese Stilangabe hervorgerufene Sperren der Neudarstellung kann jederzeit durch Versenden einer `WM_SETREDRAW`-Nachricht an das Listenelement rückgängig gemacht werden.
`LBS_NOSEL`	Die Einträge des Listenkontrollelementes können vom Programmbenutzer zwar betrachtet, aber nicht ausgewählt werden.

`LBS_NOTIFY`	Das Elternobjekt bekommt immer dann eine Nachricht vom Listenkontrollelement zugesandt, wenn der Programmbenutzer einen Klick oder Doppelklick innerhalb des Listenelementes durchführt.
`LBS_OWNERDRAWFIXED`	Das Elternobjekt des Listenkontrollelementes ist für jegliche Darstellung innerhalb des Listenbereiches selber zuständig. Dabei hat jede Listenelementzeile die gleiche Höhe. Das Elternobjekt empfängt eine `WM_MEASUREITEM`-Nachricht, wenn das Listenkontrollelement erstmalig dargestellt und eine `WM_DRAWITEM`-Nachricht, wenn ein Neuzeichnen des Listeninhaltes notwendig wird.
`LBS_OWNERDRAWVARIABLE`	Gleiches Verhalten wie die Stilangabe `LBS_OWNERDRAWFIXED`. Im Gegensatz zu diesem Stil können hier die einzelnen Listenelemente unterschiedliche Höhe haben.
`LBS_SORT`	Die Einträge eines Listenkontrollelementes werden alphabetisch sortiert.
`LBS_STANDARD`	Standardeinstellung eines Listenkontrollelementes. Hierbei werden die Einträge des Listenkontrollelementes alphabetisch sortiert, das Elternobjekt des Kontrollelementes empfängt eine Nachricht, wenn der Programmbenutzer einen Eintrag im Listenkontrollelement anklickt und das Listenkontrollelement hat einen sichtbaren Rand.
`LBS_USETABSTOPS`	Bei der Darstellung von Texten als Listeneinträge werden Tabulator-Zeichen berücksichtigt.
`LBS_WANTKEYBOARDINPUT`	Falls das Listenkontrollelement aktiviert ist und der Benutzer des Programms dabei Tastatureingaben durchführt, erhält das Elternobjekt eine `WM_VKEYTOITEM`-Nachricht für jeden Tastendruck. Hiermit ist es möglich, innerhalb eines Programms spezielle Tastenkombinationen für Listenkontrollelemente vorzusehen.

Es gibt eine Sonderfunktion, die die Bearbeitung eines Listenkontrollelementes für den Programmierer deutlich vereinfacht.

Sollen in einem Listenkontrollelement Dateien und Pfade dargestellt werden, so kann der Inhalt eines Listenkontrollementes sehr leicht generiert bzw. abgefragt werden.

Die Funktion DlgDirList() füllt ein Listenkontrollelement mit Dateinamen, die die in den Parametern gesetzten Bedingungen erfüllen (also zu einem vorgegebenen Ordnerpfad und/oder einer Dateiextension passen).

Immer wenn ein Ereignis innerhalb des Listenkontrollelementes eintritt (dies wird in der Regel eine Benutzeraktion mittels der Maus oder der Tastatur sein), sendet das Listenkontrollelement eine Nachricht an das Elternobjekt. Das Elternobjekt wird in der Regel eine Dialogfunktion sein, wobei das Listenkontrollelement ein Teil des Dialogfensters ist.

Die nachfolgende Tabelle zeigt alle Nachrichten von dem Listenkontrollelement zum Elternobjekt.

LBN_DBLCLK	Doppelklick auf Listboxzeile
LBN_ERRSPACE	Listbox kann nicht genügend Speicher bekommen, um Aufgabe zu erfüllen
LBN_KILLFOCUS	Tastatureingaben betreffen nicht mehr die Listbox (Eingabefocus entfällt)
LBN_SELCANCEL	Eine Selektion innerhalb der Listbox wird vom Benutzer gelöscht
LBN_SELCHANGE	Eine Selektion innerhalb der Listbox ändert sich (damit auch gültig für neue Selektion)
LBN_SETFOCUS	Tastatureingaben betreffen jetzt die Listbox (Eingabefocus neu gesetzt)

Im Gegensatz zu den wenigen Nachrichten, die ein Listenkontrollelement an sein Elternobjekt versendet, ist die Tabelle der Nachrichten vom Elternobjekt an das Listenkontrollelement wesentlich umfangreicher.

LB_ADDFILE	Ein zusätzlicher Dateiname wird in eine Listbox eingefügt, die mittels der Funktion DLGDIRLIST gefüllt wurde. Der Listenindex des neuen Listeneintrages wird zurückgegeben.
LB_ADDSTRING	Eine neue Textzeile wird zum Listeninhalt hinzugefügt. Der neue Listenindex wird zurückgegeben.
LB_DELETESTRING	Eine Textzeile innerhalb einer Listbox wird gelöscht; Die Anzahl der verbleibenden Textzeilen wird zurückgegeben.
LB_DIR	Alle Dateien eines angegebenen Ordners werden als Textzeilen einer Listbox hinzugefügt. Der Index der zuletzt hinzugefügten Textzeile wird zurückgegeben.
LB_FINDSTRING	Der Index des ersten Listeneintrages, dessen Text einen angegebenen Suchtext enthält, wird zurückgegeben.
LB_FINDSTRING-EXACT	Der Index des ersten Listeneintrages, der exakt dem gegebenen Suchtext entspricht, wird zurückgegeben.
LB_GETANCHORINDEX	Der Index des zuletzt mit der Maus selektierten Listeneintrages wird zurückgegeben.
LB_GETCARETINDEX	Der Index des Listeneintrages, der das Focusrechteck hat, wird zurückgegeben.
LB_GETCOUNT	Die Anzahl der Einträge in der Listbox wird zurückgegeben.
LB_GETCURSEL	Der Index des aktuell ausgewählten Listeneintrages wird zurückgegeben.
LB_GETHORIZONTAL-EXTENT	Die horizontale Breite einer Listbox, die mittels des Rollbalkens erreicht werden kann, wird zurückgegeben (in Pixeln).
LB_GETITEMDATA	Der zu einem Listeneintrag (Listenzeile) zugehörige Scanwert wird zurückgegeben.
LB_GETITEMHEIGHT	Die Höhe eines Listeneintrages in Pixeln wird zurückgegeben.
LB_GETITEMRECT	Die Koordinaten (relativ zur Dialogbox) des Listeneintrages werden ermittelt und zurückgegeben.
LB_GETLOCALE	Ländercode und Sprachencode der Listbox werden ermittelt.

LB_GETSEL	Der Selektionsstatus eines Listeneintrages wird ermittelt.
LB_GETSELCOUNT	Die Anzahl der aktuell selektierten Listeneinträge in einer Mehrfachselektionslistenbox wird ermittelt.
LB_GETSELITEMS	Für alle aktuell selektierten Zeilen einer Mehrfachselektionslistenbox wird ein Feld angelegt, das die Indizes der selektierten Zeilen enthält. Die Anzahl der insgesamt selektierten Zeilen wird zurückgegeben.
LB_GETTEXT	Text und Länge des Textes eines bestimmten Listeneintrages wird zurückgegeben.
LB_GETTEXTLEN	Die Länge eines bestimmten Listeneintrages wird ermittelt.
LB_GETTOPINDEX	Der Index des ersten sichtbaren Listeneintrages der Listbox wird ermittelt.
LB_INITSTORAGE	Die Listbox wird aufgefordert, ausreichenden Speicherplatz für die angegebene Anzahl von Listeneinträgen und Listentexten anzulegen.
LB_INSERTSTRING	Eine Textzeile wird an einer bestimmten (durch den Index definierten) Position der Listbox eingefügt. Die Listbox wird anschließend nicht alphabetisch sortiert.
LB_ITEMFROMPOINT	Der einem Punkt innerhalb der Listenbox nächstgelegene Listeneintrag wird ermittelt. Der Index dieses Listeneintrages wird zurückgegeben.
LB_RESETCONTENT	Alle Einträge einer Listbox werden gelöscht.
LB_SELECTSTRING	Der Listeneintrag, dessen Inhalt den angegebenen Suchtext enthält, wird selektiert.
LB_SELITEMRANGE	Ein durch die Indizes definierter Bereich der Listbox wird selektiert.
LB_SELITEMRANGEEX	Ein durch die Indizes definierter Bereich der Listbox wird selektiert, falls der erst Index kleiner als der zweite ist. Eine bereits bestehende Selektion wird gelöscht, falls der erste Index größer als der zweite ist.
LB_SETANCHORINDEX	Für einen bestimmten Listeneintrag, der durch den Listenindex definiert wird, wird der Ankerindex gesetzt. Damit wird simuliert, daß diese Listenzeile mit der Maus zuletzt ausgewählt wurde.

LB_SETCARETINDEX	Das Focusrechteck wird auf einen bestimmten Listeneintrag gesetzt.
LB_SETCOLUMNWIDTH	Die Breite der Listenspalten in einer Mehrspaltenlistbox wird in Pixeln angegeben.
LB_SETCOUNT	Die Anzahl von Einträgen in einer Listbox wird gesetzt.
LB_SETCURSEL	Ein bestimmter Listeneintrag wird selektiert.
LB_SETHORIZONTAL-EXTENT	Die mittels eines Rollbalkens insgesamt zu erreichende Breite in Pixeln einer Listbox wird gesetzt.
LB_SETITEMDATA	Für eine bestimmte Listboxzeile, die durch den Index definiert ist, wird ein Scanwert definiert und eingetragen.
LB_SETITEMHEIGHT	Die Höhe eines Listeneintrages (Listensatzes) in Pixeln wird gesetzt.
LB_SETLOCALE	Länder- und Sprachenkennungen für die Listbox werden gesetzt.
LB_SETSEL	Ein Listensatz innerhalb einer Mehrfachselektionsbox wird selektiert.
LB_SETTABSTOPS	Es wird ein Feld mit Tabulatorpositionen übergeben, die in Zukunft bei Textausgaben innerhalb der Listbox gelten sollen.
LB_SETTOPINDEX	Der Inhalt der Listbox wird automatisch so positioniert, daß der Listeneintrag mit dem übergebenen Index der erste sichtbare innerhalb der Listbox ist.

8.5.3   Comboboxen

Die Verbindung einer Listbox mit einem Editorelement erweitert den Einsatzbereich eines solchen Kontrollelementes. Solche Elemente werden Comboboxen genannt. Aus den möglichen Kombinationen zwischen Listbox und Editorelement ergeben sich drei Typen einer Combobox.

Typ	Drop-down Listbox	Editor-element	Stil
Drop-down Combobox	x	x	CBS_DROPDOWN
Drop-down Listbox	x		CBS_DROPDOWNLIST
Einfache Combobox		x	CBS_SIMPLE

Eine Combobox gehört grundsätzlich in die COMBOBOX-Klasse; sie wird mit diesem Attribut generiert. Bei der Kreation einer Combobox können weitere Stilangaben gemäß nachfolgender Tabelle gemacht werden.

CBS_AUTOHSCROLL	Text, der über die Breite der Combobox hinausgeht, wird automatisch horizontal verschoben dargestellt.
CBS_DISABLENOSCROLL	Falls die Combobox alle eingetragenen Listenelemente insgesamt anzeigen kann, wird ein vertikaler Rollbalken angezeigt, der inaktiv dargestellt wird. Dieser Rollbalken wird aktiviert, sobald die Combobox nicht mehr alle Listeneinträge darstellen kann.
CBS_DROPDOWN	Es wird eine Dropdown-Combobox kreiert.
CBS_DROPDOWNLIST	Es wird eine Dropdown-Listbox kreiert.
CBS_HASSTRINGS	Der Inhalt einer Combobox wird nicht mehr automatisch dargestellt, sondern muß vom Programm selbst dargestellt werden. Hier wird angegeben, daß der Inhalt der Combobox Textzeilen sind.
CBS_LOWERCASE	Für den gesamten angezeigten Text werden nur kleine Buchstaben verwendet.
CBS_NOINTEGRALHEIGHT	Normalerweise paßt das Betriebssystem die Größe der Combobox so der Höhe der Textzeilen an, daß keine Textzeilen nur teilweise angezeigt werden. Durch das Setzen dieses Modus wird diese automatische Anpassung unterdrückt. Textzeilen können dann auch nur teilweise angezeigt werden.
CBS_OEMCONVERT	Der normale WINDOWS-Zeichensatz wird in den OEM-Zeichensatz transformiert.

CBS_OWNERDRAWFIXED	Die Funktion, die die Combobox besitzt, ist für die Darstellung des Inhaltes der Combobox selbst zuständig. Es wird keine automatische Inhaltsdarstellung seitens des Kontrollelementes durchgeführt. Alle Listenelemente der Combobox haben dabei die gleiche Höhe.
CBS_OWNERDRAWVARIABLE	Wie vorheriger Eintrag; die einzelnen Listeneinträge können dabei aber unterschiedlichen Raum einnehmen.
CBS_SIMPLE	Es wird eine einfache Combobox dargestellt.
CBS_SORT	Sollte der Inhalt der Combobox aus Textzeilen bestehen, so werden diese alphabetisch sortiert.
CBS_UPPERCASE	Sämtlicher dargestellter Text wird nur mit großen Buchstaben dargestellt.

Comboboxen werden, wie die meisten anderen Kontrollelemente auch, durch das Zusenden von kontrollelementespezifischen Nachrichten gesteuert. Umgekehrt informiert die Combobox ihre zuständige Fensterfunktion ebenfalls durch das Versenden entsprechender Nachrichten. Nachfolgende Tabelle stellt die Nachrichten zusammen.

CB_ADDSTRING	Es wird eine neue Textzeile in die Combobox eingefügt. Entweder wird die Textzeile ans Ende eingefügt oder alphabetisch sortiert eingefügt.
CB_DELETESTRING	Die Listenzeile mit dem angegebenen Index wird gelöscht. Achtung: Nach der Löschung werden alle darunterliegenden Indizes neu berechnet.
CB_DIR	Eine Liste von Dateinamen wird in die Combobox eingefügt.
CB_FINDSTRING	Ein bestimmes Textmuster wird innerhalb der Combobox gesucht. Der Index der gefundenen Listenzeile wird zurückgegeben.
CB_FINDSTRINGEXACT	Wie oben; es wird jedoch eine exakte Übereinstimmung von Suchtext und Listeneintrag vorausgesetzt.
CB_GETCOUNT	Die Anzahl der Listeneinträge in der Combobox wird ermittelt.

CB_GETCURSEL	Der Index der aktuell selektierten Comboboxzeile wird ermittelt.
CB_GETDROPPED-CONTROLRECT	Die Bildschirmkoordinaten der aufgerollten Combobox werden ermittelt.
CB_GETDROPPEDSTATE	Es wird ermittelt, ob die Combobox aufgeblättert ist oder nicht.
CB_GETDROPPEDWIDE	Die Mindestbreite der Listbox einer Combobox in Pixeln wird ermittelt.
CB_GETEDITSEL	Ist eine Textmarkierung innerhalb des Editorelementes erfolgt, so wird hier der Index des Startzeichens und des Endezeichens der Textmarkierung ermittelt.
CB_GETEXTENDEDUI	Es wird ermittelt, ob die Combobox die normale Benutzerschnittstelle (Unterstützung der Funktionstaste F4) oder die alternative Benutzerschnittstelle (keine Unterstützung der Funktionstaste) unterstützt.
CB_GETHORIZONTAL-EXTENT	Es wird ermittelt. um wieviel Pixel die Textzeile horizontal verschoben werden kann.
CB_GETITEMDATA	Jedem Index der Liste sind neben dem Texteintrag zusätzlich 4 Byte programmspezifische Daten hinzugefügt. Hiermit werden diese 4 Byte abgefragt.
CB_GETITEMHEIGHT	Die Höhe eines Listeneintrages wird ermittelt.
CB_GETLBTEXT	Für einen angegebenen Index wird die Zeichenkette der Listenzeile ermittelt.
CB_GETLBTEXTLEN	Für einen angegebenen Index wird die Länge des Texteintrages einer Listenzeile ermittelt.
CB_GETLOCALE	Die für die Sortierung des Textes zuständige Spracheneinstellung wird ermittelt.
CB_INSERTSTRING	Eine neue Textzeile wird an einem definierbaren Index eingefügt; es findet keine Einsortierung statt.
CB_LIMITTEXT	Die maximale Anzahl von Zeichen, die der Benutzer in die Editorkontrolle eintippen kann, wird gesetzt.
CB_RESETCONTENT	Alle Einträge werden gelöscht.
CB_SELECTSTRING	Es wird eine Textzeile aufgesucht, die zu einem angegebenen Suchmuster paßt. Diese gefundene Textzeile wird dann im Editorelement dargestellt.

CB_SETCURSEL	Eine Textmarkierung wird gesetzt.
CB_SETEDITSEL	Der markierte Text wird in das Editorkontrollelement kopiert.
CB_SETEXTENDEDUI	Die Benutzerschnittstelle wird von standard auf erweitert umgestellt. Damit wird die Funktionstaste F4 inaktiviert; die Liste wird alternativ mit der Pfeilrunter-Taste aktiviert.
CB_SETITEMDATA	Die 4 Byte programmspezifische Daten werden definiert.
CB_SETITEMHEIGHT	Die Höhe einer Listenzeile wird gesetzt.
CB_SETLOCALE	Die für die Sortierung der Texteinträge ausschlaggebende Spracheinstellung wird gesetzt.
CB_SHOWDROPDOWN	Die Listbox wird aufgerollt oder eingerollt.
CBN_CLOSEUP	Die Listbox wurde geschlossen.
CBN_DBLCLK	Ein doppelter Mausklick in der Combobox hat stattgefunden.
Nachrichten von der Combobox an die Fensterfunktion	
CBN_DROPDOWN	Die Combobox wurde aufgerollt.
CBN_EDITCHANGE	Es hat eine Änderung im Editorkontrollelement stattgefunden.
CBN_EDITUPDATE	Der Inhalt des Editorkontrollelementes wurde neu dargestellt.
CBN_ERRSPACE	Die Combobox konnte nicht genügend Speicher reservieren, um den gesamten Inhalt darzustellen.
CBN_KILLFOCUS	Die Combobox verliert den Eingabefocus
CBN_SELCHANGE	Eine Markierung wurde geändert.
CBN_SELENDCANCEL	Es wurde zwar eine Zeile der Combobox ausgewählt, aber danach entweder das gesamte Dialogfenster geschlossen oder ein anderes Kontrollelement innerhalb des Dialogfensters aktiviert.
CBN_SELENDOK	Eine Zeile der Combobox wurde ausgewählt und danach die Liste geschlossen.
CBN_SETFOCUS	Die Combobox erhält den Eingabefocus.

WM_COMPAREITEM	Die relative Posotion eines neuen Listeneintrages wird ermittelt.
WM_DRAWITEM	Der Inhalt der Combobox muß neu dargestellt werden. Diese Nachricht wird nur dann versendet, wenn die Fensterfunktion für die Darstellung des Inhaltes der Combobox selbst zuständig ist und keine automatische Darstellung erfolgt.
WM_MEASUREITEM	Die Koordinaten des Rechtecks, das einen Listeneintrag vollständig umgibt, werden ermittelt. Diese Informationen sind wichtig, wenn der Inhalt der Combobox von der Funktion selbst dargestellt werden muß.

Programmierung

Gerade bei Listboxen ist die Programmierschnittstelle stark nachrichtenorientiert.

```
/***********************************************
Funktionsname DlgLISTEN
Inhalt Demo Listen
**********************************************/
LRESULT CALLBACK DlgLISTEN(HWND hDlg, UINT message,
                           WPARAM wParam, LPARAM lParam)

{

switch (message) {
```

Dialog initialisieren

```
case WM_INITDIALOG:
```

Index des selektierten Satzes in einer Listbox als „unselektiert" initialisieren

```
indexselitem = LB_ERR;
```

Listboxen mit Inhalt füllen. ...Dabei hat die Listbox IDC_LIST1 mehrere Spalten...!

```
SendDlgItemMessage(hDlg, IDC_LIST1,
                LB_SETCOLUMNWIDTH, (WPARAM)200, 0);
for(i=0; i<80; i++){
strcpy(strbuffer, "Dies ist Satz " );
```

```
strcat(strbuffer, itoa((int)i, buffer,10));
SendDlgItemMessage(hDlg, IDC_LIST1,
                   LB_ADDSTRING,
                   0,(LPARAM)(LPCTSTR)strbuffer);
}


SendDlgItemMessage(hDlg, IDC_LIST2, LB_ADDSTRING, 0,
                   (LPARAM)(LPCTSTR)
        "Diese Listbox erlaubt die Auswahl mehrerer Zeilen");
```

IDC_LIST2 wird auch mit Text gefüllt

```
for(i=0; i<5; i++){
strcpy(strbuffer, "laufende Nummer " );
strcat(strbuffer, itoa((int)i, buffer,10));
SendDlgItemMessage(hDlg,
                   IDC_LIST2,
                   LB_ADDSTRING,
                   0,
                   (LPARAM)(LPCTSTR)strbuffer);
}
```

Dialogfenster darstellen

```
ShowWindow (hDlg, SW_SHOW);
return (TRUE);
break;
```

Ein Kontrollelement wurde bedient

```
case WM_COMMAND:
wNotifyCode = HIWORD(wParam);
idButton = (int) LOWORD(wParam);
switch (idButton) {
```

Dialog beenden

```
case IDOK:
EndDialog(hDlg, TRUE);
return (TRUE);
break;
```

CUT-Operation ausführen

```
case IDAUSSCHNEIDEN:
```

Zunächst muß geprüft werden, von wo nach wo CUT/PASTE durchgeführt werden soll. Dazu wird der Text des CUT-Knopfes ermittelt.

```
GetDlgItemText(hDlg, IDAUSSCHNEIDEN, buffer, 16);
```

Jetzt Stringvergleich und Verzweigung

```
if(strcmp(buffer, "CUT >>") == 0){
```

von links nach rechts cut+paste

Bei der linken Liste wurde als Stil „mehrspaltig" und „einfache Selektion" angegeben. Damit ist auch nur genau eine Zeile markiert

Jetzt den Inhalt der markierten Zeile in den Puffer kopieren (dabei muß der Index ermittelt und benutzt werden).

```
SendDlgItemMessage(hDlg,
              IDC_LIST1,
              LB_GETTEXT,
              (WPARAM)SendDlgItemMessage(hDlg,
              IDC_LIST1,
              LB_GETCURSEL ,
              0,
              0),
              (LPARAM)strbuffer);
```

Dann den Inhalt der markierten Zeile aus der Listbox löschen (dabei muß auch der Index ermittelt und benutzt werden)

```
SendDlgItemMessage(hDlg,
              IDC_LIST1,
              LB_DELETESTRING,
              (WPARAM)SendDlgItemMessage(hDlg,
                     IDC_LIST1,
                     LB_GETCURSEL ,
                     0,
                     0),
              0);
```

Den Pufferinhalt in die Listbox 2 einfügen

```
SendDlgItemMessage(hDlg,
                   IDC_LIST2,
                   LB_ADDSTRING,
                   0,
                   (LPARAM) (LPCTSTR)strbuffer);
```

Zum Schluß noch den Knopf deaktivieren (es gibt ja keine Selektion mehr)

```
SetDlgItemText(hDlg, IDAUSSCHNEIDEN, " ");
EnableWindow(GetDlgItem(hDlg,
        IDAUSSCHNEIDEN),
        FALSE);
}
else if(strcmp(buffer, "<< CUT") == 0){
```

von rechts nach links cut+paste

Bei der rechten Liste wurde als Stil „mehrfache Selektion" angegeben. Damit können mehrere Zeilen markiert sein.

Jetzt die Indices der markierten Zeilen in den Indexpuffer kopieren.

```
anzahlmarkiertesaetze = SendDlgItemMessage(hDlg,
                   IDC_LIST2,
                   LB_GETSELITEMS,
                   128,
                   (LPARAM) (LPINT)satzinidices);
```

Dann den Inhalt der markierten Zeile aus der Listbox lesen, kopiern und löschen für alle Indexeinträge

```
if(anzahlmarkiertesaetze > 0){
```

Dabei ist wichtig, daß man „von unten nach oben" mit den größten Indices beginnt! Die Indexwerte ändern sich nämlich nach dem Löschen eines Satzes unterhalb der Löschung.

```
for(i = anzahlmarkiertesaetze - 1; i >= 0; i--){
```

Jetzt den Inhalt der markierten Zeile in den Puffer kopieren (dabei muß der Index benutzt werden).

```
SendDlgItemMessage(hDlg,
                IDC_LIST2,
                LB_GETTEXT,
                satzinidices[i],
                (LPARAM)strbuffer);
```

Dann den Inhalt der markierten Zeile aus der Listbox löschen (dabei muß auch der Index benutzt werden).

```
SendDlgItemMessage(hDlg,
                IDC_LIST2,
                LB_DELETESTRING,
                satzinidices[i],
                0);
```

Den Pufferinhalt in die Listbox 1 einfügen

```
SendDlgItemMessage(hDlg,
                IDC_LIST1,
                LB_ADDSTRING,
                0,
                (LPARAM) (LPCTSTR)strbuffer);
```

Zum Schluß noch den Knopf deaktivieren (es gibt ja keine Selektion mehr)

```
SetDlgItemText(hDlg,
                IDAUSSCHNEIDEN,
                " ");
EnableWindow(GetDlgItem(hDlg,
                IDAUSSCHNEIDEN),
                FALSE);
}
break;
```

Hier Nachrichten für Liste 1 bearbeiten

```
case IDC_LIST1:{
switch (wNotifyCode) {
```

Selektionsstatus geändert...

```
case LBN_SELCHANGE:
```

Index des selektierten Items finden

```
indexselitem = SendDlgItemMessage(hDlg,
                                   IDC_LIST1,
                                   LB_GETCURSEL,
                                   0,
                                   0);
```

Feststellen, ob und welcher Satz selektiert wurde

```
if(indexselitem != LB_ERR){
```

Ein Satz wurde selektiert; der CUT-Knopf wird mit Text versehen...

```
SetDlgItemText(hDlg, IDAUSSCHNEIDEN, "CUT >>");
```

...und aktiviert

```
EnableWindow(GetDlgItem(hDlg,
                IDAUSSCHNEIDEN),
                TRUE);
}
else{
```

Keine Selektion gefunden. Der Knopftext wird gelöscht...

```
SetDlgItemText(hDlg, IDAUSSCHNEIDEN, " ");
```

...und der Knopf deaktiviert

```
EnableWindow(GetDlgItem(hDlg,
                IDAUSSCHNEIDEN),
                FALSE);
```

Hier Nachrichten für Liste 2 (Mehrfach-Selektion!) bearbeiten

```
case IDC_LIST2:{
switch (wNotifyCode) {
```

Selektionsstatus geändert...

```
case LBN_SELCHANGE:
```

Feststellen, wieviele Sätze selekiert wurden

```
if(SendDlgItemMessage(hDlg,
                      IDC_LIST2,
                      LB_GETSELCOUNT,
                      0,
                      0) > 0){
```

Mindestens ein Satz wurde selektiert; der CUT-Knopf wird mit Text versehen...

```
SetDlgItemText(hDlg, IDAUSSCHNEIDEN, "<< CUT");
```

...und aktiviert

```
EnableWindow(GetDlgItem(hDlg,
                        IDAUSSCHNEIDEN),
                        TRUE);
}
else{
```

Keine Selektion gefunden. Der Knopftext wird gelöscht...

```
SetDlgItemText(hDlg, IDAUSSCHNEIDEN, " ");
```

...und der Knopf deaktiviert

```
EnableWindow(GetDlgItem(hDlg,
                        IDAUSSCHNEIDEN),
                        FALSE);
```

8.5.4 Editorkontrollelemente

Ein Editorkontrollelement ist immer ein rechteckig organisierter Fensterbereich, der in der Regel dazu benutzt wird, Texteingaben und Änderungen seitens des Benutzers zu ermöglichen.

Die Editorkontrollelemente zerfallen in zwei Gruppen; WINDOWS 95 bietet sowohl Editorkontrollelemente mit einer Textzeile (SLE) als auch Editorkontrollelemente mit mehreren Textzeilen (MLE), die beide die Standardleistungen eines Texteditors

- Text einfügen

- Text löschen

- Einfügemarke verschieben

- Textbereiche markieren

anbieten. Nicht unmittelbar seitens des Betriebssystems implementiert sind höhere Editorfunktionen wie das Kopieren, Ausschneiden oder Einfügen von Textblöcken. Diese höheren Operationen müssen grundsätzlich separat programmiert werden. Für die Klasse der Editorkontrollelemente sind allerdings Betriebssystemnachrichten vorgesehen, die eine einfache Realisierung dieser Funktionen gestatten.

Welche Leistungen ein Editorkontrollelement letztendlich zur Verfügung stellt, wird zum Zeitpunkt der Definition dieses Kontrollelementes bestimmt. Entweder wird ein Editorkontrollelement mittels der Funktion `CreateWindow()` definiert und dargestellt oder das Editorkontrollelement ist Bestandteil eines Dialogfensters, das als Programmressource vordefiniert ist.

In jedem Fall können die nachfolgend genannten Stilattribute in der Regel beliebig miteinander kombiniert werden (logischer Oder-Operator).

Stil	Inhalt
ES_AUTOHSCROLL	Wenn der Programmbenutzer eine Zeichen am Ende einer Zeile eingibt, so wird der Text des Kontrollfensters um zehn Zeichen nach links verschoben. Drückt der Benutzer die Enter-Taste, so wird an den Textanfang zurückgesetzt.
ES_AUTOVSCROLL	Der Textblock wird bei Bedarf automatisch nach oben verschoben.
ES_CENTER	Innerhalb eines Mehrzeilenkontrollelementes wird der Text zentriert dargestellt.
ES_LEFT	Der Text wird immer linksbündig dargestellt.
ES_LOWERCASE	Grundsätzlich werden alle Zeichen in einem Kontrollelement mit kleinen Zeichen dargestellt.

Stil	Inhalt
ES_MULTILINE	Es wird ein Editorkontrollelement mit mehreren Textzeilen dargestellt. Die Voreinstellung ist die Darstellung eines Ein-Zeilen-Kontrollelementes. Sollte das Kontrollelement innerhalb einer Dialogbox dargestellt werden, so wird i.d.R. die Benutzung der Enter-Taste auf den Standarddruckknopf bezogen. Soll die Benutzung der Enter-Taste einen Zeilenwechsel innerhalb der Editorbox verursachen, so muß der Stil ES_WANTRETURN zusätzlich gewählt werden.
ES_NOHIDESEL	Falls der Programmbenutzer innerhalb einer Editorbox einen Textausschnitt markiert hat (der Textausschnitt wird dann schwarz unterlegt dargestellt), so wird diese Markierung gelöscht, wenn ein anderes Kontrollelement aktiviert wird. Dies kann verhindert werden, wenn der Stil ES_NOHIDESEL gewählt wird. Die Markierung bleibt dann erhalten.
ES_NUMBER	Es können ausschließlich Ziffern in einem Editor-Kontrollelement eingegeben werden.
ES_OEMCONVERT	Der eingegebene Text wird zunächst in den OEM-Zeichensatz konvertiert und dann wiederum als WINDOWS-Zeichensatz dargestellt. Dies ist insbesondere sinnvoll, wenn Zeichenfolgen mit Sonderzeichen (z.B. bei Dateinamen) verwendet werden.
ES_PASSWORD	Für jedes eingegebene Zeichen wird ein (*) dargestellt. Damit ist der eingegebene Text am Bildschirm nicht mehr lesbar und eignet sich zur Eingabe von Passwörtern. EM_SETPASSWORDCHAR
ES_READONLY	Der innerhalb einer Editorbox dargestellte Text kann seitens des Benutzers nicht geändert werden.
ES_RIGHT	Der Text innerhalb der Editorbox wird rechtsbündig dargestellt.
ES_UPPERCASE	Alle eingegebenen Zeichen werden mit großen Buchstaben dargestellt.
ES_WANTRETURN	Siehe ES_MULTILINE

Intern benutzt ein Editorkontrollelement einen Textpuffer, der bei der Initialisierung des Kontrollelementes auf etwa 32 Kilobyte voreingestellt wird.

Für die meisten Anwendungen dürfte die Verfügbarkeit von ca. 32.000 Zeichen für ein Editorkontrollelement ausreichen; sollten tatsächlich mehr Zeichen verarbeitet werden müssen oder, was wahrscheinlicher ist, sollte der interne Zeichenpuffer wesentlich kleiner gewählt werden müssen, um Speicherplatz zu sparen, so kann das Handle des internen Puffers erfragt, der Speicherbereich freigegeben und dann erneut auf die benötigte Größe initialisiert werden.

Das Editorkontrollelement stellt Text grundsätzlich innerhalb eines Rechtecks dar. Die Abmessung und Plazierung dieses Rechtecks wird während der Kreation des Editorkontrollelementes definiert. Allerdings führt WINDOWS 95 für jedes Editorkontrollelement frei logisch unterschiedliche Rechtecke.

Das erste dieser Rechtecke ist das Fensterrechteck, das identisch ist mit dem Rahmen des Editorkontrollelementes. Die Größe dieses Fensterrechtecks wird z. B. bei der Einbindung eines Editorkontrollelementes in eine Dialogbox mittels eines Ressourceneditors durch den Programmierer festgelegt.

Das zweite logische Rechteck, das mit einem Editorkontrollelement verbunden ist, ist das sog. Formatierungsrechteck. Dieses Formatierungsrechteck ist zu Beginn (also bei der Initialisierung) identisch mit dem Fensterrechteck; Es bestimmt den Bereich innerhalb des Fensterrechtecks des Editorkontrollelementes, in dem Zeichenfolgen dargestellt und ggf. formatiert werden.

Im weiteren Verlauf der Programmlogik kann aber dieses Formtierungsrechteck geändert werden. Wird es größer als das Fensterrechteck des Kontrollelementes gewählt, so sind u. U. Teile des formatierten Textes nicht mehr sichtbar. Wird es kleiner gewählt, so bleiben Teile des Fensterbereiches frei.

Die elementaren Editorfunktionen werden vom Editorkontrollelement selbst zur Verfügung gestellt. Höhere Editorfunktionen müssen seitens des Programmierers explizit definiert werden. Hierzu stellt das Betriebssystem wiederum eine Nachrichtenschnittstelle zur Verfügung.

Das Kontrollelement selbst benachrichtigt seine zuständige Fensterfunktion über Ereignisse, die innerhalb des Kontrollelementes stattgefunden haben. Die nachfolgende Tabelle listet diese vom Kontrollelement an die Fensterfunktion gerichteten Nachrichten auf.

EN_CHANGE	Der Text innerhalb des Kontrollelementes ist geändert worden. Das Betriebssystem ändert die Darstellung innerhalb des Editorkontrollelementes, bevor diese Nachricht gesendet worden ist (siehe auch EN_UPDATE).
EN_ERRSPACE	Es ist ein Fehler aufgetreten; das Kontrollelement konnte nicht genügend Speicherplatz zur Verfügung stellen, um die geforderte Aktion auszuführen.
EN_HSCROLL	Der Benutzer des Kontrollelementes hat den horizontalen Rollbalken des Kontrollelementes angeklickt. Das Betriebssystem hat diese Nachricht an die Fensterfunktion gesandt, bevor die Darstellung des Kontrollelementes geändert wurde. Damit hat der Programmierer die Möglichkeit, selbst Einfluß auf die Reaktion des Editorkontrollelementes auf die Betätigung des Rollbalkens zu nehmen.
EN_KILLFOCUS	Der Programmbenutzer hat das Editorkontrollelement inaktiviert; Dies geschieht i.d.R. dadurch, daß der Benutzer ein anderes Kontrollelement z.B. mittels Mausklick aktiviert hat.
EN_MAXTEXT	Die Anzahl der maximal darstellbaren Zeichen im Kontrollelement ist überschritten worden. Hierfür kann es unterschiedliche Gründe geben. Zum einen kann der dem Kontrollelement zur Verfügung stehende Textspeicher erschöpft sein, so daß kein Speicherplatz für die Darstellung weiterer Zeichen zur Verfügung steht. Es müßte dann hier als Abhilfe dem Kontrollelement explizit mehr Speicherplatz zur Verfügung gestellt werden. Diese Nachricht wird allerdings auch versendet, wenn aufgrund der Stilauswahl (ES_AUTOHSCROLL oder ES_AUTOVSCROLL) die Darstellung wegen der Zeilenbreite oder Textzeilenanzahl nicht erfolgen kann.
EN_SETFOCUS	Der Benutzer hat das Editorkontrollelement aktiviert.

| EN_UPDATE | Der Text innerhalb des Kontrollelementes ist geändert worden; Diese Nachricht wird vom Betriebssystem nach der internen Textformatierung aber vor der eigentlichen Darstellung des Textes im Kontrollelement versendet. Damit hat der Programmierer die Möglichkeit, noch Einfluß auf die Art der Darstellung des Textes im Kontrollelement zu nehmen. |
| EN_VSCROLL | Der Programmbenutzer hat den vertikalen Rollbalken des Kontrollelementes angeklickt. Das Betriebssystem versendet diese Nachricht vor der Neudarstellung des Kontrollelementeinhaltes. |

Die für das Editorkontrollelement zuständige Fensterfunktion kann ihrerseits Nachrichten an das Kontrollelement versenden, um Informationen abzufragen oder Reaktionen innerhalb des Kontrollelementes hervorzurufen.

EM_CANUNDO	Hiermit wird abgefragt, ob die zuletzt innerhalb des Kontrollelementes durchgeführte Änderung oder Aktion zurückgenommen werden kann. Falls dies der Fall ist, wird der Wert TRUE zurückgegeben.
EM_CHARFROMPOS	Der Zeichen- und Zeilenindex des Zeichens, das sich am nächsten einer angegebenen Position (dies wird i.d.R. die Position des Mauszeigers sein) befindet, wird zurückgegeben.
EM_EMPTY- UNDOBUFFER	Wird vom Benutzer eine Aktion innerhalb des Kontrollelementes ausgeführt, so wird in einem Pufferbereich Information über diese Aktion gespeichert. Diese Information kann verwendet werden, um die jeweils letzte Aktion innerhalb des Kontrollelementes rückgängig zu machen. Wird z.B. eine Textpassage gelöscht, so wird der gelöschte Text im genannten Pufferbereich aufgehoben und kann ggf. zur Rücknahme der Löschaktion verwendet werden. Diese Nachricht löscht diesen Aktionsspeicher.
EM_FMTLINES	Diese Nachricht wird nur von Mehrfachzeileneditorkontrollelementen ausgewertet. Sie setzt oder entfernt eine aus drei Byte bestehende Zeichenkette (10, 10, 12) , die jeweils einen durch Textformatierung hervorgerufenen Zeilenwechsel anzeigt.

`EM_GETFIRST-VISIBLELINE`	In einem Einzeilenkontrollelement wird der Index des ganz links stehenden Zeichens zurückgegeben. Bei Mehrfachzeilenkontrollelementen wird der Index der ganz oben stehenden Zeile zurückgegeben.
`EM_GETHANDLE`	Für Mehrfachzeilenkontrollelemente wird das Handle des Textpuffers ermittelt.
`EM_GETLIMITTEXT`	Die Anzahl der maximal darstellbaren Zeichen innerhalb des Kontrollelementes wird ermittelt.
`EM_GETLINE`	Eine definierte Anzahl von Zeichen wird vom Kontrollelement in einen separaten Textpuffer kopiert.
`EM_GETLINECOUNT`	Die Anzahl von Zeilen innerhalb eines Kontrollelementes wird ermittelt.
`EM_GETMARGINS`	Die Breite des rechten und linken Randes (also die Differenz zwischen Fensterrechteck und Formatierungsrechteck) wird ermittelt.
`EM_GETMODIFY`	Es wird ermittelt, ob der Inhalt eines Editorkontrollelementes in der Zwischenzeit verändert wurde.
`EM_GETPASSWORD-CHAR`	Falls das Kontrollelement den Stil `ES_PASSWORD` hat, werden alle über die Tastatur eingegebenen Zeichen grundsätzlich durch ein Blindzeichen dargestellt. Hiermit wird abgefragt, welchen Code dieses Blindzeichen aktuell hat.
`EM_GETRECT`	Die Koordinaten des Formatierungsrechteckes innerhalb eines Editorkontrollelementes werden erfragt.
`EM_GETSEL`	Anfangs- und Endpunkt einer aktuellen Textbereichsmarkierung werden zurückgegeben.
`EM_GETTHUMB`	Die Position des Rollbalkenschiebers eines Kontrollelementes wird ermittelt.

`EM_GETWORD-`
`BREAKPROC`
	Die Adresse der aktuellen Funktion, die für den Zeilenumbruch bei einem Mehrfachzeilenkontrollelement zuständig ist, wird ermittelt und zurückgegeben. Eine solche Funktion untersucht den Textpuffer des Kontrollelementes auf das jeweils erste Wort (Zeichenkette ohne Leerraum), das nicht mehr in die aktuelle Zeile paßt, sondern an den Anfang der nächsten Zeile gesetzt werden muß. Diese Umbruchfunktion ermittelt also exakt die Zeichenposition (Index), an dem das Betriebssystem den Zeilenumbruch durchführen soll (i.d.R. ist dies der Leerraum zwischen zwei Worten). Das Betriebssystem stellt standardmäßig eine solche Zeilenumbuchfunktion zur Verfügung. Allerdings kann der Programmierer auch eine eigene Zeilenumbruchfunktion definieren, die dann folgender Vorschrift genügen muß.
	
	1. Der Funktionszeiger, der auf die Adresse der Zeilenumbruchfunktion zeigt, ist vom Typ `EDITWORDBREAKPROC`
	
	2. Die Funktion muß folgender Aufrufkonvention genügen.
	
	<pre>int CALLBACK EditWordBreakProc(
	LPTSTR lpch,
	int ichCurrent,
	int cch,
	int code
	);</pre>
	3. Die einzelnen Funktionsparameter müssen dabei nachfolgende Bedeutung haben:
	
	`lpch`: Zeiger auf den Textspeicher des Editorkontrollelementes
	
	`ichCurrent`: Index desjenigen Zeichens innerhalb des Textpuffers, ab dem die Zeilenumbruchfunktion mit ihrer Arbeit beginnen soll
	
	`cch`: Gesamtanzahl aller Zeichen innerhalb des Editorkontrollelementes
	
	`code`: Parameter, der die von der Zeilenumbruchfunktion vorzunehmende Arbeit spezifiziert. Dieser Parameter kann einen der nachfolgenden Werte annehmen.

EM_GETWORD- BREAKPROC *(Fortsetzung)*	WB_ISDELIMITER Es wird nachgeprüft, ob der durch den Index angegebene Buchstabe ein Textbegrenzer (also z.B. der Code 10 oder 12) ist. WB_LEFT Es wird nach dem Wortanfang links von der Indexposition gesucht. WB_RIGHT Es wird nach dem nächsten Wortanfang rechts von der Indexposition gesucht. 4. Sollte der Programmierer nun eine eigene Zeilenumbruchfunktion nach obiger Syntax programmiert haben, so muß er dem Editorkontrollelement durch Versenden einer EM_SETWORDBREAKPROC-Nachricht mitteilen, welche eigenprogrammierte Funktion diese Aufgabe erfüllen soll.
EM_LINEINDEX	Für ein Mehrzeilenkontrollelement wird der Index desjenigen Zeichens ermittelt, das das erste Zeichen der spezifizierten Zeile ist.
EM_LINELENGTH	Die Anzahl der Zeichen innerhalb einer Textzeile wird ermittelt.
EM_LINESCROLL	Der Text innerhalb eines Kontrollelementes wird verschoben. Dabei gibt IParam an, um wieviel Zeilen der Text in einem Mehrzeilenkontrollelement verschoben werden soll. WParam gibt an, um wieviel Zeichen der Text horizontal verschoben werden soll.
EM_POSFROMCHAR	Die bezogen auf das Fensterrechteck des Editorkontrollelementes zu normierenden Koordinaten eines bestimmten Zeichens innerhalb des Textes werden ermittelt.
EM_REPLACESEL	Falls aktuell ein Textbereich selektiert sein sollte, wird dieser Bereich durch den Inhalt eines zu übergebenden Textpuffers ersetzt.
EM_SCROLL	Innerhalb eines Mehrzeilenkontrollelementes wird der gesamte Text vertikal verschoben.
EM_SCROLLCARET	Die aktuelle Schreibmarke wird in den Formatierungsbereich (Sichtbarkeitsbereich) des Kontrollelementes gebracht; Hierzu wird der Text entsprechend verschoben.

EM_SETFONT	Diese Nachricht wird nicht mehr unterstützt.
EM_SETHANDLE	Das Handle eines externen Textspeichers wird dem Editorkontrollelement mitgeteilt. Der Text innerhalb dieses Textspeichers wird dargestellt und das Editorkontrollelement initialisiert.
EM_SETLIMITTEXT	Die maximale Anzahl der in einem Editorkontrollelement darstellbaren Zeichen wird bestimmt.
EM_SETMARGINS	Die Breite des linken und rechten Randes bei der Textformatierung wird neu definiert; Das Editorkontrollelement wird hiernach neu dargestellt.
EM_SETMODIFY	Intern wird für jedes Editorkontrollelement ein Vermerk geführt, ob aktuell eine Veränderung des Kontrollelementeinhaltes (meistens durch den Programmbenutzer) stattgefunden hat. Dieser interne Vermerk kann durch diese Nachricht „künstlich" gesetzt oder gelöscht werden.
EM_SETPASS-WORDCHAR	Falls ein Editorkontrollelement den Stil ES_PASSWORD hat, wird hier der zur Blinddarstellung verwendete Buchstabe definiert.
EM_SETREADONLY	Hiermit wird festgelegt, ob der Text des Kontrollelementes seitens des Benutzers geändert oder nicht geändert werden darf. Dieser Zustand wird durch einen erneuten Aufruf dieser Nachricht jeweils geändert.
EM_SETRECT	Für ein Mehrzeilenkontrollelement wird das Formatierungsrechteck neu definiert.
EM_SETRECTNP	Wiederum für ein Mehrfachzeilenkontrollelement wird das Formatierungsrechteck neu definiert; Eine Neudarstellung des Kontrollelementes findet hier aber nicht statt.
EM_SETSEL	Ein zusammenhängender Bereich des Kontrollelementetextes wird selektiert und auch als selektiert dargestellt.
EM_SETTABSTOPS	In einem Mehrfachzeilenkontrollelement werden die Positionen der Tabulatoren neu gesetzt.
EM_SETWORD-BREAKPROC	Siehe EM_GETWORDBREAKPROC
EM_UNDO	Die unmittelbar vorher durchgeführte Textänderungsaktion des Programmbenutzers wird rückgängig gemacht; Dies bezieht sich auf Einfügungen und Löschungen innerhalb des Textes.

`WM_CHAR`	Diese Nachricht fügt ein Zeichen in einem Editorkontrollelement ein.
`WM_CLEAR`	Der aktuell selektierte Textbereich wird gelöscht. Sollte kein Textbereich selektiert sein, wird der Buchstabe rechts von der Schreibmarke gelöscht.
`WM_COPY`	Der markierte Text eines Kotrollelementes wird in den Systemzwischenspeicher (Clipboard) kopiert; Dies gilt nicht für Paßwörter.
`WM_CREATE`	Ein Editorkontrollelement wird kreiert.
`WM_CUT`	Die aktuelle Textmarkierung wird in den Systemzwischenspeicher kopiert und im Text des Kontrollelementes gelöscht. Ist kein Textbereich markiert, so wird der Buchstabe links von der Schreibmarke gelöscht.
`WM_ENABLE`	Für Einzeilenkontrollelemente wird der rechteckige Ausgabebereich des Kontrollelementes mit grauer Hintergundfarbe neu gezeichnet.
`WM_ERASEBKGND`	Ein Mehrzeilenkontrollelement wird mit der aktuellen Hintergrundfarbe neu gezeichnet.
`WM_GETFONT`	Das Handle des aktuell benutzten Zeichensatzes für das Kontrollelement wird ermittelt; Es wird NULL zurückgegeben, wenn der Systemzeichensatz benutzt wird.
`WM_GETTEXT`	Die angegebene Anzahl von Zeichen wird in einen externen Pufferspeicher kopiert.
`WM_GETTEXT-LENGTH`	Die Anzahl der Zeichen innerhalb eines Editorkontrollelementes wird ermittelt.
`WM_HSCROLL`	In einem Mehrzeilenkontrollelement wird der Text horizontal verschoben; Ein eventuell vorhandener Rollbalken wird aktualisiert.
`WM_LBUTTON-DBLCLK`	Eine eventuell vorhandene aktuelle Markierung wird zurückgenommen. Das Wort, das sich unter dem Mauszeiger befindet, wird neu markiert.
`WM_LBUTTONDOWN`	Die Schreibmarke wird an eine neue Position gesetzt.
`WM_NCDESTROY`	Alle mit dem Kontrollelement verbundenen Speicherbereiche (Textspeicher, Rückgängigspeicher, Tabulatorspeicher) werden gelöscht.

WM_PASTE	Text, der sich im Systemzwischenspeicher (clipboard) befindet, wird an die aktuelle Position der Schreibmarke im Editorkontrollelement kopiert.
WM_SETFONT	Der zur Textdarstellung benutzte Zeichensatz wird neu definiert; Falls notwendig, wird das Editorkontrollelement neu dargestellt.
WM_SETTEXT	Der Text, der sich in einem separaten Textspeicher befindet, ersetzt den kompletten Inhalt des Textspeichers des Kontrollelementes. Der neue Text wird dargestellt.
WM_SIZE	Die Größe des Ausgaberechtecks wird geändert; Dabei wird sichergestellt, daß die zur Darstellung eines einzigen Zeichens notwendige Mindestgröße erhalten bleibt.
WM_VSCROLL	Der Text eines Mehrzeilenkontrollelementes wird vertikal verschoben.

Mittels des so definierten Nachrichtenaustauschs zwischen dem Editorkontrollelement und seinem Eigentümer können mit geringem Aufwand alle Standardanforderungen an einen einfachen Texteditor erfüllt werden.

Die eigentlich aufwendigen Aufgaben wie z. B. die Textpositionsberechnung innerhalb des Darstellungsfensters, werden dem Programmierer durch die vordefinierte Fensterklasse der Editorkontrollelemente abgenommen.

Programmierung

Editorkontrollelemente bieten eine Vielzahl von Manipulationsmöglichkeiten am eingegebenen Text.

```
/*********************************************
Funktionsname DlgEdit
Inhalt Demo Editorkontrollelement
*********************************************/
LRESULT CALLBACK DlgEditorkontrollen(HWND hDlg,
                            UINT message,
                            WPARAM wParam,
                            LPARAM lParam)

{
switch (message) {
```

Dialog initialisieren

```
case WM_INITDIALOG:
```

Text als Voreinstellung darstellen. Zuerst den String aus der Ressource laden...

```
LoadString(hInst, IDS_STRING2, buffer, 256);
```

...und dann im Kontrollelement darstellen

```
SetDlgItemText(hDlg, IDC_EDIT1, buffer);
LoadString(hInst, IDS_STRING3, buffer, 256);
SetDlgItemText(hDlg, IDC_TEXTAUSGABE, buffer);
LoadString(hInst, IDS_STRING4, buffer, 256);
SetDlgItemText(hDlg, IDC_EDIT2, buffer);
```

Dialogfenster darstellen

```
ShowWindow (hDlg, SW_SHOW);
return (TRUE);
break;
```

8.5.5 Statische Kontrollelemente (Static)

Die vom Betriebssystem zur Verfügung gestellte Static-Fensterklasse stellt dem Programmierer vier Typen zur Verfügung.

1. Einfache Grafikelemente

   Hierbei werden rechteckige Rahmen oder farbgefüllte Rechtecke dargestellt, die mit verschiedenen Stilangaben zu versehen und zu kombinieren sind.

2. Textelemente

   Hierbei können einfache statische (d. h. vom Benutzer des Programms nicht zu ändernde) Texte in einen Rechteckbereich ausgegeben werden. Auch hierbei sind verschiedene Typangaben zulässig, die die Darstellungsweise des Textes beeinflussen können. Obwohl der Text in einem Statikkontrollelement vom Benutzer nicht veränderbar ist, kann das Programm selbst sehr wohl den Textinhalt ändern; Hierzu wird die Funktion `SetWindowText()` verwendet. Statische Textelemente können benutzt werden, um Kommentare oder Handlungsanweisungen in einer Dialogbox zu realisieren.

3. Grafiken

Der Grafiktyp der Static-Fensterklasse erlaubt die Darstellung von Bitmapgrafik, Icons und erweiterten Metadateien (enhanced Metafiles). Entsprechende Stilangaben bei der Kreation des Statikkontrollelementes bestimmen die Grafikspezifikation. Durch die entsprechenden Kontrollnachrichten können die darzustellenden Grafiken auch nachträglich geändert werden.

4. Benutzerdefinierte Static-Elemente

Hier können praktisch beliebige, seitens des Programmierers zu definierende und zu verwaltende Static-Elemente eingebunden werden. Der Programmierer muß allerdings dafür sorgen, daß die Darstellung und das Verhalten dieser programmiererdefinierten Elemente vollständig definiert ist.

Nachfolgende Tabelle faßt alle möglichen Stilangaben für Static-Kontrollelemente zusammen. Wenn sinnvoll, können verschiedene Stilangaben durch den Logisch-Oder-Operator miteinander verknüpft werden.

SS_BITMAP	Eine Bitmapgrafik wird dargestellt, die als externe Ressource definiert sein muß.
SS_BLACKFRAME	Ein schwarzes, nicht ausgefülltes Rechteck wird gezeichnet.
SS_BLACKRECT	Ein schwarz ausgefülltes Rechteck wird gezeichnet.
SS_CENTER	Ein einfaches Rechteck mit einem anzugebenden Text wird dargestellt. Der Text wird zentriert dargestellt. Falls nötig werden mehrere Textzeilen benutzt.
SS_CENTERIMAGE	Grafiken oder Texte werden innerhalb des Darstellungsrechtecks möglichst zentriert dargestellt.
SS_ENHMETAFILE	Eine erweiterte Metadatei wird dargestellt.

SS_ETCHEDFRAME	Ein Rechteck mit dem EDGE_ETCHED-Stil wird darge-stellt.
SS_ETCHEDHORZ	Obere und untere Kante eines Static-Rechtecks wer-den im EDGE_ETCHED-Stil dargestellt.
SS_ETCHEDVERT	Linke und rechte Kante eines Static-Rechtecks wer-den im EDGE_ETCHED-Stil dargestellt.
SS_GRAYFRAME	Ein farblich nicht gefülltes Rechteck wird mit der Bild-schirmhintergrundfarbe (i.d.R. grau) gezeichnet.
SS_GRAYRECT	Ein farblich gefülltes Rechteck wird in der Bildschirm-hintergrundfarbe (i.d.R. grau) gezeichnet.
SS_ICON	Ein Icon wird dargestellt. Es muß der Name des Icons angegeben werden, das in einer Ressource (entweder extern oder an die Programmdateien gebunden) an-gegeben werden.
SS_LEFT	Text wird linksbündig im Ausgaberechteck dargestellt.
SS_LEFTNOWORDWRAP	Text wird linksbündig im Ausgaberechteck dargestellt; Es findet allerdings kein Zeilenumbruch statt. Sollten Textteile nicht mehr im Ausgaberechteck Platz finden, so werden sie nicht mehr dargestellt.
SS_NOPREFIX	Normalerweise wird ein Buchstabe, dem ein logisches Und-Zeichen (&) vorangestellt ist, als Kurzbefehl inter-pretiert. Diese Typangabe verhindert eine solche In-terpretation.
SS_NOTIFY	Sollte der Programmbenutzer einen Mausklick oder Mausdoppelklick in das Static-Kontrollelementgeben, so werden dem Kontrollelementeigentümer die Nach-richten STN_CLICKED, STN_DBLCLK, STN_DISABLE, und STN_ENABLE zugesandt.
SS_OWNERDRAW	Die Eigentümerfunktion des Static-Elementes ist dafür zuständig, das Static-Element mit diesem Stil selbst darzustellen. Die zuständige Fensterfunktion empfängt zu diesem Zweck vom Betriebssystem eine WM_DRAWITEM-Nachricht.
SS_REALSIZEIMAGE	Icons oder Bitmaps werden in ihrer ursprünglich defi-nierten Größe dargestellt und nicht auf die Rechteck-größe des Static-Kontrollelementes skaliert.

`SS_RIGHT`	Static-Text wird rechtsbündig dargestellt.
`SS_RIGHTJUST`	Sollte ein Icon oder eine Bitmap größenverändert dargestellt werden müssen, so fixiert dieser Stil die rechte untere Ecke des Darstellungsrechtecks; Vergrößerungen und/oder Verkleinerungen der ursprünglichen Grafiken können damit nur durch Verschieben der linken oberen Rechteckecke erfolgen.
`SS_SIMPLE`	Ein einfaches Rechteck mit linksbündigem Text wird dargestellt.
`SS_SUNKEN`	Ein halbeingedrückt erscheinender Rahmen (3D-Effekt) wird um das Static-Element gezeichnet.
`SS_WHITEFRAME`	Ein farblich nicht ausgefülltes Rechteck wird mit der Fensterhintergrundfarbe (i.d.R. weiß) gezeichnet.
`SS_WHITERECT`	Ein farblich ausgefülltes Rechteck wird mit der Fensterhintergrundfarbe (i.d.R. weiß) gezeichnet.

Es gibt einige Nachrichten, die zum Kontrollelement gesendet werden um dort eine Reaktion hervorzurufen.

`STM_GETICON`	Das Handle des mit dem Element assoziierten Icon wird ermittelt

`STM_GETIMAGE`	Das Handle des mit dem Element assoziierten Bildobjekts wird ermittelt. Dabei können folgende Objekte erfragt werden.
	`IMAGE_BITMAP`
	`IMAGE_CURSOR`
	`IMAGE_ENHMETAFILE`
	`IMAGE_ICON`

`STM_SETICON`	Das Handle des mit dem Element assoziierten Icon wird gesetzt
`STM_SETIMAGE`	Das Handle des mit dem Element assoziierten Bildobjekts wird gesetzt

Es werden allerdings auch Nachrichten vom Kontrollelement an die Fensterfunktion gesendet.

STN_CLICKED	**Kontrollelement wurde angeklickt (Stil** SS_NOTIFY **notwendig)**
STN_DBCLK	**Kontrollelement wurde doppelgeklickt (Stil** SS_NOTIFY **notwendig)**
STN_DISABLE	**Kontrollelement wurde deaktiviert (Stil** SS_NOTIFY **notwendig)**
STN_ENABLE	**Kontrollelement wurde aktiviert (Stil** SS_NOTIFY **notwendig)**

Programmierung

Staticelemente können nicht nur zur grafischen Strukturierung eines Dialogs verwendet werden (dabei werden sie eigentlich gar nicht programmtechnisch angesprochen), sondern man kann sie auch abhängig von der Programmlogik (z. B. bzgl. ihrer Überschrift) manipulieren.

```
/*********************************************
Funktionsname
Inhalt Demo Static
*********************************************/
LRESULT CALLBACK DlgSTATIC(HWND hDlg,
                           UINT message,
                           WPARAM wParam,
                           LPARAM lParam)

{
 switch (message) {
```

Dialog initialisieren

```
case WM_INITDIALOG:
hbmp = LoadBitmap(hInst,
            MAKEINTRESOURCE(IDB_STATICBITMAP));
SendDlgItemMessage(hDlg,
            IDC_STATICBITMAP,
            STM_SETIMAGE,

            IMAGE_BITMAP,
            (LPARAM) (HANDLE)hbmp);
```

Dialogfenster darstellen

```
ShowWindow (hDlg, SW_SHOW);
return (TRUE);
break;
```

Ein Kontrollelement wurde bedient

```
case WM_COMMAND:
wNotifyCode = HIWORD(wParam);
idButton = (int) LOWORD(wParam);
switch (idButton) {
```

Dialog beenden

```
case IDOK:
```

Vorher die hier belegten Ressourcen freimachen

```
DeleteObject( (HGDIOBJ)hbmp );
```

Jetzt erst Dialog beenden

```
EndDialog(hDlg, TRUE);
return (TRUE);
break;
```

Hier wird nun das Staticelement mit einem neuen Text (als Überschrift) versehen.

```
case IDNEUERTEXT :
SetDlgItemText(hDlg,
          IDC_STATIC1,
          "Dies ist nun der neue Text");
break;
```

8.5.6   Rollbalken

Immer dann, wenn der zur Verfügung stehende Fensterausgabebereich nicht ausreicht, um ein darzustellendes Objekt komplett darstellen zu können, muß dem Programmbenutzer die Möglichkeit gegeben werden, kontrolliert Teilbereiche des Objektes (dies können Texte oder Grafiken sein) innerhalb des Fensterausgabebereiches darzustellen.

Der Programmbenutzer muß also sowohl in der Lage sein, die Position des aktuell dargestellten Ausschnittes innerhalb des Gesamtobjektes feststellen zu können als auch diese Positionen gezielt in kleinen oder großen Schritten verändern können.

WINDOWS 95 stellt hierfür Rollbalkenelemente (Scroll Bars) zur Verfügung. Ein solcher Standardrollbalken (der entweder horizontal oder vertikal angeordnet sein kann) zeigt durch die relative Position des Rollbalkenschiebers die Position des Ausschnittes innerhalb des Gesamtobjektes.

Die Änderung der Schieberlage bedingt demgemäß eine Änderung der Ausschnittposition. Die Schieberposition kann auf verschiedene Weise vom Programmbenutzer geändert werden. Einmal können die Pfeilsymbole an den Enden des Rollbalkens angeklickt werden, die standardmäßig eine zeilenweise (allgemein: minimale) Verschiebung des Ausschnittes über dem Objekt bedingen.

Klickt der Benutzer in den Rollbalkenbereich beiderseits des Schiebers, so wird der Ausschnitt gleich um mehrere Zeilen (bei Text z.B. seitenweise) verschoben. Die dritte Möglichkeit ist die direkte Plazierung des Schiebers innerhalb des Rollbalkenintervalls mittels der Maus.

Hierbei werden gezielt Ausschnittpositionen ansteuerbar. Definieren und Abfragen des darstellbaren Objektintervalls, der Rollbalkenlänge und der aktuellen Schieberposition geschieht mit den im folgenden genannten Funktionen.

Um die Parameter eines Rollbalkens zu initialisieren, wird die Funktion `SetScrollInfo()` wie folgt verwendet.

```
int SetScrollInfo(
```

`HWND hwnd`	Handle des Rollbalkens oder des Fensters, das einen Standardrollbalken enthält
`int fnBar`	Typ des Rollbalkens; Dieser Parameter kann folgende Werte annehmen:

SB_CTL	Die Parameter eines Rollbalkens werden gesetzt. Es liegt ein separates Rollbalkenkontrollelement vor.
SB_HORZ	Die Parameter eines zu einem Fenster gehörigen Standardrollbalkens (horizontal) werden gesetzt.
SB_VERT	Die Parameter eines vertikalen Standardrollbalkens, der zu einem Fenster gehört, werden gesetzt.

LPSCROLLINFO lpsi	Zeiger auf eine Struktur vom Typ SCROLLINFO, die die Parameter des Rollbalkens enthält.
BOOL fRedraw	Gibt an, ob der Rollbalken bei Änderung der Rollbalkenparameter neu gezeichnet werden soll (TRUE) oder nicht.
Rückgabewert	Es wird die aktuelle Position des Rollbalkenschiebers zurückgegeben.

```
);
```

Die ScrollInfo-Datenstruktur wird benutzt, um die Rollbalkenparameter aufzunehmen.

```
typedef struct tagSCROLLINFO {
```

UINT cbSize	Größe der Struktur in byte
UINT fMask	Hier ist eine Kombination der nachfolgenden Werte (Logisch Oder) zulässig

SIF_ALL

Kombination von SIF_PAGE, SIF_POS, SIF_RANGE.

SIF_DISABLENOSCROLL

Sollten die aktuellen Parameter die Darstellung eines Rollbalkens nicht notwendig machen, weil in der Rollbalkendimension das gesamte Objekt gleichzeitig darstellbar ist, so wird dieser Rollbalken als inaktiv dargestellt. Das Standardverhalten ist, daß der Rollbalken bei Nichtnotwendigkeit gelöscht wird.

SIF_PAGE

nPage enthält die Seitengröße.

SIF_POS

nPos **enthält die Schieberposition.**

SIF_RANGE

nMin, nMax **enthalten Minimum- und Maximumwert des Rollintervalls.**

int nMin

int nMax

UINT nPage

int nPos

int nTrackPos   **enthält die aktuelle Schieberposition, während der Programmbenutzer den Rollbalkenschieber neu positioniert. Das Programm kann diese aktuelle Schieberposition während der Neupositionierung kontinuierlich durch die Nachricht** SB_THUMBTRACK **abfragen und ggf. dafür sorgen, daß der Fensterinhalt entsprechend angezeigt wird.**

}   SCROLLINFO;

Die Funktion GetScrollInfo() wird dazu benutzt, die aktuellen Parameter, insbesondere die aktuelle Position des Rollbalkenschiebers zu erfragen.

BOOL GetScrollInfo(

HWND hwnd   **Handle des Rollbalkens oder des Fensters mit Standardrollbalken.**

int fnBar   **Typ des Rollbalkens; Siehe hierzu** SetScrollInfo.

LPSCROLLINFO   **Zeiger auf eine Datenstruktur vom Typ** SCROLLINFO, **die**
lpsi   **die aktuellen Rollbalkenparameter enthält.**

)

Der Rollbalken informiert die zuständige Fensterfunktion von den Aktionen eines Programmbenutzers gemäß nachfolgender Tabelle.

Nachricht	Benutzeraktion	Reaktion des Programms
SB_LINEUP	Rollpfeil nach oben angeklickt.	Schieber und Ausschnitt werden um eine Zeile nach oben verschoben.
SB_LINEDOWN	Rollpfeil nach unten angeklickt.	Schieberposition und Ausschnitt werden um eine Zeile nach unten verschoben.
SB_LINELEFT	Rollpfeil nach links angeklickt.	Schieberposition und Ausschnitt werden um ein Zeichen nach links verschoben.
SB_LINERIGHT	Rollpfeil nach rechts angeklickt.	Schieber und Ausschnitt werden um ein Zeichen nach rechts verschoben.
SB_PAGEUP	Balkeninhalt oberhalb des Schiebers angeklickt.	Schieberposition und Ausschnitt werden um eine Seite nach oben verschoben.
SB_PAGEDOWN	Rollbalken unterhalb des Schiebers angeklickt.	Schiebeposition und Ausschnitt werden um eine Seite nach unten verschoben.
SB_PAGELEFT	Rollbalken links des Schiebers angeklickt.	Schieberposition und Ausschnitt werden um mehrere Zeichen nach links verschoben.
SB_PAGERIGHT	Rollbalken rechts des Schiebers angeklickt.	Schieberposition und Ausschnitt werden um mehrere Zeichen nach rechts verschoben.
SB_THUMB-POSITION	Der Benutzer hat den Schieber direkt verschoben und läßt ihn jetzt los (Loslassen der linken Maustaste).	Der Schieber wird auf der jetzt aktuellen Position etabliert. Die aktuelle Ausschnittposition wird demgemäß berechnet und dargestellt.
SB_THUMB-TRACK	Der Benutzer bewegt aktuell gerade den Rollbalkenschieber.	Die aktuelle Schieberposition wird dargestellt; Für Programme, die den Fensterinhalt schnell darstellen können, wird der Fensterinhalt aktualisiert. Programme, die den Fensterinhalt nur langsam darstellen können, müssen auf das Ende der Verschiebeoperation warten.

Nachricht	Benutzeraktion	Reaktion des Programms
SB_BOTTOM	Das untere Ende des Objektes ist erreicht, der Schieber ist am Ende des Rollbalkens angelangt.	Keine Reaktion des Programms
SB_TOP	Der Anfang des Objektes ist erreicht; Der Schieber ist am Beginn des Rollbalkenintervalls positioniert.	Keine Reaktion des Programms.

Neben der Manipulation des Rollbalken (eigentlich: der Rollbalkenschieberposition) durch Anklicken von Rollbalkenelementen mit der Maus kann der Programmbenutzer alternativ die horizontalen und vertikalen Rollbalken auch durch Benutzung der Pfeiltasten und anderer Tasten seiner Tastatur beeinflussen. Die nachfolgende Tabelle listet die Nachrichtenwirkung der einzelnen Tastatureingaben auf.

Pfeiltasten	Gesendete Nachricht
Runter	SB_LINEDOWN ,SB_LINERIGHT
Ende	SB_BOTTOM
HOME (Pos 1)	SB_TOP
Links	SB_LINEUP ,SB_LINELEFT
Bild runter	SB_PAGEDOWN ,SB_PAGERIGHT
Bild rauf	SB_PAGEUP , SB_PAGELEFT
Rechts	SB_LINEDOWN ,SB_LINERIGHT
Rauf	SB_LINEUP ,SB_LINELEFT

Der eigentliche Programmieraufwand bei der Benutzung von Rollbalken liegt aber leider nicht in der Initialisierung und Handhabung der Rollbalkenkontrollelemente selbst, sondern vielmehr in der Neudarstellung des Objektausschnittes.

Bei den meisten Anwendungen wird das darzustellende Objekt entweder ein rechteckiger Textbereich oder aber eine Bitmapgrafik sein.

Es sind aber auch kompliziertere Anwendungen denkbar, bei denen z.B. interaktive Diagramme darzustellen sind, bei denen es nicht ausreicht, einen neuen Ausschnitt der Grafik alleine darzustellen.

In einem solchen Fall müßten auch logische Postionen neu berechnet werden. Im allgemeinen Fall muß gesagt werden, daß nach Benutzung eines oder mehrerer Rollbalkenkontrollelemente, bezogen auf einen Fensterausschnitt, die Berechnung der Neudarstellung des Objektausschnittes dem Programmierer überlassen ist.

Allerdings hält WINDOWS 95 für die einfachen Fälle der Darstellung einer Bitmap oder eines rechteckigen Textes eine eigene Funktion zur Verfügung, die die Neudarstellung des Fensterinhaltes wesentlich vereinfacht.

```
int ScrollWindowEx(
```

`HWND   hwnd`	Handle des Fensters, dessen Inhalt verschoben werden soll.
`int   dx`	Verschiebung nach rechts oder links in Geräteeinheiten.
`int   dy`	Verschiebung nach oben oder unten (negative Werte für oben).
`CONST RECT *lprcScroll`	Rechteckiger Fensterbereich, der verschoben wird.
`CONST RECT *lprcClip`	Rechteckiger Fensterbereich, der weggeschnitten werden wird.
`HRGN   hrgnUp-date`	Handle einer Region, die diejenige Region des Fensterbereiches aufnehmen wird, die durch die Verschiebung ungültig wird; Dieser Parameter kann 0 sein, dann wird der ungültige Fensterbereich nicht zwischengespeichert.
`LPRECT lprcUpdate`	Rechteckiger Bereich, der durch die Verschiebung innerhalb des Fensters ungültig wird.
`UINT   fuScroll`	Typ des Verschiebevorgangs. Dieser Parameter kann einen der nachfolgenden Werte annehmen
`SW_ERASE`	Die durch das Verschieben ungültig gewordene Fensterregion wird gelöscht.

```
      SW_INVALIDATE        Der Bereich hrgnUpdate wird
                           nach dem Verschieben ungültig.

);
```

Soll lediglich eine Bitmap durch die Verwendung von Rollbalken im Fensterausgabebereich verschoben werden, so kann hierfür die Funktion `ScrollDC()` verwendet werden.

Programmierung

Schon bei der Kreation des Fenster kann angegeben werden, daß Rollbalken verwendet werden sollen. Dann stehen die Rollbalkenelemente von Anfang an zur Verfügung.

```
hwnd = CreateWindowEx(
                OL,
                "EigeneFensterklasse",
                "Fenstertitel",
```

Fensterstile; hier wird nun angegeben, daß Rollbalken verwendet werden sollen

```
                WS_OVERLAPPEDWINDOW | WS_HSCROLL |
                WS_VSCROLL,
```

Die weiteren Angaben sind nicht interessant...

```
);
```

Natürlich können auch nachträglich Rollbalken ins Fenster eingefügt werden. Dies ist sinnvoll, wenn die Verwendung von Rollbalken erst bei Überschreitung einer bestimmten, im Fenster darzustellenden Informationsmenge notwendig wird.

Jetzt muß also pro Rollbalken das Kontrollelement mit der eigenen Klassenangabe kreiert werden.

```
hwndScroll = CreateWindowEx(
                OL,
```

hier wird jetzt die „Rollbalkenklasse" eingesetzt...

```
                "SCROLLBAR",
                (LPSTR) NULL,
```

...und bestimmt, daß es sich sowohl um ein Kindfenster (natürlich des Hauptfensters) als auch um einen vertikalen Rollbalken handelt.

```
WS_CHILD | SBS_VERT,
```

Größenangaben zum Rollbalken

```
0,
0,
100,
150,
```

...und ganz wichtig: Angabe des Elternfensters:

```
hwnd,
...
);
```

Was muß nun codiert werden, damit Bedienungen der Rollbalken umgesetzt werden können? Hier sind wichtig die Bearbeitungen zweier Nachrichten, die immer dann versendet werden, wenn ein Rollbalken bedient wird.

- WM_HSCROLL   Horizontaler Balken bedient

- WM_VSCROLL   Vertikaler Balken bedient

```
case WM_HSCROLL:
```

Dabei wird zusätzlich übermittelt, welcher Art die Rollbalkenbedienung ist/war. Demgemäß muß hier nochmal verteilt werden.

Die Größe der Verschiebung des Fensterausgabebereichs (eigentlich der hier gezeichneten Information) hängt von der Art der Daten und von der relativen Größe des Ausgabebereichs ab; dananch muß das Inkrement oder Dekrement gewählt werden.

```
switch(LOWORD (wParam)) {
```

Schaft links bedient; es muß eine ganze Seite nach links gerollt werden.

```
case SB_PAGEUP:
  xInkrement = -150;
  break;
```

Schaft rechts bedient; es muß eine ganze Seite nach rechts gerollt werden.

```
case SB_PAGEDOWN:
  xInkrement = 150;
  break;
```

Pfeil links bedient; es muß eine Zeile/Spalte nach links gerollt werden.

```
case SB_LINEUP:
  xInkrement = -20;
  break;
```

Pfeil rechts bedient; es muß eine Zeile/Spalte nach rechts gerollt werden.

```
case SB_LINEDOWN:
  xInkrement = 20;
  break;
```

Der Schieber wird gerade bedient

```
case SB_THUMBTRACK:
  xInkrement = HIWORD(wParam) - xPosition;
  break;
default:
  xInkrement = 0;
}
```

Nachdem nun die eigentliche Rollbalkenbedienung abgefangen wurde, muß sichergestellt werden, daß die Rollbalkenschieberposition im korrekten Intervall liegt. Hier kann eigentlich nichts passieren, solange die Rollbalkenparameter korrekt gesetzt sind – aber sicher ist sicher.

```
if (xInkrement = max (-xPosition,
            min (xInkrement,
            xMax - xPosition))) {
```

Hier ist nun sicher, daß die Schieberposition korrekt ist; die geänderten Rollbalkenparameter können jetzt gesetzt werden.

```
xPosition += xInkrement;
```

Hierzu wirtd die Struktur vom Typ SCROLLINFO gesetzt und...

```
si.cbSize = sizeof(si);
si.fMask = SIF_POS;
```

Denken Sie bitte daran, die beteiligten Variablen als

```
static int xPosition
```

...usw. zu deklarieren, damit der Inhalt bei Verlassen der Fensterfunktion erhalten bleibt (widerlicher logischer Fehler!)

```
si.nPosition = xPosition;
```

...dann die Einträge übergeben.

```
SetScrollInfo(hwnd,
        SB_HORZ,
        &si,
```

Das TRUE verursacht die Neudarstellung des Rollbalkens mit den neuen Parametern – also im wesentlichen mit der neuen Schieberposition.

```
        TRUE);
}
```

Nun muß noch sichergestellt werden, daß der Fensterinhalt entsprechend der neuen Rollbalkenparameter neu gezeichnet wird; dies ist abhängig von der Art der darzustellenden Information und wird im Nachrichtenblock

```
case WM_PAINT:
        ...
        break;
```

ausgeführt. Damit eine entsprechende Nachricht generiert wird, muß also noch

```
UpdateWindow (hwnd);
```

gegeben werden. Für den vertikalen Rollbalken wird ähnlich codiert.

Eins gibt es noch hinzuzufügen: Statt die Rollbalken mit der Maus zu bedienen, kann der Programmerbenutzer auch Tasteneingaben durchführen. Hier muß noch ein Tastaturinterface codiert werden. Entscheidend ist das Abfangen der Nachricht

```
case WM_KEYDOWN:
```

Diese Nachricht unterscheidet nach der Art der Tastenbedienung; demgemäß wird verteilt. Dann muß nur noch eine Variable

```
switch (wParam) {
case VK_UP:
        wTastenoperation = SB_LINEUP;
        break;
```

mit dem entsprechenden Rollbalkencode besetzt werden.

```
case VK_PRIOR:
  wTastenoperation = SB_PAGEUP;
  break;
case VK_NEXT:
  wTastenoperation = SB_PAGEDOWN;
  break;
case VK_DOWN:
  wTastenoperation = SB_LINEDOWN;
  break;
case VK_HOME:
  wTastenoperation = SB_TOP;
  break;
case VK_END:
  wTastenoperation = SB_BOTTOM;
  break;
}
```

Nach Sicherungsabfrage...

```
if ( wTastenoperation != -1)
```

...muß nun nur noch eine Rollbalkennachricht simuliert werden.

```
SendMessage(hwnd,
        WM_VSCROLL,
        MAKELONG( wTastenoperation,
                  0),
        OL);
```

Der Rest wird dann vom oben beschriebenen Codeblock bearbeitet.

Neben der Möglichkeit, das Aussehen und die Funktionalität eines Rollbalkens bei seiner Initialisierung zu bestimmen, hat ein Programm auch während der Programmausführung die Möglichkeit, durch Versenden entsprechender Nachrichten an das Rollbalkenkontrollelement, dessen Aussehen und Funktionalität nachträglich zu manipulieren. Neben der Möglichkeit, das Aussehen und die Funktionalität eines Rollbalkens bei seiner Initialisierung zu bestimmen, hat ein Programm auch während der Programmausführung die Möglichkeit, durch Versenden entsprechender Nachrichten an das Rollbalkenkontrollelement, dessen Aussehen und Funktionalität nachträglich zu manipulieren.

8.6   Erweiterte Kontrollelemente (common controls)

Zusätzlich zu den bereits beschriebenen Kontrollelementeklassen bietet WINDOWS 95 einen Satz weiterer Kontrollelemente, die in der „Common Control Library" bereitgestellt werden.

Gerade diese zusätzliche Menge weiterer Kontrollelementeklassen macht die Funktionalität und Benutzerfreundlichkeit des Dialoges zwischen Programm und Programmbenutzer unter WINDOWS 95 entscheidend aus.

8.6.1   Übersicht

Für alle erweiterten Kontrollelemente muß vor ihrer ersten Verwendung in einem Programm sichergestellt werden, daß die „Common Control Library", die als DLL realisiert ist, dem Programm zur Verfügung steht. Um dies zu erreichen, muß vor der ersten Verwendung eines erweiterten Kontrollelementes die Funktion `InitCommonControls()` aufgerufen werden.

Ist dies einmal geschehen, so stehen sämtliche erweiterten Kontrollelemente bis zum Programmende zur Verfügung. Soll nun z. B. innerhalb einer Dialogbox oder auch innerhalb eines Fensterausgabereiches ein solches erweitertes Kontrollelement Verwendung finden, so muß es explizit mittels der Funktion `CreateWindowEx()` unter Angabe der für jedes erweiterte Kontrollelement spezifischen Stilparameters kreiert werden.

Die jeweiligen Stilangaben werden weiter unten in Zusammenhang mit der Diskussion der einzelnen erweiterten Kontrollelemente angegeben. Ebenso wie spezifische Stilangaben gibt es für jedes erweiterte Kontrollelement eine definierte Nachrichtenschnittstelle, die die Kommunikation des Hauptprogramms mit dem erweiterten Kontrollelement ermöglicht.

Neben diesen kontrollelementspezifischen Nachrichten können selbstverständlich (da jedes erweiterte Kontrollelement selbst ein Fenster ist) Standardfensternachrichten verwendet werden. Einige Beispiele hierfür sind z. B. die Nachrichtenkonstanten, die als `WM_NOTIFY` Nachricht generiert werden.

`NM_CLICK`	Der linke Mausknopf ist gedrückt worden
`NM_DBLCLK`	Der linke Mausknopf ist doppelgeklickt worden
`NM_KILLFOCUS`	Das Kontrollelement hat den Eingabefocus verloren
`NM_OUTOFMEMORY`	Das Kontrollelement kann seine Arbeit nicht fortsetzen, da nicht genügend Speicher verfügbar ist
`NM_RCLICK`	Die rechte Maustaste ist über dem Kontrollelement bedient worden
`NM_RDBLCLK`	Die rechte Maustaste ist mit einem Doppelklick über dem Kontrollelement bedient worden

NM_RETURN	Das Kontrollelement hat den Eingabefocus und der Benutzer hat die ENTER-Taste gedrückt
NM_SETFOCUS	Das Kontrollelement hat den Eingabefocus erhalten

Programmierung

Bei der Einbindung von erweiterten Kontrollelementen sind einige Vorbereitungen zu beachten.

Zunächst muß bei den Header-Dateien neben den sonst notwendigen auch die Datei

```
#include <commctrl.h>
```

geladen werden. Dann muß noch sichergestellt werden, daß die Bibliothek

```
COMCTL32.LIB
```

verfügbar ist. Erst dann kann erfolgreich die zuständige Bibliothek (COMCTL32.DLL), möglichst einmalig in der Funktion

```
/***********************************************
Funktionsname InitInstance
Aufgabe Darstellen des Fensters
***********************************************/
BOOL InitInstance(HINSTANCE hInstance, int nCmdShow)
{
...
```

vermittels

```
InitCommonControls();
```

geladen werden. Danach stehen alle Erweiterten Kontrollelemente zur Verfügung.

Solange kein Ressourceneditor verfügbar ist, mit dessen Hilfe man Erweiterte Kontrollelemente in *.RC-Dateien einbinden kann, müssen diese Elemente mittels CreateWindowEx() in der Initialisierungsphase z. B. einer Dialogbox kreiert und **positioniert** werden.

Das korrekte Positionieren wird erleichtert, wenn vorher in der Ressourcendefinition ein mit dem Attribut INVISIBLE versehenes STATIC-Element plaziert wurde, das die Position und Größe des geplanten Erweiterten Kontrollelementes hat; man kann dann bequem die Rechteckkoordinaten des STATIC-Elements ermitteln und für das geplante Element verwenden; es wird dann „über" das STATIC-Element gelegt, das vollkommen inaktiv bleibt!

8.6.2 Bewegungskontrollelement (Animation Control)

Ein Bewegungskontrollelement zeigt innerhalb seines Fensterbereiches (der Fensterrahmen ist in der Regel unsichtbar) eine AVI-Bilderfolge. Es können hier nur AVI-Bilderfolgen verwendet werden, die keine Tonaufzeichnung besitzen.

Ein solches Bewegungskontrollelement wird z. B. vom Betriebssystem WINDOWS 95 selbst verwendet, wenn das Kopieren von einer Datei zwischen zwei logischen Positionen dargestellt wird.

Diese Kontrollelementeklasse dient nicht so sehr der Funktionalität des Datenaustausches zwischen Benutzer und Programm als vielmehr der Visualisierung eines Vorgangs. Auch kann so (bei geschickter Wahl der Einzelbilder der Fortgang einer länger dauernden Rechneroperation demonstriert und dem Benutzer die Wartezeit verkürzt werden.

Die gleichzeitige Darstellung einer AVI-Bildfolge zusammen mit einer im Hintergrund ablaufenden Programmaktion ist möglich, weil das Bewegungskontrollelement von einem eigenständigen Thread ausgeführt wird.

Sollen umfangreichere Bewegungsabläufe präsentiert werden oder soll zusätzlich eine Tonfolge (z. B. Textkommentar oder Musik) gezeigt werden, so ist die Verwendung eines Bewegungskontrollelementes aufgrund seiner beschränkten Ressourcen nicht geeignet. Stattdessen sollte hierzu auf Leistungen der Mutimediabibliothek (MCIWnd) zurückgegriffen werden.

Ein Bewegungskontrollelement wird entweder durch Verwendung der Funktion CreateWindow Ex() oder (besser) mittels des `Animate_Create()`-Makro an einer beliebigen Position des Hauptfensters (dies kann auch eine Dialogbox sein) dargestellt.

`HWND   hwndP`	**Handle des Elternfensters**
`UINT   id`	**Identifikation des Bewegungskontrollelementes**
`DWORD  dwStyle`	**Stilelemente**

`ACS_AUTOPLAY`	**Die Bildfolge wird angezeigt, sobald das Kontrollelement kreiert wird.**
`ACS_CENTER`	**Die Bildfolge wird zentriert innerhalb des (meist unsichtbaren) Fensterrahmens des Kontrollelementes dargestellt.**
`ACS_TRANS-` `PARENT`	**Die Hintergrundfarbe der Bildfolge wird transparent dargestellt.**

`HINSTANCE` `hInstance`	**Programminstanz**

Die folgenden Nachrichten können zwischen dem Hauptprogramm und dem Bewegungskontrollelement ausgetauscht werden. Für jede dieser Nachrichten gibt es auch ein entsprechendes Makro, so daß hier nicht explizit eine Nachricht versendet werden muß.

Nachricht	Makro	Inhalt
`ACM_OPEN`	`BOOL Animate_Open(hwnd,` `lpszName)`	**Die AVI-Datei mit dem Namen** `lpszName` **wird geöffnet.**

`ACM_PLAY`	`BOOL Animate_Play`
	`(hwndAnim, wFrom, wTo,`
	`cRepeat)`
		Die bereits vorher für ein Bewegungskontrollelement `hwndAnim` **geöffnete Datei wird beginnend mit dem Bild** `wFrom` **bis zum Bild** `wTo cRepeat`**-Mal abgspielt (**`-1` **bedingt hier eine ständige Wiederholung).**

`ACM_STOP`	`BOOL Animate_Stop(hwnd)`	**Die Wiedergabe der AVI-Datei wird sofort beendet.**

Nachricht	Makro	Inhalt
	BOOL Animate_Seek (hwndAnim, wFrame)	Im Bewegungskontrollelement wird exakt das Einzelbild mit dem Index wFrame gezeigt. Es entsteht hier kein Bewegungseffekt.
ACN_START	mittels WM_COMMAND an Fensterfunktion	Das Abspielen der Bildfolge hat begonnen.
ACN_STOP	mittels WM_COMMAND an Fensterfunktion	Das Abspielen der Bildfolge wurde beendet.

Programmierung

Die Einbindung eines AVI-Clips (es werden nur AVI-Dateien **ohne** Audioanteil wiedergegeben – alle anderen führen zum Abbruch der Ladefunktion!) ist recht einfach.

Zuerst wird das Bewegungskontrollelement kreiert.

```
hwndB = Animate_Create(hDlg,
```

Dabei muß der ID-Wert (definiert in ressource.h) angegeben werden.

```
                    IDC_BEWEGUNG,
```

Das Makro ruft die Funktion CreateWindow() auf; daher die üblichen Stilangaben, die aber durch die spezifischen Angaben

- ACS_AUTOPLAY

- ACS_CENTER

- ACS_TRANSPARENT

ergänzt werden dürfen.

```
                    WS_BORDER | WS_CHILD,
                    hinst);
```

Nachdem nun in geeigneter Weise die korrekten Positionskoordinaten innerhalb des Dialogfensters festgelegt wurden (Achtung: Bildschirmkoordinaten müssen ggf. in Koordinaten

des Dialogfensters umgerechnet werden mittels ScreenTo-
Client()), kann das Kontrollelement positioniert werden.

```
SetWindowPos(hwndB,
```

Hier beliebige, passende Koordinaten angeben...

```
0,
0,
200,
250
```

Darstellungs- und Anordnungsstil des Fensters des Kontrollelements.

```
SWP_NOZORDER | SWP_DRAWFRAME);
```

Jetzt wird die AVI-Datei geöffnet; es wird der Dateiname angegeben...

```
Animate_Open(hwndB, "AVI_OHNE_TON");
```

...und das Fenster angezeigt.

```
ShowWindow(hwndB, SW_SHOW);
```

8.6.3 Erweitertes Listenkontrollelement (drag listbox)

Im Gegensatz zu Standardlistenelementen (Listboxen), bei
denen eine Folge von (meistens Textzeilen) vertikal angeordnet und angezeigt wird und bei der der Programmbenutzer
einzelne Zeilen dieser Auflistung auswählen kann, bietet die
erweiterte Listbox zusätzlich die Möglichkeit, markierte Zeilen
innerhalb der Listbox zu verschieben (Drag Listbox).

Tatsächlich basiert die erweiterte Listbox zunächst auf einer
Standardlistbox, die z. B. im Rahmen eines Dialogfensters zunächst kreiert werden muß. Aus dieser Standardlistbox kann
dann mittels der Funktion MakeDragList() die erweiterte
Listbox gemacht werden; dies wird in der Regel bei Abarbeitung der WM_INITDIALOG-Nachricht erfolgen müssen.

Sollte nun der Benutzer des Programms Zeilenvertauschungen
innerhalb der Listbox vornehmen (durch Drag-Operationen),
so muß die entsprechende Fensterfunktion darüber informiert

werden. Tatsächlich ist dies leider nicht ganz so einfach wie bei anderen Kontrollelementen.

Zunächst muß durch Aufruf der Funktion `RegisterWindow-Message(DRAGLISTMSGSTRING)` die entsprechende erweiterte Listbox-Nachricht erzeugt werden. Erst danach kann die Elternfensterfunktion diese entsprechende Nachricht abfragen und über die innerhalb dieser Nachricht vermittelte DRAG-LISTINFO-Struktur informiert werden, was der Programmbenutzer gerade innerhalb der erweiterten Listbox getan hat.

`UINT` `uNotification`	**Aktionscode:**

`DL_BEGINDRAG`	Der Benutzer hat mit der linken Maustaste eine Zeile der Listbox angeklickt.
`DL_CANCELDRAG`	Der Benutzer hat die Verschiebeoperation abgebrochen, indem er entweder mit der rechten Maustaste auf die ausgewählte Zeile geklickt oder die ESC-Taste gedrückt hat.
`DL_DRAGGING`	Der Programmbenutzer hat mittels Mausbewegung eine ausgewählte Listboxzeile verschoben.
`DL_DROPPED`	Der Benutzer hat nach einer Verschiebeoperation die linke Maustaste freigegeben und damit die Verschiebeoperation abgeschlossen.

`HWND hWnd`	**Handle der Listbox**
`POINT ptCursor`	**Aktuelle Mauskoordinaten**

Da innerhalb der übergebenen Nachrichtenstruktur offensichtlich nur die Mauskoordinaten übergeben werden, ist es notwendig, aus diesen Mauskoordinaten den Listenindex der jeweiligen Listboxzeile zu ermitteln.

Programmierung

Im Beispiel wird in der Ressource zunächst eine normale
Listbox definiert; wichtig ist allerdings, daß es sich um eine
Single-Selection Listbox handelt – also eine, in der immer nur
genau ein Eintrag (eine Zeile) auswählbar ist.

```
/**********************************************
Funktionsname DlgDRAGLISTEN
Inhalt Demo Drag-Listen
**********************************************/
LRESULT CALLBACK DlgDRAGLISTEN(HWND hDlg,
                               UINT message,
                               WPARAM wParam,
                               LPARAM lParam)
{
    ...
```

Dialog initialisieren; hierbei kann nun die „Umwandlung" der
normalen Listbox in eine Drag-Listbox durchgeführt werden.

```
case WM_INITDIALOG:
```

Listbox IDC_LIST1 mit Inhalt füllen

```
for(i=0; i<20; i++){
strcpy(strbuffer,
       "Draglistbox : Dies ist Satz ");
strcat(strbuffer, itoa((int)i, buffer,10));
SendDlgItemMessage(hDlg,
              IDC_LIST1,
              LB_ADDSTRING,
              0,
              (LPARAM)(LPCTSTR)strbuffer);
}
```

Die „normale" Listbox wird jetzt (dies kann ggf. auch später
geschehen!) in eine Draglistbox verwandelt. Dies funktioniert
nur, wenn es eine single-selection-listbox ist!

```
MakeDragList( GetDlgItem( hDlg, IDC_LIST1));
```

WINDOWS 95 registriert für die Draglistbox eine eigene Nachricht, deren ID-Nummer ermittelt werden muß. Diese Nachricht muß dann im folgenden bearbeitet werden.

```
msgIDdraglist = RegisterWindowMessage(DRAGLISTMSGSTRING);
```

Dialogfenster darstellen

```
ShowWindow (hDlg, SW_SHOW);
return (TRUE);
break;
```

Nachdem die Nachricht für die Draglistbox bekannt ist, muß sie verarbeitet werden können. Hierbei gilt:

wParam   ID der Listbox

lParam   Zeiger auf DRAGLISTINFO-Struktur mit allen wichtigen Informationen

```
if(message == msgIDdraglist){
```

In dieser Struktur befinden sich nun unter anderem die Aktionscodes (Code der aktuell ablaufenden Aktion innerhalb der Draglistbox). Diese Codes stehen in uNotification

```
lpDLI = (LPDRAGLISTINFO)lParam;

switch(lpDLI->uNotification){
```

Benutzer hat linken Mausknopf über Listeneintrag gedrückt

```
case DL_BEGINDRAG:
```

Feststellen, welcher Listeneintrag gemeint ist

```
selectedItem = LBItemFromPt(GetDlgItem(hDlg,
                                 IDC_LIST1),
                          lpDLI->ptCursor,
                          TRUE);
```

Hier kann jetzt entschieden werden, ob der Eintrag verschoben werden darf oder nicht; wird -1 ermittelt, so ist sowieso kein Eintrag betroffen.

```
if(selectedItem == -1) return(FALSE);
```

> Wenn FALSE zurückgegeben wird, findet kein DragDrop statt (Abbruch!); wird TRUE zurückgegeben, wird das DragDrop fortgesetzt

```
else return(TRUE);
break;
```

> Benutzer hat Operation abgebrochen (Klick rechts oder esc key)

```
case DL_CANCELDRAG:
break;
```

> Benutzer hat Maus mit Eintrag bewegt

```
case DL_DRAGGING:
```

> Ein Einfüge-Icon soll gezeichnet werden. Hierzu wird zunächst ermittelt, über welchem Item sich der Cursor befindet.

```
overItem = LBItemFromPt(GetDlgItem(hDlg,
                              IDC_LIST1),
                  lpDLI->ptCursor,
                  TRUE);
DrawInsert(hDlg,
        GetDlgItem(hDlg,
              IDC_LIST1),
        overItem);

break;
```

> Benutzer hat Eintrag abgelegt (drop)

```
case DL_DROPPED:
```

> Erst feststellen, über welchem Listeneintrag der Cursor steht.

```
overItem = LBItemFromPt(GetDlgItem(hDlg,
                              IDC_LIST1),
                  lpDLI->ptCursor,
                  TRUE);
```

> Falls dies ein erlaubter Eintrag ist (man kann dies wieder mit Hilfe des Index bestimmen!), soll der verschobene Eintrag eingetragen werden.

```
if(overItem == -1) return(FALSE);
else{
```

Hier ist alles ok – der Eintrag wird eingefügt.

Den Inhalt der selektierten Zeile in den Puffer kopieren (dabei muß der Index benutzt werden)

```
SendDlgItemMessage(hDlg,
              IDC_LIST1,
              LB_GETTEXT,
              selectedItem,
              (LPARAM)strbuffer);
```

Dann den Inhalt der markierten Zeile aus der Listbox löschen (dabei muß auch der Index benutzt werden)

```
SendDlgItemMessage(hDlg,
              IDC_LIST1,
              LB_DELETESTRING,
              selectedItem,
              0);
```

Den Pufferinhalt in die Listbox einfügen

```
SendDlgItemMessage(hDlg,
              IDC_LIST1,
              LB_INSERTSTRING,
              overItem,
              (LPARAM) (LPCTSTR)strbuffer);
```

8.6.4 Überschriftkontrollelement (Header Control)

Soll in einem Fensterausgabebereich Information in tabellarischer Form so dargestellt werden, daß mehrere Informationsspalten mit einer Spaltenüberschrift notwendig werden, so kann ein Überschrift-Kontrollelement verwendet werden.

Hierzu wird eine Leiste mit den Spaltenüberschriften an dem oberen Rand des Fensterausgabereiches dargestellt. Die einzelnen Spaltenüberschriften sind durch senkrechte Trennbalken voneinander separiert.

Der Programmbenutzer kann diese Trennbalken horizontal verschieben und damit die Breite der jeweiligen Informationsspalte verändern.

Die Fensterklasse der Überschriftkontrollelemente muß in der CreateWindowEx()-Funktion als WC_HEADER angegeben werden. Zu diesem Zeitpunkt muß auch der Stil des Kontrollelementes festgelegt werden.

Der Stil des Kontrollelementes kann allerdings auch nachträglich durch die Verwendung der Funktion SetWindowLong geändert werden. Tatsächlich hat das Überschriftenkontrollelement nur zwei mögliche Stilattribute.

HDS_BUTTONS	Die einzelnen Spaltenüberschriften verhalten sich wie Druckknopfkontrollelemente.
HDS_HORZ	Das Kontrollelement wird horizontal orientiert.

Jede einzelne Spaltenüberschrift eines Überschriftenkontrollelementes kann aus einem Text, einer Bitmapgrafik und zusätzlich aus einem internen 32-Bit langen Kennwert bestehen; der Text und die Grafik werden, abhängig von der gewählten Spaltenbreite, soweit wie möglich dargestellt.

Anzahl der Spalten, Inhalt der Spaltenüberschriften sowie weiteres Verhalten des Überschriftenkontrollelementes wird während der Intialisierung des Kontrollelemntes durch Versenden von Nachrichten an das Kontrollelement definiert. Hierzu stehen folgende Nachrichten zur Verfügung, die alternativ jeweils durch einen Makro ersetzt werden können.

HDM_DELETEITEM	BOOL Header_DeleteItem (hwndHD, index);	Die Spalte mit dem angegebenen Index wird gelöscht.
HDM_GETITEM	BOOL Header_GetItem (hwndHD, index, phdi);	Bezüglich der Spalte mit dem angegebenen Index werden Informationen in eine Struktur vom Typ HD_ITEM geschrieben.

`HDM_GETITEM-`
`COUNT`
	`int`
	`Header_GetItemCount`
	`(hwndHD);`
		Es wird die Anzahl der Spalten des Kontrollelementes ermittelt und als Rückgabewert zurückgegeben.

`HDM_HITTEST`	`wParam = 0;`
	`lParam =`
	`(LPARAM)`
	`(HD_HITTESTINFO FAR *)`
	`phdhti;`
		Es wird überprüft, ob der Mauszeiger sich aktuell über einer Spaltenüberschrift befindet. Hierzu ist kein eigenes Makro definiert worden. Stattdessen muß die entsprechende Nachricht explizit versendet werden. Hierbei ist der Nachricht im Langparameter auf eine Struktur des Typs `HD_HITTESTINFO` zu übergeben, die mit der entsprechenden Information gefüllt wird.

`HDM_INSERTITEM`	`int Header_InsertItem` `(hwndHD, index, phdi);`	Es wird eine neue Spalte in das Überschriftenkontrollelement eingeführt. Dabei bezeichnet der Parameterindex diejenige Spalte des Kontrollelementes, nach der die neue Spalte eingefügt werden soll. Ist dieser Wert identisch 0, so wird eine erste Spalte (ganz links) in das Überschriftenkontrollelement eingefügt. Ebenfalls wichtig ist der Zeiger auf die Struktur vom Typ `HD_ITEM`, die weitere Information über die einzufügende Spalte enthält.

Die beiden im Zusammenhang mit den an das Kontrollelement zu versendenden Nachrichten genannten Datenstrukturen sind schnell erläutert.

```
typedef struct _HD_ITEM {
UINT      mask;
```
Hier wird angegeben, welches weitere Mitglied der Datenstruktur zu berücksichtigen ist.

`HDI_BITMAP`	Der Parameter `hbm` ist gültig.
`HDI_FORMAT`	Der Parameter `fmt` ist gültig.
`HDI_HEIGHT`	Der Parameter `cxy` ist gültig und spezifiziert die Höhe der Spaltenüberschrift.
`HDI_LPARAM`	Der `lParam` Parameter ist gültig.
`HDI_TEXT`	Die Parameter `pszText` und `cchTextMax` sind gültig.
`HDI_WIDTH`	Der `cxy` Parameter ist gültig und spezifiziert die Breite der Spalte.

```
int       cxy;
```
Breite oder Höhe der Spalte

```
LPTSTR pszText;
```
Zeiger auf die Spaltenüberschrift

```
HBITMAP hbm;
```
Handle der Bitmapgrafik

```
int cchTextMax;
```
Länge des Spaltentextes in Anzahl Buchstaben

```
int fmt;
```
Formatierungsanweisung für die Spaltenüberschrift. Hierbei können nachfolgende Werte verwendet werden.

`HDF_CENTER`	Zentrierte Darstellung des Spaltentitels
`HDF_LEFT`	Linksbündige Darstellung
`HDF_RIGHT`	Rechtsbündige Darstellung
`HDF_RTLREADING`	Von rechts nach links lesende hebräische oder arabische Darstellung
`HDF_BITMAP`	Es wird eine Bitmapgrafik dargestellt
`HDF_OWNERDRAW`	Der Programmierer muß selber für die Darstellung der Spaltenüberschrift sorgen.
`HDF_STRING`	Es wird ein Text als Spaltenüberschrift dargestellt.

```
LPARAM    lParam;
```
Programmeigene Information, die von der Programmlogik verwendet werden kann.

```
} HD_ITEM;
```

```
typedef struct _HD_HITTESTINFO {
POINT pt;
```
Koordinaten des Mauszeigers

`UINT flags;` Ergebnis der Koordinatenüberprüfung relativ zum Kontrollelement.

`HHT_NOWHERE` Die Koordinaten liegen zwar innerhalb des Kontrollelementes, befinden sich aber aktuell nicht innerhalb einer Spaltenüberschrift.

`HHT_ONDIVIDER` Die Koordinaten bezeichnen einen Punkt direkt über einem Trennbalken zwischen zwei Spaltenüberschriften.

`HHT_ONDIVOPEN` Der Punkt befindet sich unmittelbar über einem Trennstrich zwischen zwei Spaltenüberschriften, bei der die betroffene Spalkte aktuell die Breite 0 hat.

`HHT_ONHEADER` Der Punkt befindet sich innerhalb des Kontrollelementes.

`HHT_TOLEFT` Der Punkt befindet sich direkt links des Kontrollelementes.

`HHT_TORIGHT` Der Punkt befindet sich unmittelbar rechts des Kontrollelementes.

`int iItem;` Falls eine Spaltenüberschrift unter den angegebenen Koordinaten liegen sollte, wird hier ihr Index übergeben.

```
} HD_HITTESTINFO;
```

Neben den Nachrichten, die zur Manipulation oder zur Informationsabfrage an das Kontrollelement gesendet werden, teilt das Kontrollelement selbst seinem Elternfenster über eine Nachrichtenschnittstelle mit, welche Ereignisse stattgefunden haben.

`HDN_BEGINTRACK`	Der Programmbenutzer hat damit begonnen, einen Teilungsstrich innerhalb des Überschriftenkontrollelementes zu verschieben.
`HDN_DIVIDERDBLCLICK`	Der Programmbenutzer hat einen Doppelklick auf einen Trennstrich gegeben.

HDN_ENDTRACK	Das Verschieben eines Trennstriches ist beendet worden.
HDN_ITEMCHANGED	Die Stilattribute einer Spaltenüberschrift sind geändert worden.
HDN_ITEMCHANGING	Die Stilattribute einer Spaltenüberschrift werden in Kürze geändert werden.
HDN_ITEMCLICK	Der Programmbenutzer hat einen einfachen Mausklick innerhalb des Kontrollelementes vorgenommen.
HDN_ITEMDBLCLICK	Der Programmbenutzer hat einen Doppelklick innerhalb des Kontrollelementes vorgenommen.
HDN_TRACK	Ein Trennstrich innerhalb des Kontrollelementes wird aktuell verschoben.

Alle diese Nachrichten werden als wParam der Nachricht WM_NOTIFY versendet.

Programmierung

Die Hauptarbeit liegt in der Initialisierung des Kontrollelements. Dies wird innerhalb eines Dialogs im Block case WM_INITDIALOG, sonst bei WM_CREATE abgearbeitet.

```
switch (message) {

...Dialog initialisieren

case WM_INITDIALOG:
```

Zunächst das Kontrollelement generieren; dabei werden die Stilangaben für das Element neben Standardstilangaben übergeben.

```
hHeader = CreateWindowEx(0,
                WC_HEADER,
                (LPCTSTR) NULL,
                WS_CHILD | WS_BORDER | HDS_BUTTONS |
                HDS_HORZ,
```

Die Dimensionierung stimmt so natürlich nicht; sie wird nachträglich angepaßt.

```
                                    0,
                                    0,
                                    0,
                                    0,
                                    hDlg,
                                    (HMENU) IDC_HEADER,
                                    hInst,
                                    (LPVOID) NULL);
```

Jetzt das Rechteck festlegen, in dem das Kontrollelement dargestellt werden soll.

```
GetClientRect(GetDlgItem(hDlg,
                IDC_HEADER),
                &rc);
```

Die Koordinaten werden in die HD_LAYOUT-Struktur geschrieben. Es wird ebenfalls die Adresse einer WINDOWPOS-Struktur übergeben, die gleich gebraucht wird.

```
hdlayout.prc = &rc;
hdlayout.pwpos = &windowpos;
```

Das Aussehen wird definiert

```
SendMessage(hHeader,
        HDM_LAYOUT,
        0,
        (LPARAM) &hdlayout);
```

Größe und Position des Kontrollelements werden gesetzt. Jetzt werden natürlich die korrekten Größenangaben benutzt.

```
SetWindowPos(hHeader,
        windowpos.hwndInsertAfter,
        windowpos.x,
        windowpos.y,
        windowpos.cx,
        windowpos.cy,
        windowpos.flags | SWP_SHOWWINDOW);
```

Nun kann das HeaderKE mit Inhalt gefüllt werden...

```
hdi.mask = HDI_TEXT | HDI_FORMAT | HDI_WIDTH;
hdi.pszText = text1;
hdi.cxy = 50;
hdi.cchTextMax = lstrlen(hdi.pszText);
hdi.fmt = HDF_LEFT | HDF_STRING;
```

Durch Angabe des Wertes 1000 als Einfügeindex wird erreicht, daß der neue Eintrag immer hinten angehängt wird (solange nicht mehr als 1000 Elemente in der Überschrift sind)!

```
SendMessage(hHeader,
         HDM_INSERTITEM,
         (WPARAM) 1000,
         (LPARAM) &hdi);

hdi.mask = HDI_TEXT | HDI_FORMAT | HDI_WIDTH;
hdi.pszText = text2;
hdi.cxy = 50;
hdi.cchTextMax = lstrlen(hdi.pszText);
hdi.fmt = HDF_LEFT | HDF_STRING;
SendMessage(hHeader,
         HDM_INSERTITEM,
         (WPARAM) 1000,
         (LPARAM) &hdi);

hdi.mask = HDI_TEXT | HDI_FORMAT | HDI_WIDTH;
hdi.pszText = text3;
hdi.cxy = 150;
hdi.cchTextMax = lstrlen(hdi.pszText);
hdi.fmt = HDF_LEFT | HDF_STRING;
SendMessage(hHeader,
         HDM_INSERTITEM,
         (WPARAM) 1000,
         (LPARAM) &hdi);
```

Die Darstellung der programmspezifischen Information unterhalb der Teilüberschriften wird mittels anderer Kontrollelemente durchgeführt, die dann auch in Folge einer Änderung der Überschriftenbreite ebenfalls neu dargestellt werden müssen.

8.6.5 Tastaturkurzbefehle (hot-key-controls)

Um gegebenenfalls umfangreiche Maus- und Tastatureingaben abzukürzen, kann eine komplexe Benutzeraktion mittels einer bestimmten Tastenkombination abgerufen werden. Das Tastaturkontrollelement zeigt dabei die Tastenkombination an und überprüft die Gültigkeit der Operation.

Dabei werden die Namen der vom Benutzer gedrückten Tasten innerhalb des Kontrollelementes (ein Fensterausgabebereich) angezeigt.

Dabei sind zwei Arten von Tastaturkontrollelementen definierbar, globale Tastaturkombinationen beziehen sich immer auf ein bestimmtes Programmfenster und können, unabhängig von der Vergabe des Eingabefocus, aus jedem Systemzustand heraus eingegeben werden.

Die Aktivierung der Tastenkombination durch den Programmbenutzer wird durch eine WM_SYSCOMMAND-Nachricht dem betreffenden Fenster mitgeteilt.

Neben den globalen Tastaturkontrollen können auch threadspezifische Tastaturkontrollen vergeben werden, die ihrerseits durch die Generierung einer WM_HOTKEY-Nachricht mitgeteilt werden.

Ein Tastaturkontrollelement wird durch die CreateWindowEx()-Funktion kreiert, wobei die Kontrollelementeklasse HOTKEY_CLASS vergeben werden muß.

Bei dieser Initialisierung des Kontrollelementes müssen üblicherweise Regeln vergeben werden, die unerlaubte Tastenkombinationen erlauben.

Folgende Nachrichten erlauben die Initialisierung und Abfrage der Tastaturkontrollelemente.

HKM_GETHOTKEY	Es wird der virtuelle Tastencode und der Modifikationstastencode für eine Tastaturkombination erfragt. Der virtuelle Tastencode befindet sich dabei im unteren Byte, der Modifikationstastencode im oberen Byte des Rückgabewertes. Der Modifikationstastencode kann dabei folgende Werte annehmen.

HOTKEYF_ALT	ALT Taste
HOTKEYF_CONTROL	CTRL Taste
HOTKEYF_EXT	Extended Taste
HOTKEYF_SHIFT	SHIFT Taste

HKM_SETHOTKEY	Durch das Versenden dieser Nachricht wird eine Tastaturschnellkombination definiert. Sie gilt für das Fenster, an dessen Fensterfunktion diese Nachricht versendet wird. Wenn der Benutzer in irgendeinem Systemzustand (globale Tastenkontrolle) die so spezifizierte Tastenkombination drückt, wird das angesprochene Fenster aktiviert und kann die geforderte Aufgabe ausführen.
	
	Die Nachrichtenparameter für diese Nachricht werden wie folgt definiert.
	
	`wParam = (WPARAM) MAKEWORD(vkey, modifiers);`
	`lParam = 0;`
	
	Dabei kann der Modifikationscode folgende Werte annehmen.

HOTKEYF_ALT	ALT Taste
HOTKEYF_CONTROL	CTRL Taste
HOTKEYF_EXT	Extended Taste
HOTKEYF_SHIFT	SHIFT Taste

Folgende Rückgabewerte sind möglich.

-1	Der Tastaturcode war ungültig und ist nicht eingetragen worden.
0	Der Tastaturcode ist nicht eingetragen worden, weil das Fenster ungültig war.
1	Der Tastaturcode ist korrekt eingetragen worden.
2	Der Tastaturcode ist korrekt eingetragen worden. Allerdings hat ein anderes Fenster bereits die gleiche Tastaturkombination vorgesehen.

HKM_SETRULES	Mit dieser Nachricht werden ungültige Tastenkombinationen und erlaubte Standarmodifikationscodes für das Kontrollelement definiert. Die Parameter müssen dabei wie folgt übergeben werden.

wParam = (WPARAM) fwCombInv;
lParam = MAKELPARAM(fwModInv, 0);
 	
Dabei können folgende Parameterwerte übergeben werden.	

fwCombInv	
HKCOMB_A	**ALT**
HKCOMB_C	**CTRL**
HKCOMB_CA	**CTRL+ALT**
HKCOMB_NONE	**keine Modifikation**
HKCOMB_S	**SHIFT**
HKCOMB_SA	**SHIFT+ALT**
HKCOMB_SC	**SHIFT+CTRL**
HKCOMB_SCA	**SHIFT+CTRL+ALT**
fwModInv	
HOTKEYF_ALT	**ALT Taste**
HOTKEYF_CONTROL	**CTRL Taste**
HOTKEYF_EXT	**Extended Taste**
HOTKEYF_SHIFT	**SHIFT Taste**

Programmierung

Im vorliegenden Beispiel

```
/*************************************************
Funktionsname DlgHOTKEY
Inhalt Demo Hotkey
*************************************************/
LRESULT CALLBACK DlgHOTKEY(HWND hDlg,
                    UINT message,
                    WPARAM wParam,
                    LPARAM lParam)
```

> ...wird der Hotkey innerhalb des WM_INITDIALOG-Blocks kreiert.

```
case WM_INITDIALOG:

hwndHot = CreateWindowEx(
                        0,
                        HOTKEY_CLASS,
                        "",
                        WS_CHILD | WS_VISIBLE,
                        50,
                        50,
                        250,
                        50,
                        hDlg,
                        NULL,
                        hInst,
                        NULL);
```

> Den Eingabefocus auf das Kontrollelement setzen...

```
SetFocus(hwndHot);
```

> ...und dann die Regeln (erlaubte und verbotene Tastenkombinationen) definieren

```
SendMessage(hwndHot,
        HKM_SETRULES,
        (WPARAM) HKCOMB_NONE | HKCOMB_S,
        MAKELPARAM(HOTKEYF_ALT, 0));
```

> Die Kombination CTRL + ALT + B wird jetzt als hotkey festgelegt (Standardvorgabe). Der Benutzer kann dies dann im Kontrollelement ändern.

```
SendMessage(hwndHot,
        HKM_SETHOTKEY,
        MAKEWORD(0x42,
        HOTKEYF_CONTROL | HOTKEYF_ALT),
        0);
```

8.6.6 Bilderlisten (image lists)

Eine Bilderliste ist eine Zusammenstellung gleich großer Einzelbilder zu einer Liste. Dabei können Einzelbilder über einen Listenindex angesprochen werden. Sollen große Mengen Einzelbilder oder Icons gehandhabt werden, so bietet sich dieser Kontrollelementtyp an.

Grundsätzlich gibt es zwei Sorten von Bilderlisten. Die nichtmaskierten Bilderlisten werden letztendlich als Farb-Bitmap realisiert und bei ihrer Darstellung einfach in den gewünschten Gerätekontext kopiert.

Maskierte Bilderlisten führen zusätzlich zu der Farb-Bitmap eine zweite einfarbige Bitmap mit sich, die zur Maskierung bei der Darstellung der Bilderliste im gewünschten Gerätekontext genutzt wird. Dabei sorgt die Maskierung dafür, daß Teile der Farb-Bitmap „durchsichtig" erscheinen und an diesen Stellen der Farb-Bitmap der bereits bestehende Hintergund des Gerätekontextes durchscheint.

Eine Bilderliste wird durch die Funktion `ImageList_Create()` definiert und initialisiert. Wenn die Bilderliste nicht mehr benötigt wird, muß sie durch die Funktion `IMageList_Destroy()` wiederum gelöscht werden.

Im Gegensatz zu anderen Kontrollelementeklassen wird die Manipulation von Bilderlisten nicht über den Austausch von Nachrichten zwischen dem zuständigen Programmteil und dem Kntrollelement abgewickelt, sondern hierzu dienen mehrere Gruppen von Funktionen.

Kreieren und Initialisieren

`ImageList_Create`	Eine neue Bildliste wird angelegt.
`ImageList_Destroy`	Eine bereits bestehende Bilderliste wird gelöscht.
`ImageList_LoadBitmap`	Eine Bilderliste wird aus einer externen Ressource erzeugt.
`ImageList_LoadImage`	Eine Bilderliste wird aus einer externen Ressource (Bitmap, Cursor oder Icon) erzeugt.

Hinzufügen und Löschen von Einzelbildern

`ImageList_Add`	Ein Bild wird zu einer bestehenden Bilderliste hinzugefügt.
`ImageList_AddIcon`	Ein Icon oder ein Cursor wird zu einer Bilderliste hinzugfefügt.
`ImageList_AddMasked`	Ein oder mehrere Bilder werden zu einer Bilderliste hinzugefügt, wobei eine Maskierung für jedes Bild erzeugt wird. Zur Erzeugung der Maskierung wird eine zu übergebende Bitmap genutzt.
`ImageList_Remove`	Ein Bild wird aus einer Bilderliste entfernt.
`ImageList_Replace`	Ein bereits bestehendes Bild einer Bilderliste wird durch ein neues ersetzt.
`ImageList_Replace-Icon`	Ein bestehendes Bild innerhalb einer Bilderliste wird durch ein Icon oder einen Cursor ersetzt.
`ImageList_Merge`	Zwei bestehende Bilderlisten werden zu einer neuen Bilderliste vermischt. Dabei wird die zweite existierende Bilderliste transparent über die erste bestehende Bilderliste kopiert. Die Maske der neuen Bilderliste wird durch eine logische Oder-Operation aus den beiden bestehenden Masken erzeugt.

Bilder darstellen

`ImageList_Draw`	Ein Bestandteil (Bild) einer Bilderliste wird in einem zu spezifizierenden Gerätekontext dargestellt.
`ImageList_DrawEx`	Siehe `ImageList_Draw`.
`ImageList_Extract-Icon`	Aus dem Bildeintrag einer Bilderliste wird ein Icon oder ein Cursor erzeugt.
`ImageList_GetBkColor`	Die aktuelle Hintergrundfarbe für die Bilderliste wird ermittelt.
`ImageList_GetIcon`	Unter Berücksichtigung von Bild und Bildmaske wird aus einer bestehenden Bilderliste ein Icon oder ein Cursor erzeugt.
`ImageList_SetBkColor`	Die Hintergrundfarbe für die Bilderliste wird neu gesetzt.

`INDEXTOOVERLAYMASK`	Dieses Makro führt eine Konvertierung des Listenindexes so durch, daß er in der Funktion `ImageList_Draw()` benutzt werden kann.

Bilder verschieben

`ImageList_BeginDrag`	Die Verschiebeoperation eines Bildes einer Bilderliste wird gestartet.
`ImageList_DragEnter`	Diese Funktion verhindert Änderungen des Fensterinhaltes während einer laufenden Verschiebeoperation im Fensterausgabebereich des Kontrollelementes und zeigt gleichzeitig das von der Verschiebeoperation betroffene Bild an seiner jeweils aktuellen Position an.
`ImageList_DragLeave`	Änderungen im Fensterausgabereich des Kontrollelementes werden wieder zugelassen.
`ImageList_DragMove`	Das Bild als Bestandteil einer Bilderliste, das von einer Verschiebeoperation betrofeffen ist, wird angezeigt.
`ImageList_Drag-ShowNolock`	Hier wird festgelegt, ob ein Bild während einer Verschiebeoperation angezeigt wird oder nicht.
`ImageList_EndDrag`	Hiermit wird das Ende einer Verschiebeoperation definiert.
`ImageList_Get-DragImage`	Während einer Verschiebeoperation wird zeitweilig die Bilderliste geändert. Diese Funktion liefert die aktuell gültige Bilderliste in Abhängigkeit von der Verschiebeposition.
`ImageList_Set-DragCursorImage`	Im Verlauf einer Verschiebeoperation wird der Verschiebemauszeiger neu definiert.
`ImageList_Set-OverlayImage`	Der Index eines neuen Bildes wird zur Bilderliste hinzugefügt und zukünftig als Maskierung verwendet.

Informationsfunktionen

`ImageList_GetIcon-` `Size`	Die Breite und Höhe eines Bildes als Element einer Bilderliste wird ermittelt.
`ImageList_Get-` `ImageCount`	Die Anzahl von Bildern innerhalb einer Bilderliste wird ermittelt.
`ImageList_Get-` `ImageInfo`	Allgemeine Informationen über ein Bild innerhalb einer Bilderliste werden ermittelt und in einer Struktur vom Typ `IMAGEINFO` abgelegt.

```
typedef struct _IMAGEINFO
{
  HBITMAP hbmImage            Bitmap
  HBITMAP hbmMask             Maske
  int Unused1
  int Unused2
  RECT rcImage                Bildgröße
} IMAGEINFO;
```

`ImageList_Set-` `IconSize`	Breite und Höhe von Bildern innerhalb einer Bilderliste wird neu definiert; Alle Bilder innerhalb der Bilderliste, die vorher definiert wurden, werden gelöscht.

Speicherung von Bildern

`ImageList_Read`	Aus einem Eingabestrom wird eine Bilderliste gelesen.
`ImageList_Write`	Die Informationen einer Bilderliste werden in einen Ausgabestrom geschrieben.

Programmierung

Das Einrichten einer Bilderliste wird am besten während der Initialisierung des Fensters vorgenommen – bei einem Dialog also im Block

```
case WM_INITDIALOG:{
```

Zunächst wird in der Initialisierungsphase (aber nicht unbedingt zwingend hier – es kann auch zu einem anderen Zeitpunkt gemacht werden) die Bilderliste kreiert. Dabei wird im Beispiel von Icons in der Größe 32*32 ausgegangen. Es werden 3 Icons eingefügt werden und eine Erweiterung um zusätzliche Icons ist nicht geplant.

```
hListIcon = ImageList_Create(32,
                             32,
                             ILC_COLORDDB,
                             3,
                             0);
```

Jetzt müssen noch die Icons geladen und jeweils eingefügt werden; im Beispiel sind die Icons in der Ressource definiert und eingebunden worden.

```
hIcon = LoadIcon(hInst, "A");
indexA = ImageList_AddIcon(hListIcon, hIcon);
hIcon = LoadIcon(hInst, "B");
indexB = ImageList_AddIcon(hListIcon, hIcon);
hIcon = LoadIcon(hInst, "C");
indexC = ImageList_AddIcon(hListIcon, hIcon);
```

Die Darstellung der Icons (Bilder) wird im Block WM_PAINT ausgeführt.

```
case WM_PAINT:
```

Vor der eigentlichen Darstellung der Icons wird noch das Ausgaberechteck geholt.

```
GetClientRect(hDlg,
              (LPRECT)&rect);
iconx = rect.left + 10;
icony = rect.top + 10 + 32;
```

Die geladenen Icons werden nun noch dargestellt. Hierzu
wird ein passender Gerätekontext eingerichtet.

```
hdc = GetDC(hDlg);
```

Icon A

```
ImageList_Draw(hListIcon,
               indexA,
               hdc,
               iconx,
               icony,
               ILD_NORMAL);
```

Das umgebende Rechteck muß jetzt noch gespeichert werden. Es wird später benötigt, um festzustellen, über welchem
Icon ein Mausklick stattgefunden hat.

```
SetRect(&rA,
        iconx,
        icony,
        iconx + 32,
        icony + 32);
```

Die Position des nächsten Icons wird jetzt berechnet (10 Pixel
Zwischenraum)

```
iconx += 32 + 10;
```

Icon B

```
ImageList_Draw(hListIcon,
               indexB,
               hdc,
               iconx,
               icony,
               ILD_NORMAL);
```

Das umgebende Rechteck muß jetzt noch gespeichert werden

```
SetRect(&rB,
        iconx, icony,
        iconx + 32,
        icony + 32);
```

Die Position des nächsten Icons wird jetzt berechnet (10 Pixel Zwischenraum)

```
iconx += 32 + 10;
```

Icon C

```
ImageList_Draw(hListIcon,
               indexC,
               hdc,
               iconx,
               icony,
               ILD_NORMAL);
```

Das umgebende Rechteck muß jetzt noch gespeichert werden

```
SetRect(&rC,
        iconx, icony,
        iconx + 32,
        icony + 32);
```

Der Gerätekontext wird jetzt erstmal nicht mehr benötigt

```
ReleaseDC(hDlg,
          hdc);
```

Der Beginn einer Verschiebeoperation (Drag+Drop) wird durch die Nachricht WM_LBUTTONDOWN signalisiert. Diese Nachricht muß entsprechend bearbeitet werden

Zuerst muß also abgefragt werden, ob der Mauscursor überhaupt über einem Icon (allg. Bild) steht (beim Mausklick).

Diese Abfrage muß hier natürlich für alle Umgebungsrechtecke durchgeführt werden

```
case WM_LBUTTONDOWN:
{
if(wParam == MK_LBUTTON){
```

Die Koordinaten des Mauscursors holen

```
ptcursor.x = LOWORD(lParam);
ptcursor.y = HIWORD(lParam);
```

Und feststellen, welches Bild (anhand des Umgebungsrecht-
ecks) gemeint ist.

```c
if (PtInRect(&rA,
             ptcursor)){
index = indexA;
rect = rA;
}
else if (PtInRect(&rB, ptcursor)){
index = indexB;
rect = rB;
}
else if (PtInRect(&rC, ptcursor)){
index = indexC;
rect = rC;
}
else return FALSE;
```

Der Mauseingabefocus wird geholt (und erst nach Beendigung der Operation wieder freigegeben)

```c
SetCapture(hDlg);
```

Das Fenster wird für das selektierte Bild gelöscht

```c
InvalidateRect(hDlg,
               &rect,
               TRUE);
UpdateWindow(hDlg);
```

Der Hotspot des Bildes wird definiert

```c
pthotspot.x = ptcursor.x - rect.left;
pthotspot.y = ptcursor.y - rect.top;
```

Die Verschiebeoperation wird eingeleitet

```c
ImageList_BeginDrag(hListIcon,
                    index,
                    pthotspot.x,
                    pthotspot.y);
```

Bei der Darstellung muß berücksichtigt werden, daß die Rahmenelemente des Fensters hinzuaddiert werden müssen

```
offsetx = GetSystemMetrics(SM_CXDLGFRAME);
offsety = GetSystemMetrics(SM_CYDLGFRAME) +
          GetSystemMetrics(SM_CYCAPTION);
```

Los gehts

```
ImageList_DragEnter(hDlg,
                    ptcursor.x + offsetx,
                    ptcursor.y + offsety);
}
return TRUE;
}
break;
```

Das Bild wird bei gedrückter Maustaste bewegt

```
case WM_MOUSEMOVE:
ptcursor.x = LOWORD(lParam);
ptcursor.y = HIWORD(lParam);
```

...und an jeder Position dargestellt

```
ImageList_DragMove(ptcursor.x,
                   ptcursor.y);

return TRUE;
break;
```

Die Verschiebeoperation ist zu Ende, weil die linke Maustaste losgelassen wurde

```
case WM_LBUTTONUP:
ptcursor.x = LOWORD(lParam);
ptcursor.y = HIWORD(lParam);
```

Beenden der Fensterblockade

```
ImageList_EndDrag();
ImageList_DragLeave(hDlg);
```

Die neuen Bildkoordinaten werden gesetzt, damit das verschobene Bild beim Neuzeichnen an der richtigen Stelle (und nur da) erscheint.

Bei einer Nicht-Demo-Anwendung sollt insgesamt mit einem Feld von Bilderindices und Punkten gearbeitet werden!

```
if(index == 0){
iconxA = ptcursor.x - pthotspot.x;
iconyA = ptcursor.y - pthotspot.y;
}
else if(index == 1){
iconxB = ptcursor.x - pthotspot.x;
iconyB = ptcursor.y - pthotspot.y;
}
else if(index == 2){
iconxC = ptcursor.x - pthotspot.x;
iconyC = ptcursor.y - pthotspot.y;
}
```

Das Bild wird am neuen Platz dargestellt

```
hdc = GetDC(hDlg);
ImageList_Draw(hListIcon,
            index,
            hdc,
            ptcursor.x - pthotspot.x ,
            ptcursor.y - pthotspot.y ,
            ILD_NORMAL);
ReleaseDC(hDlg,
        hdc);
```

Der Eingabefocus wird freigegeben, damit wieder normal mit der Maus gearbeitet werden kann

```
ReleaseCapture();
return TRUE;


break;
```

8.6.7 Auflistungskontrollelement (list view)

Will man eine größere Anzahl von Objekten darstellen, die jeweils aus einem Sinnbild und zugehörigen Text bestehen, so verwendet man Auflistungskontrollelemente.

Hierbei wird bei jedem Objekt das zugehörige Sinnbild (Icon) und ein dazugehöriger Beschreibungstext dargestellt werden. Auflistungskontrollelemente werden mittels der Funktion `CreateWindowEx()` dargestellt, wobei hier die `WC_LISTVIEW`-Klasse verwendet werden muß.

Ein Auflistungskontrollelement kann die einzelnen Objekte in vier verschiedenen Präsentationsweisen darstellen. Für alle vier Präsentationsformen gilt, daß der Programmbenutzer innerhalb des Elternfensters des Auflistungskontrollelementes die Objektdarstellungen beliebig verschieben und arrangieren kann.

Darstellung	Stil	Beschreibung
Icon view	`LVS_ICON`	Jedes Objekt wird als großes Icon dargestellt. Unterhalb des Icons wird ein Erläuterungstext eingeblendet.
Small icon view	`LVS_SMALLICON`	Jedes Objekt wird mit einem kleinen Sinnbild und rechts davon angeordnetem Text dargestellt
List view	`LVS_LIST`	Jedes Objekt wird mit einem kleinen Sinnbild und rechts angeordnetem Text dargestellt. Die einzelnen Objektzeilen können nicht verschoben werden.
Report view	`LVS_REPORT`	Jedes Objekt wird separat in einer Zeile dargestellt. Jede dieser Objektzeilen enthält spaltenweise zusätzliche Information für das dargestellte Objekt. Die am weitesten links stehende Informationsspalte enthält ein kleines Sinnbild für das zu erläuternde Objekt. Jede der Erläuterungsspalten enthält eine Überschrift, solange nicht der `LVS_NOCOLUMNHEADER`-Stil spezifiziert worden ist.

Natürlich kann der einzelne Stil des Auflistungskontrollelementes bei der Kreierung des Kontrollelementes festgelegt werden; eine nachträgliche Änderung des Darstellungsstils gemäß obiger Tabelle ist mittels der Funktion SetWindowLong() möglich. Informationen über die Darstellungsweise der Auflistungskontrollelemente ist jederzeit mittels der Funktion GetWindowLong() möglich. Jedes Objekt in einem Auflistungskontrollelement besteht aus folgenden Bestandteilen:

- Sinnbild (Icon)

- Text

- aktueller Zustand

- beliebiger Wert zur programminternen Verwendung

- eine für alle Objekte des Auflistungskontrollelementes gleiche Anzahl von Unterobjekten

Die hierzu notwendigen Informationen werden in einer nachfolgend genannten Struktur verwaltet.

```
typedef struct _LV_ITEM {
UINT mask              Bit-Kombination von Attributen des Objektes
int iItem              Kenn-Nummer des Objektes, für das die Struktur gilt
int iSubItem           Kenn-Nummer des Unterobjekts, das dem hier be-
                       schriebenen Objekt zugeordnet ist. Hier wird eine Null
                       eingetragen, falls keine Unterobjekte vorgesehen sind.
UINT state             Aktueller Zustand des Objektes.
UINT stateMask         Ebenfalls aktueller Zustand des Objektes.
LPTSTR pszText         Text, der dem Objekt zugeordnet ist und der neben
                       dem Sinnbild des Objektes dargestellt wird.
int cchTextMax         Länge des Textpuffers in Byte.
int iImage             Index des für das Objekt zu verwendenden Sinnbildes.
LPARAM lParam          32 Bit zur freien Verwendung durch das Programm.
} LV_ITEM;
```

Folgende Nachrichten werden verwendet, um den Inhalt eines Auflistungskontrollelementes zu verändern.

LVM_INSERTITEM	Ein Objekt wird dem Auflistungskontrollelement hinzugefügt.
LVM_SETITEMCOUNT	Dem Auflistungskontrollelement wird vorab mitgeteilt, wieviele Objekte insgesamt definiert werden.
LVM_GETITEMCOUNT	Das Programm fragt ab, wieviele Objekte in ein Auflistungskontrollelement aufgenommen werden können.
LVM_SETITEM	Die Darstellungsattribute eines bereits in das Auflistungskontrollelement eingefügten Objektes werden nachträglich geändert.
LVM_SETITEMTEXT	Der Text eines Objektes wird nachträglich geändert.
LVM_GETITEM	Die Darstellungsattribute eines objektes werden erfragt.
LVM_GETITEMTEXT	Der Text eines Objektes wird erfragt.
LVM_DELETEITEM	Ein Objekt innerhalb eines Auflistungskontrollelementes wird gelöscht.
LVM_DELETE-ALLITEMS	Alle Einträge (Objekte) eines Auflistungskontrollelementes werden gelöscht.

Informationsspalten, die in der Regel durch die Reportansicht eines Auflistungskontrollelementes notwendig werden, werden durch nachfolgende Strukutur verwaltet.

UINT mask	Kombination von logischen Werten, die gesetzt werden, wenn die entsprechenden Spalten Informationen enthalten. Es können folgende Werte mit einem logischen Oder kombiniert werden LVCF_FMT LVCF_SUBITEM LVCF_TEXT LVCF_WIDTH
int fmt	Ausrichtung der Information innerhalb einer Informationsspalte. Es sind folgende Werte gültig. LVCFMT_LEFT LVCFMT_RIGHT LVCFMT_CENTER
int cx	Breite einer Informationsspalte in Pixeln.
LPTSTR pszText	Überschrift der Informationsspalte.

`int cchTextMax`	Maximale Länge des Textspeichers für den Spaltenüberschriftentext.
`int iSubItem`	Index des mit der Spalte verbundenen Unterobjektes.

Natürlich können die Objekte innerhalb eines Auflistungskontrollelementes auf unterschiedliche Weise sortiert werden. Hierfür werden dem Auflistungskontrollelement folgende Nachrichten zugeschickt.

`LVM_ARRANGE`	Die Objekte innerhalb des Auflistungskontrollelementes werden neu ausgerichtet.
`LVM_SORTITEMS`	Hier muß der Programmierer eine eigene Sortierfunktion anbieten, deren Adresse mittels dieser Nachricht dem Auflistungskontrollelement mitgeteilt wird. Diese eigene Sortierfunktion übernimmt dann die Festlegung der Sortierreihenfolge innerhalb des Auflistungskontrollelementes.
`LVM_FINDITEM`	Ein bestimmtes Objekt innerhalb eines Auflistungskontrollelementes wird gesucht. Bei Erfolg wird der Index dieses Elementes zurückgegeben. Es kann hierbei sowohl nach Zustand, Inhalt oder geometrischer Anordnung relativ zu anderen Objekten gesucht werden.
`LVM_GETNEXTITEM`	Das einem Objekt unmittelbar nachfolgende Objekt wird ermittelt.

Tatsächlich benachrichtigt das Auflistungskontrollelement auch seine zuständige Fensterfunktion über Aktionen des Programmbenutzers gemäß nachfolgender Tabelle.

Hierbei werden die entsprechenden Nachrichten des Kontrollelementes mit einer `WM_NOTIFY`-Nachricht versendet.

`LVN_BEGINDRAG`	Eine Verschiebeoperation durch den Benutzer hat begonnen.
`LVN_BEGINLABELEDIT`	Der Programmbenutzer hat damit begonnen, den Unterschriftentext eines Kontrollelementes zu editieren.
`LVN_BEGINRDRAG`	Eine Verschiebeoperation unter Benutzung der rechten Maustaste hat begonnnen.

LVN_COLUMNCLICK	Der Programmbenutzer hat in eine Teilüberschrift (Spalte) geklickt.
LVN_DELETEALLITEMS	Sämtliche Objekte innerhalb eines Auflistungskontrollelementes werden gelöscht.
LVN_DELETEITEM	Ein spezifisches Objekt innerhalb eines Auflistungskontrollelementes soll gelöscht werden.
LVN_ENDLABELEDIT	Der Text eines Objektes ist editiert worden.
LVN_INSERTITEM	Ein Objekt soll in ein Auflistungskontrollelement eingefügt werden.
LVN_ITEMCHANGED	Objekteigenschaften wurden geändert.
LVN_ITEMCHANGING	Objekteigenschaften sollen geändert werden.
LVN_KEYDOWN	Eine Taste ist benutzt worden.

Programmierung

Auflistungselemente sind recht komplexe Objekte, die eine Vielzahl von Programmzugriffen erlauben. Beginnen wir mit der Kreation eines Auflistungselements

```
hListView = CreateWindow(WC_LISTVIEW,
                         "",
                         WS_CHILD|LVS_REPORT|LVS_EDITLABELS,
                         0,
                         0,
                         CW_USEDEFAULT,
                         CW_USEDEFAULT,
                         hWnd,
                         NULL,
                         hInst,
                         NULL);
```

Jetzt ist zunächst nur das Kontrollelement selbst kreiert; seine Inhalte (also seine Ansichten) müssen nun kreiert werden.

Dies beginnt mit der Bereitstellung jeweils einer Bilderliste, sowohl eine mit großen Icons (32*32), als auch einer mit kleinen Icons (16*16). Die Größen der beiden Iconarten werden allerdings direkt mittels GetSystemMetrics() ermittelt.

```
hGross = ImageList_Create(
                         GetSystemMetrics(SM_CXICON),
                         GetSystemMetrics(SM_CYICON),
                         TRUE,
                         1,
                         1);
hKlein = ImageList_Create(
                         GetSystemMetrics(SM_CXSMICON),
                         GetSystemMetrics(SM_CYSMICON),
                         TRUE,
                         1,
                         1);
```

Jetzt werden die Icons in die Listen eingefügt (hier: als Beispiel nur ein Icon)

```
hicon = LoadIcon(hInst, MAKEINTRESOURCE("A"));
ImageList_AddIcon(hGross, hicon);
ImageList_AddIcon(hKlein, hicon);
DeleteObject(hicon);
```

Nachdem nun die Bilderlisten fertig sind, können sie in das Auflistungselement eingefügt werden.

```
ListView_SetImageList(hListView,
                      hGross,
                      LVSIL_NORMAL);
ListView_SetImageList(hListView,
                      hKlein,
                      LVSIL_SMALL);
```

Spaltenanzeige wird vom Auflistungselement nur in der „Report"-Darstellung generiert. Für diesen Fall muß vorsorglich eine Spalteneinteilung definiert werden. Hierzu wird die Struktur LV_COLUMN initialisiert.

```
listview.mask = LVCF_FMT | LVCF_WIDTH |
                LVCF_TEXT | LVCF_SUBITEM;
listview.fmt = LVCFMT_LEFT;
listview.cx = 80;
listview.pszText = textpuffer;
```

Jetzt Spaltendefinition (3 Spalten) eintragen...

```
for (spalte = 0; spalte < 3; spalte++) {
listview.iSubItem = spalte;
LoadString(hInst, IDS_FIRSTCOLUMN + spalte,
textpuffer, sizeof(textpuffer));
}
```

Zusätzlich zu der Spaltendefinition kann noch weitere Information für die Einträge (Informationszeilen) übergeben werden

```
listview.mask = LVIF_TEXT | LVIF_IMAGE |
                LVIF_PARAM | LVIF_STATE;
listview.state = 0;
listview.stateMask = 0;
listview.iImage = 0;
```

Wenn alle Information für ein Item (eine Informationszeile) festgelegt wurde, kann sie ins Auflistungselement eingetragen werden.

```
ListView_InsertItem(hListView, &listview);
```

Der aktuelle Darstellungstil des Kontrollelementes kann mittels...

```
stil = GetWindowLong(hListView, GWL_STYLE);
```

...erfragt werden und wird durch die Funktion..

```
SetWindowLong(hListView,
              GWL_STYLE,
              (stil & ~LVS_TYPEMASK) | neuer_stil);
```

geändert; neuer_stil ist dabei der gewählte neue Darstellungsstil.

8.6.8   Zustandsbalken (progress bars)

Ein Zustandsbalken wird immer dann benutzt, wenn der Fortschritt einer im Hintergrund verlaufenden Programmtätigkeit angezeigt werden soll. Typisches Beispiel hierfür ist z. B. eine Textsuche innerhalb eines Textes oder aber das Kopieren von Programminformation auf die Festplatte.

Ein Zustandsbalken gibt dabei in diskreten Teilschritten den Fortschritt dieser Tätigkeit an. Naturgemäß findet er immer dann Verwendung, wenn damit zu rechnen ist, daß die Programmoperation eine längere Zeit in Anspruch nimmt und vermieden werden soll, daß der Programmbenutzer an eine Fehlfunktion des Programms glaubt.

Kreiert wird ein Zustandsbalken durch die Funktion `Create-WindowEx()`, wobei hier die `PROGRESS_CLASS`-Klasse angegeben werden muß. Der Zustandsbalken wird sowohl durch seine Position (in der Regel in der unteren Begrenzung eines Fensters oder Dialogelementes) als auch durch seinen Wertebereich charakterisiert.

Der Wertebereich gibt die Gesamtlänge der Operation an, wobei ein maximales Werteintervall von [0, 65535] erlaubt ist. Dabei signalisiert der Wert 0 den Beginnn der Operation, der Maximalwert des Werteintervalls steht für die Beendigung der Operation.

Das Programm kommuniziert mit dem Kontrollelement durch nachfolgende Nachrichten.

`PBM_DELTAPOS`	Der Anzeigewert des Zustandsbalkens wird um das angegebene Inkrement erhöht. Der Balken wird neu dargestellt.
`PBM_SETRANGE`	Minimum und Maximum des Zustandsbalkens werden definiert.
`PBM_SETPOS`	Die Zustandsanzeige wird auf eine bestimmte Position gesetzt. Der Balken wird neu angezeigt.
`PBM_SETSTEP`	Ein Standardinkrement für den Zustandsbalken wird definiert. Die Voreinstellung hierfür ist 10.
`PBM_STEPIT`	Der Zustandsbalken wird um das voreingestellte Inkrement erhöht und neu dargestellt.

Programmierung

Dialog initialisieren; hier wird der Zustandsbalken eingerichtet.

```
case WM_INITDIALOG:
```

Größe des Kontrollelements bestimmen

```
GetClientRect(hDlg, &rect);
```

Die Höhe soll der Rollbalkenhöhe entsprechen

```
hoehe = GetSystemMetrics(SM_CYVSCROLL);
```

Element kreieren

```
hZBalken = CreateWindowEx(0,
                          PROGRESS_CLASS,
                          (LPSTR) NULL,
                          WS_CHILD | WS_VISIBLE,
                          rect.left+10,
                          rect.bottom - hoehe - 50,
                          rect.right-20,
                          hoehe,
                          hDlg,
                          (HMENU) 0,
                          hInst,
                          NULL);
```

Intervall und Schrittweite setzen

```
SendMessage(hZBalken,
        PBM_SETRANGE,
        0,
        MAKELPARAM(0,
        100));

SendMessage(hZBalken,
        PBM_SETSTEP,
        (WPARAM) 10,
        0);
```

Hier soll jetzt etwas Langwieriges gemacht werden, ...

```
case IDOK:

for(i=0; i<10000;i++){
x = sin(i);
```

...damit der Inhalt des Zustandsbalkens gesetzt werden kann.

```
SendMessage(hZBalken, PBM_STEPIT, 0, 0);
```

8.6.9   Zustandsblätter (property sheets)

Um den Zustand beliebiger Objekte exakt beschreiben zu können, werden Zustandsblätter verwendet. Dieses Kontrollelement besteht aus mehreren, mit unterschiedlichen Informationen gefüllten Blättern, die wahlweise in einem Fenster dargestellt werden können.

Bei der Initialisierung ist zunächst das oberste Blatt sichtbar; die anderen Blätter sind lediglich mit einem Überschriftenbalken sichtbar, mit dem sie dann „nach vorne geblättert" werden können. In jedem dieser Informationsblätter (die insgesamt das Kontrollelement bilden) können nun unterschiedlichste Informationen über ein Objekt dargestellt werden. Dabei ist die Unterteilung in mehrere Informationsblätter dazu geeignet, logisch unterschiedliche Informationsklassen zu bilden.

Neben der eigentlichen Präsentation von Informationen über ein Objekt (dies kann ein beliebiges Programmobjekt sein) können Eigenschaftsblätter auch dazu verwendet werden, Programmeinstellungen seitens des Benutzers entgegenzunehmen.

Innerhalb eines dieser Präsentationsblätter können Benutzereingaben je nach verwendetem Unterkontrollelement durch Tastatur- oder Mauseingaben erfolgen. Damit ist schon gesagt, daß innerhalb einer Seite der Eigenschaftsblätter (die eigentlich überlappende Kindfenster sind) beliebige andere Kontrollelemente verwendet werden können, um das Layout dieser Seite zu gestalten und spezifische Benutzereingaben zu ermöglichen. Somit ist ein Eigenschaftsblätter-Kontrollelement eigentlich nichts anderes als eine Sammlung einzelner Dialogboxen.

Jede der Seiten des Eigenschaftskontrollelementes wird durch eine Dialogboxfunktion betreut, die vom Kontrollelement über Benutzeraktionen durch entsprechende Nachrichten informiert wird. Hierbei ist eine Besonderheit zu beachten.

Die für eine Seite des Kontrollelementes zuständige Dialogfunktion darf bei Beendigung der Seitenbearbeitung nicht die Funktion EndDialog() aufrufen; ein solcher Aufruf würde das gesamte Eigenschaftsblatt-Kontrollelement zerstören.

Bei der Initialisierung des Eigenschaftsblätter-Kontrollelementes müssen zunächst die einzelnen Seiten durch die Funktion CreatePropertySheetPage() jede für sich kreiert werden. Hierzu muß die nachfolgende Struktur für jede Seite separat ausgefüllt werden.

DWORD dwSize	Größe der Struktur in Byte.
DWORD dwFlags	Gibt an, welche weiteren Strukturelemente benutzt werden und welche nicht.
HINSTANCE hInstance	Programminstanz
union {	
LPCTSTR pszTemplate	Identifiziert die Ressource, aus der die explizite Seitenbeschreibung entnommen wird.
LPCDLGTEMPLATE pResource }	Zeiger auf eine Seitenbeschreibung im Speicher. Diese Strukturvariable wird alternativ zur vorherigen verwendet.
union {	
HICON hIcon	Bei der Seitenüberschrift wird ein Sinnbild verwendet, dessen Handle hier anzugeben ist.
LPCTSTR pszIcon }	Bei der Seitenüberschrift wird ein Sinnbild verwendet, dessen Beschreibung in der hier anzugebenden externen Ressource zu finden ist.
LPCTSTR pszTitle	Seitenüberschrift
DLGPROC pfnDlgProc	Zeiger auf die zugehörige Dialogboxfunktion der Seite.
LPARAM lParam	32-Bit-Wert, der für beliebige Zwecke vom Programm verwendet werden kann.

LPFNPSPCALLBACK pfnCallback	Optionale Funktion, die bei der Initialisierung der einzelnen Seite und bei ihrer Zerstörung aufgerufen wird.
UINT FAR * pcRefParent	Zeiger auf einen Referenzenzähler.

Nachdem alle Einzelseiten des Eingeschaftskontrollelementes auf diese Art und Weise definiert wurden, stellt die Funktion property sheet letztendlich das Kontrollelement dar. Diese Funktion sorgt auch dafür, daß bei der Kreation jeder einzelnen Seite die zugehörige Dialogboxfunktion eine Nachricht WM_INITDIALOG zugesandt bekommt.

Bevor aber mittels der property sheet Funktion das Kontrollelement dargestellt wird, muß der Programmierer eine Struktur nachfolgenden Typs definieren.

DWORD dwSize	Größe der Struktur in Byte
DWORD dwFlags	Zeigt an, welche der nachfolgenden Strukturvariablen benutzt werden.
HWND hwndParent	Handle des Eigentümerfensters
HINSTANCE hInstance	Handle der Programminstanz
union {	
HICON hIcon	In der Titelzeile des Kontrollelementes wird ein kleines Sinnbild verwendet; hier ist das Handle des Icons anzugeben.
LPCTSTR pszIcon }	Bezeichner der externen Ressource, in der das Sinnbild für die Titelzeile des Kontrollelementes definiert ist.
LPCTSTR pszCaption	Titeltext des Kontrollelementes
UINT nPages	Anzahl von Einzelseiten
union {	
UINT nStartPage	Index der bei der Erstdarstellung des Kontrollelementes ganz oben darzustellenden Seite.
LPCTSTR pStartPage}	Textbezeichner der obersten Seite.

union {	
LPCPROPSHEETPAGE ppsp	Zeiger auf ein Feld vom Typ PROPSHEETPAGE, das die einzelnen Seitenbeschreibungen enthält.
HPROPSHEETPAGE FAR *phpage}	Zeiger auf ein Feld, das die Handle der einzelnen Seiten enthält. Dieser Parameter wird alternativ zum vorherigen verwendet.
PFNPROPSHEETCALLBACK pfnCallback	Zeiger auf eine Callback-Funktion, die aufgerufen wird, wenn das Kontrollelement initialisiert wird. Diese Funktion ist optional.

Diese Struktur wird der Funktion PropertySheet() übergeben. Diese Funktion berechnet automatisch Größe und Startposition des Kontrollelementes aus den einzelnen Seitendefinitionen.

Natürlich können auch nachträglich Seiten in das Kontrollelement eingefügt bzw. während des Programmablaufes herausgenommen werden.

Ebenso können während des Programmlaufes Manipulationen an Überschriften und anderen Eigenschaften des Kontrollelementes vorgenommen werden. Hierzu sendet die zuständige Fensterfunktion Nachrichten entsprechend nachfolgender Tabelle an das Kontrollelement.

PSM_ADDPAGE	Eine neue Seite wird in das Kontrollelement eingefügt.
PSM_CANCELTOCLOSE	Der auf der Seite installierte Cancel-Druckknopf wird gesperrt und der Text des OK-Druckknopfes wird in Schließen (Close) verändert.
PSM_GETCURRENT-PAGEHWND	Das Handle der aktuellen Seite wird emittelt.
PSM_REMOVEPAGE	Eine Seite des Kontrollelementes wird gelöscht.
PSM_SETCURSEL	Die Seite mit dem angegebenen Index wird nach oben gebracht und dargestellt.
PSM_SETFINISHTEXT	Der Text des Ende-Druckknopfes (Finish) wird als aktiv dargestellt; die anderen Druckknöpfe werden gelöscht.

PSM_SETWIZBUTTONS	Bestimmte Druckknöpfe in einer Seite des Kontrollelementes werden aktiviert.
PSM_APPLY	Die Benutzung des „Starte"-Knopfes durch den Programmbenutzer wird simuliert.
PSM_CHANGED	Der Inhalt einer Seite hat sich geändert; die Seite muß neu dargestellt werden.
PSM_GETTABCONTROL	Das Handle der Überschriftenleiste einer Seite wird emittelt und zurückgegeben.
PSM_PRESSBUTTON	Die Benutzung eines bestimmten Druckknopfes durch den Benutzer wird simuliert; dabei kann eine der nachfolgenden Konstanten benutzt werden. PSBTN_APPLYNOW PSBTN_BACK PSBTN_CANCEL PSBTN_FINISH PSBTN_HELP PSBTN_NEXT PSBTN_OK
PSM_REBOOTSYSTEM	Das Kontrollelement muß neu dargestellt werden, da sich dargestellte Informationen mittlerweile geändert haben.
PSM_RESTARTWINDOWS	Einzelne Seiten des Kontrollelementes müssen neu dargestellt werden.
PSM_SETCURSELID	Die Seite mit dem angegebenen Kennzeichen wird nach oben gebracht und dargestellt.
PSM_SETTITLE	Die Titelzeile des Kontrollelementes wird neu dargestellt; der entsprechende Text wird übergeben.

Programmierung

Ein Zustandskontrollelement muß zunächst ein Hauptblatt führen; für dieses Hauptblatt ist dann auch die Fensterfunktion des Eigentümers des Zustandskontrollelementes zuständig.

In das Hauptblatt werden dann einzelne Dialoge als Unterblätter eingefügt; jedes Unterblatt wird dabei von einer eigenen

CALLBACK-Funktion betreut. In diesen Dialogfunktionen für die Unterblätter darf EndDialog() **nicht** aufgerufen werden!

Die Informationen für das Hauptblatt werden in der Struktur

```
PROPSHEETHEADER phauptblatt;
```

abgelegt; die Unterblätter (im Beispiel werden 2 Unterblätter kreiert) werden in

```
PROPSHEETPAGE punterblatt[2];
```

abgelegt.

```
punterblatt[0].dwSize = sizeof(PROPSHEETPAGE);
punterblatt[0].dwFlags = PSP_USEICONID |
                         PSP_USETITLE;
punterblatt[0].hInstance = hInst;
punterblatt[0].pszTemplate = MAKEINTRESOURCE(DLG_UNTER_1);
punterblatt[0].pszIcon = MAKEINTRESOURCE("A");
punterblatt[0].pfnDlgProc = DlgPROP1;
punterblatt[0].pszTitle = MAKEINTRESOURCE(IDS_STRING6)
punterblatt[0].lParam = 0;
punterblatt[0].pfnCallback = NULL;


punterblatt[1].dwSize = sizeof(PROPSHEETPAGE);
punterblatt[1].dwFlags = PSP_USEICONID |
                         PSP_USETITLE;
punterblatt[1].hInstance = hInst;
punterblatt[1].pszTemplate = MAKEINTRESOURCE(DLG_UNTER_2);
punterblatt[1].pszIcon = MAKEINTRESOURCE("B");
punterblatt[1].pfnDlgProc = DlgPROP2;
punterblatt[1].pszTitle = MAKEINTRESOURCE(IDS_STRING7);
punterblatt[1].lParam = 0;
punterblatt[1].pfnCallback = NULL;


phauptblatt.dwSize = sizeof(PROPSHEETHEADER);
phauptblatt.dwFlags = PSH_USEICONID |
                      PSH_PROPSHEETPAGE;
phauptblatt.hwndParent = hwnd;
phauptblatt.hInstance = hInst;
```

```
phauptblatt.pszIcon = MAKEINTRESOURCE("C");
phauptblatt.pszCaption = (LPSTR) "Test ";
phauptblatt.nPages = sizeof(punterblatt) /
                     sizeof(PROPSHEETPAGE);
phauptblatt.nStartPage = 0;
phauptblatt.ppsp = (LPCPROPSHEETPAGE) &punterblatt;
phauptblatt.pfnCallback = NULL;
```

Das Zustandselement wird dann mit

```
PropertySheet(&phauptblatt);
```

initialisiert.

8.6.10   Assistenten (wizard property sheets)

Diese in direkter Übersetzung als „zauberhaft" bezeichneten Kontrollelemente sind eine Sonderform der Eigenschaftsseitenkontrollelemente.

Sie werden insbesondere dann benutzt, wenn der Programmbenutzer eine in Art und Umfang komplexe Parametereinstellung vornehmen muß, die weder innerhalb einer Dialogbox noch durch mehrere getrennte Dialogboxen vorzunehmen wäre. Hierzu werden mehrere notwendige Dialogboxen in eine Seitenreihenfolge gebracht, die dem Problem angemessen ist. Der Programmbenutzer wird sodann, beginnend mit der ersten Seite, in einer festgelegten Reihenfolge durch die einzelnen Seitendialoge geführt.

Damit ist es möglich, Parameterabfragen und -einstellungen abrufbar zu machen, die ohne diese Form des Kontrollelementes fast zwangsläufig in unübersichtlichen Dialogen enden müßten. Hierzu ist es notwendig, daß der Programmbenutzer nicht frei entscheiden kann, welche der Seiten des Kontrollelementes als nächstes zu bearbeiten sind.

Eine solche freie Wahl des Programmbenutzers würde ggf. die Einstellungs- und Parameterabfragelogik stören. Wird also ein Seitenkontrollelement kreiert (hierzu ist in der Struktur

```
typedef struct _PROPSHEETHEADER {
DWORD   dwFlags        PSH_WIZARD
} PROPSHEETHEADER;
```

der entsprechende Parameterwert zu setzen), so dürfen keine Seitentabulatoren dargestellt werden, die es dem Programmbenutzer ermöglichen würden, einzelne Seiten selektiv auszuwählen.

Stattdessen muß der Benutzer zwingend mit der ersten Seite des Seitenkontrollelementes beginnen und wird durch entsprechende Auswahlknöpfe linear durch die Dialogseitenabfolge geleitet. Erst dann wird der entsprechende Auswahlknopf freigegeben, wenn alle Parameter des aktuellen Dialoges auf der aktuellen Seite korrekt und logisch stimmig ausgefüllt worden sind.

Die Dialogfunktionen der einzelnen Seitendialoge empfangen im wesentlichen alle Nachrichten vom Kontrollelement, die auch andere Seitenkontrollelemente zu berücksichtigen haben.

Zusätzlich zu diesen Nachrichten werden hier jedoch drei weitere Ereignisnachrichten übermittelt.

`PSN_WIZBACK`	Der „Rückwärts"-Knopf einer Seite wurde gewählt. die Standardreaktion hierauf ist die Anzeige der vorherigen Seite des Kontrollelementes.
`PSN_WIZNEXT`	Der „Weiter"-Knopf der Dialogseite wurde ausgewählt. Die Standardreaktion hierauf ist die Anzeige des folgenden Seitendialoges.
`PSN_WIZFINISH`	Der „Ende"-Knopf der letzten Seite des Kontrollelementes wurde bedient. Dieser Knopf ist nur auf der letzten Seite der Dialogfolge zu etablieren und sollte standardmäßig die Beendigung des gesamten Kontrolldialoges bedingen.

Abschließend seien noch die Standardnachrichten tabellarisch aufgeführt, die allgemein Seitendialoge an ihre zuständigen Dialogfunktionen versenden.

PSN_APPLY	Der Programmbenutzer hat den OK-Knopf bedient. Alle übergebenen Parameter innerhalb des Dialoges sollen nun übernommen werden.
PSN_HELP	Der Programmbenutzer hat den Hilfe-Knopf bedient. Entsprechender Hilfetext soll ausgegeben werden.
PSN_KILLACTIVE	Die Seitendialogfunktion wird darüber informiert, daß die aktuelle Kontrollelementeseite unmittelbar vor einem Wechsel zu einer anderen Seite steht. Dies kann dazu verwendet werden, um Abschlußbehandlungen innerhalb der Seitendialogfunktion durchzuführen.
PSN_QUERYCANCEL	Der Benutzer hat den „Abbreche"-Knopf bedient
PSN_RESET	Der Programmbenutzer hat den „Abbreche"-Knopf bedient. Als Folge hiervon wird die Dialogseite geschlossen und alle Eingaben des Benutzers sollen ignoriert werden.
PSN_SETACTIVE	Die Seitendialogfunktion wird davon benachrichtigt, daß die zugehörige Seite unmittelbar vor ihrer Darstellung steht. Diese Nachricht wird dazu benutzt, um notwendige Initialisierungen unmittelbar vor der Seitendarstellung durchzuführen.

8.6.11   Statusfenster (status windows)

Ein Statusfenster wird in der Regel dazu benutzt, um Informationen über den Programmstatus im unteren Bereich des Programmhauptfensters einzublenden. Dabei kann das Statusfenster die gesamte untere Breite des Programmhauptfensterrahmens einnehmen und in mehrere Teile aufgeteilt werden. Es gibt prinzipiell zwei Möglichkeiten, Statusfenster zu kreieren.

1. Entweder wird unmittelbar die Funktion `CreateStatusWindow()` benutzt oder

2. der Programmierer benutzt die Funktion `CreateWindowEx()` mit der Fensterklasse `STATUSCLASSNAME`.

Normalerweise sind die Statusinformationen am unteren Rand des Elternfensters eingeblendet. Allerdings kann der Programmierer durch die Wahl des entsprechenden Attributes das Statuskontrollelement auch am oberen Fensterrand einblenden.

Unabhängig von der vom Programmierer vorgegebenen Breite und Höhe des Kontrollelementes kreiert das Betriebssystem das Statusfenster zunächst über die gesamte Breite des Fensterausgabebereiches.

Die Höhe des Statusfensters wird durch die Höhe des verwendeten Zeichensatzes bestimmt. Neben der einfachsten Möglichkeit, nur genau eine Statusinformation im Statuskontrollelement anzuzeigen, besteht auch die Möglichkeit, das Statuskontrollelement in mehrere separate Informationsblöcke aufzuteilen (es können max. 255 Unterteilungen eines Statuskontrollelementes vorgenommen werden).

Natürlich kann durch die Versendung geeigneter Nachrichten (s. u.) Textinformation oder auch Grafikinformation in einem solchen Statuskontrollelement dargestellt werden.

Will man aber Statusinformationen, die nur aus einem Text bestehen, ohne Verwendung eines Statuskontrollelementes bei beliebiger Wahl der Position und Anzeigegröße irgendwo im Fensterausgabebereich sichtbar machen, so bietet sich hierzu die nachfolgende Funktion an.

```
void DrawStatusText(
```

`HDC hdc`	**Monitorkontext des Fensters**
`LPRECT  lprc`	**Rechteck, in dem die Statusinformation angezeigt werden soll (Struktur** `RECT`**)**
`LPCTSTR  pszText`	**Informationstext**
`UINT  uFlags`	**Textdarstellungsmodus**

	`SBT_NOBORDERS`	**Kein Rahmen um den Text**
	`SBT_POPOUT`	**Hervorstehender Rahmen um den Text**
	`SBT_RTLREADING`	**Rechts-Links-Richtung für Arabisch und Hebräisch**

```
)
```

Die Nachrichtenschnittstelle zu Statuskontrollelementen beinhaltet nur Nachrichten, die an das Kontrollelement gesendet werden. Das Kontrollelement selbst versendet keine Nachrichten an seine Fensterfunktion.

Die nachfolgenden Nachrichten ermöglichen verschiedene Formen von Darstellung und Manipulation des Statuskontrollelementes.

Breite und Höhe

SB_GETRECT	Das umgebende Rechteck des Textes wird ermittelt
	
	wParam = (WPARAM) iPart;
	lParam = (LPARAM) (LPRECT) lprc;
	
	iPart: Index des Teilfensters (beginnend mit 0)
	
	lprc: Zeiger auf RECT - Struktur, die anschließend das umgebende Rechteck enthält.

SB_-SETMINHEIGHT	Die Mindesthöhe des Statusfensters wird (in Pixeln) gesetzt.
	
	wParam = (WPARAM) minHeight;
	lParam = 0;

SB_GETBORDERS	Die Breite des horizontalen und vertikalen Randes wird ermittelt
	
	wParam = 0;
	lParam = (LPARAM) (LPINT) aBorders;
	
	aBorders: Zeiger auf int-Feld mit drei Elementen.
	- Breite horizontaler Rand
	- Breite vertikaler Rand
	- Breite Rand zwischen zwei Teilfeldern

Textoperationen

SB_GETTEXT	Der Text eines Statusfensters wird ermittelt
	
	wParam = (WPARAM) iPart;
	lParam = (LPARAM) (LPSTR) szText;
	
	iPart: Index (beginnend mit 0) des Teilstatusfensters
	szText: Zeiger auf Textstring

SB_GETTEXT-LENGTH	Die Länge in Byte des Textes eines Statusteilfensters wird ermittelt
	
	`wParam = (WPARAM) iPart;`
	`lParam = 0;`
	
	`iPart`: Index (beginnend mit 0) des Teilstatusfensters
	
	Rückgabewert
	Low Word: Textlänge in Byte

SB_SETTEXT	Der Text eines Statusteilfensters wird gesetzt
	
	`wParam = (WPARAM) iPart | uType;`
	`lParam = (LPARAM) (LPSTR) szText;`
	
	`iPart`: Index (beginnend mit 0) des Teilstatusfensters
	
	`uType`: Modus der Textdarstellung
	
	0 Text mit Rand; die Textfläche erscheint tiefgelegt
	`SBT_NOBORDERS` Kein Rand
	`SBT_OWNERDRAW` Der Text wird vom Programm selbst dargestellt; dies wird benutzt, um Grafikausgabe zu realisieren.
	`SBT_POPOUT` Text mit Rand; die Textfläche erscheint vorstehend
	
	`szText`: Zeiger auf Textstring. Ist der Modus `SBT_OWNERDRAW` gewählt, so werden hier 4 Byte programmeigene Daten untergebracht, die bei der Grafikdarstellung durch das Hauptprogramm genutzt werden können.

Statusfensterteilungen

SB_GETPARTS	Die Anzahl der Teilfenster des Statuselements werden ermittelt

SB_SETPARTS	Die Teilung des Statusfensters wird gesetzt
	
	`wParam = (WPARAM) nParts;`
	`lParam = (LPARAM) (LPINT) aWidths;`
	
	`nParts`: Anzahl der Teilfenster < 255
	
	`aWidths`: Zeiger auf ein int- Feld, dessen einzelne Elemente die Koordinate (horizontal) der jeweiligen rechten Ecke des Teilfensters beinhaltet

SB_SIMPLE	Hier wird festgelegt, ob das Statuselement genau ein Teil-feld darstellt (`fSimple` = TRUE) oder ob mehrere Teile de-finiert und dargestellt werden (`fSimple` = FALSE)
	`wParam = (WPARAM) (BOOL) fSimple;` `lParam = 0;`

Programmierung

Die Handhabung eines Statusfensters ist sehr einfach. Zu-nächst wird es kreiert mittels.

```
hStatus = CreateWindowEx(
                0,
                STATUSCLASSNAME,
                (LPCTSTR) NULL,
                SBARS_SIZEGRIP | WS_CHILD,
```

Dabei wird zunächst nicht auf die Größe geachtet; die wird später eingerichtet.

```
                0,
                0,
                0,
                0,
                hWnd,
                (HMENU) NULL,
                hInst,
                NULL);
```

Jetzt geht es nur noch darum, die Koordinaten der einzelnen Statusfenster zu ermitteln. Hierzu zunächst die Größe des Fensterausgabebereichs.

```
GetClientRect(hWnd, &rect);
```

Sei nun ein genügend großes Feld `statusecke[ ]` zur Auf-nahme aller `anzahlstatus` Koordinaten der rechten unteren Ecke der Statusfenster vorhanden

Dann kann für jedes Teilfenster die Eckenkoordinate berech-net werden und in `statusecke` abgelegt werden.

```
breite = rect.right / anzahlstatus;
for (i = 0; i < anzahlstatus; i++) {
statusecke[i] = breite;
breite += breite;
}
```

Jetzt können daraufhin alle Teilstatusfenster generiert werden.

```
SendMessage(hStatus,
        SB_SETPARTS,
        (WPARAM) anzahlstatus,

(LPARAM) statusecke);
```

8.6.12   Tabulatorkontrollelemente

Tabulatorkontrollelemente werden mittels der Funktion `CreateWindowEx()` unter Angabe des Stils `WC_TABCONTROL` definiert. Mittels solcher Tabulatoren kann für ein und denselben Fensterausgabebereich oder ein und dieselbe Dialogbox die Ausgabefläche mehrfach benutzt werden.

Hierzu wird für jeden Tabulatorgriff ein eigenständiger Ausgabebereich definiert. Wird ein Tabulatorgriff ausgewählt, so wird die entsprechende Unterseite des Ausgabebereiches dargestellt. Sie kann dann vom Programmbenutzer bearbeitet werden. Ein solcher an einen Tabulatorgriff gebundener Ausgabebereich ist typischerweise ein Kindfenster oder eine Dialogbox, die seitens der Fensterfunktion separat kreiert wird und an die Dimensionen des Ausgabebereiches des Tabulatorkontrollelementes angepaßt wird.

Die zuständige Fensterfunktion kommuniziert mit den einzelnen Elementen des Tabulatorkontrollelementes durch Versenden und Empfangen geeigneter Nachrichten.

`TCM_ADJUSTRECT`	Für den rechteckigen Ausgabebereich eines Tabulatorenelementes wird der passende Fensterausgabebereich (Rechteckstruktur) berechnet und zurückgegeben.

TCM_DELETEALLITEMS	Alle Elemente eines Tabulatorenkontrollelementes werden gelöscht.
TCM_DELETEITEM	Ein einzelner Tabulatorengriff eines Tabulatorenkontrollelementes wird gelöscht.
TCM_GETCURFOCUS	Der Index der Tabulatorenseite, die z. Zt. den Eingabefocus hat, wird ermittelt.
TCM_GETCURSEL	Der Index der z. Zt. dargestellten Tabulatorenseite wird ermittelt.
TCM_GETIMAGELIST	Die mit einem Tabulatorenelement verbundene Bilderliste wird ermittelt; wird der Wert 0 zurückgegeben, so existiert keine solche Bilderliste.
TCM_GETITEM	Informationen über die Tabulatorenseite mit dem angegebenen Index werden ermittelt.
TCM_GETITEMCOUNT	Die Anzahl der insgesamt vorhandenen Tabulatorenseiten innerhalb eines Tabulatorenkontrollelementes wird ermittelt.
TCM_GETITEMRECT	Das umschriebene Rechteck für den Tabulatorengriff eines Tabulatorenkontrollelementes wird ermittelt.
TCM_GETROWCOUNT	Die aktuelle Anzahl der Zeilen, die benutzt werden, um alle Tabulatorengriffe darzustellen, wird ermittelt. Diese Darstellungsart wird dann benutzt, wenn mehr Tabulatorengriffe benutzt werden sollen, als über die Breite des Kontrollelementerechteckes gleichzeitig dargestellt werden können.
TCM_GETTOOLTIPS	Das Handle eines Kommentarkontrollelementes wird ermittelt, das vorher mit dem Tabulatorenkontrollelement verbunden worden ist. Mit Hilfe eines solchen Kommentarkontrollelementes können kurze Kommentartexte zu jedem Tabulatorengriff eingeblendet werden.
TCM_HITTEST	Für eine bestimmte Bildschirmkoordinate wird geprüft, welcher Tabulatorengriff unter dieser Bildschirmkoordinate liegt.
TCM_INSERTITEM	Ein zusätzlicher, neuer Tabulatorengriff wird in das Tabulatorenkontrollelement eingefügt.
TCM_REMOVEIMAGE	Ein einzelnes Bild aus einer mit einem Tabulatorenkontrollelement verbundenen Bilderliste wird gelöscht.

TCM_SETCURSEL	Ein bestimmter Tabulatorengriff des Kontrollelementes wird ausgewählt.
TCM_SETIMAGELIST	Eine Bilderliste wird mit dem Tabulatorenkontrollelement assoziiert. Jedes Bild dieser Bilderliste wird dem Tabulatorengriff mit dem korrespondierenden Index als Icon zugewiesen.
TCM_SETITEM	Die Darstellungsattribute für einzelne Tabulatorenseiten oder wahlweise alle Tabulatorenseiten gleichzeitig werden definiert.
TCM_SETITEMEXTRA	Braucht der Programmierer zu jedem Tabulatorengriff zusätzlichen Speicherplatz, um programmnotwendige Daten ablegen zu können, so kann mittels dieser Nachricht hierfür geeigneter Speicherplatz je Tabulatorengriff reserviert werden.
TCM_SETITEMSIZE	Die Breite und Höhe einzelner Tabulatorengriffe wird hier definiert.
TCM_SETPADDING	Hier wird der Abstand zwischen dem Text des Tabulatorengriffes und seinem Rand festgelegt.
TCM_SETTOOLTIPS	Ein vorher definiertes Kommentarkontrollelement wird mit dem Tabulatorenkontrollelement assoziiert.

Über Benutzeraktionen innerhalb eines Tabulatorenkontrollelementes wird die zuständige Fensterfunktion seitens des Kontrollelementes durch nachfolgende Nachrichten informiert.

TCN_KEYDOWN	Ein Tabulatorengriff wurde seitens des Programmbenutzers selektiert.
TCN_SELCHANGE	Die bislang oben dargestellte Tabulatorenseite wurde geändert; es ist jetzt eine neue Tabulatorenseite darzustellen.
TCN_SELCHANGING	Die bislang als oberste Seite dargestellte Tabulatorenseite soll durch eine andere Tabulatorenseite ersetzt werden. Die neu ausgewählte Seite ist aber noch nicht dargestellt worden.

Alle wesentlichen Attribute des Tabulatorenkontrollelementes können vor der ersten Darstellung des Kontrollelementes als Stilangaben während der Kreation des Kontrollelementes angegeben werden.

`TCS_BUTTONS`	Die Tabulatorengriffe erscheinen als Druckknöpfe; es wird kein Rand um das Kontrollelement gezeichnet.
`TCS_FIXEDWIDTH`	Alle Tabulatorengriffe haben dieselbe Breite.
`TCS_FOCUSNEVER`	Das Tabulatorenkontrollelement kann niemals den Eingabefocus erhalten; es ist also vom Programmbenutzer nicht selektierbar.
`TCS_FOCUSONBUTTON-DOWN`	Einzelne Seiten des Kontrollelementes werden den Eingabefocus erhalten, wenn auf den Tabulatorengriff geklickt wurde.
`TCS_FORCEICONLEFT`	Die gegebenenfalls mit einem Tabulatorenelement verbundene Bilderliste wird so genutzt, daß die einzelnen Tabulatorengriffbilder links dargestellt werden.
`TCS_FORCELABELLEFT`	Der Text eines Tabulatorengriffes wird linksbündig dargestellt.
`TCS_MULTILINE`	Falls notwendig, werden mehrere Zeilen von Tabulatorengriffen übereinander dargestellt.
`TCS_OWNERDRAWFIXED`	Die zugehörige Fensterfunktion ist dafür verantwortlich, den Inhalt der einzelnen Tabulatorengriffe selber darzustellen.
`TCS_RAGGEDRIGHT`	Jede einzelne Zeile der Tabulatorengirffe wird in ihrer ursprünglichen Breite dargestellt; hiermit wird verhindert, daß eine Zeile von Tabulatorengriffen gestreckt wird, um die gesamte Breite des Kontrollelementes auszufüllen.
`TCS_RIGHTJUSTIFY`	Tabulatorengriffe innerhalb einer Zeile werden so gestreckt, daß die gesamte Breite des Kontrollelementes ausgefüllt wird.
`TCS_SINGLELINE`	Unabhängig von der Anzahl der einzelnen Tabulatorengriffe wird genau eine Zeile von Tabulatorengriffen dargestellt.
`TCS_TABS`	Die einzelnen Tabulatorengriffe werden als Griffe (und nicht als Druckknöpfe) dargestellt.
`TCS_TOOLTIPS`	Mit dem Kontrollelement ist ein Kommentarkontrollelement assoziiert.

Programmierung

Die Dimension des Fensterausgabebereichs wird ermittelt...

```
GetClientRect(hWnd, &rect);
```

...und damit ein Tabulatorelement kreiert.

```
hTab = CreateWindow(
                WC_TABCONTROL,
                "",
                WS_CHILD | WS_CLIPSIBLINGS | WS_VISIBLE,
                0,
                0,
                rect.right,
                rect.bottom,
                hWnd,
                NULL,
                hInst,
                NULL);
```

Jetzt können die Tabulatorgriffe eingefügt werden.

```
tabinf.mask = TCIF_TEXT | TCIF_IMAGE;
tabinf.iImage = -1;
tabinf.pszText = textpuffer;
TabCtrl_InsertItem(hTab, 0, &tabinf);
```

Die Fensterfunktion des Eigentümers muß jetzt explizit einige Nachrichten für das Kontrollelement verarbeiten.

```
case WM_SIZE: {
```

Das neue Rechteck wird in eine RECT-Struktur geschrieben

```
SetRect(&rect,
        0,
        0,
        LOWORD(lParam),
        HIWORD(lParam));
```

Diese Rechteckkoordinaten werden dann dazu benutzt, das Kontrollelement neu (in neuer Größe) darzustellen.

```
TabCtrl_AdjustRect(hTab, FALSE, &rect);
hdefwin = BeginDeferWindowPos(2);
DeferWindowPos(hdefwin,
               hTab,
               NULL,
               0,
               0,
               LOWORD(lParam),
               HIWORD(lParam),
               SWP_NOMOVE | SWP_NOZORDER);
DeferWindowPos(hdefwin,
               hWnd,
               HWND_TOP,
               rect.left,
               rect.top,
               rect.right - rect.left,
               rect.bottom - rect.top,
               0 );
EndDeferWindowPos(hdefwin);
```

> Vom Tabulatorelement werden ebenfalls Nachrichten an die Fensterfunktion verschickt, die hier bearbeitet werden müssen.

```
case WM_NOTIFY:
switch (HIWORD(wParam)) {
```

> Hier wurde die Selektion eines Tabulatorgriffs geändert

```
case TCN_SELCHANGE: {
seite = TabCtrl_GetCurSel(hTab);
```

> Abhängig von der selektabinfrten Seite wird ein neuer Text dargestellt.

```
SendMessage(hWnd,
            WM_SETTEXT,
            0
            (LPARAM) textpuffer);
}
break;
```

Wichtig ist das Einbinden der Standardprozedur

```
default:
return DefWindowProc(hwnd,
                     uMsg,
                     wParam,
                     lParam);
}
return 0;
} //Ende WM_NOTIFY
```

8.6.13 Werkzeugleisten (toolbars)

Werkzeugleisten sind Kontrollelemente, die innerhalb eines Kontrollfensterbereiches mindestens einen, in der Regel aber mehrere Druckknöpfe präsentieren.

Normalerweise wird in jedem dieser Druckknöpfe ein Sinnbild abgebildet, das auf die durch die Betätigung des entsprechenden Druckknopfes hervorzurufende Programmaktion hinweisen soll.

Klickt der Programmbenutzer nun eines dieser Werkzeugsymbole an, so wird der zuständigen Fensterfunktion eine entsprechende Nachricht zugesandt. Die Fensterfunktion hat dann die Möglichkeit, die so angeforderte Programmaktion auszulösen.

Prinzipiell lassen sich mittels dieser Werkzeugleisten (ein Programmhauptfenster kann durchaus mehrere Werkzeugleisten gleichzeitig präsentieren) beliebige Programmaktionen aufrufen; aus Normierungsgründen sollten aber Werkzeugleisten nur solche Funktionen bieten, die auch mittels des Hauptfenstermenüs alternativ ausgelöst werden könnten.

Der Vorteil von Werkzeugleisten liegt darin, dem Programmbenutzer einen unmittelbaren Zugriff auf einzelne Programmleistungen zu bieten. Ein Blättern in Menüs und Untermenüpunkten wird hierbei umgangen.

Unbedingte Voraussetzung (und gleichzeitig typische Schwachstelle) ist allerdings die Wahl des innerhalb jedes

Werkzeugdruckknopfes dargestellten Sinnbildes, das ja die unterlegte Programmaktion treffend beschreiben soll.

Prinzipiell kann der Programmierer eine Werkzeugleiste mittels der Funktion `CreateToolbarEx()` oder auf dem bereits bekannten Weg mittels der Funktion `CreateWindowEX()` und der entsprechenden Fensterklasse `TOOLBARCLASSNAME` kreieren.

Höhe und Breite der Werkzeugleiste werden normalerweise durch die Fensterfunktion automatisch bestimmt. Die Höhe der Werkzeugleiste wird durch die Höhe der verwendeten Symboldruckknöpfe bestimmt. Die Breite der Werkzeugleiste entspricht der gesamten Breite des Fensterausgabebereiches. Die Dimensionierung der Werkzeugleiste kann allerdings hiervon abweichend anders definiert werden.

Mit einer Werkzeugleiste kann ein Kommentarkontrollelement verbunden werden, das zu jedem Symboldruckknopf der Werkzeugleiste einen kurzen Kommentartext einblendet.

Das Werkzeugleistenkontrollelement verwaltet intern eine Liste von Grafiken, die als Symbole der einzelnen Werkzeugdruckknöpfe verwendet werden. Die Liste dieser Grafiken kann im Verlauf des Programmes nachträglich geändert werden. Damit kann das Programm abhängig von bestimmten internen logischen Konditionen den Inhalt des Werkzeugleistenkontrollelementes dynamisch ändern. Für jeden Druckknopf innerhalb des Werkzeugkontrollelementes kann entweder zusätzlich zur Symbolgrafik oder statt der Symbolgrafik jeweils ein Text eingeblendet werden. Auch diese Druckknopftexte können während des Programmablaufes dynamisch geändert werden.

Aktiviert der Programmbenutzer einen der Druckknöpfe des Werkzeugleistenkontrollelementes, so wird vom Kontrollelement eine Nachricht vom Typ `WM_COMMAND` an die Hauptfensterfunktion gesendet. Als Nachrichtenparameter wird die Kenn-Nummer des aktivierten Werkzeugdruckknopfes übergeben. Damit kann die Fensterfunktion eine entsprechende Aktion des Programmes ansteuern.

Zusätzlich zu der eigentlichen Auslösung eines Druckknopfes (in der Regel durch Anklicken) durch den Programmbenutzer bietet das Werkzeugleistenkontrollelement weitere Möglichkeiten der Manipulation seitens des Programmbenutzers. Diese Möglichkeiten sind bereits durch das Betriebssystem definiert und müssen nicht mehr eigens programmiert werden.

So kann der Programmbenutzer durch eine Verschiebeoperation mittels der Maus Knopfelemente der Werkzeugleiste an eine andere Position innerhalb der Werkzeugleiste verschieben. Verschiebt der Programmbenutzer ein Druckknopfelement der Werkzeugleiste aus der Werkzeugleiste heraus, so wird das entsprechende Druckknopfelement entfernt.

Führt der Programmbenutzer einen Doppelklick innerhalb des Kontrollelementes aus, so wird eine Dialogbox eingeblendet, die das Hinzufügen, Löschen und Neuordnen von Druckknöpfen der Werkzeugleiste ermöglicht. Die folgenden Tabellen geben Aufschluß über Funktionen, Nachrichten und Datenstrukturen, die zur Handhabung von Werkzeugleistenkontrollelementen notwendig sind.

Kreieren

`CreateToolbarEx`	Funktion zur Definition und Darstellung einer Werkzeugleiste.
`TB_BUTTON-STRUCTSIZE`	Spezifizieren der Größe der `TBBUTTON`-Struktur.
`TB_SETPARENT`	Der Werkzeugleiste wird das Handle des Elternfensters, in dem die Leiste dargestellt werden soll, übergeben.

Position und Größe

`TB_AUTOSIZE`	Falls der Inhalt der Werkzeugleiste geändert worden ist, wird mit dieser Nachricht eine Neudimensionierung des Werkzeugleistenkontrollelementes erzwungen.
`TB_SETBUTTON-SIZE`	Bevor das erste Druckknopfelement in die Werkzeugleiste eingefügt wird, wird mit dieser Nachricht die Dimension jedes dieser Druckknopfelemente definiert. Die Voreinstellung ist 24x22 Pixel.

Stil

TB_GETTOOLTIPS	Falls ein Kommentarkontrollelement mit dem Werkzeug-leistenkontrollelement verbunden wurde, wird hier das Handle des Kommentarkontrollelementes ermittelt.
TB_SETTOOLTIPS	Ein Kommentarkontrollelement wird mit dem Werkzeug-leistenkontrollelement assoziiert.

Grafiken

COLORMAP	Diese Datenstruktur enthält Informationen zur Farbdarstel-lung der Druckknopfgrafiken.
	
	`typedef struct _COLORMAP {`
	`    COLORREF from;`
	`    COLORREF to;`
	`} COLORMAP, FAR* LPCOLORMAP;`

CreateMapped-Bitmap	Damit Bitmapgrafiken innerhalb der Werkzeugleiste be-nutzt werden können, müssen sie zunächst mittels dieser Funktion überarbeitet werden.
TB_ADDBITMAP	Eine oder mehrere neue Grafiken werden in die Liste der Druckknopfgrafiken des Werkzeugleistenkontrollelemen-tes aufgenommen.
TB_CHANGEBITMAP	Für einen Druckknopf innerhalb der Werkzeugleiste wird eine neue Grafik aus der Liste der verfügbaren und vorher definierten Werkzeugleistengrafiken definiert.
TB_GETBITMAP	Der Index einer Bitmap innerhalb der Bitmapliste des Kontrollelementes wird für einen bestimmten Druckknopf des Kontrollelementes ermittelt.
TB_GETBITMAP-FLAGS	Hier wird ermittelt, ob statt der üblichen kleinen Bit-mapgrafiken auch große Bitmapgrafiken innerhalb des Kontrollelementes verwendet werden können. Das ist nur dann möglich, wenn das Grafikausgabegerät (der Bild-schirm) mindestens 120 Pixel/Inch darstellen kann.
TB_SETBITMAP-SIZE	Die Größe der Bitmapgrafiken innerhalb der Werkzeug-leiste wird definiert. Dies muß vor dem Einfügen der er-sten Bitmapgrafik in die Werkzeugleiste erfolgen.
TBADDBITMAP	Diese Struktur definiert die Bitmapressource, die die ein-zelnen Druckknopfgrafiken enthält.

```
typedef struct {  // tbab
    HINSTANCE hInst;
    UINT nID;
} TBADDBITMAP, *LPTBADDBITMAP;
```

Texte

TB_ADDSTRING	Alle Werkzeuge, die innerhalb einer Werkzeugleiste benutzt werden können, werden ebenfalls in einer Liste geführt. Hier wird ein weiterer Text zu dieser Liste hinzugefügt.
TB_GETBUTTONTEXT	Der Text eines Druckknopfes wird ermittelt.

Druckknöpfe

TB_ADDBUTTONS	Ein oder mehrere Druckknöpfe werden in die Werkzeugliste aufgenommen.
TB_BUTTONCOUNT	Die Anzahl der aktuell in der Werkzeugliste dargestellten Druckknöpfe wird ermittelt.
TB_COMMANDTOINDEX	Der Index eines speziellen Druckknopfes wird ermittelt. Dieser Index wird dann an die Fensterfunktion übergeben.
TB_DELETEBUTTON	Ein Druckknopf wird aus der Werkzeugleiste entfernt.
TB_GETBUTTON	Für einen speziellen Druckknopf in der Werkzeugleiste wird die verfügbare Information ermittelt und in der nachfolgenden Struktur abgelegt. ```typedef struct _TBBUTTON { int iBitmap; int idCommand; BYTE fsState; BYTE fsStyle; DWORD dwData; int iString; } TBBUTTON, NEAR* PTBBUTTON, FAR* LPTBBUTTON;```
TB_GETITEMRECT	Das Umgebungsrechteck eines Druckknopfes wird ermittelt.

TB_GETROWS	Die Anzahl der Zeilen innerhalb eines Werkzeugleistenkontrollelementes wird ermittelt.
TB_INSERTBUTTON	Ein neuer Druckknopf wird in die Werkzeugleiste eingefügt. Hier kann eine spezielle Position für diesen neuen Druckknopf angegeben werden.
TB_SETCMDID	Die Identifikations-Nummer für einen Druckknopf mit gegebenem Index wird definiert.
TB_SETROWS	Die maximale Zeilenzahl innerhalb eines Werkzeugleistenkontrollelementes wird definiert. Es muß hier mindestens eine Zeile vorgesehen werden.

Druckknopfstatus

TB_CHECKBUTTON	Es wird ein Merkhäkchen für einen bestimmten Druckknopf dargestellt oder gegebenenfalls wieder gelöscht.
TB_ENABLEBUTTON	Ein Druckknopf innerhalb der Werkzeugleiste wird als aktuell auswählbar dargestellt.
TB_GETSTATE	Der aktuelle Zustand (auswählbar, gedrückt, Merkhäkchen) wird ermittelt).
TB_HIDEBUTTON	Ein Druckknopf innerhalb der Werkzeugleiste wird angezeigt oder versteckt.
TB_ISBUTTONCHECKED	Es wird überprüft, ob ein bestimmter Druckknopf mit einem Merkhäkchen versehen ist oder nicht.
TB_ISBUTTONENABLED	Es wird überpüft, ob ein spezieller Druckknopf aktiv ist oder nicht.
TB_ISBUTTONHIDDEN	Es wird festgestellt, ob ein spezieller Druckknopf sichtbar ist oder nicht.
TB_ISBUTTONPRESSED	Es wird festgestellt, ob ein spezieller Druckknopf gedrückt ist oder nicht.
TB_PRESSBUTTON	Ein spezieller Druckknopf innerhalb der Werkzeugleiste wird gedrückt oder losgelassen.
TB_SETSTATE	Der Status eines speziellen Druckknopfes wird definiert.

Benutzermanipulationen

TB_CUSTOMIZE	Der Einstelldialog für die Werkzeugleistenkontrollelemente wird eröffnet. Mittels dieses Dialoges können Elemente innerhalb der Werkzeugleiste eingefügt, gelöscht oder verschoben werden.
TB_SAVERESTORE	Der Status einer Werkzeugleiste wird gespeichert oder wieder hergestellt.
TBN_BEGINADJUST	Der Programmbenutzer hat damit begonnen, Änderungen innerhalb der Werkzeugleiste vorzunehmen.
TBN_BEGINDRAG	Der Programmbenutzer hat damit begonnen, einen Druckknopf innerhalb der Werkzeugleiste zu verschieben.
TBN_CUSTHELP	Der Hilfeknopf innerhalb eines Einstelldialoges ist ausgewählt worden.
TBN_ENDADJUST	Der Programmbenutzer hat die Änderung innerhalb der Werkzeugleiste geändert.
TBN_ENDDRAG	Das Verschieben eines Druckknopfes innerhalb der Werkzeugleiste ist beendet.
TBN_GETBUTTON-INFO	Die Fensterfunktion wird über irgendwelche Änderungen innerhalb der Werkzeugleiste informiert.
TBN_QUERYDELETE	Die Fensterfunktion wird davon unterrichtet, daß ein Druckknopf aus der Werkzeugleiste entfernt werden soll. Die Fensterfunktion kann an dieser Stelle entscheiden, ob ein Entfernen dieses Druckknopfes zulässig ist oder nicht.
TBN_QUERYINSERT	Die Fensterfunktion wird davon unterrichtet, daß ein zusätzlicher Druckknopf in die Werkzeugleiste aufgenommen werden soll. Die Fensterfunktion kann an dieser Stelle entscheiden, ob die Aufnahme dieses speziellen Druckknopfes durchgeführt werden soll.
TBN_RESET	Der Programmbenutzer hat die Standardeinstellung des Einstellungsdialoges ausgewählt.
TBN_TOOL-BARCHANGE	Die Fensterfunktion wird davon unterrichtet, daß eine Änderung innerhalb der Werkzeugleiste vorgenommen wurde.

Bei der Kreation einer Werkzeugleiste sowie bei der Definition von Druckknöpfen für diese Werkzeugleiste können nachfolgende Stilangaben verwendet werden.

TBSTYLE_ALTDRAG	Druckknöpfe können innerhalb der Werkzeugleiste verschoben werden, wenn zusätzlich zur Maus-Taste die ALT-Taste gedrückt wird.
TBSTYLE_- TOOLTIPS	Ein Kommentarkontrollelement wird kreiert, das für jeden Druckknopf einen kurzen Erläuterungstext einblendet.
TBSTYLE_- WRAPABLE	Die Werkzeugleiste kann automatisch mehrere Zeilen von Druckknöpfen erzeugen, wenn die Breite des Kontrollelementes nicht ausreichen sollte, alle Druckknöpfe anzuzeigen.
TBSTYLE_BUTTON	Ein Standard-Druckknopf wird definiert.
TBSTYLE_CHECK	Es wird ein Druckknopf erzeugt, der eine zweite Bitmap anzeigt, falls der Programmbentuzer den Druckknopf anklickt. Dies wird benutzt, um den optischen Eindruck des Eindrückens eines Knopfes zu simulieren.
TBSTYLE_CHECK- GROUP	Ein Druckknopf bleibt im eingedrückten Status dargestellt, bis ein anderer Druckknopf der Gruppe ausgewählt wird.
TBSTYLE_GROUP	Gleiches Verhalten wie oben. Allerdings wird statt eines Radioknopfes hier ein Druckknopf verwendet.
TBSTYLE_SEP	Ein Trennstrich zwischen zwei Druckknöpfen wird erzeugt.

Programmierung

Im Fenster hWnd wird eine Werkzeugleiste generiert.

```
hTool = CreateWindowEx(0,
                TOOLBARCLASSNAME,
                (LPSTR) NULL,
                WS_CHILD | TBSTYLE_TOOLTIPS
                        | CCS_ADJUSTABLE,
                0,
                0,
                0,
                0,
                hWnd,
                (HMENU) ID_WERKZEUG,
                hInst,
                NULL);
```

Jetzt werden die Grafiken übergeben

```
tbaddbm.hInst = hInst;
tbaddbm.nID = IDB_GRAFIKEN;
SendMessage(hTool,
          TB_ADDBITMAP,
          (WPARAM) ANZAHL_TOOLS,
          (WPARAM) &tbaddbm);
```

Und nun die zugehörigen Texte

```
LoadString(hInst,
          IDS_TEXT1,
          (LPSTR) &textpuffer,
          MAX_LEN);
txt_a = SendMessage(hTool,
                 TB_ADDSTRING,
                 0,
                 (LPARAM) (LPSTR) textpuffer);
LoadString(hInst,
          IDS_TEXT2,
          (LPSTR) &textpuffer,
          MAX_LEN);
txt_b = SendMessage(hTool,
                 TB_ADDSTRING,
                 (WPARAM) 0,
                 (LPARAM) (LPSTR) textpuffer);


LoadString(hInst,
          IDS_TEXT3,
          (LPSTR) &textpuffer,
          MAX_LEN);
txt_c = SendMessage(hTool,
                 TB_ADDSTRING,
                 (WPARAM) 0,
                 (LPARAM) (LPSTR) textpuffer);
```

Mit diesen Informationen kann jetzt die Struktur TBBUTTON gefüllt werden.

```
tbutton[0].iBitmap = BMP_TXT_A;
tbutton[0].idCommand = IDM_TXT_A;
tbutton[0].fsState = TBSTATE_ENABLED;
tbutton[0].fsStyle = TBSTYLE_BUTTON;
tbutton[0].dwData = 0;
tbutton[0].iString = txt_a;


tbutton[1].iBitmap = BMP_TXT_B;
tbutton[1].idCommand = IDM_TXT_B;
tbutton[1].fsState = TBSTATE_ENABLED;
tbutton[1].fsStyle = TBSTYLE_BUTTON;
tbutton[1].dwData = 0;
tbutton[1].iString = txt_b;


tbutton[2].iBitmap = BMP_TXT_C;
tbutton[2].idCommand = IDM_TXT_C;
tbutton[2].fsState = TBSTATE_ENABLED;
tbutton[2].fsStyle = TBSTYLE_BUTTON;
tbutton[2].dwData = 0;
tbutton[2].iString = txt_c;
```

Jetzt wird die Werkzeugleiste generiert.

```
SendMessage(hTool,
            TB_ADDBUTTONS,
            (WPARAM) ANZAHL_TOOLS,
            (LPARAM) (LPTBBUTTON) &tbutton);


ShowWindow(hTool, SW_SHOW);
```

Bei der Benutzung sendet die Werkzeugleiste entsprechende Nachrichten an die Fensterfunktion. Diese Nachrichten müssen wie folgt bearbeitet werden.

```
case WM_NOTIFY:
  switch (((LPNMHDR) lParam)->code) {
    Textanforderung


case TTN_NEEDTEXT:
{
```

```
LPTOOLTIPTEXT lptooltext;

lptooltext = (LPTOOLTIPTEXT) lParam;
lptooltext->hinst = hInst;

switch (lptooltext->hdr.idFrom) {
case IDM_TXT_A:
lptooltext->lpszText =
MAKEINTRESOURCE(IDS_TIP_A);
break;

case IDM_TXT_B:
lptooltext->lpszText =
MAKEINTRESOURCE(IDS_TIP_B);
break;
case IDM_TXT_C:
lptooltext->lpszText =
MAKEINTRESOURCE(IDS_TIP_C);
break;
}
break;
}
```

hier werden dann weitere Nachrichten vom Kontrollelement verarbeitet...

```
default:
  break;
}//Ende WM_NOTIFY
```

8.6.14 Kommentarkontrollelemente (tooltips)

Ein Kommentarkontrollelement blendet ohne weiteres Zutun des Programmbenutzers zu bestimmten Oberflächenelementen eines Programmes eine kurze, die Funktion des Elementes erläuternde Kommentarzeile ein.

Das Einblenden wird ausgelöst, wenn der Mauszeiger eine einstellbar längere Zeit über dem Oberflächenelement verharrt und wird ausgeblendet, wenn der Mauszeiger von diesem Oberflächenelement weg bewegt wird. Die Betätigung einer Maustaste oder einer Tastaturtaste ist hierzu nicht notwendig.

Grundsätzlich können Kommentarkontrollelemente einem Fenster, einem Kontrollelement oder einem allgemein durch das Programm definierten Rechteck zugeordnet werden. Ein allgemein definiertes Rechteck muß allerdings im Fensterausgabebereich des Programmfensters liegen. Die Verweilzeit des Mauszeigers, die notwendig ist, um den Kommentar einzublenden, beträgt voreingestellt ca. eine halbe Sekunde. Ein Kontrollelement kann durchaus mehrere Programmoberflächenelemente mit Kommentaren versorgen.

Der Programmierer kreiert ein Kommentarkontrollelement mittels der Funktion `CreateWindowEx()`, wobei er die Fensterklasse `TOOLTIPS_CLASS` verwendet.

Eine kleine Schwierigkeit besteht darin, die vom System erzeugte Nachricht `WM_MOUSEMOVE`, die ja für das Kommentarkontrollelement notwendig ist, um die aktuelle Position des Mauszeigers abzufragen, diesem Kontrollelement auch verfügbar zu machen.

Normalerweise sendet das Betriebssystem die Mausnachrichten an das aktive Fenster. Die hierfür zuständige Fensterfunktion aber kann zwar die empfangenen Mausnachrichten ihrerseits verarbeiten, ist aber nicht zuständig für die Aktionen des Kommentarkontrollelementes.

Es muß also dafür gesorgt werden, daß die o. g. Mausnachricht zusätzlich dem Kommentarkontrollelement verfügbar gemacht wird. Hierzu wird die Kontrollelementenachricht `TTM_RELAYEVENT` verwendet.

Aktivierung

`TTM_ACTIVATE`	Ein Kommentarkontrollelement wird aktiviert oder deaktiviert.

Einfügen und Löschen

`TOOLINFO`	Diese Struktur enthält Informationen über jeweils ein Programmoberflächenelement, das vom Kommentarkontrollelement unterstützt wird.
	
	`typedef struct {`
	`UINT cbSize;` — Größe der Struktur in Byte
	`UINT uFlags;` — Bedeutung der nachfolgenden Strukturparameter. Folgende Werte sind möglich.
	`TTF_IDISHWND` — uId ist Fensterhandle
	`TTF_CENTERTIP` — Kommentar wird zentriert unter dem Element dargestellt
	`TTF_RTLREADING` — Rechts-Links-Textdarstellung
	`HWND hwnd;` — Handle des Fensters, das das zu unterstützende Oberflächenelement enthält
	`UINT uId;` — Identifikation des Oberflächenelementes
	`RECT rect;` — Koordinaten des Umgebungsrechteckes des Oberflächenelementes. Diese Koordinaten sind relativ zum Fensterausgabebereich.
	`HINSTANCE hinst;` — Instanz der Textressource.
	`LPTSTR lpszText;` — Kommentar Text
	`} TOOLINFO;`

`TTM_ADDTOOL`	Ein Oberflächenelement wird zur Unterstützung durch das Kommentarkontrollelement registriert. Es wird ein Zeiger auf die oben definierte Struktur übergeben.
`TTM_DELTOOL`	Ein Oberflächenelement wird aus dem Kommentarkontrollelement gelöscht. Es wird danach vom Kontrollelement nicht mehr unterstützt.

Mausnachrichten

`TTM_NEWTOOLRECT`	Für ein bereits registriertes Oberflächenelement wird ein neues Umgebungsrechteck definiert.
`TTM_RELAYEVENT`	Diese Nachricht bedingt, daß alle wichtigen Mausnachrichten an das Kontrollelement weitergegeben werden.

`TTM_SET-`
`DELAYTIME`
	Die entsprechenden Systemzeiten des Kommentarkon-
	trollelementes werden neu gesetzt. Dabei sind folgende
	Zeitangaben möglich.
	
	`wParam = (WPARAM) uFlag;`
	
	`TTDT_AUTOMATIC` Automatische Berechnung aller Zeiten auf Basis von `iDelay`.
	`TTDT_AUTOPOP` Wird der Mauszeiger unbewegt über dem Element gehalten, so wird der Text nach der hier anzugebenden Zeit automatisch wieder unsichtbar
	`TTDT_INITIAL` Zeit, die der Mauszeiger innerhalb des Umgebungsrechtecks des Elements sein muß
	`TTDT_RESHOW` Verzögerung zwischen der Textanzeige für aufeinanderfolgende Texte
	`lParam = (LPARAM) (int) iDelay;`
	Zeitangabe in Millisekunden

`TTN_POP`	Die Fensterfunktion wird davon in Kenntnis gesetzt, daß ein Kommentartext unsichtbar gemacht werden soll.
`TTN_SHOW`	Die Fensterfunktion wird davon in Kenntnis gesetzt, daß ein Kommentartext dargestellt werden soll.

Text

`TOOLTIPTEXT`	Mittels dieser Struktur wird der Kommentartext zu einem Oberflächenelement definiert. Entweder wird der Text unmittelbar in das in der Struktur vorgesehene Feld kopiert, oder es wird ein Zeiger auf die Textressource übergeben.
	
	`typedef struct {`
	`    NMHDR       hdr;`
	`    LPTSTR      lpszText;`
	`    char        szText[80];`
	`    HINSTANCE hinst;`
	`    UINT        uFlags;`
	`} TOOLTIPTEXT, FAR *LPTOOLTIPTEXT;`

`TTM_GETTEXT`	Der Kommentartext zu einem Oberflächenelement wird ermittelt.
`TTM_UPDATE-TIPTEXT`	Der Kommentartext zu einem Oberflächenelement, das vom Kontrollelement unterstützt wird, wird neu definiert.
`TTN_NEEDTEXT`	Die Textdarstellung zu einem Oberflächenelement wird angefordert.

Treffertest

`TTHITTESTINFO`	Diese Struktur wird verwendet, wenn die Position des Mauszeigers innerhalb des Umgebungsrechteckes eines Oberflächenelementes getestet werden soll.
	
	`typedef struct _TT_HITTESTINFO { // tthti`
	`    HWND hwnd;`
	`    POINT pt;`
	`    TOOLINFO ti;`
	`} TTHITTESTINFO, FAR * LPHITTESTINFO;`

`TTM_HITTEST`	Es wird abgetestet, ob ein Punkt (i.d.R. wird dies die Koordinate des Mauszeigers sein) innerhalb eines Umgebungsrechteckes für ein Oberflächenelement liegt.

Information

`TTM_ENUMTOOLS`	Information über ein vom Kontrollelement verwaltetes Oberflächenelement wird ermittelt.
`TTM_GETCURRENT-TOOL`	Die Informationsstruktur für ein Oberflächenelement wird aufgefüllt.
`TTM_GET-TOOLCOUNT`	Die Anzahl der vom Kontrollelement insgesamt verwalteten Oberflächenelemente wird zurückgegeben.
`TTM_GETTOOLINFO`	Informationen über ein spezielles Oberflächenelement, das vom Kontrollelement verwaltet wird, werden ermittelt.
`TTM_SETTOOLINFO`	Die Informationsstruktur für ein anzugebendes Oberflächenelement wird neu definiert.

Programmierung siehe *Werkzeugleisten*

8.6.15   Schieberegler (trackbars)

Ein Schieberegler wird normalerweise dazu verwendet, einen Programmparameter in diskreten oder scheinbar kontinuierlichen Teilschritten zu variieren. Hierzu wird ein Schiebereglerelement verwendet, das einen Minimal- und Maximalwert als Parameterintervall angibt, den Bereich zwischen diesen beiden Werten skaliert darstellt und einen mittels der Maus oder der Richtungstasten verschiebbaren Markierungszeiger hat, der längs der Skala verschoben werden kann und somit den Parameterwert verändert.

Ein Schiebereglerkontrollelement wird mittels der Funktion `CreateWindowEx()` unter Spezifizierung der Fensterklasse `TRACKBAR_CLASS` definiert. Wie die meisten anderen Kontrollelemente kommuniziert das Schiebereglerkontrollelement mit der Fensterfunktion durch eine entsprechend definierte Nachrichtenschnittstelle. Manipuliert der Programmbenutzer den Schieberegler mittels der Maus oder der Richtungstastatur, so sendet das Kontrollelement eine Nachricht vom Typ `WM_HSCROLL` an die Fensterfunktion. Die Parameter dieser Nachricht sind dabei wie folgt aufgebaut.

`LOWORD(wParam)`		Nachricht an Fensterfunktion
`TB_BOTTOM`	`VK_END`	Ende-Taste
`TB_ENDTRACK`	`WM_KEYUP`	Benutzer hat Taste losgelassen
`TB_LINEDOWN`	`VK_RIGHT` `VK_DOWN`	Pfeiltaste Rechts oder Unten
`TB_LINEUP`	`VK_LEFT` `VK_UP`	Pfeiltaste Links oder Oben
`TB_PAGEDOWN`	`VK_NEXT`	Mausklick rechts oder unter dem Schieber
`TB_PAGEUP`	`VK_PRIOR`	Mausklick links oder über dem Schieber
`TB_THUMB-POSITION`		WM_LBUTTONUP-Nachricht nach einer TB_THUMBTRACK-Nachricht; Angabe der Schieberposition
`TB_THUMBTRACK`		Der Schieber wird mittels der Maus verschoben

TB_TOP	VK_HOME	**Home-Taste (Pos1)**
HIWORD(wParam)	Schieberposition	
lParam	Handle des Schiebereglers	

Die Fensterfunktion handhabt das Kontrollelement ihrerseits durch nachfolgend beschriebene Nachrichtenschnittstelle.

Größe und Position

TBM_GETCHANNELRECT	Größe und Position des Rechteckes, in dem sich der Schieber des Kontrollelementes bewegen läßt, wird ermittelt. Das Ergebnis wird in einer Struktur vom Typ RECT abgelegt.
TBM_GETTHUMBLENGTH	Die Schieberlänge in Pixeln des Kontrollelementes wird ermittelt.
TBM_GETTHUMBRECT	Größe und Position des Rechteckes, in dem sich der Schieber des Kontrollelementes selbst befindet, wird ermittelt.
TBM_SETTHUMBLENGTH	Die Länge des Schiebers in Pixeln wird neu definiert.

Schieberposition

TBM_GETPOS	Die aktuelle Position des Schiebers innerhalb des Kontrollelementes wird ermittelt. Das Ergebnis wird in einem 32-Bitwert zurückgegeben.
TBM_SETPOS	Die aktuelle Position des Schiebers wird neu gesetzt.

Größen

TBM_GETLINESIZE	Die Schrittbreite, mit der der Schieber des Kontrollelementes verschoben wird, falls der Programmbenutzer in den Bereich rechts oder links des Schiebers klickt, wird ermittelt.
TBM_GETPAGESIZE	Die Änderung der Schieberposition bei Betätigung der Tasten „Seite oben" oder „Seite unten" wird erfragt.
TBM_SETLINESIZE	Die Änderung der Schieberposition wird neu gesetzt.

| TBM_SETPAGESIZE | Die Änderung der Schieberposition bei Betätigung der Rolltasten wird neu gesetzt. |

Intervall

TBM_GETRANGEMAX	Die maximale Schieberposition wird ermittelt.
TBM_GETRANGEMIN	Die minimale Schieberposition wird ermittelt.
TBM_SETRANGE	Die minimale und maximale Schieberposition wird neu gesetzt.
TBM_SETRANGEMAX	Die maximale Schieberposition wird neu gesetzt.
TBM_SETRANGEMIN	Die minimale Schieberposition wird neu gesetzt.

Selektion

TBM_CLEARSEL	Die aktuelle Änderung der Schieberposition wird rückgängig gemacht.
TBM_GETSELEND	Die Schlußposition der aktuellen Schiebermanipulation wird ermittelt.
TBM_GETSELSTART	Die Startposition der aktuellen Änderung der Schieberposition wird ermittelt.
TBM_SETSEL	Die Start- und Endeposition für die aktuelle Positionsänderung wird gesetzt.
TBM_SETSELEND	Die Endposition der aktuellen Schieberoperation wird gesetzt.
TBM_SETSELSTART	Die Startposition der aktuellen Schieberoperation wird gesetzt.

Skalierung

TBM_CLEARTICS	Die aktuelle Skalierung wird gelöscht.
TBM_GETNUMTICS	Die Anzahl der Skalierungspunkte wird erfragt.
TBM_GETPTICS	Der Zeiger auf ein Feld, das die einzelnen Positionen der Skalierungspunkte enthält, wird erfragt.
TBM_GETTIC	Die Position des Skalierungspunktes mit dem angegebenen Index wird erfragt.

TBM_GETTICPOS	Die aktuelle Position des Skalierungspunktes mit dem angegebenen Index wird in Koordinaten des Fensterausgabebereiches ermittelt.
TBM_SETTIC	Ein Skalierungspunkt wird an die angegebene Position gesetzt. Hierbei muß beachtet werden, daß das Kontrollelement den ersten und letzten Skalierungspunkt selbstätig setzt.
TBM_SETTICFREQ	Die Frequenz, mit der die Skalierungspunkte entlang des Kontrollelementebalkens dargestellt werden, wird gesetzt.

Die Orientierung des Kontrollelementes innerhalb des Elternfensters sowie weitere Präsentationsattribute werden durch
nachfolgende Stiltabelle während der Kreation des Kontrollelementes festgelegt.

TBS_HORZ, TBS_VERT	Horizontale oder vertikale Orientierung des Schiebereglers
TBS_AUTOTICKS	Der Schieberegler sorgt selbst für seine Skalenmarkierung
TSM_NOTICKS	Der Schieberegler hat keine Skalierungsmarkierung
TBS_BOTTOM, TBS_TOP, TBS_RIGHT, TBS_LEFT, TBS_BOTH	Die Markierung wird an den angegebenen Seiten des Reglers angezeigt
TBS_ENABLESELRANGE	Ein Auswahlintervall (Start und Ende der Positionsänderung des Schiebers) wird angezeigt
TBS_FIXEDLENGTH	Die Länge des Schiebers bleibt unverändert
TBS_NOTHUMB	Reglerkontrollelement ohne Schieber

Programmierung

Nach der Definition des Kontrollelements

```
hSchieber = CreateWindowEx(
                    0,
                    TRACKBAR_CLASS,
                    "Schieberkontrolle",
                    WS_CHILD | WS_VISIBLE |
                    TBS_AUTOTICKS | TBS_ENABLESELRANGE,
                    20, 20,
                    250, 20,
                    hDlg,
                    ID_TRACKBAR,
                    hInst,
                    );
```

wird zunächst Größe, Intervall und Selektion gesetzt.

```
SendMessage(hSchieber,
        TBM_SETRANGE,
        (WPARAM) TRUE,
        (LPARAM) MAKELONG(min, max));
SendMessage(hSchieber,
        TBM_SETPAGESIZE,
        0,
        (LPARAM) 4);
SendMessage(hSchieber,
        TBM_SETSEL,
        (WPARAM) FALSE,
        (LPARAM) MAKELONG(minsel,
        maxsel);
SendMessage(hSchieber,
        TBM_SETPOS,
        (WPARAM) TRUE,
        (LPARAM) minsel);
```

Jetzt bekommt das neue Fenster den Eingabefocus.

```
SetFocus(hSchieber);
```

Das Kontrollelement sendet nun bei Bedienung Nachrichten an die Fensterfunktion. Diese Nachrichten werden wie folgt bearbeitet.

```
case WM_HSCROLL:
  Aktionscode
  nScrollCode = (int) LOWORD(wParam);
  Schieberposition
  nPos = (short int) HIWORD(wParam);
  Handle des Kontrollelements
  hwndScrollBar = (HWND) lParam;

  switch (LOWORD(wParam)) {
    case TB_ENDTRACK:
    break;
  default:
    break;
```

8.6.16 Baumstrukturkontrollelemente (tree view controls)

Immer dann, wenn eine Informationsmenge als Baumstruktur organisiert werden kann, läßt sich die Informationsmenge als Baumstruktur-Kontrollelement darstellen.

Dabei kann die Information über sämtliche sinnvolle Zwischenschritte vollständig strukturiert dargestellt werden oder nur die Hauptpunkte der Informationsstruktur darstellen. In vom Programmbenutzer wählbaren Zwischenstufen kann zu jedem übergeordneten Informationspunkt die nachgeordnete Informationsstruktur zusätzlich eingeblendet und dargestellt werden.

Einmal dargestellte Unterinformationen können ihrerseits wiederum ausgeblendet werden, um eine leichtere Übersicht über die Informationsgliederung zu ermöglichen.

Neben der ausschließlichen Präsentation der Baumstrukturinformation bietet das Kontrollelement weitere Möglichkeiten der Nutzung. So kann der Programmbenutzer die dargestellte Information zeilenweise editieren oder auch Informationszeilen innerhalb der Struktur verschieben. Jede Zeile der Baumstruktur kann mit einem Text sowie optional mit iconisierten Grafiken definiert und angezeigt werden.

Ein Baumstrukturkontrollelement wird mittels der Funktion `CreateWindowEx()` unter Verwendung der `WC_TREEVIEW`-Klasse kreiert. Bei der Kreation des Kontrollelementes können die nachfolgend genannten Stilangaben verwendet werden.

`TVS_DISABLE-DRAGDROP`	Verschiebeoperationen innerhalb der Informationsstruktur seitens des Programmbenutzers sind nicht gestattet.
`TVS_EDITLABELS`	Der Programmbenutzer darf Textzeilen innerhalb der Informationsstruktur editieren.
`TVS_HASBUTTONS`	Es werden (+) und (-)-Zeichen neben der Textinformation eingeblendet. Falls eine untergeordnete Informationsstruktur expandiert wird, wird das ursprüngliche (+)-Zeichen in ein (-)-Zeichen geändert.
`TVS_HASLINES`	Die Baumstruktur der Information wird, falls Unterstrukturen expandiert sind, mittels einer entsprechenden Liniengrafik dargestellt.
`TVS_LINESATROOT`	Eine andere Form der grafischen Darstellung von Baumunterstrukturen wird verwendet. Hierbei werden die Zeilen der Unterinformation mit dem Informationsstamm verbunden.
`TVS_SHOWSELALWAYS`	Eine einmal selektiert dargestellte Informationszeile wird auch dann weiterhin selektiert dargestellt, wenn das Kontrollelement den Eingabefocus verliert.

8.6.17   Inkrementkontrollelemente (up-down controls)

Inkrementkontrollelemente bestehen aus zwei Pfeilsymbolen, die in entgegengesetzte Richtungen zeigen. Durch Anklicken der beiden Pfeilsymbole kann der Programmbenutzer einen Parameterwert inkrementieren oder dekrementieren. In der Regel wird ein Inkrementkontrollelement zusammen mit der numerischen Darstellung des aktuellen Parameterwertes benutzt.

Ein Inkrementkontrollelement wird mittels der Funktion `CreateWindowEx()` unter Verwendung der `UPDOWN_CLASS`-

Klasse kreiert. Dabei können nachfolgende Stilangaben verwendet werden.

UDS_ALIGNLEFT	Das Kontrollelement wird links des Parameterfensters dargestellt.
UDS_ALIGNRIGHT	Das Kontrollelement wird rechts des Parameterfensters dargestellt.
UDS_ARROWKEYS	Die entsprechenden Pfeiltasten auf der Tastatur werden berücksichtigt.
UDS_AUTOBUDDY	Das Parameterfenster wird automatisch ausgewählt und aktiviert.
UDS_HORZ	Das Kontrollelement wird horizontal dargestellt.
UDS_NOTHOUSANDS	Die Abtrennung von Tausenderstellen mittels eines Dezimalpunktes wird unterdrückt.
UDS_SETBUDDYINT	Im Parameterfenster werden die aktuellen Parameterwerte dargestellt.
UDS_WRAP	Wird durch die Benutzung des Kontrollelementes das gültige Parameterintervall verlassen, so wird zum jeweils anderen Intervallende gesprungen. Damit wird erreicht, daß der Intervallbereich an den Intervallenden miteinander verbunden ist und (wie ein Stellrad) in jeder Richtung beliebig weit durchlaufen werden kann.

8.6.18 Rich edit controls

Ein solches Editorkontrollelement ermöglicht es dem Programmbenutzer, Texte zu editieren und zu formatieren. Weiterhin können OLE-Objekte eingebunden werden. Rich edit-Elemente umfassen fast alle Leistungen des normalen Editorkontrollelementes und bieten darüberhinaus weiterreichende Möglichkeiten der Textgestaltung. Sie können damit als Oberklasse der normalen Editorkontrollelemente aufgefaßt werden.

Rich edit Kontrollelemente werden mit der Funktion Create-WindowEx() erzeugt, wobei die Fensterklasse RichEdit gewählt werden muß.

Hierzu ist vorher sicherzustellen, daß mittels der Funktion
LoadLibrary() die Bibliothek RICHED32.DLL geladen wurde.
Es können hierbei nachfolgende Stilangaben verwendet wer-
den; hinzu kommen fast alle Stilangaben, die für normale
Editorkontrollelemente vorgesehen sind.

ES_DISABLENOSCROLL	Vorhandene Rollbalken werden inaktiviert, statt sie zu löschen.
ES_NOIME	Nur verfügbar für asiatische Sprachen.
ES_SAVESEL	Eine als selektiert markierte Textpassage wird weiterhin selektiert dargestellt, auch wenn das Kontrollelement den Eingabefocus verliert.
ES_SELFIME	Nur verfügbar für asiatische Sprachen.
ES_SUNKEN	Das Kontrollelement wird derart mit einem Rand versehen, daß es dreidimensional eingedrückt erscheint.
ES_VERTICAL	Nur verfügbar für asiatische Sprachen.

9 Eingabe

9.1 Schreibmarken (Carets)

Typischerweise werden Schreibmarken dazu benutzt, innerhalb eines im Ausgabebereich des Programmhauptfensters angezeigten Dokumentes (z. B. Text) die Stelle zu kennzeichnen, an der der Programmbenutzer aktuelle Änderungen vornehmen kann. Das Aussehen einer solchen Schreibmarke so wie ggf. die zugehörige Blinkfrequenz können manipuliert werden.

Dabei werden bei der Kreation der Schreibmarke die Breite und Höhe der Schreibmarke in logischen Koordinaten angegeben. Die zuständige Fensterfunktion muß also für die Darstellung der Schreibmarke in der richtigen Größe sorgen. Das wechselweise direkte und invertierte Darstellen der Schreibmarke wird in einer definierbaren Blinkfrequenz vorgenommen. Zusätzlich kann das Programm die aktuelle Position der Schreibmarke in Wechselkoordinaten des Fensterausgabebereiches feststellen. Natürlich kann die aktuelle Position der Schreibmarke auch neu bestimmt werden.

Da Schreibmarken in der Regel dann verwendet werden, wenn Tastatureingaben vom Benutzer erwartet werden, wird die Darstellung der Schreibmarke normalerweise dann erfolgen, wenn die Fensterfunktion den Eingabefocus erhält.

```
WM_SETFOCUS:
/* Schreibmarke definieren */
CreateCaret(hwnd,
            (HBITMAP) NULL,
            breite, hoehe
           );
/* Position der Schreibmarke setzen */
SetCaretPos(x, y);
/* Blinkrate setzen und alte Rate retten */
alteRate = GetCaretBlinkTime();
SetCaretBlinkTime(500 /*Millisekunden*/);
/* Schreibmarke darstellen */
ShowCaret(hwnd);
break;
```

Natürlich kann auch eine vorher definierte Bitmap als Schreibmarke verwendet werden.

```
hCaret = LoadBitmap(hinst,
             MAKEINTRESOURCE(MEINE_BITMAP)
                   );
/* Schreibmarke damit definieren */
CreateCaret(hwnd, hCaret, 0, 0);
```

Statt selbst eine Bitmap zu definieren, kann auch eine der vielen systemeigenen Bitmapgrafiken verwendet werden. Es werden hier nur die Konstanten aufgeführt; die Bezeichnungen sind größtenteils selbsterklärend. Der Aufruf muß dann lauten

```
hCaret = LoadBitmap(
             NULL,
             Konstante
                   );
```

mit einer der Konstanten

OBM_BTNCORNERS	OBM_OLD_RESTORE
OBM_BTSIZE	OBM_OLD_RGARROW
OBM_CHECK	OBM_OLD_UPARROW

OBM_CHECKBOXES	OBM_OLD_ZOOM
OBM_CLOSE	OBM_REDUCE
OBM_COMBO	OBM_REDUCED
OBM_DNARROW	OBM_RESTORE
OBM_DNARROWD	OBM_RESTORED
OBM_DNARROWI	OBM_RGARROW
OBM_LFARROW	OBM_RGARROWD
OBM_LFARROWD	OBM_RGARROWI
OBM_LFARROWI	OBM_SIZE
OBM_MNARROW	OBM_UPARROW
OBM_OLD_CLOSE	OBM_UPARROWD
OBM_OLD_DNARROW	OBM_UPARROWI
OBM_OLD_LFARROW	OBM_ZOOM
OBM_OLD_REDUCE	OBM_ZOOMD

 Achtung! In der INCLUDE-Abteilung des Codes muß die Anweisungsreihenfolge

```
#define OEMRESOURCE
#include Windows.h
```

gewählt werden, damit diese Konstanten bekannt sind.

Insbesondere, wenn Schreibmarken bei der Eingabe von Zeichen über die Tastatur benutzt werden, entsteht ein kleines Problem. Während der Darstellung des aktuell auf der Tastatur ausgewählten Zeichens auf dem Fensterausgabebereich muß die Schreibmarke an der Stelle dieses neuen Zeichens zunächst versteckt werden, um dann an ihrer neuen Position wieder dargestellt zu werden. Hierzu könnte etwa folgender Programmcode verwendet werden.

```
case WM_CHAR:
switch (wParam) {
/* ...hier Sonderbehandlung für Steuerzeichen einfügen...*/
...
/* ...hier jetzt die darstellbaren Zeichen abfangen und
      darstellen */
default: /* Schreibmarke verstecken */
HideCaret(hwnd);
/* Buchstaben darstellen */

...


/* Schreibmarke wieder darstellen */
ShowCaret(hwnd);
}
```

Achtung! Die Funktion ShowCaret() muß genausooft aufgerufen werden wie vorher die Funktion HideCaret(), damit die Schreibmarke wieder sichtbar wird. Natürlich muß die aktuelle Schreibmarke gelöscht werden, wenn das Fenster den Tastatureingabefocus verliert.

```
case WM_KILLFOCUS:
  SetCaretBlinkTime(alteRate);
  DestroyCaret();
  break;
```

Natürlich können Schreibmarken nicht nur als Hilfsmittel bei der Texteingabe, sondern auch bei der Eingabe von Grafiken, Zahlen etc. verwendet werden.

9.2   Mauszeiger (Cursor)

Ähnlich den Schreibmarken, die die Position einer Dokumentenänderung anzeigen, die in der Regel aufgrund einer Tastatureingabe des Benutzers vorgenommen werden muß, kontrollieren die Mauszeiger – oder kurz – Zeiger die Position auf der Betriebssystemoberfläche oder dem Programmfenster, an der entweder Benutzereingaben auf Kontrollelemente des Programms oder in der Regel grafische Operationen innerhalb des Ausgabebereichs des Programmfensters erfolgen.

Die Zeigergrafik, die mit dem entsprechenden Zeigeelement (das kann eine Maus oder auch ein anderes Zeigeinstrument sein) über den Bildschirm bewegt wird, kann einfarbig oder mehrfarbig, statisch sein oder eine Abfolge von Einzelbildern darstellen, die eine Bewegung simuliert.

Die Möglichkeiten des Systems, diese Spezifikationen der Zeigergrafik darzustellen, hängen von der verwendeten Grafikkarte bzw. deren Treiber ab.

Neben der eigentlichen Zeigergrafik, die natürlich möglichst den aktuellen Aufgaben der Zeigereingabe entsprechen sollte, wird ein fester Punkt der Zeigergrafik als der eigentliche Koordinatenpunkt, der dann auch vom Programm abgefragt werden kann, definiert. Dieser Zeigerpunkt (hot spot) wird mit der Zeigergrafik über den Bildschirm geführt.

Die Koordinaten des Zeigerpunktes werden normalerweise in Pixelkoordinaten relativ zur linken oberen Ecke des Fensterausgabebereiches angegeben. Die Fensterfunktion, die das aktuell aktive Fenster betreut, wird über den normalen Weg der Nachrichtenwarteschlange über Bewegungen des Mauszeigers und zusätzlich über Tastenbedienungen am Zeigerinstrument informiert.

Natürlich stellt das Betriebssystem eine größere Anzahl vordefinierter Zeigergrafiken zur Verfügung. Diese vordefinierten Gafiken werden bei Bedarf wie folgt geladen:

```
HCURSOR hc;
...

hc = LoadCursor(
            hInst,       // Programminstanz
            IDC_ARROW    // Ressourcenkonstante
        );
```

Die Ressourcenkonstante kann dabei entweder eine System-
konstante aus

IDC_APPSTARTING	Standardpfeil mit Eieruhr
IDC_ARROW	Standardpfeil
IDC_CROSS	Fadenkreuz
IDC_IBEAM	Textzeiger
IDC_ICON	**Nur WINDOWS NT:** Leeres Icon
IDC_NO	Durchgestrichener Kreis (Verbotsschild)
IDC_SIZE	**Nur WINDOWS NT:** 4-Richtungszeiger
IDC_SIZEALL	4-Richtungszeiger
IDC_SIZENESW	2-Richtungszeiger Rechtsoben - Linksunten
IDC_SIZENS	2-Richtungszeiger Oben - Unten
IDC_SIZENWSE	2-Richtungszeiger Linksoben - Rechtsunten
IDC_SIZEWE	2-Richtungszeiger Links - Rechts
IDC_UPARROW	senkrechter Pfeil
IDC_WAIT	Eieruhr

sein oder sich auf eine Ressource des eigenen Programms
beziehen; sie wird dann mittels

```
MAKEINTRESOURCE(Konstante)
```

gebildet. Die Funktion LoadImage() kann ebenfalls benutzt
werden, um Grafiken (Bitmaps) aus der eigenen Programmressource als Zeigergrafik zu laden.

Tatsächlich wird die Zeigergrafik bei der Kreation des Programmhauptfensters von vornherein festgelegt; bei der Defi-

nition der Fensterklasse wird ja der Fensterklassenzeiger festgelegt. Nun ist es aber häufig notwendig, während des Programmablaufes das Aussehen des Zeigers zu ändern. Natürlich kann dies durch nachträgliche Änderung des Fensterklas-
senzeigers erfolgen; der Nachteil dieser Methode ist
allerdings, daß ein solch geänderter Fensterklassenzeiger für
alle unter dieser Fensterklasse kreierten Programmfenster gilt.
Dies mag manchmal ein beabsichtigter Effekt sein. Normalerweise wird aber wohl die Änderung des Programmzeigers
auf genau ein Fenster zu beschränken sein.

Zunächst: die Änderung des Zeigertyps gültig für die gesamte
Fensterklasse (und damit alle abgeleiteten Fenster) geschieht
wie folgt.

```
SetClassLong(hwnd,      Fensterhandle
   GCL_HCURSOR,         Anweisung, Zeigertyp ändern
   (LONG) hCurs2        Neuer Zeiger
);
```

Schwieriger wird es, wenn der Zeigertyp (die Zeigergrafik)
nur für genau ein Fenster durchgeführt werden soll. Das
Problem dabei ist, daß das Betriebssystem grundsätzlich bei
jeder Neupositionierung des Zeigers (dabei wird die Nachricht WM_SETCURSOR erzeugt) die Zeigergrafik benutzt, die in
der Fensterklasse festgelegt wurde.

Um also in bestimmten Fällen einen anderen Zeigertyp darzustellen, muß eine Sonderbehandlung für die Nachricht
WM_SETCURSOR programmiert werden.

```
case WM_SETCURSOR:
/* Welcher Zeiger soll dargestellt werden ? */
switch(bedingung){
case VERBOTSSCHILD:
   SetCursor(hcVerbotsschild);
   break;
default:
   break;
}
```

Das Cursorhandle hcVerbotsschild muß natürlich vorher (möglichst wenig Aufwand bei der Programminitialisierung) erzeugt worden sein:

```
hcVerbotsschild = LoadCursor(hInst, IDC_NO);
```

Manchmal ist es nötig, die Bewegungsfreiheit des Zeigers innerhalb des Fensterausgabebereiches zu beschränken. Eine solche Beschränkung kann für rechteckige Bereiche leicht durchgeführt werden. Hierzu stehen nachfolgende zwei Funktionen zur Verfügung.

```
RECT neuesRechteck;
RECT altesRechteck;
/* Bisherigen Gültigkeitsbereich retten */
GetClipCursor(&altesRechteck);
/* Neuer Gültigkeitsbereich soll der gesamte
   Fensterausgabebereich sein */
GetWindowRect(hwnd, &neuesRechteck);
/* Jetzt den neuen Gültigkeitsbereich setzen */
ClipCursor(&neuesRechteck);

...

/* Irgendwann später kann dann der alte Gültigkeitsbereich
   redefiniert werden */
ClipCursor(&altesRechteck);
```

Die Koordinaten des Zeigerpunkts können abgefragt und neu gesetzt werden. Hierzu verwendet man die Funktionen SetCursorPos() bzw. GetCursorPos(); die Koordinaten sind dabei immer Bildschirmkoordinaten, die ggf. noch in Fensterkoordinaten umgerechnet werden müssen.

Programmierung

```
BOOL InitApplication(HINSTANCE hInstance)
{
...
wc.style = CS_HREDRAW | CS_VREDRAW;
wc.lpfnWndProc = (WNDPROC)WndProc;
wc.cbClsExtra = 0;
```

```
wc.cbWndExtra = 0;
wc.hInstance = hInstance;
wc.hIcon = LoadIcon (hInstance, iconname);
```

Hier wird der Cursor mit der Fensterklasse verbunden. Falls nichts anderes vereinbart wird, wird dieser Cursor immer innerhalb des Fensters (Fensterrahmenelemente und Fensterausgabebereich) verwendet.

```
wc.hCursor = LoadCursor(NULL, IDC_ARROW);
wc.hbrBackground = (HBRUSH)(COLOR_WINDOW+1);
wc.lpszMenuName = menuname;
wc.lpszClassName = szAppName;
return MyRegisterClass(&wc);
}
...
LRESULT CALLBACK WndProc(HWND hWnd,
                        UINT message,
                        WPARAM wParam,
                        LPARAM lParam)
{
...
```

Initialisierungen müssen zunächst durchgeführt werden. Dabei müssen vor allem die Mauscursor geladen werden.

```
case WM_CREATE:{
```

Der erste Cursor ist dabei systemdefiniert

```
hcursor[0] = LoadCursor(NULL, IDC_SIZE);
```

Der nächste Cursor wird aus der programmeigenen Ressource geladen und ist selbstgemalt.

```
hcursor[1] = LoadCursor(hInst, MAKEINTRESOURCE(IDC_CURSOR1));
```

Der dritte wurde anderweitig kreiert und in einer Datei *.CUR gespeichert und wird nun aus dieser geladen. Auch animierte Cursor werden mittels dieser Funktion geladen.

```c
hcursor[2] = LoadCursorFromFile ("farbig.cur");
}
break;
...
case IDM_START1:{
```

Hiermit kann der in der Klassendefinition vorher definierte Cursor durch einen anderen ersetzt werden.

```c
SetClassLong(hWnd, GCL_HCURSOR, (LONG)hcursor[2]);
...
case WM_SETCURSOR :{
```

Das BS sendet diese Nachricht immer dann, wenn der Cursor neu dargestellt werden soll. Fängt man also diese Nachricht ab, so muß auch dafür gesorgt werden, daß alle Fensterbereiche mit einem Cursor versorgt werden.

```c
RECT rect;
POINT pt;
```

Hier soll im Fensterausgabebereich ein anderer Cursor verwendet werden als im Fensterrahmen. Also wird zunächst das Rechteck des Fensterausgabebereichs ermittelt...

```c
GetClientRect (hWnd, &rect);
```

...und dann die aktuelle Mauskoordinaten...

```c
GetCursorPos(&pt);
```

...in Fensterkoordinaten umgerechnet.

```c
ScreenToClient(hWnd, &pt);
```

Mit dieser Information kann dann festgestellt werden, ob der Mauszeiger aktuell im richtigen Rechteck liegt.

```c
if(PtInRect(&rect, pt)){
```

Falls ja, wird der eine Mauszeiger oder...

```c
SetCursor(hcursor[0]);
}
else
```

...der andere dargestellt. Auf diese Weise wird der hier eingestellte Cursor aber im gesamten Rahmenbereich benutzt; die Spezialcursor für die Rahmenelemente sind dann ausgeschaltet.

```
SetCursor((HCURSOR)GetClassLong(hWnd, GCL_HCURSOR));
```

Alternativ zu einem eigenen Cursor für den gesamten Rahmenbereich kann auch die Betreuung insgesamt wieder ans BS übergeben werden.

```
//DefWindowProc(hWnd, message, wParam, lParam);
...
case WM_CHAR: {
HCURSOR holdcursor;
double i,x;
```

Hier soll die ENTER-Taste gedrückt werden, um einen „Warten"-Cursor darzustellen..

```
if (wParam == '\r') {
```

Jegliche Mauseingabe wird für das Fenster reserviert

```
SetCapture(hWnd);
```

Für die Zeit der nachfolgenden Rechenoperation wird ein anderer Mauszeiger für das gesamte Fenster angezeigt

```
holdcursor = SetCursor(hcursor[1]);
```

Hier wird jetzt irgendwas Langwieriges durchgeführt, damit man den neuen Cursor auch sehen kann

```
for(i=0; i<100000; i++)
x=sin(i);
```

Der vorherige Cursor wird wieder restauriert

```
SetCursor(holdcursor);
```

Die Mauseingabe wird wieder der Regelung des BS übergeben – also wieder Standardverhalten ab hier

```
ReleaseCapture();
```

9.3 Mauseingaben

Die Computermaus ist wohl das gängigste Bildschirmzeigegerät, das in Verbindung mit grafischen Benutzeroberflächen verwendet wird. Beispiele weiterer Bildschirmzeigegeräte sind der Joystick (Spiele) und berührungssensitive Oberflächen (z. B. Bildschirmoberfläche).

WINDOWS 95 unterstützt die Funktion eines Bildschirmzeigeinstrumentes, setzt dieses aber nicht obligatorisch voraus. Alle Operationen, die mit einem Bildschirmzeigeinstrument durchgeführt werden, können optional auch durch die Tastatur eingegeben werden. Die Benutzerschnittstellen von Programmen sollten also immer zusätzlich von Mausnachrichten die entsprechenden Tastatureingaben berücksichtigen.

Grundsätzlich sorgt das Betriebssystem dafür, daß über die Nachrichtenwarteschlange die zuständige Fensterfunktion von allen Mausereignissen informiert wird.

Normalerweise hat das aktive Fenster den Eingabefocus für Mausaktionen; dies ist gerade ein Synonym dafür, daß das Betriebssystem die entsprechenden Nachrichten an die Fensterfunktion des aktiven Fensters sendet.

Der Benutzer des Systems kann durch Aktivieren eines anderen Fensters den Eingabefocus für Mausnachrichten entsprechend neu setzen. Allerdings kann die Fensterfunktion selbst ohne Zutun des Systembenutzers den Eingabefocus für Mausnachrichten an eine andere Fensterfunktion vergeben. Ausgeschlossen ist allerdings, daß ein Fenster, das aktuell diesen Eingabefocus nicht besitzt, die Mausnachrichten in die eigene Nachrichtenwarteschlange umleitet.

Mittels der Funktion `SetCapture()` kann der aktuelle Thread den Mauseingabefocus an ein unter seiner Kontrolle stehendes Fenster vergeben. Die Funktion `ReleaseCapture()` nimmt diese Vergabe wieder zurück. Immer dann, wenn der Eingabefocus für Mausnachrichten geändert wird, wird dem Fenster, das diesen Eingabefocus verliert, eine Nachricht vom Typ `WM_CAPTURECHANGED` zugesandt.

Grundsätzlich wird das den Eingabefocus besitzende Fenster von allen Mausaktionen unterrichtet; dies gilt auch dann, wenn sich der Mauszeiger außerhalb des Fensterbereiches befindet. Hat ein im Hintergund liegendes Fenster den Eingabefocus, so wird die Fensterfunktion nur dann von Mausbewegungen unterrichtet, wenn diese im sichtbaren Fensterbereich stattfinden. Wird eine Mautaste innerhalb eines Fensters aktiviert, das den Eingabefocus aktuell nicht besitzt, so wird diese Fensterfunktion trotzdem von dem Betätigen der Maustaste unterrichtet.

Grundsätzlich werden Mausnachrichten erzeugt, wenn der Mauszeiger bewegt wird, wenn eine der Maustasten gedrückt wird oder wenn eine der Maustasten losgelassen wird. Normalerweise bearbeitet die Fensterfunktion nur Mausnachrichten, wenn sich der Mauszeiger innerhalb des Fensterausgabebereiches befindet. Mausaktionen innerhalb des Fensterrahmens (also innerhalb der Fensterkontrollelemente) werden normalerweise direkt vom Betriebssystem bearbeitet.

Maustasten-Nachrichten (Fensterausgabebereich)

WM_LBUTTONDBLCLK	Maus Links Doppelklick
WM_LBUTTONDOWN	Maus Links Halten
WM_LBUTTONUP	Maus Links Lösen
WM_MBUTTONDBLCLK	Maus Mitte Doppelklick
WM_MBUTTONDOWN	Maus Mitte Halten
WM_MBUTTONUP	Maus Mitte Lösen
WM_RBUTTONDBLCLK	Maus Rechts Doppelklick
WM_RBUTTONDOWN	Maus Rechts Halten
WM_RBUTTONUP	Maus Rechts Lösen

Für alle Nachrichten gilt:

lParam: Koordinaten des Zeigerpunkts (low:x-Koordinate)

wParam: Tastenstatus

- MK_CONTROL

- MK_LBUTTON

- MK_MBUTTON

- MK_RBUTTON

- MK_SHIFT

Zusätzlich gibt es für diese Nachrichten noch einmal für den Fensterrahmenbereich (Fensterkontrollelemente); die Bedeutung ist entsprechend.

WM_NCLBUTTONDBLCLK	Maus Links Doppelklick
WM_NCLBUTTONDOWN	Maus Links Halten
WM_NCLBUTTONUP	Maus Links Lösen
WM_NCMBUTTONDBLCLK	Maus Mitte Doppelklick
WM_NCMBUTTONDOWN	Maus Mitte Halten
WM_NCMBUTTONUP	Maus Mitte Lösen
WM_NCMOUSEMOVE	Maus wird bewegt
WM_NCRBUTTONDBLCLK	Maus Rechts Doppelklick
WM_NCRBUTTONDOWN	Maus Rechts Halten
WM_NCRBUTTONUP	Maus Rechts Lösen

Andere Maus-Nachrichten

WM_CAPTURECHANGED	Eingabefocus wurde geändert
WM_MOUSEACTIVATE	Maustaste über inaktivem Fenster gedrückt

WM_MOUSEMOVE	Maus wurde bewegt; die neue Position ist
	xPos = LOWORD(lParam);
	yPos = HIWORD(lParam);

9.4 Tastatureingaben

WINDOWS 95 unterstützt den Betrieb unterschiedlicher Tastatureingabegeräte. Dies kann z. B. dann wichtig sein, wenn Spezialanwendungen mit Sondertastaturen arbeiten müssen.

Um beliebige Tastatureingabegeräte verarbeiten zu können, wird zwischen der Nachrichtenebene, die unmittelbar von der Tastatur selbst erzeugt wird und den Systemnachrichten ein KDD (Keyboard Device Driver) installiert.

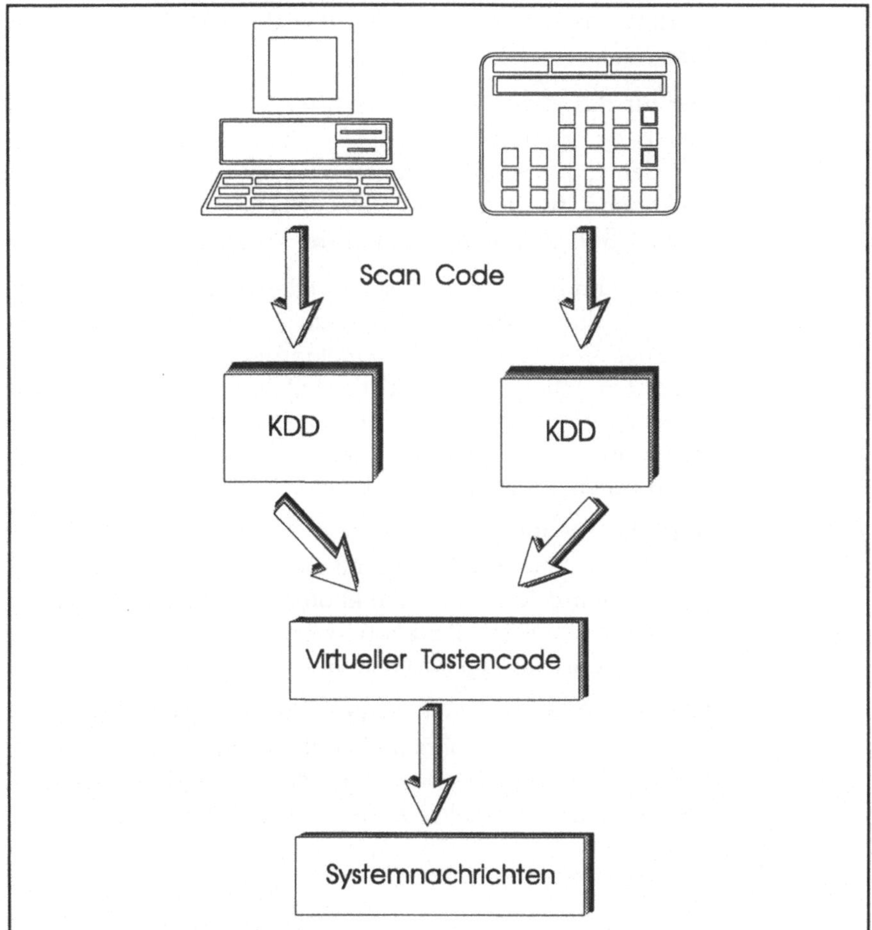

Abb. 9.1:   Tastaturabfrage

Dieser KDD muß vom Hersteller der Sondertastatur zur Verfügung gestellt werden. Der KDD übersetzt die von der Tastatur erzeugten Nachrichten (Scan Code) in Standardcodes, die dann vom Betriebssystem direkt weiterverarbeitet werden können. Diese virtuellen Tastencodes (virtual key code) werden dann über die normale Nachrichtenverwaltung an den Thread gesandt, der aktuell den Eingabefocus für die Tastatur inne hat. Das Betriebssystem schickt die so übersetzten Tastaturnachrichten an die Nachrichtenwarteschlange des aktiven Fensters, das in der Regel den Eingabefocus für die Tastatur inne hat.

Der für das aktive Programmfenster zuständige Thread kann mittels der Funktion SetFocus() einem anderen seiner Fenster den Eingabefocus zuteilen. Die entsprechenden Fensterfunktionen werden mittels der Nachrichten WM_KILLFOCUS und WM_SETFOCUS vom Wechsel des Eingabefocus verständigt.

Wie sehen nun die vom Tastaturtreiber erzeugten Nachrichten aus, die durch das Betriebssystem in die Nachrichtenwarteschlange des Fensters mit dem Eingabefocus eingefügt werden? Hier muß zunächst klargestellt werden, daß normalerweise eine Fensterfunktion nur die Bedienung von Steuertasten auf der Tastatur durch das Abarbeiten der entsprechenden Nachrichten berücksichtigt.

Wird die Tastatur dazu verwendet, Text einzugeben, so ist es aus Programmierersicht wesentlich effizienter, innerhalb der Nachrichtenschleife die Funktion TranslateMessage() zu verwenden. Diese Funktion setzt Tastaturnachrichten in Nachrichten vom Typ WM_CHAR um.

Die Fensterfunktion muß dann nicht mehr für jedes darstellbare Zeichen eine Sonderbehandlung durchführen, sondern kann einfach durch Abarbeiten der WM_CHAR-Nachricht das vom Benutzer gewählte darstellbare Zeichen weiterverarbeiten.

`WM_ACTIVATE`	Diese Nachricht wird zunächst zur Fensterfunktion desjenigen Fensters gesendet, das deaktiviert wird; danach wird die Nachricht zusätzlich an das neu zu aktivierende Fenster gesendet.

`WM_CHAR`	Falls die `WM_KEYDOWN`-Nachricht durch die `Translate-Message()`-Funktion übersetzt wurde, so wird diese Nachricht an das Fenster mit dem Eingabefocus gesendet. Die beiden Nachrichtenparameter haben dabei folgende Bedeutung
	
	`wParam`: Zeichencode
	`lParam`: Bits haben folgende Bedeutung
	
	0-15 Anzahl der Zeichenwiederholungen (Taste wurde gedrückt gehalten)
	
	16-23 Scancode der Tastatur; hängt von der Hardware ab
	
	24 Taste gehört zu einer „erweiterten" Tastatur (enhanced keyboard)
	
	25-28 reserviert
	
	29 Tastaturstatus
	   1 Alt zusätzlich gedrückt
	   0 Alt nicht gedrückt
	
	30 Tastaturstatus von vorheriger Nachricht
	
	31 Tastenbewegung
	   0 Taste wird gerade gedrückt
	   1 Taste wird gerade losgelassen

`WM_KEYDOWN`	Diese Nachricht wird erzeugt und an die Fensterfunktion geschickt, wenn eine Taste gedrückt wird, ohne daß gleichzeitig die ALT-Taste gedrückt wird.
`WM_KEYUP`	Diese Nachricht wird erzeugt, wenn eine Taste losgelassen wird, ohne daß gleichzeitig die ALT-Taste gedrückt ist.
`WM_KILLFOCUS`	Diese Nachricht wird an die Fensterfunktion geschickt, unmittelbar bevor das zugehörige Fenster den Eingabefocus verliert.
`WM_SETFOCUS`	Diese Nachricht wird an eine Fensterfunktion geschickt, unmittelbar nachdem diese den Eingabefocus erhalten hat.

WM_SYSCHAR	Diese Nachricht wird erzeugt, wenn die Funktion `TranslateMessage()` eine `WM_SYSKEYDOWN` verarbeitet hat. I. d. R. ist hier eine Zeichentaste gedrückt worden, während die ALT-Taste ebenfalls gedrückt war.
WM_SYSKEYDOWN	Diese Nachricht wird erzeugt, wenn zusätzlich zu einem Tastendruck gleichzeitig die ALT-Taste gedrückt wird.
WM_SYSKEYUP	Diese Nachricht wird erzeugt, wenn die ALT-Taste gedrückt bleibt und eine vorher gedrückte Taste freigegeben wird.

Die nachfolgende Tabelle zeigt nun die virtuellen Tastaturcodes.

Name	Wert hexadezimal	Taste
VK_LBUTTON	01	Linker Mausknopf
VK_RBUTTON	02	Rechter Mausknopf
VK_CANCEL	03	Control-break
VK_MBUTTON	04	Mittlerer Mausknopf
	05-07	Undefiniert
VK_BACK	08	BACKSPACE
VK_TAB	09	TAB
	0A-0B	Undefiniert
VK_CLEAR	0C	CLEAR
VK_RETURN	0D	ENTER
	0E-0F	Undefiniert
VK_SHIFT	10	SHIFT
VK_CONTROL	11	CTRL
VK_MENU	12	ALT
VK_PAUSE	13	PAUSE
VK_CAPITAL	14	CAPS LOCK
	15-19	Reserviert

Name	Wert hexadezimal	Taste
	1A	Undefiniert
VK_ESCAPE	1B	ESC
	1C-1F	Reserviert
VK_SPACE	20	SPACEBAR
VK_PRIOR	21	PAGE UP
VK_NEXT	22	PAGE DOWN
VK_END	23	END
VK_HOME	24	HOME
VK_LEFT	25	LEFT ARROW
VK_UP	26	UP ARROW
VK_RIGHT	27	RIGHT ARROW
VK_DOWN	28	DOWN ARROW
VK_SELECT	29	SELECT
	2A	gerätespezifisch
VK_EXECUTE	2B	EXECUTE
VK_SNAPSHOT	2C	PRINT SCREEN
VK_INSERT	2D	INS
VK_DELETE	2E	DEL
VK_HELP	2F	HELP
VK_0 bis VK_9	30 bis 39	0 bis 9 Taste
	3A-40	Undefiniert
VK_A bis VK_Z	41 bis 5A	A bis Z Taste
	5B-5F	Undefiniert
VK_NUMPAD0 bis VK_NUMPAD9	60 bis 69	Numerische Tastatur 0 bis 9

Name	Wert hexadezimal	Taste
VK_MULTIPLY	6A	* (Multiplikation)
VK_ADD	6B	+ (Plus)
VK_SEPARATOR	6C	Separator
VK_SUBTRACT	6D	- (Minus)
VK_DECIMAL	6E	Dezimalpunkt
VK_DIVIDE	6F	/ (Division)
VK_F1 bis VK_F24	70 bis 87	F1 bis F24
	88-8F	Unbenutzt
VK_NUMLOCK	90	NUM LOCK
VK_SCROLL	91	SCROLL LOCK
	92-B9	Unbenutzt
	BA-C0	gerätespezifisch
	C1-DA	Unbenutzt
	DB-E4	gerätespezifisch
	E5	Unbenutzt
	E6	gerätespezifisch
	E7-E8	Unbenutzt
	E9-F5	gerätespezifisch
	F6-FE	Unbenutzt

Die Berücksichtigung virtueller Tastaturcodes und der damit verbundenen Nachricht innerhalb der Fensterfunktion kann dann wie folgt realisiert werden.

```
case WM_KEYDOWN:
switch (wParam) {
/* Einfg-Taste wurde gedrückt */
case VK_INSERT:
/* hier entsprechenden Code einfügen */
break;
```

```
/* F2-Taste wurde gedrückt */
case VK_F2:
/* hier entsprechenden Code einfügen */
break;
default:
break;
}
```

Hier sind nur 2 Möglichkeiten angedeutet. Die Bearbeitung von Zeichencodes, die vorher gemäß

```
while (GetMessage(&msg, (HWND) NULL, 0, 0)) {
    if (TranslateAccelerator(hwnd, hKurztasten, &)==0) {
        TranslateMessage (&nachricht);
        DispatchMessage(&nachricht);
    }
}
```

in der Nachrichtenschleife des Prozesses übersetzt wurden, geschieht entsprechend.

```
case WM_CHAR:
  switch (wParam) {
/* backspace */
  case 0x08:
...
break;
/* linefeed */
case 0x0A:
...
break;
/* ESC */
case 0x1B:
...
break;
/* Tabulator */
case 0x09:
...
break;
/* CR */
```

```
case 0x0D:
...
break;
/* alle weiteren Zeichen (i.d.R. darstellbare Zeichen) */
default:
...
break;
}
```

9.5   Tastaturkürzel

Eine besondere Stellung nehmen die Tastaturkürzel ein, die
z. B. die Auswahl eines bestimmten Menüpunktes alternativ
durch eine Tastenkombination ermöglichen.

Ist einmal ein solches Tastaturkürzel definiert worden, so
wird bei der Betätigung der entsprechenden Tasten eine
WM_COMMAND-Nachricht erzeugt. Diese Nachricht wird an die
Fensterfunktion versandt und kann dort abgearbeitet werden.

Prinzipiell gibt es zwei Wege, Tastaturkürzel zu definieren.
Einmal kann der Programmentwickler selbst in der zum Pro-
gramm gehörenden Ressourcendatei eine Tastaturkürzel-
Ressource definieren. Diese Definition folgt der Syntax

```
Name    ACCELERATORS    [Optionale Informationen:
        CHARACTERISTICS dword  Information zur freien
                               Verwendung des Program-
                               mierers

        LANGUAGE               Sprache; Konstante aus
        language, sublanguage  WINNLS.H

        VERSION dword          Versionsnummer

]

BEGIN

    Ereignis, Name, [Typ] [Option]

END
```

Dabei haben die Parameter folgende Bedeutung.

Bezeichnung	Konstante, die die Ressource eindeutig bezeichnet.
Ereignis	Taste, die vom Benutzer gedrückt werden muß. Dies kann sein:

"Buchstabe"

"<ctrl>Buchstabe"

Zahlencode des Buchstabens

Virtueller Tastencode (VK_name-Konstante)

Name	Konstante; Bezeichner der Ressource
Typ	ASCII oder VIRTKEY
Option	Zusatzmöglichkeiten

NOINVERT	Menüs werden nicht eingeblendet
ALT	ALT muß zusätzlich gedrückt sein
SHIFT	SHIFT muß zusätzlich gedrückt sein
CONTROL	CONTROL muß zusätzlich gedrückt sein

Beispiel

```
TestName ACCELERATORS
BEGIN
VK_F1, IDM_F1, CONTROL, VIRTKEY; CTRL+F1
VK_F2,  IDM_F2, ALT, VIRTKEY                    ; ALT+F2
"A",    ID_A, ALT                              ; ALT_SHIFT+A
"B",    ID_B, CONTROL, VIRTKEY                 ; CTRL+B
VK_F3, IDM_F3, VIRTKEY                         ; F3
END
```

Diese Ressource wird dann vom Ressourcencompiler übersetzt und an das ausführbare Programm angehängt. Sie kann unmittelbar vor ihrem Gebrauch (also in der Regel vor Eintritt in die Nachrichtenschleife) mittels der Funktion `LoadAccelerators()` geladen werden.

Manchmal ist es allerdings notwendig, eine Tastaturkürzelressource während der Laufzeit des Programms in Abhängigkeit von der Programmlogik oder Benutzerwünschen neu zu kreieren. In einem solchen Fall verbietet sich die vorherige Definition der Ressource in einer Ressourcendatei von alleine. Für jedes Tastaturkürzel wird hierfür zunächst eine Struktur nachfolgenden Typs ausgefüllt.

```
typedef struct tagACCEL {
BYTE fVirt        FALT        Die ALT Taste muß zusätzlich gedrückt sein
                  FCONTROL    Die CONTROL Taste muß zusätzlich ge-
                              drückt sein
                  FNOINVERT   Menüzeilen werden nicht dargestellt
                  FSHIFT      Die SHIFT Taste muß zusätzlich gedrückt
                              sein
                  FVIRTKEY    Die Kürzeltaste ist eine Funktionstaste
WORD key          Kürzeltaste (Virtueller Code oder ASCII)
WORD cmd          Konstante; Bezeichner der Ressource
} ACCEL;
```

Die so ausgefüllte Struktur definiert dann genau einen Tastaturkürzel. Definiert man auf diese Weise ein ganzes Feld von diesen Strukturen und übergibt dieses Feld anschließend der Funktion CreateAcceleratorTable(), so werden alle in dieser Struktur definierten Tastaturkürzel kreiert. Bei beiden Vorgehensweisen wird in jedem Fall ein Handle auf die Tastaturkürzelressource zurückgegeben.

Damit nun diese Tastaturkürzel, wenn sie vom Benutzer des Programms aktiviert werden, auch erkannt und dann als WM_COMMAND-Nachricht an die Fensterfunktion des Threads gesendet werden können, muß in der Nachrichtenverarbeitungsschleife des Threads die Funktion TranslateAccelerators() wie folgt eingefügt werden.

```
while (GetMessage(&nachricht, (HWND) NULL, 0, 0)) {
   /* Nach Tastaturkürzeln suchen */
    if (!TranslateAccelerator(hwnd,
                               haccel,
                               &nachricht)) {
      TranslateMessage(&nachricht);
      DispatchMessage(&nachricht);
    }
}
```

Die Abschlußbehandlung einer Tastaturkürzelressource bei
Programmende unterscheidet sich nach der Art der Kreation
der Ressource. Während eine zur Laufzeit des Programms generierte Ressource explizit durch die Funktion DestroyAcce-
leratorTable() gelöscht werden muß, wird eine in der Programmressource statisch definierte Tastaturkürzelressource
automatisch bei Programmende gelöscht.

Abschließend sei noch bemerkt, daß Tastaturkürzel normalerweise in Verbindung mit Menüpunkten des Programms
verwendet werden; damit soll die Auswahl eines bestimmten
Menüpunktes mittels des Tastaturkürzels alternativ möglich
sein.

In einem solchen Fall ist es sinnvoll, die konstanten Bezeichner für die Menüzeile und das Korrespondieren der Tastaturkürzel identisch zu wählen. Damit wird bei der Abarbeitung
der WM_COMMAND-Nachricht nur eine Fallanweisung notwendig.

10 Standardgrafikausgabe (GDI)

WINDOWS 95 benutzt für sämtliche Standardausgaben innerhalb des Fensterausgabebereiches eines Programmes, also sowohl für

- reine Grafikausgaben als auch für die

- Ausgabe von Text

eine gemeinsame Schnittstelle; diese Schnittstelle ist das graphic device interface (GDI). An dieser Stelle sei bereits auf Nicht-Standard-Grafikausgabe verwiesen, die in separaten Schnittstellen abgehandelt wird. Hierunter fällt sowohl die

- Ausgabe dreidimensionaler Objekte (unterstützt durch die Schnittstelle OpenGL) als auch die

- Unterstützung schneller, zweidimensionaler Grafikausgabe für Spieleanwendungen (unterstützt durch die Schnittstelle GameSDK).

Diese beiden Sonderschnittstellen werden separat besprochen.

10.1 Prinzip

Bevor auf die Struktur des GDI im Detail eingegangen wird, muß das Prinzip der Grafikausgabe für Anwendungsprogramme unter WINDOWS 95 kurz dargestellt werden.

Jedes Programm ist für die Darstellung des Inhaltes seines Fensterausgabebereiches (client region) selbst verantwortlich. Es muß also auf der einen Seite auf Benutzereingaben seiner Programmlogik entsprechend reagieren und ggf. diesen Fensterinhalt neu darstellen.

Unabhängig davon, ob Text, Grafik oder eine Mischung von beidem vom Programm darzustellen ist, muß diese Ausgabe mittels des GDI durchgeführt werden. Manipuliert der Programmbenutzer also über eine vorgesehene Schnittstelle (dies kann die Betätigung eines Menüpunktes oder auch eine andere Fensteroperation wie z. B. das Minimieren oder Maximieren des Fensters sein) den logischen Status des Anwendungsprogramms, so muß das Programm auf die entsprechende Nachricht wie folgt reagieren.

Zunächst muß festgestellt werden, ob aufgrund der vorgenommenen Benutzermanipulation bzw. der daraufhin abgesetzten Nachricht der Fensterinhalt neu dargestellt werden muß. Nicht bei jeder Benutzeraktion wird dies der Fall sein. Sollte dies allerdings notwendig werden, so wird das Programm zunächst alle Berechnungen durchführen, deren Ergebnis zur Neudarstellung des Fensterinhaltes notwendig ist.

Nachdem so alle Programmparameter neu berechnet und bekannt sind, kann der Fensterinhalt neu dargestellt werden. Um eine konsistente Programmlogik aller WINDOWS 95-Programmierungen zu gewährleisten, sollte hier nun aus Gründen der Vereinheitlichung folgende Vorgehensweise berücksichtigt werden.

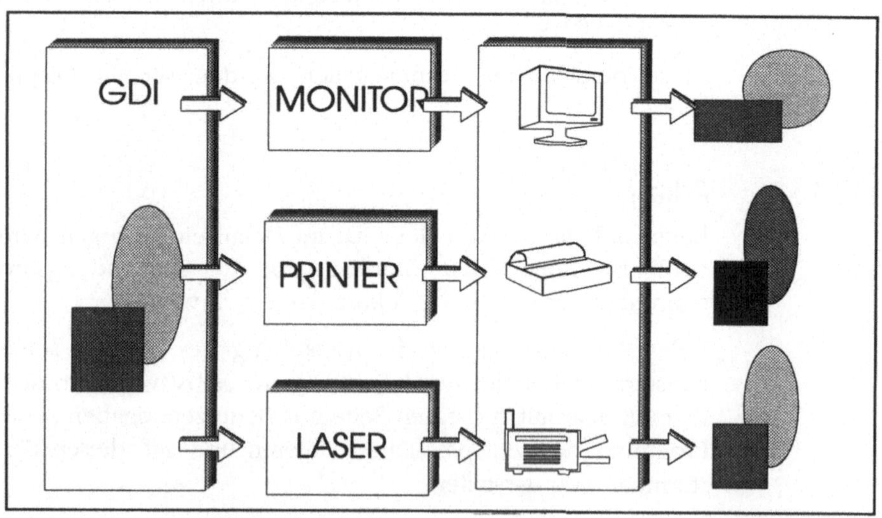

Abb. 10.1:   GDI Ausgaben

Das GDI basiert auf zwei grundlegenden Konzepten; zum einen werden mehrere Koordinatensysteme unterstützt, die durch geeignete Transformationen miteinander verknüpft sind und ein weites Feld der Manipulation grafischer Objekte zulassen. Zum anderen soll das Prinzip der geräteunabhängigen Definition, Manipulation und Darstellung von grafischen Objekten, das schon durch das Bereitstellen unterschiedlicher Koordinatensysteme und Transformationsmöglichkeiten unterstützt wird, durch das Verwenden geräteunabhängiger, virtueller Darstellungsflächen weitergeführt werden.

Diese virtuellen Darstellungsflächen (device context) ermöglichen eine ausgabegeräteunabhängige Definition der Grafik, die dann auf unterschiedlichen Darstellungsgeräten ausgegeben werden kann.

10.2   Die WM_PAINT Nachricht

Die eigentliche Darstellung des Fensterinhaltes wird innerhalb des Programms nur an *genau einer* Stelle durchgeführt; dies geschieht immer nur in Verarbeitung einer `WM_PAINT`-Nachricht, die vom Betriebssystem an die Fensterfunktion versandt wird.

Hat der Programmbenutzer mithin eine Programm-Manipulation vorgenommen, die zunächst einmal den Fensterinhalt nicht zerstört hat (dies kann dann der Fall sein, wenn ausschließlich eine Menüoperation durchgeführt wurde), so muß das Anwendungsprogramm selber dafür sorgen, daß der eigenen Fensterfunktion eine solche `WM_PAINT`-Nachricht zugesendet wird.

Hierzu wird die Funktion `InvalidateRect()` verwendet, die eine interne Liste der seit der letzten `WM_PAINT`-Nachricht zerstörten rechteckigen Fensterbereiche innerhalb des Fensterausgabebereiches des Programmfensters führt. Immer dann, wenn dieser internen Liste der ungültig gewordenen Fensterbereiche ein neues Rechteck hinzugefügt wird, sorgt das Betriebssystem dafür, daß eine `WM_PAINT`-Nachricht an die Fensterfunktion versendet wird.

Wird also nach der aufgrund der Benutzeraktion erforderlich gewordenen Neuberechnung von Programmparametern der Funktionsaufruf

```
InvalidateRect(hWnd,    // Fenster, neu zu zeichnen
            NULL,    // Der ganze Ausgabebereich neu
            TRUE);   // Auch der Hintergrund neu
```

eingefügt, so wird automatisch eine notwendige WM_PAINT-Nachricht generiert und an die Fensterfunktion versendet. In Reaktion auf diese Nachricht kann dann die Fensterfunktion das Neuzeichnen des Fensterinhaltes durchführen.

Durch dieses Vorgehen ist einmal sichergestellt, daß nur an einer einzigen Stelle des Anwendungsprogrammes Ausgaben in dem Fensterausgabebereich durchgeführt werden. Der Programmcode ist damit ausreichend übersichtlich gestaltet.

Es gibt noch einen zweiten Grund für das oben beschriebene Vorgehen; nicht nur aufgrund von Benutzeraktionen kann es notwendig werden, den Fensterinhalt neu zu zeichnen. Dies kann auch dann notwendig sein, wenn durch äußere Ereignisse wie z. B.

- das Zerstören von Teilen des Fensterinhaltes durch Überlagern seitens anderer Fenster,

- Ändern der Farbpalette durch ein anderes Programm oder

- andere Systemereignisse

der ursprüngliche Fensterinhalt ungültig geworden ist. In all diesen Fällen sorgt allerdings das Betriebssystem selbst ohne Zutun der Programmlogik des Anwendungsprogramms selbständig dafür, daß eine WM_PAINT-Nachricht an die zuständige Fensterfunktion versendet wird. In Abarbeitung dieser WM_PAINT-Nachricht muß also der Fensterinhalt immer aufgrund der aktuell geltenden Programmparameter neu dargestellt werden.

Normalerweise wird in Abarbeitung der WM_PAINT-Nachricht der Inhalt des Fensterausgabebereiches asynchron neu dargestellt. Dies bedeutet, daß zwischen dem Ereignis, das einen Teil des Fensterausgabebereiches zerstört hat und der Versendung der WM_PAINT-Nachricht eine zeitliche Verzögerung liegt, da das Betriebssystem die Kontrolle über die Versendung der WM_PAINT-Nachricht inne hat und die Darstellung von Fensterinhalten mit niedriger Priorität verwaltet.

Bei hoher Systembelastung kann dies dazu führen, daß für den Benutzer spürbare Zeitverzögerungen zwischen dem Aufdecken eines zerstörten Fensterbereiches und dessen Neuzeichnung liegen. Dies ist in den meisten Fällen sicherlich akzeptabel, da andere Systemaufgaben mit höherer Priorität sinnvoll wahrgenommen werden müssen.

10.2.1 Sonderfall

In einigen Sondersituationen allerdings kann es notwendig werden, die Versendung der WM_PAINT-Nachricht nicht dem Betriebssystem zu überlassen, sondern diese direkt und unter eigener Kontrolle an die Fensterfunktion zu versenden.

Damit wird die Prioritätseinstufung seitens des Betriebssystems umgangen und eine synchrone Bearbeitung der Rekonstruktion des Fensterausgabebereiches unmittelbar nach dem Zerstören von Fensterbereichen forciert.

Hierzu werden die beiden Funktionen UpdateWindow() und RedrawWindow() benutzt, die beide die WM_PAINT-Nachricht unmittelbar an die Fensterfunktion unter Umgehung des Betriebssystems veranlassen.

Tatsächlich können aber auch Situationen auftreten, die das Neudarstellen von Teilen des Fensterausgabebereiches ohne Umweg über eine WM_PAINT-Nachricht notwendig macht.

- Dies kann dann sinnvoll sein, wenn nur geringe Änderungen innerhalb des Fensterausgabebereiches durchgeführt werden sollen und gleichzeitig die Darstellung des entsprechenden Fensterinhaltes in Reaktion auf eine WM-PAINT-Nachricht einen ungleich größeren Rechenzeitaufwand notwendig machen würde.

- Dies kann aber auch notwendig sein, wenn eine zeitkritische Reaktion auf Benutzermanipulationen innerhalb des Fensterausgabebereiches einen zeitaufwendigen Umweg über das Versenden der WM_PAINT-Nachricht unmöglich macht.

Dies kann dann der Fall sein, wenn der Benutzer eine Mausaktion innerhalb des Fensterausgabebereiches durchführt und eine unmittelbare grafische Reaktion auf diese Manipulation dargestellt werden soll. In einem solchen Fall kann natürlich eine Grafikausgabe auch an anderer Programmstelle programmiert werden.

Allerdings ist damit eine logische Schwierigkeit verbunden; während dieser dezentral durchgeführten Grafikausgabe kann ja durchaus eine WM_PAINT-Nachricht an die Fensterfunktion versendet werden.

In Reaktion darauf würde die Fensterfunktion dann eine zusätzliche Grafikausgabe in Abarbeitung dieser Nachricht durchführen, die die dezentrale Grafikausgabe stören könnte.

Es muß durch die Programmlogik sichergestellt sein, daß dies nicht geschehen kann. Darüberhinaus muß sichergestellt werden, daß dezentral durchgeführte Änderungen im Fensterausgabebereich auch dann wieder dargestellt werden, wenn zu einem späteren Zeitpunkt in Abarbeitung einer WM_PAINT-Nachricht der gesamte Fensterausgabebereich neu dargestellt wird.

Es muß mit anderen Worten sichergestellt sein, daß der Programmcode, der eine WM_PAINT-Nachricht abarbeitet, von dezentralen Änderungen Kenntnis erhalten hat und diese entsprechend bei der Grafikausgabe berücksichtigt.

Programmierung

Als Beispiel mag der Codeausschnitt aus GDI.C dienen.

```
LRESULT CALLBACK WndProc(HWND hWnd,
                         UINT message,
                         WPARAM wParam,
                         LPARAM lParam)

    ...


    Initialisierungen
```

```
case WM_CREATE :
```

Dieser Schalter regelt die gesamte GDI-Ausgabe im WM_PAINT-Block. Nur dort werden überhaupt Grafikausgaben durchgeführt. Dies ist dann der Regelfall.

```
gdi_ausgabe = 0;
...
```

Menü wurde bedient

```
case WM_COMMAND:
wmId = LOWORD(wParam);
wmEvent = HIWORD(wParam);

switch (wmId) {
...
 case IDM_EINFACHEOBJEKTE:{
```

Einfache Grafikobjekte sollen ausgegeben werden. Hierzu wird an dieser Stelle nur ein entsprechendes Flag gesetzt; die eigentliche Grafikausgabe erfolgt dann im WM_PAINT-Block.

```
gdi_ausgabe = IDM_EINFACHEOBJEKTE;
```

Eine WM_PAINT-Nachricht wird jetzt erzwungen, damit auch ohne externes Ereignis der Fensterinhalt neu gezeichnet wird.

```
InvalidateRect(hWnd, NULL, FALSE);
}
break;
case IDM_TEXT:{
CHOOSEFONT fontauswahl;
```

Textausgabe

```
gdi_ausgabe = IDM_TEXT;
```

Der Benutzer soll einen Zeichensatz auswählen dürfen, der dann zur Textdarstellung genutzt wird. Dazu muß zunächst die CHOOSEFONT-Struktur für den Standarddialog gefüllt werden.

```
fontauswahl.lStructSize = sizeof(CHOOSEFONT);
fontauswahl.hwndOwner = (HWND)NULL;
fontauswahl.hDC = (HDC)NULL;
fontauswahl.lpLogFont = &logischerfont;
fontauswahl.iPointSize = 0;
fontauswahl.Flags = CF_SCREENFONTS;
fontauswahl.rgbColors = RGB(0,0,0); /* schwarz */
fontauswahl.lCustData = 0L;
fontauswahl.lpfnHook = (LPCFHOOKPROC)NULL;
fontauswahl.lpTemplateName = (LPSTR)NULL;
fontauswahl.hInstance = (HINSTANCE) NULL;
fontauswahl.lpszStyle = (LPSTR)NULL;
fontauswahl.nFontType = SCREEN_FONTTYPE;
fontauswahl.nSizeMin = 0;
fontauswahl.nSizeMax = 0;
```

Jetzt wird der Zeichensatzauswahl-Dialog präsentiert

```
ChooseFont(&fontauswahl);
```

Der Programmbenutzer hat einen Zeichensatz gewählt; hieraus wird der Font kreiert, der dann später in den Gerätekontext geladen wird.

Eine WM_PAINT-Nachricht wird jetzt erzwungen, damit auch ohne externes Ereignis der Fensterinhalt neu gezeichnet wird.

Bei der Angabe des dritten Parameters als FALSE bleibt der ursprüngliche Fensterinhalt erhalten; er wird nur übermalt. Wird statdessen TRUE angegeben, so wird er vorher gelöscht (mit der Hintergrundfarbe gefüllt).

```
InvalidateRect(hWnd, NULL, FALSE);
}
break;
}
break; Ende WM_COMMAND
```

Grafikausgabe des Fensterausgabebereichs

```
case WM_PAINT:{
PAINTSTRUCT ps;
HDC hdc;
```

Zunächst wird eine PAINTSTRUCT für den gesamten Ausgabeblock besorgt. Hierin sind alle wissenswerten Informationen für die hier erfolgende Grafikausgabe enthalten.

```
hdc = BeginPaint (hWnd, &ps);
```

Je nach Menüauswahl erfolgt jetzt die Grafikausgabe

```
switch(gdi_ausgabe){

case IDM_EINFACHEOBJEKTE:
EinfacheObjekte(hWnd, ps);
break;

case IDM_TEXT:
TextOut(hWnd, ps, logischerfont);
break;
...

default:
break;
}
EndPaint (hWnd, &ps);
}
break;
```

10.3 Koordinatensysteme und Transformationen

Koordinatensysteme, die durch das GDI unterstützt werden, sind alle flächig (zweidimensional) und kartesisch. Sie unterscheiden sich lediglich durch ihre Auflösung und Achsenorientierung. Innerhalb einiger dieser Koordinatensysteme sind Transformationen der in ihnen definierten grafischen Objekte vorgesehen. Darüber hinaus stellt das GDI Umrechnungstransformationen zwischen diesen Koordinatensystemen zur Verfügung.

Es werden unterschiedliche Koordinatensysteme zur Verfügung gestellt, um bestimmten Anwendungsprogrammen die ausgabeunabhängige Manipulation von grafischen Objekten zu erleichtern. Darüber hinaus soll die geräteunabhängige Definition von grafischen Objekten und ihre beliebige Projizierbarkeit auf unterschiedliche Ausgabegeräte unterstützt werden.

WINDOWS 95 stellt insgesamt vier unterschiedliche Koordinatensysteme zur Verfügung, die logisch hintereinander folgen. Objekte können beliebig in einem dieser Koordinatensysteme definiert werden und durch geeignete Transformationen in ein anderes dieser vier Koordinatensysteme übertragen und ggf. dort weiter manipuliert werden.

10.3.1   Weltkoordinaten

Das Weltkoordinatensystem wird dazu benutzt, beliebige grafische Objekte den Transformationen

- Rotation

- Scherung

- Skalierung

- Reflexion und

- Translation

zu unterwerfen. Das Weltkoordinatensystem ist zweidimensional, kartesisch und stellt in jeder Koordinatenachse 2^{32} diskrete Koordinaten zur Verfügung.

Die Koordinatenachsen sind so angeordnet, daß die x-Achse von links nach rechts und die y-Achse von unten nach oben orientiert ist. Innerhalb dieses Koordinatensystems können – auch aufgrund der hohen Auflösung der Koordinatenachsen – grafische Objekte definiert und beliebigen flächigen Transformationen unterworfen werden.

Anwendungsprogramme, die einen hohen Anspruch an die Darstellungsgenauigkeit der von ihnen verwalteten Grafik haben (dies können professionelle Vektor-Grafikprogramme oder CAD-Programme sein) werden ihre Grafikobjekte zunächst in diesem Koordinatensystem definieren und manipulieren.

10.3.2 Seitenkoordinaten

Das Seitenkoordinatensystem hat die gleiche Orientierung und Achsenauflösung wie das Weltkoordinatensystem. Es dient als logischer Zwischenschritt zwischen Weltkoordinaten und Gerätekoordinaten.

Außerdem ist es in WINDOWS 95 aus Kompatibilitätsgründen zu früheren WINDOWS-Versionen übernommen worden. Sowohl innerhalb des Weltkkoordinatensystems als auch innerhalb des Seitenkoordinatensystems werden normalerweise geräteunabhängige Koordinaten (wie z. B. metrische Einheiten (Millimeter) oder nicht-metrische Einheiten (inch) verwendet. Erst beim Übergang von Seitenkoordinaten zu Gerätekoordinaten beginnt die Berücksichtigung des geplanten Ausgabegerätes.

10.3.3 Gerätekoordinaten

Beide Achsen des Gerätekoordinatensystems haben eine Auflösung von 2^{27} Einheiten. Während die x-Achse von links nach rechts orientiert ist, verläuft die Orientierung der y-Achse von oben nach unten. Transformationen zwischen Seitenkoordinaten und Gerätekoordinaten ändern unter Berücksichtigung des Abbildungs-Modus (mapping mode) die Größe und ggf. auch die Orientierung der Grafikobjekte.

Tatsächlich wird hier die Größe und Orientierung der in den Weltkoordinaten oder Seitenkoordinaten verwendeten physikalischen Einheiten (z. B. Millimeter oder inch) in den für das jeweilige geplante Ausgabegerät adressierbaren diskreten Punkt-Koordinaten ausgedrückt.

Während also z. B. in den Weltkoordinaten ein Grafikobjekt durch Koordinatenangaben in Millimetern definiert wurde, wird durch eine geeignete Transformation dafür gesorgt, daß das gleiche Grafikobjekt innerhalb des Gerätekoordinatensystems in Bildschirm-Pixeln dargestellt wird.

Das GDI stellt für die Transformation zwischen Seitenkoordinaten und Gerätekoordinaten acht vordefinierte Abbildungs-Modi zur Verfügung.

MM_ANISOTROPIC	Jede Einheit im Seitenkoordinatensystem wird auf eine vom Anwendungsprogramm zu definierende Einheit im Gerätekoordinatensystem abgebildet. Auch die Orientierung der Achsen, die im übrigen unterschiedlich skaliert sein dürfen, wird ebenfalls vom Anwendungsprogramm definiert.
pMM_HIENGLISH	Eine Einheit in Seitenkoordinaten entspricht 0.001 inch in Gerätekoordinaten. Die x-Achse verläuft von links nach rechts. Die y-Achse verläuft von unten nach oben.
MM_HIMETRIC	Eine Einheit in Seitenkoordinaten entspricht 0.01 Millimetern in Gerätekoordinaten. Die x-Achse verläuft von links nach rechts; die y-Achse verläuft von unten nach oben.
MM_ISOTROPIC	Die Umrechnung von Seiten- in Gerätekoordinaten ist vom Anwendungsprogramm zu definieren. Beide Achsen müssen gleich skaliert sein. Die Orientierung beider Achsen wird durch das Anwendungsprogramm bestimmt.
MM_LOENGLISH	Eine Einheit in Seitenkoordinaten entspricht 0.01 inch in Gerätekoordinaten. Die x-Achse verläuft von links nach rechts; die y-Achse von unten nach oben.
MM_LOMETRIC	Jede Einheit in Seitenkoordinaten entspricht 0.1 Millimetern in Gerätekoordinaten. Die x-Achse verläuft von links nach rechts; die y-Achse von unten nach oben.
MM_TEXT	Jede Einheit in Seitenkoordinaten entspricht genau einem Pixel; damit wird tatsächlich keine Skalierung durchgeführt. Die x-.Achse verläuft von links nach rechts; die y-Achse verläuft von oben nach unten.
MM_TWIPS	Jede Einheit in Seitenkoordinaten entspricht der Standardeinstellung von 1/12 eines Druckerpunkts (1/1440 inch). Die x-Achse verläuft von links nach rechts; die y-Achse verläuft von unten nach oben.

Der Abbildungs-Modus für ein geplantes Ausgabegerät (d. h. für das Gerätekoordinatensystem) kann durch die Funktion SetMapMode( ) definiert werden und durch die Funktion GetMapMode( ) erfragt werden.

10.3.4 Physikalische Gerätekoordinaten

Während Weltkoordinaten und Seitenkoordinaten abstrakte, logische Koordinatensysteme sind, ist das Gerätekoordinatensystem eine ebenfalls logische Vorstufe zum Koordinatensystem des physikalischen Ausgabegerätes.

Das physikalische Ausgabegerät kann der Fensterausgabebereich des Programmfensters sein, es kann die gesamte Bildschirmgröße des Monitors sein oder auch die in der Druckereinstellung definierte bedruckbare Fläche einer DIN-A4 Seite sein. Die Umsetzung von Gerätekoordinaten in das Koordinatensystem des physikalischen Ausgabegerätes wird in der Regel ohne Kontrolle des Anwendungsprogramms vom Betriebssystem selbst bzw. den vom Gerätehersteller gelieferten Gerätetreibern übernommen. Es entzieht sich also normalerweise sowohl der Kontrolle des Programmierers als auch (natürlich) der Kontrolle des Programmbenutzers.

Definiert man also Grafikobjekte in Weltkoordinaten oder Seitenkoordinaten, so kann nach beliebiger Ausführung irgendwelcher Änderungen und Transformationen innerhalb dieser Koordinatensysteme sehr leicht eine Ausgabe auf verschiedene Ausgabegeräte durch einfache Wahl unterschiedlicher Gerätekoordinaten durchgeführt werden.

Ein Anwendungsprogramm (z. B. CAD) wird also die Grafikobjekte nur einmal in Weltkoordinaten verwalten müssen, um sie dann nach Benutzerwunsch entweder auf dem Monitor oder z. B. auf dem Drucker oder einem Plotter auszugeben.

10.3.5 Transformationen Weltkoordinaten in Seitenkoordinaten

Grafikobjekte werden vom Anwendungsprogramm zunächst in Weltkoordinaten in beliebigen physikalischen Einheiten definiert. Hierbei ist lediglich die Achsenorientierung und die Auflösung der Koordinatenachsen zu berücksichtigen.

Beim Übergang von Weltkoordinaten in Seitenkoordinaten können nun die o. g. Transformationen durchgeführt werden. Sämtliche Transformationen können in homogenen Koordinaten bzw. in den dazugehörigen 3 x 3-Matrizen definiert und zu einer Gesamttransformation kombiniert werden.

Während Programmierer des WINDOWS 95 API solche Objekttransformationen vollkommen eigenständig programmieren und auf alle Objektkoordinaten durch eine eigene Programmlogik anwenden müssen, ist unter WINDOWS NT hier eine Schnittstelle vorgesehen.

Wir erwarten, daß dieser Schnittstellenzugang in zukünftigen Versionen von WINDOWS 95 auch diesem API zugänglich gemacht wird, daher soll der Umgang mit dieser Funktionsschnittstelle schon hier erläutert werden.

Im übrigen lassen sich schon jetzt die bislang nur unter WINDOWS NT verfügbaren Funktionen in den Code einfügen; da sie zur WIN 32-Plattform gehören, führt ein Einbinden dieser Funktionen zu keiner Fehlermeldung während der Programmerstellung – sie führen unter WINDOWS 95 bislang lediglich keine Aktion durch.

10.3.6 Homogene Koordinaten

Jeder Punkt in der zweidimensionalen, durch die Weltkoordinaten beschriebenen Ebene wird durch zwei Koordinaten beschrieben. Transformationen nehmen nun Manipulationen an allen Punkten eines grafischen Objektes in gleicher Weise vor.

Jede dieser Transformationen kann durch eine Matrix beschrieben werden, die dann nur noch auf die einzelnen Punktvektoren angewendet werden muß, um die Transformation dieser Punkte wirksam werden zu lassen.

Da es aus Gründen der Rechenzeitersparnis sinnvoll ist, mehrere dieser Transformationen mittels einer Matrixmultiplikation zu einer einzigen Gesamttransformation zu kombinieren, müssen alle Transformationen durch eine Transformationsmatrix beschreibbar sein.

Beschränkt man sich auf zweidimensionale Vektoren und entsprechend auf 2 x 2-Matrizen, so ist dies für alle Transformationen mit Ausnahme der Translation (Verschiebung) gegeben. Um auch die Translation in Matrix-Schreibweise formulieren zu können, muß auf homogene Koordinaten übergegangen werden.

Dabei wird jedem Punktvektor (zwei Koordinatenwerte x und y) jeweils eine dritte Koordinate, die den beliebigen Wert 1 annehmen soll, hinzugefügt. Natürlich müssen dann auch alle Transformationen als 3 x 3-Matrix formuliert werden.

Unter dieser Annahme wird nun auch die Translation als Matrix formulierbar und kann nun ebenfalls mittels Matrixmultiplikation in eine Gesamtkombination aller Transformationen eingefügt werden.

WIN 32 verwendet solche homogenen 3 x 3-Matrizen zur Beschreibung von beliebigen Transformationen in der durch die Weltkoordinaten aufgespannten Ebene.

Eine solche homogene Transformationsmatrix hat die Form der 3x3 Matrix

$$\begin{bmatrix} eM11 & eM12 & 0 \\ eM21 & eM22 & 0 \\ eDx & eDy & 1 \end{bmatrix}$$

und wird in der Struktur

```
typedef struct _XFORM {
    FLOAT eM11;
    FLOAT eM12;
    FLOAT eM21;
    FLOAT eM22;
    FLOAT eDx;
    FLOAT eDy;
} XFORM;
```

definiert. Dabei haben die einzelnen Matrixelemente folgende, von der Art der jeweiligen Transformation abhängige Bedeutung.

	Translation	Rotation	Scherung	Skalierung	Reflexion
eM11	1	cos(Winkel)	1	horizontale Komponente	horizontale Komponente
eM12	0	sin(Winkel)	horizontale Komponente	0	0
eM21	0	negativer sin(Winkel)	vertikale Komponente	0	0
eM22	1	cos(Winkel)	1	vertikale Komponente	vertikale Komponente
eDx	horizontale Komponente	0	0	0	0
eDy	vertikale Komponente	0	0	0	0

Ein homogener Vektor in der Weltebene wird nun links mit der Transformationsmatrix multipliziert, damit die Transformation auf ihn wirkt.

Werden mehrere Transformationen hintereinander ausgeführt, so können sie durch entsprechende Rechtsmultiplikation zu einer Gesamttransformationsmatrix zusammengefaßt werden.

WIN 32 stellt im wesentlichen zwei Funktionen zur Verfügung, die die Handhabung von Transformationen erleichtern.

Unter WINDOWS NT wird mittels der Funktion `CombineTransform()` eine Kombination zweier Transformationsmatrizen berechnet und in einer dritten Transformationsmatrix vom Typ `XFORM` abgelegt.

Die Funktion `SetWordTransform()` setzt dann die so kombinierte Gesamttransformation als gültige Transformation zwischen Weltkoordinaten und Seitenkoordinaten ein.

Sämtliche in Weltkoordinaten definierten Objekte (eigentlich alle zu ihrer Beschreibung notwendigen Vektoren) werden dann dieser Gesamttransformation unterzogen. Wird zu einem späteren Zeitpunkt der Inhalt des Seitenkoordinatensystems dargestellt, so wird dabei die so definierte Transformation berücksichtigt.

Hinweis: unter WINDOWS 95 müssen diese Transformationen eigenständig programmiert werden; insbesondere die Matrixmultiplikationen und die Anwendung der Gesamttransformationsmatrix auf die einzelnen Vektorpunkte muß durch eigenen Code realisiert werden.

Die Struktur XFORM sollte dabei schon benutzt werden.

 Der nachfolgende Code funktioniert also unter WINDOWS 95 (noch) nicht.

```
BOOL Transformation(HWND hWnd, PAINTSTRUCT ps)
{

XFORM xf1;
RECT rect;
```

Der Abbildungsmodus wird gesetzt.

```
SetMapMode(ps.hdc, MM_LOENGLISH);
```

Die Weltransformation ist eine Rotation um 45 Grad

```
xf1.eM11 = (FLOAT) 0.7071;
xf1.eM12 = (FLOAT) 0.7071;
xf1.eM21 = (FLOAT) - 0.7071;
xf1.eM22 = (FLOAT) 0.7071;
xf1.eDx = (FLOAT) 0.0;
xf1.eDy = (FLOAT) 0.0;
```

Die vereinbarte Transformation wird mit dem Gerätekontext verbunden

```
SetWorldTransform(ps.hdc, &xf1);
```

Die Koordinaten des Fensterausgabebereichs werden ermittelt und umgerechnet (gemäß des oben vereinbarten Mapmodes).

```
GetClientRect(hWnd, (LPRECT) &rect);
DPtoLP(ps.hdc, (LPPOINT) &rect, 2);
```

Das Flächenfüllmuster wird als „transparent" gewählt.

```
SelectObject(ps.hdc, GetStockObject(HOLLOW_BRUSH));
```

Ein Rechteck wird ausgegeben; diese Ausgabe unterliegt dabei sowohl der Mapmode als auch den vorher definierten Transformationen

```
Rectangle(ps.hdc,
        (rect.right / 2 - 50),
        (rect.bottom / 2 + 250),
        (rect.right / 2 + 50),
        (rect.bottom / 2 + 150));
return(TRUE);
}
```

10.4 Gerätekontext

Die Verwendung geräteunabhängiger Koordinatensysteme ist nur ein erster Schritt zur geräteunabhängigen Definition und Bearbeitung von Grafikobjekten. Sind die bearbeiteten Grafikobjekte letztendlich in das Gerätekoordinatensystem transformiert worden, so müssen sie abschließend auf dem geplanten Ausgabegerät dargestellt werden.

Dieser letzte Ausgabeschritt aber, ebenso wie die vorhergegangene Transformation in Gerätekoordinaten, muß bereits die vorhandenen Geräteeigenschaften wie Skalierbarkeit, Auflösung, Farbdarstellungsvermögen und andere Eigenschaften berücksichtigen. Vor allem aber muß gewährleistet sein, daß die in geräteunabhängigen Koordinaten Grafikobjekte auf einfache Weise auf unterschiedliche Ausgabegeräte ausgegeben werden können; insbesondere eine Umdefinition der Grafikobjekte beim Wechsel des Ausgabegerätes sollte weitestgehend unnötig sein.

Für den letzten Darstellungsschritt (der Transformation zwischen Gerätekoordinatensystem und physikalischem Ausgabegerät) muß das Betriebssystem weitere Informationen über das Ausgabegerät haben.

Die Gesamheit aller Informationen über ein spezielles Ausgabegerät wird ein einem sogenannten Gerätekontext gesammelt und verwaltet. Der Gerätekontext beinhaltet damit Informationen über

- Koordinatensystem

- Auflösung

- Zeichenstifteigenschaften

- Fülleigenschaften

- Farbeigenschaften

- Bitmap-Kapazität

- weitere grafische Eigenschaften des physikalischen Ausgabegerätes.

Die Separierung von Grafikinformation und Ausgabeinformation für das Grafikausgabegerät wird in WIN 32 in zwei Abstraktionsschritten, jeder Abstraktionsschritt vertreten durch eine eigene Schnittstellenschicht, realisiert.

In der ersten Abstraktionsschicht werden grafische Objekte grundsätzlich mit Hilfsmitteln dargestellt, die vom GDI bereitgestellt werden. Die Transformation zwischen Koordinatensystemen wird ebenfalls durch GDI-Funktionen vermittelt.

Die letzte Transformation der Grafikinformation wird durch Gerätetreiber vermittelt, die von den einzelnen Geräteherstellern zur Verfügung gestellt werden sollen. Darüber hinaus beinhaltet WINDOWS 95 eine große Menge vorgefertigter Gerätetreiber, die einen Großteil der angebotenen Hardware abdeckt.

Dieser letzte Umsetzungsschritt berücksichtigt die grafischen Fähigkeiten jedes Ausgabegerätes. So kann eine Grafik für ein entsprechendes Ausgabegerät umskaliert werden; es können aber auch Annäherungen in der Güte der Farb- bzw. Rasterwiedergabe von den einzelnen Gerätetreibern durchgeführt werden. All dies geschieht ohne Zutun und Einflußmöglichkeit des Programmierers.

Ein Anwendungsprogramm muß also nur dafür Sorge tragen, daß geräteunabhängige Grafikinformation erstellt wird, abhängig vom Benutzerwunsch ein passender Gerätekontext

zur Verfügung gestellt wird und dann sehr einfach die Grafikinformation automatisch passend für das gewählte Gerät ausgegeben wird.

10.4.1   Grafische Objekte im Gerätekontext

Folgende grafische Objekte werden je Gerätekontext separat
verwaltet.

`Bitmap`	Speicherbedarf, Abmessung in Gerätepixeln, Farbinformation, ggf. Hardwarekompression und andere Informationen, die eine Geräteunterstütztung von Bitmap-Grafiken unterstützen, werden hier abgelegt.
`Brush`	Die Definition eines Pinsels wird beim Ausfüllen von definierten Flächenteilen verwendet. Hierzu werden Pinselstil, Farbe, Pinselmuster und Pinselursprung verwaltet.
`Palette`	Der Speicherbedarf und die Farben einer Farbpalette für das Ausgabegerät werden gespeichert.
`Font`	Umfassende Informationen über den auf dem Gerät zur Verfügung stehenden Zeichensatz werden angelegt.
`Path`	Als Pfade werden i.d.R. geschlossene Linienzüge oder Kurvenzüge bezeichnet, die eine abgeschlossene Figur beschreiben. Solche Pfade können dazu verwendet werden, als Grafikelement ausgefüllt zu werden oder auch als Blende über andere Grafikelemente gelegt zu werden.
`Pen`	Stil, Breite und Farbe des verwendeten Zeichenstiftes werden beschrieben. Da außer bei Plottern keine physikalischen Stifte Verwendung finden, bedeutet diese Definition für Pixel-Ausgabegeräte (Monitor, Standarddrucker) die Definition von Farbe und Breite eines Druckpunktes bzw. Monitorpunktes.
`Region`	Regionen sind geschlossene Gebiete, die in Form, Lage und Größe beschrieben werden und zu vielfältigen Zwecken verwendet werden.

Neben den grafischen Objekten, die für jeden Gerätekontext
separat verwaltet werden, wird im Gerätekontext weiterhin

festgelegt, wie grafische Objekte letztendlich auf das physikalische Ausgabegerät übertragen werden sollen.

Dieser Grafikmodus wird logisch in fünf Teilmodi zerlegt, die ihrerseits durch fünf entsprechende Funktionsaufrufe manipuliert bzw. abgefragt werden können.

Modus	Inhalt	Funktionen
Background	Mischen von Hintergrundfarbe mit bereits bestehenden Farbpunkten im Fenster. OPAQUE Objekte überdecken Hintergrund TRANSPARENT Hintergrund bleibt unverändert	`GetBkMode()` `SetBkMode()`
Drawing	Mischen von Vordergrundfarbe mit bereits bestehenden Farbpunkten im Fenster. R2_BLACK Pixel ist immer schwarz R2_COPYPEN Pixel hat Stift(pen)farbe. R2_MASKNOTPEN Kombination zwischen Bild und Stift; es wird eine Farbe genommen, die im Bild und nicht im Stift vorkommt. R2_MASKPEN Kombination zwischen Bild und Stift; es wird eine Farbe genommen, die im Bild und auch im Stift vorkommt. R2_MASKPENNOT Kombination zwischen Bild und Stift; es wird eine Farbe genommen, die im Inversen des Bilds und im Stift vorkommt. R2_MERGENOTPEN	`GetROP2()` `SetROP2()`

Modus	Inhalt	Funktionen
	Kombination zwischen Bild und Stift; es wird eine Farbe genommen, die im Inversen des Stifts und im Bild vorkommt.	
	`R2_MERGEPEN` Einfache Kombination zwischen Bild und Stift.	
	`R2_MERGEPENNOT` Kombination zwischen der Inversen Bildfarbe und Stiftfarbe.	
	`R2_NOP` Bildpunkte bleiben unverändert.	
	`R2_NOT` Das Inverse der Bildfarbe.	
	`R2_NOTCOPYPEN` Das Inverse der Stiftfarbe.	
	`R2_NOTMASKPEN` Das Inverse der R2_MASKPEN-Farbe.	
	`R2_NOTMERGEPEN` Das Inverse der `R2_MERGEPEN`-Farbe.	
	`R2_NOTXORPEN` Das Inverse der `R2_ XORPEN`-Farbe.	
	`R2_WHITE` Immer weiß.	
	`R2_XORPEN` LogischeXOR-Verknüpfung beider Farben.	
Mapping	Koordinatentransformation zwischen Seitenkoordinaten und Gerätekoordinaten. `MM_ANISOTROPIC`	`GetMapMode()` `SetMapMode()`

Modus	Inhalt	Funktionen

	`MM_HIENGLISH`
	`MM_HIMETRIC`
	`MM_ISOTROPIC`
	`MM_LOENGLISH`
	`MM_LOMETRIC`
	`MM_TEXT`
	`MM_TWIPS`
	Die Erläuterung der Modi ist weiter oben zu finden	

Polygon-fill	Verwendung des Füllmusters.
	
	`ALTERNATE`
	Das Objektinnere wird durch eine beliebig quer durch das Objekt gezogene Grade bestimmt.
	
	Es werden zunächst alle Schnittpunkte dieser Graden mit den Objektbegrenzungslinien von außen nach innen durchnummeriert. Es wird zwischen den Begrenzungslinien mit ungeraden und geraden Nummern gefüllt.
	
	`WINDING`
	von außen nach innen bekommen alle Begrenzungskurven jeweils wechselnde Drehorientierung(+1:im Uhrzeiger, -1:gegen den Uhrzeiger).Alle Punkte, deren Summe der Drehzahlen auf dem Weg zum Objektäußeren nicht 0 ergib, gehören zum Inneren und werden gefüllt.
		`GetPolyFillMode`
		`SetPolyFillMode()`

Stretching	Falls eine Bitmap verkleinert wird, müssen teilweise nebeneinander liegende Farbpunkte miteinander kombiniert wer-	`GetStretchBltMode()` `SetStretchBltMode()`

Modus	Inhalt	Funktionen
	den.	
	BLACKONWHITE **Logisch AND zwischen beiden Pixeln**	
	WHITEONBLACK **Logisch OR zwischen beiden Pixeln**	
	COLORONCOLOR **Wegfallen der Pixel**	
	HALFTONE **Es wird über größere Pixel-blöcke gemittelt**	
	STRETCH_ANDSCANS **WINDOWS 95**: identisch mit BLACKONWHITE.	
	STRETCH_DELETESCANS **WINDOWS 95**: identisch mit COLORONCOLOR.	
	STRETCH_HALFTONE **WINDOWS 95**: identisch mit HALFTONE.	
	STRETCH_ORSCANS **WINDOWS 95**: identisch mit WHITEONBLACK.	

Tatsächlich stellt das Betriebssystem vier Typen von Geräte-kontexten vordefiniert zur Verfügung. Diese sind

Gerätekontext	Verwendung	Funktionen zum Einrichten und Löschen des DC

Display	**Ausgabe auf Videomonitore oder andere Videoausgabege-räte.**	`BeginPaint()`
		`EndPaint()`
		oder
		`GetDC()`
		`ReleaseDC()`

Gerätekontext	Verwendung	Funktionen zum Einrichten und Löschen des DC
Printer	Ausgabe auf Drucker oder Plotter.	`CreateDC()` `DeleteDC()`
Memory	Druckausgabe auf eine Bitmap im Rechnerspeicher. Dies wird verwendet, um im Hintergrund (ohne Bachtung des Programmbenutzers) eine Grafikausgabe vorzubereiten.	`CreateCompatibleDC()`, danach Bitmap mittels `SelectObject()` laden und zum Schluß mittels `DeleteDC()` löschen
Information	Dieser Gerätekontext wird ausschließlich zur Ermittlung von Geräteinformationen benutzt.	`CreateIC()` `DeleteDC()`

Programmierung

Ein Standardverfahren zur Arbeit mit einem Monitorgerätekontext zeigt folgender Programmcode. Zunächst muß bei der Definition der Fensterklasse bei Programmstart festgelgt werden, daß ein (privater) Gerätekontext benutzt werden darf.

```
BOOL InitApplication(HINSTANCE hinstance)
{
    WNDCLASS  wc;
```

Hierzu wird als Stil die Konstante

```
    wc.style = CS_OWNDC;
```

angegeben.

```
    ...
    return RegisterClass(&wc);
}
```

Innerhalb der Fensterfunktion wird dann (bei Bedarf) zunächst der Gerätekontext beschafft.

```
LRESULT APIENTRY MainWndProc(...)
{
PAINTSTRUCT ps;
HDC hdc;
...

    hdc = GetDC(hwnd);
```

Danach kann mit der Grafikausgabe begonnen werden. Auch können hier noch Grafikmodi geändert werden

```
SetMapMode(hDC, MM_LOENGLISH);
...
```

oder auch Einstellungen des DC verändert werden (Stift, Pinselauswahl).

```
SelectObject(hDC, GetStockObject(BLACK_PEN));
```

Dann kann mittels GDI-Funktionen gezeichnet werden.

```
Rectangle(hDC, 20, 20, 100, 200);
```

Zum Schluß muß der DC (Gerätekontext) dann noch gelöscht werden.

```
ReleaseDC(hdc);
```

Neben den genannten Funktionen zum Umgang mit Gerätekontexten gibt es zusätzlich die Möglichkeit, mittels der Funktion SaveDC() einen definierten Gerätekontext zu speichern und zu einem späteren Zeitpunkt mittels der Funktion RestoreDC() wieder zu aktivieren.

Damit ist es möglich, flexibel zwischen verschiedenen Grafikmodi, Farbpaletten, Zeichensätzen, Zeichenstiften und ähnlichen Grafikattributen zu wechseln.

10.5   Grafikausschnitte (Clipping)

Grundsätzlich versteht man unter dem Vorgang des Clipping das Abschneiden von Grafikausgaben durch eine beliebige Begrenzungslinie. Im einfachsten Fall sorgt das Betriebssystem dafür, daß Grafikausgaben grundsätzlich auf den Fensterausgabebereich beschränkt werden. Selbst wenn ein Anwendungsprogramm eine Grafikausgabe mit Koordinaten außerhalb des Fensterausgabebereiches anfordern sollte, sorgt das Betriebssystem automatisch dafür, daß diese Grafikausgabe an den Grenzen des Fensterausgabebereiches abgeschnitten wird.

Ein Ausschnittsbereich (clipping region) kann unter WIN 32 jede geschlossene Kurve sein, die aus geraden Linien (hier im einfachsten Fall: die Begrenzung des Fensterausgabebereiches) und/oder einfachen Kurvenelementen und Kreisbögen, Ellipsenbögen) besteht.

WIN32 unterstützt darüber hinaus sogenannte Ausschnittspfade (clip parth) die ihrerseits wiederum eine geschlossene Kurve darstellen müssen und aus geraden Linien und/oder Bezierkurven bestehen. Beide Objekte, sowohl Ausschnittsbereiche als auch Ausschnittspfade können einem Gerätekontext zugeordnet werden. Hier ist allerdings Vorsicht angebracht:

Sollte ein Gerätekontext mittels der Funktion `BeginPaint()` zur Verfügung gestellt werden, so ist standardmäßig ein rechteckiger Ausschnittsbereich vordefiniert, der dem rechteckigen Bereich innerhalb des Fensterausgabebereiches entspricht, der neu zu zeichnen ist.

Wird ein Gerätekontext anderweitig zur Verfügung gestellt (z. B. mittels der Funktion `GetDC()`), so gibt es keinen voreingestellten Ausschnittsbereich.

Ein rechteckiger Ausschnittsbereich kann mittels der Funktion `IntersectClipRect()` für einen Gerätekontext neu definiert werden. Mittels der Funktion `CombineRgn()` kann eine beliebig aus Geraden und Kurven zusammengesetzte Region als

Ausschnittsbereich definiert oder mit einer bereits bestehenden Ausschnittsregion kombiniert werden.

Während Ausschnittsregionen in der Regel dazu benutzt werden, Grafikausgaben außerhalb der Region zu verhindern und damit ggf. die Grafikausgabe effektiver zu gestalten, dienen Ausschnittspfade häufig der aktiven Gestaltung von Grafikobjekten. So ist es z. B. möglich, den Umriß eines Buchstabens eines beliebigen Zeichensatzes als Ausschnittspfad zu definieren und damit z. B. Grafikausgaben auf das Innere des Buchstabenumrisses zu beschränken.

Grundsätzlich setzt sich ein Pfad aus Grafikelementen wie Linien, einfachen Kurven (Kreisausschnitte, Ellipsenausschnitte) und Bezierkurve zusammen.

Ist dieser Pfad geschlossen (Anfangspunkt = Endpunkt), so kann er als Ausschnittspfad benutzt werden. Ein Anwendungsprogramm kreiert einen Pfad durch den Aufruf der Funktion `BeginPath()`, nachfolgenden Grafikausgaben, die den Pfadverlauf definieren und einen abschließdenden Aufruf der Funktion `EndPath()`. Die beiden Funktionen bilden damit eine logische Klammer um die eigentliche Definition des Pfadverlaufes. Ist ein solcher geschlossener Pfad einmal kreiert, kann er mittels der Funktion `SelectClipPath()` in einen Gerätekontext geladen und dort als Ausschnittpfad benutzt werden. Nachfolgender Programmausschnitt gibt ein Beispiel für dieses Vorgehen.

Gerätekontext bereitstellen...

```
hdc = GetDC(hwnd);
```

und einen Zeichensatz laden, der als Vorlage zu einem Ausschnittspfad dienen soll.

```
SelectObject(hdc, CreateFontIndirect(lplf));
```

Jetzt wird der Ausschnittspfad definiert...

```
BeginPath(hdc);
    TextOut(hdc, 10, 10, "TEST", 4);
EndPath(hdc);
```

und in den Gerätekontext als Ausschnittspfad geladen.

```
SelectClipPath(hdc, RGN_DIFF);
ReleaseDC(hwnd, hdc);
```

Win 32 hat eine Konvertierung von Pfaden zu Regionen mittels der Funktion `PathToRegion()` vorgesehen. Dies kann z. B. dazu verwendet werden, einen Pfad mit komplexer Außenkurve zu definieren, ihn anschließend in eine Region zu konvertieren und nun Operationen (z. B. Verschieben) mit der so definierten Region durchzuführen, die Pfaden nicht vorgesehen sind.

10.6 Stifte und Pinsel

Win32 unterstützt grundsätzlich zwei verschiedene Arten von Zeichenstiften, die beide dazu benutzt werden, beliebige Kurven innerhalb eines Gerätekontextes darzustellen.

Während die erste Sorte Zeichenstifte, die sogenannten kosmetischen Stifte in ihrer Strichdicke in Geräteeinheiten definiert sind und damit grundsätzlich, unabhängig von der Skalierung oder Vergrößerung – immer die gleiche Strichbreite haben, wird die zweite Stiftsorte, die geometrischen Stifte, in logischen Einheiten des Weltkoordinatensystems definiert. Sie unterliegen in ihrer Strichdicke damit auch beliebigen Transformationen; darüber hinaus können geometrischen Stiften zusätzliche Stiftattribute zugeordnet werden.

Kosmetische Stifte werden mittels der Funktionen `CreatePen()`, `CreatePenIndirect()` oder `ExtCreatePen()` definiert; darüber hinaus können vordefinierte kosmetische Stifte mittels der Funktion `GetStockObject()` geladen werden.

Geometrische Stifte hingegen werden mittels der Funktion `ExtCreatePen()` definiert. Insgesamt gibt es sieben Stiftattribute, die in der nachfolgenden Tabelle zusammengefaßt sind.

Attribut	Kosmetischer Stift	Geometrischer Stift
Breite	Die Stiftbreite (d. h. die Breite der vom Stift erzeugten Linie) ist bei kosmetischen Stiften grundsätzlich in Gerätekoordinaten angegeben; z. Zt. kann hier lediglich die Stiftbreite 1 Pixel ausgewählt werden. Die Breite geometrischer Stifte wird in logischen Einheiten des gewählten Koordinatensystems angegeben und unterliegt allen Transformationen.	
Stil	Die Stilangabe hat für beide Stiftarten einen ähnlichen Effekt. Es wird festgelegt, ob die Linie durchgezogen oder in einer auswählbaren Art punktiert dargestellt wird.	
Farbe	Auch die Stiftfarbe ist für beide Stiftarten in ihrer Wirkung identisch. Es wird eine RGB-Farbkombination für die Stiftfarbe angegeben.	
Muster	nicht verfügbar	Da geometrische Stifte i.d.R. dazu benutzt werden, besonders breite Linien zu erzeugen, ist es sinnvoll, hierfür ein flächiges Stiftmuster zu definieren. so können beliebige, benutzerdefinierte Schraffuren verwendet werden.
Schraffur	nicht verfügbar	Sinnvoll bei breiten, geometrischen Stiften; es werden sechs Standardschraffuren angeboten.
Linienende	nicht verfügbar	Eine mit einem geometrischen Stift gezeichnete Linie kann mit flachen, rechteckigen und abgerundeten Linienenden dargestellt werden.
Verbindung	nicht verfügbar	Immer dann, wenn zwei mittels geometrischer Stifte gezeichnete Linien aneinanderstoßen, kann diese Verbindung eckig, abgeflacht oder rund dargestellt werden.

Ähnlich wie Stifte können auch Pinsel, die zum Ausfüllen und Einfärben von Flächenbereichen, die von geschlossenen Kurven umrandet werden, in einem Gerätekontext definiert werden. Ein solcher Pinsel ist durch das Muster und die Farbe definiert, die zum Füllen der Fläche verwendet werden.

Im Gegensatz zu einem Stift, dessen aktuelle Koordinate immer im Zentrum des Stiftmusters liegt, ist der Pinselursprung in der linken oberen Ecke der den Pinsel definierenden Bitmap festgelegt. Grundsätzlich gibt es vier verschiedene Typen von Füllmustern (also Pinseln).

- Geschlossene Pinsel

  Geschlossene Pinsel bestehen aus 8 x 8 = 64 Pixeln, die alle die gleiche Farbe haben. Ein solcher Pinsel wird mittels der Funktion `CreateSolidBrush()` kreiert.

- Vordefinierte Pinsel

  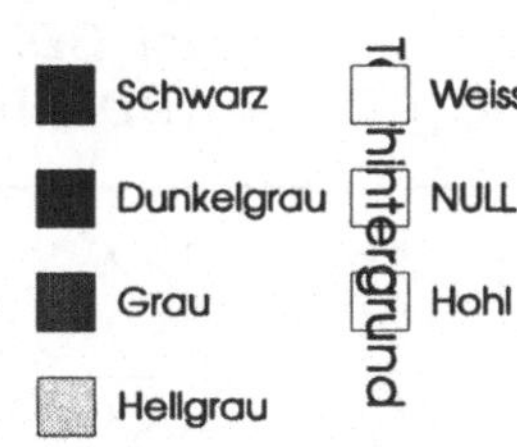

  Das GDI stellt sieben vordefinierte Pinseltypen zur Verfügung, die alle einfarbig sind. Diese Pinseltypen sind schwarz, dunkelgrau, grau, hellgrau, weiß, hohl und der Nullpinsel, der dann kein Füllmuster erzeugt.

- Schraffurpinsel

  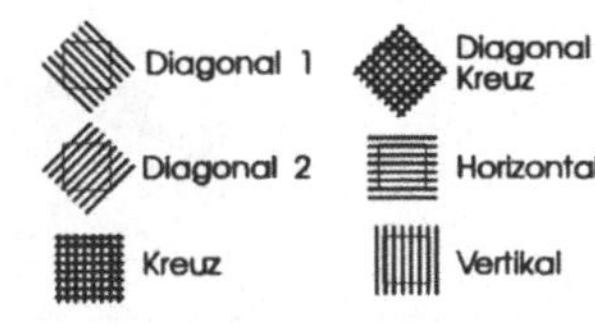

  Das GDI stellt auch sechs schraffierte Pinsel zur Verfügung. Die Schraffurpinsel werden mittels der Funktion `CreateHatchBrush()` kreiert.

- Musterpinsel

  Die Verwendung von Musterpinseln erlaubt es dem Programmierer, beliebige Bitmapmuster als Grundlage eines Musterpinsels zu verwenden. Es muß hierzu lediglich eine beliebige Bitmap als Mustervorlage der Funktion `CreatePatternBrush()` übergeben werden.

10.7   Linien- und Kurvenobjekte

Die Darstellung von Geraden oder Kurven auf einem beliebigen Ausgabegerät, das lediglich einzelne Rasterpunkte darstellen kann (Monitor, Matrixdrucker) ist zunächst deshalb ein Problem, weil die gewünschte Linie oder Kurve nicht ohne Abweichungen durch das Raster des Ausgabegerätes dargestellt werden kann.

Der Algorithmus, der eine möglichst genaue Annäherung der geraden Linie durch eine Pixelfolge des Rasterausgabegerätes im GDI approximiert, wird als digital differential analyzer (DDA) bezeichnet.

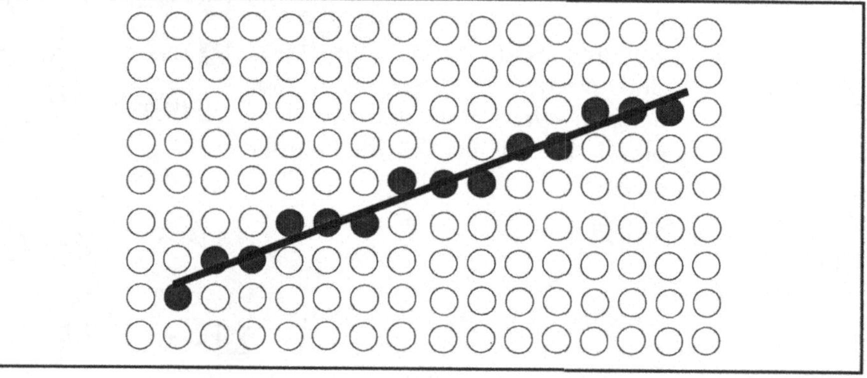

Abb. 10.2:   DDA Algorithmus

Natürlich ist im GDI ein solcher Algorithmus bereits implementiert, der bei allen Grafikausgabefunktionen, die gerade Linien ziehen, benutzt wird. Solche Funktionen sind

- `LineTo()` Hiermit wird eine gerade Linie zwischen zwei Punkten gezogen

- `Polyline()` Diese Funktion zeichnet eine Folge von geraden Linien, wobei der Anfangspunkt der nächsten Linie identisch mit dem Endpunkt der vorherigen Linie ist.

- `PolyPolyline()` Hiermit werden mehrere Linienzüge, die jeweils einzeln durch die Funktion `Polyline()` erzeugt werden, als Serie hintereinander ausgeführt.

Will der Programmierer eine eigene DDA-Funktion implementieren (um z.B. ein spezielles Rasterausgabegerät optimal zu unterstützen), so kann dies mittels der Funktion `LineDDA()` zumindest für die Darstellung einfacher Geraden implementiert werden.

Gekrümmte Linien wie Kreise, Kreisausschnitte, Ellipsen usw. sowie beliebig gekrümmte Beziersegmente werden mittels der nachfolgenden Funktionen gekennzeichnet; hierbei ist zu bemerken, daß unter WINDOWS 95 ausschließlich 16-Bit große Koordinatenwerte verwendet werden dürfen.

Funktion	Füllung	Inhalt
`Arc()`	nein	Diese Funktion zeichnet einen Ausschnitt einer Ellipse oder im Spezialfall eines Kreises. Als Sonderfall des Ausschnittes kann auch eine ganze Ellipse oder ein ganzer Kreis dargestellt werden. Zur Zeichnung dieser Funktion wird der aktuelle Stift benutzt; die Figur wird nicht gefüllt.
`AngleArc()`	nein	Diese Funktion zeichnet zunächst, beginnend mit der aktuellen Stiftposition, eine gerade Linie bis zum Beginn des Kreisbogens. Danach wird unmittelbar der Kreisbogen angeschlossen. Normalerweise können mit dieser Funktion keine Ellipsensegmente gezeichnet werden; bei geeigneter Transformation zwischen den Koordinatensystemen wird der gezeichnete Kreisbogen allerdings elliptisch erscheinen. Die Linien werden mit dem aktuellen Stift gezeichnet; die entstehende Figur wird nicht gefüllt.
`ArcTo()`	nein	Diese Funktion zeichnet ebenfalls wie die Funktion `Arc()` eine ganze Ellipse, einen ganzen Kreis bzw. Ausschnitte aus diesen beiden Figuren. Der Unterschied liegt darin begründet, daß nach dem Darstellen der Figur die aktuelle Stiftposition neu gesetzt wird. Diese neue Stiftposition ist der Endpunkt des Kreisbogens. Die Figur wird mit dem aktuellen Stift gezeichnet; sie wird nicht gefüllt.

Funktion	Füllung	Inhalt
Chord()	ja	Der Abschnitt einer Ellipse, der begrenzt wird vom Ellipsenbogen und einer Sekante der Ellipse wird mittels dieser Funktion dargestellt. Die Figur wird mit dem aktuellen Stift gezeichnet und der aktuellen Füllung ausgefüllt. Eine Füllung kann durch geeignete Füllmusterwahl auch unterdrückt werden.
Ellipse()	ja	Es wird eine beliebig orientierte und beliebig dimensionierte Ellipse gezeichnet. Der Rand der Figur wird mit dem aktuellen Stift dargestellt; die Figur wird mit dem aktuellen Füllmuster ausgefüllt.
Pie()	ja	Die Figur, die von einem Ellipsenausschnitt und zwei Ellipsenradien wird durch diese Funktion dargestellt. Der Rand der Figur wird durch den aktuellen Stift gezeichnet; das aktuelle Füllmuster wird zum Füllen der Figur benutzt.
PolyBezier()	nein	Beliebig gekrümmte Kurvensegmente können durch die Verwendung von Bezierfuktionen gestaltet werden. Jede einzelne Bezierkurve wird durch ihren Anfangs- und ihren Endpunkt sowie zwei weitere Kontrollpunkte definiert; diese beiden Kontrollpunkte liegen dabei nicht auf der Kurvenlinie. Diese Funktion leistet darüber hinaus die automatische Berechnung von Anschlußbedingungen, sodaß auch eine glatt ineinanderübergehende Folge von einzelnen Bezierfunktionen (Bezierkurvensegmenten) dargestellt werden kann. Als Anschlußbedingung dieser zweidimensionalen Bezersplines wird i.d.R. die einfach stetige Differenzierbarkeit an den Anschlußpunkten zweier Bezierfunktionen vorausgesetzt.

Eine kleine Besonderheit stellt noch die Funktion PolyDraw() dar.

Hiermit kann eine Folge von geraden Linien und Bezierkurven in beliebiger Kombination dargestellt werden.

Programmierung

Vor dem Durchsprechen des Beispielcodes muß noch auf eine wichtige Besonderheit der PAINTSTRUCT hingewiesen werden. In der Struktur wird vom BS automatisch das kleinste Rechteck abgelegt, daß im Fensterinhalt neu gezeichnet werden muß; dieses Rechteck ist das Element pc.rcPaint. rcPaint ist damit das kleinste Rechteck, das alle Regionen umschließt, die zerstört wurden.

Wird also z. B. ein Teil des Fensterausgabebereichs durch ein anderes Fenster überdeckt und dann freigegeben, so muß das überdeckte Teilrechteck unter diesem Fenster neu gezeichnet werden.

Will man statt dieses kleinsten möglichen Rechtecks immer den ganzen Fensterausgabebereich neu zeichnen, so muß dieses Rechteck mittels GetClientRect(hdc, &rect) ermittelt werden.

```
BOOL EinfacheObjekte(HWND hWnd, PAINTSTRUCT ps)
{
HGDIOBJ hflaeche;
HGDIOBJ hstift;
```

Für die Darstellung der einfachen Grafikobjekte muß sowohl eine Füllfarbe (Flächenfarbe)...

```
hflaeche = SelectObject(ps.hdc,
               CreateSolidBrush(RGB(IntZufall(255),
               IntZufall(255),
               IntZufall(255))));
```

als auch ein Stift mit Stiftfarbe und Stiftstärke für die Objektumrandung kreiert werden. In beiden Fällen wird eine zufällige RGB-Farbe benutzt

```
hstift = SelectObject(ps.hdc,
             CreatePen(PS_SOLID,
             IntZufall(5),
             RGB(IntZufall(255),
             IntZufall(255),
             IntZufall(255))));
```

Ein Rechteck wird dargestellt und...

```
Rectangle(ps.hdc,
        IntZufall(ps.rcPaint.right/2),
        IntZufall(ps.rcPaint.bottom/2),
        IntZufall(ps.rcPaint.right),
        IntZufall(ps.rcPaint.bottom));
```

...danach die beiden Grafikobjekte Füllfarbe und Stift gelöscht

```
DeleteObject(SelectObject(ps.hdc,hflaeche));
DeleteObject(SelectObject(ps.hdc,hstift));

hflaeche = SelectObject(ps.hdc,
                        CreateSolidBrush(RGB(IntZufall(255),
                        IntZufall(255),
                        IntZufall(255))));
hstift = SelectObject(ps.hdc,
                        CreatePen(PS_SOLID,
                        IntZufall(5),
                        RGB(IntZufall(255),
                        IntZufall(255),
                        IntZufall(255))));
```

...Ellipse

```
Ellipse(ps.hdc,
        IntZufall(ps.rcPaint.right/2),
        IntZufall(ps.rcPaint.bottom/2),
        IntZufall(ps.rcPaint.right),
        IntZufall(ps.rcPaint.bottom));
DeleteObject(SelectObject(ps.hdc,
            hflaeche));
DeleteObject(SelectObject(ps.hdc,
                        hstift));

hflaeche = SelectObject(ps.hdc,
                        CreateSolidBrush(RGB(IntZufall(255),
                        IntZufall(255),
                        IntZufall(255))));
```

```
hstift = SelectObject(ps.hdc,
                      CreatePen(PS_SOLID,
                                IntZufall(5),
                                RGB(IntZufall(255),
                                    IntZufall(255),
                                    IntZufall(255))));
```

Drittes Beispiel: Rechteck mit runden Ecken

```
RoundRect(ps.hdc,
          IntZufall(ps.rcPaint.right/2),
          IntZufall(ps.rcPaint.bottom/2),
          IntZufall(ps.rcPaint.right),
          IntZufall(ps.rcPaint.bottom),
          5,
          5);
DeleteObject(SelectObject(ps.hdc,
                          hflaeche));
DeleteObject(SelectObject(ps.hdc,
                          hstift));
return(TRUE);
}
```

Die Programmierung einfacher Linienzüge und Bezierkurven
folgt dem Code:

```
BOOL Kurven(HWND hWnd, PAINTSTRUCT ps)
{
HGDIOBJ hstift;
POINT punkte[ANZ_PUNKTE];
int p;
LOGBRUSH lb;
```

Für die Demonstration der Kurvenobjekte werden zunächst
einige Stützpunkte zufällig im Fensterausgabebereich definiert
definiert.

```
for(p=0; p<ANZ_PUNKTE; p++){
punkte[p].x = IntZufall(ps.rcPaint.right);
punkte[p].y = IntZufall(ps.rcPaint.bottom);
}
```

Der Zeichenstift wird als geometrisch festgelegt.

```
lb.lbStyle = BS_SOLID;
lb.lbColor = RGB(255,0,0);
lb.lbHatch = 0L; /* wird ignoriert für BS_SOLID */
```

Der Zeichenstift wird in den Gerätekontext geladen

```
hstift = SelectObject(ps.hdc,
                 ExtCreatePen(PS_GEOMETRIC | PS_SOLID |
                         PS_ENDCAP_ROUND |
                         PS_JOIN_ROUND,
                         5,
                         (CONST LOGBRUSH *)&lb,
                         0,
                         NULL));
```

Erstmal werden alle Punkte durch einen Linienzug verbunden

```
MoveToEx(ps.hdc, punkte[0].x, punkte[0].y, NULL);
for(p=1; p<ANZ_PUNKTE; p++){
LineTo(ps.hdc, punkte[p].x, punkte[p].y);
}
DeleteObject(SelectObject(ps.hdc,hstift));
```

Der Zeichenstift wird als geometrisch festgelegt.

```
lb.lbStyle = BS_SOLID;
lb.lbColor = RGB(0,0xFF,0);
lb.lbHatch = 0L; /* wird ignoriert für BS_SOLID */
```

Der Zeichenstift wird in den Gerätekontext geladen

```
hstift = SelectObject(ps.hdc,
                 ExtCreatePen(PS_GEOMETRIC | PS_SOLID |
                         PS_ENDCAP_ROUND |
                         PS_JOIN_ROUND,
                         1,
                         (CONST LOGBRUSH *)&lb,
                         0,
                         NULL));
```

Alle Punkte werden durch einen Polygonzug verbunden

```
Polyline(ps.hdc, (CONST POINT *)&punkte[0], ANZ_PUNKTE);
DeleteObject(SelectObject(ps.hdc,hstift));
```

Der Zeichenstift wird als geometrisch festgelegt.

```
lb.lbStyle = BS_SOLID;
lb.lbColor = RGB(0xFF,0,0xFF);
lb.lbHatch = 0L; /* wird ignoriert für BS_SOLID */
```

Der Zeichenstift wird in den Gerätekontext geladen

```
hstift = SelectObject(ps.hdc,
                 ExtCreatePen(PS_GEOMETRIC | PS_SOLID |
                         PS_ENDCAP_ROUND |
                         PS_JOIN_ROUND,
                         2,
                         (CONST LOGBRUSH *)&lb,
                         0,
                         NULL));
```

Alle Punkte werden durch eine Bezierkurve verbunden

```
PolyBezier(ps.hdc,
        (CONST POINT *)&punkte[0],
        ANZ_PUNKTE);
DeleteObject(SelectObject(ps.hdc,hstift));
```

10.8   Bitmaps

Eine Bitmap ist eine punktweise definierte Grafik, die eine zentrale Rolle bei der Grafikausgabe von Anwendungsprogrammen spielt. Solche Bitmapgrafiken können auf vielfältige Weise manipuliert und gespeichert werden. Sie werden u. a. dazu benutzt, den Inhalt des Fensterausgabebereiches zu verschieben, zu skalieren und mit vielen möglichen logischen Operationen mit anderen Bitmaps zu verknüpfen.

Prinzipiell ist eine Bitmap eines der Objekte, die zu einem Gerätekontext gehören und mit diesem verknüpft werden können. Aus Nutzersicht ist eine Bitmap ein rechteckiger Bereich von Bildpunkten, wobei jeder dieser Punkte unter Berücksichtigung der aktuellen Palette beliebige Farben annehmen kann.

Aus Sicht des Programmierers ist eine Bitmap ein etwas komplizierteres Objekt; zunächst wird in einem Vorspann die Auflösung des geplanten Gerätekontextes, die Dimension des rechteckigen Bitmapbereichs, die Größe der Gesamtstruktur und andere Kennwerte gespeichert.

Zu einer Bitmap gehört auch eine logische Farbpalette, die die in der Bitmap benutzten Farben als RGB-Werte definiert oder Verweise auf die existierende Systempalette beinhaltet. Schließlich muß in der Datenstruktur, die eine Bitmap beschreibt, natürlich ein Feld enthalten sein, das für jeden Punkt des rechteckigen Bitmapbereichs eine Verknüpfung zur logischen Farbpalette der Bitmap herstellt.

Grundsätzlich unterscheidet WINDOWS 95 zwei Typen von Bitmaps. Einmal die geräteabhängigen Bitmaps (DDB) und zum andern die geräteunabhängigen Bitmaps (DIB). Die geräteabhängigen Bitmaps wurden in früheren Versionen des Betriebssystems hauptsächlich verwendet. Sie werden nur noch aus Gründen der Kompatibilität zu früheren Versionen von WINDOWS und ggf. anderen Betriebssystemen unterstützt. Programmierer sollten in allen gängigen Anwendungsfällen ausschließlich geräteunabhängige Bitmaps verwenden, die problemlos auf verschiedene Ausgabegeräte ausgegeben werden können.

10.8.1   Geräteunabhängige Bitmaps (DIB)

Eine geräteunabhängige Bitmap muß alle notwendigen Informationen über die Bitmap selbst, ihre Farbgestaltung, ihre Auflösung und die Auflösung des geplanten Zielgerätes speichern können. Hierzu wird eine Struktur nachfolgenden Typs verwendet.

```
typedef struct tagBITMAPINFO {
  BITMAPINFOHEADER bmiHeader;
  RGBQUAD          bmiColors[1];
} BITMAPINFO;
```

Offensichtlich verweist diese Struktur lediglich auf zwei Unterstrukturen.

Zum einen werden sämtliche allgemeinen Informationen der geräteunabhängigen Bitmap in der Struktur BITMAPINFO-HEADER gespeichert.

Zum anderen stellt der zweite Eintrag vom Typ RGBQUAD den Einstieg in ein Feld dar, in dem die in der Bitmap zu verwendenden Farben definiert sind.

Beide Unterstrukturen sollen zunächst erläutert werden.

```
typedef struct tagBITMAPINFOHEADER{
```

DWORD biSize — Anzahl der Bytes, die für die Gesamtstruktur benutzt werden.

Die Farbtabelle in der BITMAPINFO-Struktur beginnt an der Position

```
pColor = ((LPSTR)pBitmapInfo +
          (WORD)(pBitmapInfo->bmiHeader.biSize));
```

LONG biWidth — Breite der Bitmap in Pixel.

LONG biHeight — Höhe der Bitmap in Pixel. Falls dieser Wert positiv ist, wird die Bitmapinformation von unten nach oben gespeichert; der Ursprung der Bitmap ist dann die linke untere Rechteckecke. Falls der Wert negativ angegeben wird, wird die Bitmap von oben nach unten angegeben; ihr Ursprung ist dann die linke obere Ecke des Bitmaprechtecks.

WORD biPlanes — Anzahl der Darstellungsebenen auf dem geplanten Ausgabegerät. Dieser Wert muß als 1 angegeben werden.

WORD biBitCount — Anzahl der Bits, die für die Farbdarstellung eines Pixels benutzt werden. Hier sind die Werte 1, 4, 8, 16, 24, 32 erlaubt.

DWORD biCompression — Die eigentliche Bitmapinformation (d. h. das Rechteck der einzelnen darzustellenden Pixel) kann einer Kompression unterzogen werden, falls die Bitmap ihren Ursprung in der linken unteren Rechteckecke hat.; die Bitmap muß also von unten nach oben definiert sein. In einem solchen Fall kann die Bitmap mit nachfolgendem Kompressionsverfahren bearbeitet werden:

    BI_RGB   Keine Kompression.

    BI_RLE8   Eine Kompression wird durchgeführt; es werden 8 bit/Pixel verwendet

    BI_RLE4   Eine Kompression mit 4bit/Pixel wird durchgeführt

    BI_BITFIELDS Die Bitmap wird nicht komprimiert; dafür wird

	die Farbtabelle optimiert. Nur zu verwenden bei 16 und 32 bit/Pixel-Bitmap
`DWORD biSi-` `zeImage`	Größe der Pixelinformation der Bitmap in Byte.

`LONG`
`biXPels-`
`PerMeter`
	Für das geplante Ausgabegerät wird die horizontale Auflösung in Pixeln pro Meter definiert. Diese Angabe kann einem Anwendungsprogramm dazu dienlich sein, bei Kenntnis eines existierenden Ausgabegerätes die am besten passende Bitmap aus einer angebotenen Alternative auszuwählen.

`LONG`
`biYPels-`
`PerMeter`
	Die vertikale Auflösung des Ausgabegerätes in Pixeln pro Meter wird angegeben.

`DWORD` `biClrUsed`	Die Anzahl der Einträge in die Farbtabelle, die aktuell von der Bitmap benutzt wird, wird angegeben. Dieser Wert hat in Verbindung mit anderen Parametern dieser Struktur besondere Bedeutung.

$$
\begin{array}{ll}
0 & \text{Anzahl Farben gemäß biBitCount} \\
{>}0 \text{ und biBitCount} < 16 & \text{Anzahl möglicher Farben auf} \\
& \text{dem Ausgabegerät} \\
{>}0 \text{ und biBitCount} >=16 & \text{Größe der optimalen Farbtabelle}
\end{array}
$$

`DWORD`
`biClr-`
`Important`
	Hier wird angegeben, wieviele der Einträge der Farbtabelle als unbedingt notwendig angesehen werden. Wird hier eine Null angegeben, sollen alle Einträge der Farbtabelle als unbedingt notwendig eingestuft werden. Diese Angabe wird vom Betriebssystem dazu verwendet, die gleichzeitige Darstellung mehrerer Farb-Bitmaps zu optimieren.

```
} BITMAPINFOHEADER;
```

Die zweite Teilstruktur definiert den Einstieg in die Farbpalette, die für die Bitmap angelegt wurde. Damit ist schon klar, daß für jede Farb-Bitmap eine eigene Farbtabelle angelegt wird, die natürlich abhängig von der Kapazität des jeweiligen Ausgabegerätes eine optimale Farbwiedergabe der Bitmapgrafik ermöglicht.

So wird man z. B. in einer Grafik, die ein großes Spektrum von Rottönen beinhaltet, dafür aber nur sehr wenige Blautöne benutzt, eine entsprechende Farbgewichtung in der Farbtabelle vornehmen.

```
typedef struct tagRGBQUAD {
BYTE      rgbBlue          Blauanteil der Farbe in RGB Darstellung
BYTE      rgbGreen         Grünanteil der Farbe in RGB Darstellung
BYTE      rgbRed           Rotanteil der Farbe in RGB Darstellung
BYTE      rgbReserved      Reserviert, hier muß 0 stehen
} RGBQUAD;
```

Unmittelbar an die Hauptstruktur BITMAPINFO schließt sich ein Feld an, das die einzelnen Pixel der Grafik definiert. Abhängig von der in der Struktur angegebenen Orientierung der Bitmap wird die Grafik zeilenweise von oben nach unten oder von unten nach oben definiert.

Jede Grafikzeile beginnt mit der Farbangabe zum ganz links stehenden Pixel und endet mit der Farbangabe des ganz rechts stehenden Pixels der jeweiligen Zeile. Jede dieser Bitmapzeilen muß ggf. so aufgefüllt werden, daß sie ein ganzzahliges Vielfaches des Datentyps LONG darstellt.

10.8.2 Geräteabhängige Bitmaps

Die lediglich aus Kompalibilitätsgründen weiterhin unterstützten geräteabhängigen Bitmaps sind wesentlich einfacher konstruiert, können aber aufgrund der ihnen fehlenden Informationen nur sehr schwer zwischen unterschiedlichen Ausgabegeräten ausgetauscht werden. Sie werden durch die nachfolgende Struktur definiert.

```
typedef struct tagBITMAP {
LONG    bmType          Der Typ der Bitmap wird angegeben. Dieser Wert
                        muß 0 sein.
LONG    bmWidth         Breite der Bitmap in Pixeln.
LONG    bmHeight        Höhe der Bitmap in Pixeln.
LONG    bmWidthBytes    Anzahl der Bytes in jeder Bitmapzeile. Dieser Wert
                        muß ein Vielfaches von 2 darstellen.
WORD    bmPlanes        Anzahl der Farbebenen.
```

```
WORD    bmBitsPixel        Anzahl der Bits, die für die Farbdarstellung je Pixel
                           benutzt werden.

LPVOID bmBits             Zeiger auf ein Feld, das die eigentliche Pixelinforma-
                           tion beinhaltet.

} BITMAP;
```

Die Verwendung einer geräteabhängigen Bitmap sollte weitestgehend vermieden werden, um Aufwärtskompatibilität zu
Folgeversionen von WINDOWS 95 zu gewährleisten.

10.8.3   Bitmaps und Gerätekontexte

Die Grafikfähigkeit des Gerätekontextes ist je nach Art der
Definition des Gerätekontextes vordefiniert. Die nachfolgende
Tabelle gibt darüber Auskunft.

`CreateDC(„DISPLAY",` `NULL,NULL,NULL);`	VGA-Auflösung: 256 Farben, 640*480 Pixel
`GetDC(hWnd);`	Auflösung des jeweiligen Fensteraus-gabebereichs
`CreateCompatibleDC(hdc);`	Ein dem angegebenen Gerät kompatibler Gerätekontext wird im Speicher angelegt; dies dient i.d.R. zur Hintergrundausgabe von Grafik in den Kernspeicher.
`CreateCompatibleDC(NULL);`	Ein dem aktuellen Fenster kompatibler Ge-rätekontext wird im Speicher angelegt; dies dient i.d.R. zur Hintergrundausgabe von Grafik in den Kernspeicher.

10.8.4   Bitmapoperationen

Einmal definierte Bitmaps können durch einfachen Funktionsaufruf teilweise komplexen Manipulationen unterworfen werden. Zentrale Bedeutung hat dabei das Kopieren einer Bitmap
in einen Zielgerätekontext, wobei mit dem dort bereits stehenden Inhalt des Zielrechteckes eine Kombination mit der kopierten Bitmap vorgenommen werden kann. Insbesondere die
Funktion `BitBlt()` wird dazu benutzt, einen Bitblock-Transfer
von einem Quellrechteck in ein Zielrechteck unter Kombination mit den Pixeln im Zielrechteck vorzunehmen.

```
BOOL BitBlt(
HDC   hdcDest
int   nXDest
int   nYDest
int   nWidth
int   nHeight
HDC   hdcSrc
int   nXSrc
int   nYSrc
DWORD  dwRop
```

HDC hdcDest	Zielgerätekontext
int nXDest	x-Koordinate der linken oberen Ecke des Zielrechtecks
int nYDest	y-Koordinate der linken oberen Ecke des Zielrechtecks
int nWidth	Breite der Bitmap in Pixeln
int nHeight	Höhe der Bitmap in Pixeln
HDC hdcSrc	Quellgerätekontext
int nXSrc	x-Koordinate der linken oberen Ecke des Quellrechtecks
int nYSrc	y-Koordinate der linken oberen Ecke des Quellrechtecks
DWORD dwRop	Kombinationsmodus von Quellrechteck und Zielrechteck. Dabei können nachfolgend genannte Kombinationsmodi angewandt werden.

BLACKNESS	Das Zielrechteck wird mit der Farbe, die den Index 0 in der physikalischen Farbpalette hat (i.d.R. schwarz) gefüllt.
DSTINVERT	Das Zielrechteck wird invertiert.
MERGECOPY	Die Farben von Quell- und Zielrechteck werden mit der logischen AND-Operation kombiniert.
MERGEPAINT	Das Quellrechteck wird invertiert und anschließend mit dem Zielrechteck mittels der logischen OR-Operation verknüpft.
NOTSRCCOPY	Das Quellrechteck wird invertiert und in das Zielrechteck kopiert.
NOTSRCERASE	Zunächst werden Quell- und Zielrechteck mittels der OR-Operation verknüpft und anschließend invertiert.
PATCOPY	Ein angegebenes Muster wird in das Zielrechteck kopiert.
PATINVERT	Ein angegebenes Muster wird mittels der XOR-Operation mit dem Zielrechteck verknüpft.
PATPAINT	Ein Muster wird mit dem invertierten Quellrechteck mittels der OR-Operation verknüpft. Das Resultat dieser Operation

	wird mit den Farben des Zielrechtecks mittels der OR-Operation verknüpft.
SRCAND	Quell- und Zielrechteck werden mittels der AND-Operation verknüpft.
SRCCOPY	Das Quellrechteck wird direkt, ohne Änderung in das Zielrechteck kopiert.
SRCERASE	Die Farben des Zielrechtecks werden invertiert und anschließend mit den Farben des Quellrechtecks mittels der AND-Operation verknüpft.
SRCINVERT	Das Zielrechteck und das Quellrechteck werden mittels der XOR-Operation verknüpft.
SRCPAINT	Das Quellrechteck und das Zielrechteck werden mittels der OR-Operation verknüpft.
WHITENESS	Das Zielrechteck wird mit der Farbe, die in der physikalischen Palette den Index 1 hat (i.d.R. weiß) gefüllt.

```
);
```

Die hier angegebenen Kombinationsmodi sind lediglich eine Untermenge aller möglichen Kombinationen zwischen Muster-, Quellrechteck und Zielrechteck.

Die Gesamtmenge aller Rasteroperationen, die diese drei Operanden miteinander verknüpfen, werden ternäre Rasteroperationen genannt.

Der Begriff „ternär" bezieht sich hierbei auf die Tatsache, daß drei Operanden, nämlich der Farbwert des Zielpixels, der Farbwert des Quellpixels und der Farbwert eines ausgewählten Musters mittels logischer Operationen miteinander verknüpft werden.

Insgesamt ergibt sich dabei folgende Gesamtmenge möglicher Rasteroperationen.

Operand	Bedeutung
D	Zielpixelfarbe
P	Farbe des Musterpixels
S	Quellpixelfarbe

Logischer Operator	Bedeutung
a	AND
n	NOT
o	OR
x	XOR

Alle logischen Operationen werden in umgekehrter polnischer Notation formuliert. Hierbei werden zunächst die beiden betroffenen Operanden bzw. bei der Operation NOT der eine betroffene Operand aufgeführt und die entsprechende logische Operation angehängt. Will man z. B. Quelle (S für Source) und Ziel (D für Destination) mittels der Operation OR miteinander verknüpfen, so entspricht dies in umgekehrter polnischer Notation dem Kürzel

DSo

Werden mehrere logische Operationen hintereinander ausgeführt, so wird der entsprechende Ausdruck in umgekehrter polnischer Notation von innen nach außen aufgebaut. Die Tabelle in Anhang 5 gibt Aufschluß über alle möglichen Rasteroperationen, die mit den genannten drei Operanden und den aufgeführten logischen Operationen auszuführen sind.

10.8.5 Speicherung von Bitmaps

Natürlich kann jedes Anwendungsprogramm den Inhalt einer Bitmap beliebig in Dateien ablegen. Empfehlenswert ist allerdings, die von Win 95 dafür vorgesehenen Strukturen zu benutzen.

Der Aufbau einer solchen, alle notwendigen Informationen über die zu speichernde Bitmap definierenden Strukturfolge ist

```
typedef struct tagBITMAPFILEHEADER {
```
WORD bfType	**Dateitypangabe (.BMP)**
DWORD bfSize	**Größe der Datei in byte**
WORD bfReserved1	**reserviert (0)**
WORD bfReserved2	**reserviert (0)**
DWORD bfOffBits	**Offset vom Ende der Struktur zum Beginn der Bitmapbits**

```
} BITMAPFILEHEADER;
```

Unmittelbar anschließend folgt eine Struktur BITMAPINFO, die die restlichen Informationen wie oben definiert enthält.

Diese Strukturfolge muß vom Anwendungsprogramm über Standardausgabefunktionen in eine Datei ausgegeben bzw. beim Restaurieren aus einer Datei in diese Strukturen gelesen werden. Die Verwendung des Dateityps .BMP verpflichtet zur Verwendung des hier beschriebenen Formates.

Programmierung

Es werden drei Beispiele vorgestellt: Darstellen einer externen Bitmapressource, sowohl direkt als auch skaliert und Speichern des Bildschirminhalts in eine Bitmap.

In diesem ersten Beispiel soll eine Bitmap aus der Ressource geladen und im Fenster dargestellt werden

```
case IDM_BITBLT:{
```

Die Bitmapressoure wird geladen

```
hbm = LoadBitmap(hInst,
            MAKEINTRESOURCE(IDB_BITMAP));
```

...und zunächst der Gerätekontext für das Fenster geholt.

```
hdc = GetDC(hWnd);
```

Nun beginnt die eigentliche Arbeit mit der Bitmap. Es wird erstmal ein zum Fensterkontext kompatibler Bitmapkontext kreiert. In diesem Bitmapkontext stehen dann schon alle wichtigen Informationen drin, die dann...

```
hdcbm = CreateCompatibleDC(hdc);
```

...auf die eigentliche BITMAP-Struktur (Info+Bitmapdaten) übertragen werden. In der BITMAP stehen dann u.a. auch schon die Dimension der Bitmap, ihre Farbdarstellung etc.

Die Pixelinformation der Ressourcenbitmap (in hbm) wird mit der BITMAP-Struktur (bm) verknüpft und ist dann darüber ansprechbar.

```
GetObject (hbm, sizeof(BITMAP), &bm);
```

Die Bitmap wird jetzt in den Bitmapgerätekontext als Grafikobjekt geladen und steht dann da zur Verfügung.

```
SelectObject(hdcbm, hbm);
```

Hier wird der eigentliche Datentransfer zwischen bm (vertreten durch hdcbm) und dem Fensterausgabebereich (hdc) durchgeführt; das Bild wird im Fenster dargestellt.

```
BitBlt(hdc,
       0,
       0,
       bm.bmWidth,
       bm.bmHeight,
       hdcbm,
       0,
       0,
       SRCCOPY);
DeleteDC(hdcbm);
}
break;
```

Im zweiten Beispiel soll eigentlich das gleiche gemacht werden wie im ersten. Allerdings wird hierbei die Ressource exakt an die Fenstergröße angepaßt.

```
case IDM_STRETCHBLT:{
hbm = LoadBitmap(hInst,
            MAKEINTRESOURCE(IDB_BITMAP));

hdc = GetDC(hWnd);
```

Um die exakte Anpassung der Bitmap an den Fensterausgabebereich durchführen zu können, müssen die Dimensionen ermittelt werden.

```
GetClientRect(hWnd, &rect);


hdcbm = CreateCompatibleDC(hdc);
GetObject (hbm, sizeof(BITMAP), &bm);
SelectObject(hdcbm, hbm);
```

Hier wird jetzt automatisch eine Skalierung der Bitmap so durchgeführt, daß sie exakt in den Rechteckbereich des Fensters paßt.

```
StretchBlt(hdc,
           0,
           0,
           rect.right,
           rect.bottom,
           hdcbm,
           0,
           0,
           bm.bmWidth,
           bm.bmHeight,
           SRCCOPY);
DeleteDC(hdcbm);
}
break;
```

Drittes Beispiel: Kopieren von allen Bildschirmpixeln in eine Speicherbitmap (also eine Hardcopy des Bildschirms machen)

```
case IDM_GETBITMAP:{
```

Gerätekontext und...

```
hdc = GetDC(hWnd);
```

...dazugehörende Größe des Fensterausgabebereichs werden geholt.

```
GetClientRect(hWnd, &rect);
```

Wir brauchen hier noch einen zweiten Gerätekontext; er soll
zum gesamten Bildschirm passen.

```
hdcBildschirm = CreateDC("DISPLAY",
                         NULL,
                         NULL,
                         NULL);
```

Kompatibel zum Bildschirmkontext wird nun der Bitmapkontext angelegt.

```
hdcbm = CreateCompatibleDC(hdcBildschirm);
```

...und passend zum Bitmapkontext wird die Bitmap kreiert
und...

```
hbm = CreateCompatibleBitmap(hdcBildschirm,
                             GetDeviceCaps(hdc,
                             HORZRES),
                             GetDeviceCaps(hdc,
                             VERTRES));
```

...mit der Speicherbitmap verbunden.

```
GetObject (hbm, sizeof(BITMAP), &bm);
```

Jetzt wird nur noch Bitmaphandle und Bitmapkontext assoziiert. Dann sind wir mit den Vorbereitungen fertig und können...

```
SelectObject(hdcbm, hbm);
```

...den gesamten Fensterinhalt (hdcBildschirm) in die Speicherbitmap (hdcbm) kopieren.

```
BitBlt(hdcbm,
       0,
       0,
       bm.bmWidth,
       bm.bmHeight,
       hdcBildschirm,
       0,
       0,
       SRCCOPY);
```

Nur zur Demonstration wird jetzt noch die Speicherbitmap hdcbm in das Fenster hdc ausgegeben.

```
StretchBlt(hdc,
           0,
           0,
           rect.right,
           rect.bottom,
           hdcbm,
           0,
           0,
           bm.bmWidth,
           bm.bmHeight,
           SRCCOPY);
```

Bitte noch die nicht mehr benötigten Objekte löschen...

```
DeleteDC(hdcbm);
DeleteDC(hdcBildschirm);
}
break;
```

10.9   Farben

Moderne Farbausgabegeräte (Monitore, Farbdrucker) können aus Sicht der Gerätekapazität in den meisten Fällen viele Millionen unterschiedlicher Farbtöne darstellen. So kann z. B. ein moderner Monitor durch das analoge Variieren der Intensitäten der drei Farbkomponenten eine praktisch unbegrenzte Anzahl unterschiedlicher Farbtöne je Bildschirmpixel darstellen.

Der eigentliche Engpaß bei der Darstellung und bei der programmtechnischen Bearbeitung von Farben ist im Speicherbedarf bei der Speicherung der Bilddaten zu sehen. Der Monitor z. B. wird von einer Grafikkarte versorgt, die nur einen begrenzten Speicherplatz zur Darstellung aller Bildschirmpixel zur Verfügung hat. So müssen schon bei der VGA-Darstellung (640 x 480 Pixel) folgende Informationsmengen auf der Grafikkarte gespeichert werden.

Angaben in KByte	Auflösung		
Farbe	640 * 480	1280*1024	1600*1280
256 (8 bit)	300	1280	2000
65536 (16 bit)	600	2560	4000
16777216 (24 bit)	900	3840	6000

Das Problem liegt also darin, möglichst viele Farbtöne gleichzeitig darzustellen; die zeitlich versetzte Darstellung vieler Farbtöne dagegen, stellt prinzipiell kein Problem dar.

Da gleichzeitig ablaufende Programme unterschiedliche Anforderungen an die Farbtönung innerhalb ihres jeweiligen Fensterausgabebereiches stellen können (ein Grafikprogramm stellt z. B. in zwei separaten Fenstern einmal ein Bild in verschiedenen Blautönen, im anderen Fenster ein Bild mit unterschiedlichen Rottönen dar), muß es für den Programmierer eine einfache Möglichkeit geben, für den eigenen Fensterausgabebereich eine Liste der vom System zu generierenden Farbtöne zu definieren.

Das Betriebssystem wird immer dann, wenn das entsprechende Programmfenster aktiv ist, die zu diesem Programmfenster gehörende Liste von Farbtönen verwenden und Fensterausgabebereiche fremder Programme, die ebenfalls sichtbar sind, mit Hilfe der aktuellen Liste von Farbtönen so weit wie möglich annähernd darstellen.

Die Grafikfähigkeit eines Ausgabegerätes, insbesondere auch die Fähigkeit des Gerätes, unterschiedliche Farben darzustellen, läßt sich mittels der Funktion GetDeviceCaps() im Programm abfragen; die hier erhaltenen Werte können dann als Parameter im Programm verwendet werden.

WINDOWS 95 definiert Farben grundsätzlich durch die Angabe von drei Farbwerten; hierbei werden der Rot-, Grün- und Blauanteil der Gesamtfarbe einzeln aufgeführt. Diese Farbdarstellung wird als RGB-Farbdarstellung bezeichnet. In dieser Syntax wird die Farbe Schwarz als (0,0,0) und die Farbe Weiß als (255,255,255) dargestellt. Durch die Variierung der einzelnen Farbanteile werden damit alle Mischfarben definierbar. Mit der Beschränkung auf eine Darstellungsgenauigkeit von 8 Bit je Farbanteil wird für die Farbdefinition jedes Grafikpunktes ein Speicherplatz von 24 Bit notwendig. Die o. g. Tabelle zeigt, daß ca. 16 Millionen diskrete Farbtöne auf diese Art und Weise definierbar sind. Da diese Zahl unterschiedlicher Farbtöne die Unterscheidungsfähigkeit des menschlichen Sehvermögens bereits überschreitet, ist eine genauere diskrete Farbdarstellung nicht notwendig.

Jedes Anwendungsprogramm kann nun seine für die eigenen Ansprüche notwendigen Farbwerte zunächst ohne Rücksicht auf die Farbdarstellungsfähigkeit des Ausgabegerätes definieren und verwenden. Das Betriebssystem selbst sorgt dafür, daß aus der Palette der insgesamt physikalisch zur Verfügung stehenden Farben auf dem Ausgabegerät die jeweils passendste Farbe für den Fensterausgabebereich des Programms gewählt wird.

Das Programm selbst kann die vom Betriebssystem als beste Approximation gewählte Farbe selbst mit der Funktion `GetNearestColor()` erfragen.

Falls das Ausgabegerät physikalisch nicht in der Lage ist, eine notwendig darzustellende Farbe zu produzieren, wendet WINDOWS 95 das Verfahren des Dithering an, bei dem zwei oder mehr darstellbare Farben in einem vom Betriebssystem bestimmten Muster nebeneinander dargestellt werden, sodaß insgesamt ein grober Gesamtfarbeindruck entsteht.

10.10   Farbpaletten

Wie bereits ausgeführt, sind die meisten Farbausgabegeräte zwar in der Lage, eine hohe Zahl von Farbtönen wiederzugeben; bei den meisten Farbausgabesystemen wird allerdings die Anzahl der zur gleichen Zeit darstellbaren Farben beschränkt sein.

WINDOWS 95 legt zwischen die Farbanforderungen eines Anwendungsprogrammes und das Farbausgabegerät eine Liste von Farbtönen (Farbpalette). Eine solche Farbpalette ist ein Feld, dessen Einträge die aktuell darstellbaren Farben sind.

Grundsätzlich stellt das Betriebssystem zwei Arten von Farbpaletten zur Verfügung. Grundsätzlich wird, passend zum Ausgabegerät, eine Systempalette vom Betriebssystem verwaltet, auf die alle Anwendungsprogramme zugreifen können.

Darüber hinaus kann jedes Anwendungsprogramm seinen eigenen Bedürfnissen entsprechend eine logische Farbpalette definieren. Eine solche logische Farbpalette wird dann vom Programm mit dem gewünschten Gerätekontext verbunden.

Sobald ein Programm einen Gerätekontext eröffnet, sorgt das Betriebssystem dafür, daß eine Systempalette mit in den meisten Fällen zwanzig voreingestellten Farben mit diesem Gerätekontext verbunden wird.

Jedes Programm hat also, sobald ein Gerätekontext vorhanden ist, Zugriff auf voreingestellte Farbwerte, die alle Grundfarben zur Verfügung stellen. So stellt ein Gerätekontext, der für die Monitorausgabe gedacht ist, 16 Grundfarben zuzüglich vier weiterer seitens des Betriebssystems definierter Farben zur Verfügung.

Dies muß nicht unbedingt für Gerätekontexte gelten, die für eine Druckerausgabe gedacht sind. Solange mit dieser Standardfarbtabelle gearbeitet wird, werden Farbanforderungen des Programms durch die Auswahl einer möglichst passenden Farbe der Standardpalette befriedigt.

Darüberhinaus wird das Betriebssystem auch, falls keine annähernd passende Farbe in der Farbpalette vorhanden ist, den gewünschten Farbeindruck durch Dithering simulieren.

Will das Programm die annähernde Farbauswahl durch das Betriebssystem grundsätzlich verhindern, so kann statt einer RGB-Angabe auch der Index des zu benutzenden Farbpalletteneintrages angegeben werden.

Eine Änderung der Standardeinträge innerhalb der Systempalette ist nicht erlaubt; um andere als die Standardvorgaben zu verwenden, muß ein Programm seine eigene logische Farbpalette definieren. Jedes Programm kann beliebig viele logische Farbpaletten definieren; es kann allerdings gleichzeitig nur genau eine logische Farbpalette mit einem Gerätekontext verbunden werden. Eine logische Farbpalette wird mittels der Funktion `CreatePalette()` definiert.

Hierzu wird vor dem Funktionsaufruf die nachfolgende Struktur seitens des Programms aufgeführt.

```
typedef struct tagLOGPALETTE {
```

`WORD  palVersion`	Versionsnummer (0x300)
`WORD palNumEntries`	Anzahl Palettenfarben
`PALETTEENTRY palPalEntry[1]`	Start eines Feldes, dessen Elemente die Farbeinträge sind

```
} LOGPALETTE;
```

```
typedef struct tagPALETTEENTRY {
```

`BYTE peRed`	Rotanteil
`BYTE peGreen`	Grünanteil
`BYTE peBlue`	Blauanteil
`BYTE peFlags`	Verwendungsmodus der Palette

`PC_EXPLICIT`

LOWORD(paletteeintrag) ist der Index der Hardware-palette des Geräts.

`PC_NOCOLLAPSE`

Die Farbe wird in einen freien Platz der Systempalette eingetragen; es findet in diesem Fall keine Farbannäherung statt, sondern die eingetragene Farbe wird verwendet.

`PC_RESERVED`

Der Speicherplatz wird für Farbanimation verwendet und darf von anderen Programmen daher nicht verwendet werden.

```
} PALETTEENTRY;
```

Nachdem auf diese Weise eine eigene logische Farbpalette definiert wurde, kann sie mittels der Funktion `SelectPalette()` mit dem aktuellen Gerätekontext verbunden und danach mittels der Funktion `RealizePalette()` zur Darstellung verwendet werden.

Ist die logische Farbpalette einmal mittels der Funktion `RealizePalette()` aktiviert worden, so können zwar nachträglich selektiv Paletteneinträge mittels der Funktion `SetPaletteEntries()` geändert werden.

Die damit neudefinierten Farbeinträge werden aber erst benutzt, wenn die Farbpalette zunächst mit `UnrealizeObject()` inaktiviert und anschließend mittels `RealizePalette()` wieder aktiviert wird.

Ebenso wie alle anderen Objekte belegt eine logische Farbpalette Systemressourcen. Sie sollte also so früh wie möglich mittels `DeleteObject()` gelöscht werden.

Bei der Definition einer logischen Farbpalette können einige der Farbeinträge als reserviert eingetragen werden. Solche reservierten Farbeinträge werden benutzt, um einen schnellen Wechsel dieser Farben zu realisieren.

Mittels der Funktion `AnimatePalette()` können Farbeinträge, die als „reserviert" definiert wurden, sehr schnell durch andere Farben ersetzt werden. Programme können diesen Effekt nutzen, um z. B. ohne großen Ressourcenaufwand schnelle Bewegungseffekte zu simulieren.

10.10.1 Nachrichten für Farbpaletten

Da die Änderung der Systempalette durch ein Programm nicht nur das Farbverhalten des Programms selbst, sondern auch das Farbverhalten anderer Programmfenster beeinflußt, müssen die anderen aktiven Programme von einer Änderung der Systemfarbpalette informiert werden.

Damit wird diesen Programmen (falls sie diese Nachrichten bearbeiten) die Möglichkeit gegeben, entsprechend auf Änderungen der Systemfarbpalette zu reagieren. Die nachfolgende Auflistung gibt die in diesem Zusammenhang wichtigen Nachrichten wieder.

WM_PALETTECHANGED	Diese Nachricht wird an alle Oberflächenfenster und Überlappungsfenster gesendet, wenn das aktive Fenster (das Fenster mit dem Tastatureingabefocus) eine eigene logische Palette realisiert hat. Mit der Realisation dieser logischen Palette wird die Systemfarbpalette geändert. Alle angesprochenen Fenster können dann auf die Änderungen der Paletteneinträge reagieren.
WM_PALETTEISCHANGING	Diese Nachricht wird versendet, wenn das Realisieren einer logischen Palette eingeleitet wird; die logische Palette ist zu diesem Zeitpunkt aber noch nicht realisiert.
WM_QUERYNEWPALETTE	Diese Nachricht wird an ein Fenster geschickt, das unmittelbar davorsteht, den Tastatureingabefocus aktuell zugeteilt zu bekommen. Damit kann das für das Fenster zuständige Programm eine eigene logische Palette realisieren.
WM_SYSCOLORCHANGE	Diese Nachricht wird an alle Oberflächenfenster gesendet, wenn die Systemfarbpalette geändert wird.

Die Änderung der Paletteneinträge durch ein Programm zur Abdeckung der programmeigenen Farbbedürfnisse kann teilweise ernsthafte Folgen für die Darstellungsgüte in anderen, z. Zt. nicht aktiven Programmfenstern haben. Da das Betriebssystem in diesen aktuell inaktiven Fenstern möglichst passende Farben aus der aktuellen Farbpalette auswählt, wird eine Farbgrafikdarstellung in der Regel nur wenig an Darstellungsqualität verlieren.

Sollten die aktuelle Farbpalette und die zur Darstellung eines Hintergrundfensters notwendige Farbpalette allerdings große Differenzen aufweisen, so kann die Farbwiedergabegüte dramatisch schlechter werden. Je mehr Farben ein Grafikausgabegerät gleichzeitig darstellen kann, umso weniger dramatisch werden diese Farbanpassungseffekte ausfallen.

Programmierung

Es soll vorgeführt werden, wie die Einträge der Systemfarbpalette besimmt werden können.

Anzahl Farben ermitteln

```
anzahlfarben = GetDeviceCaps(ps.hdc, NUMCOLORS);
```

Speicher für das Feld der Farbwerte allozieren

```
farben = (COLORREF *)LocalAlloc(LPTR,
                        sizeof(COLORREF)
                                *(anzahlfarben+1));
```

Für die Aufzählungsfunktion wird diese Anzahl in Feldelement 0 gespeichert

```
farben[0] = (LONG)anzahlfarben;
```

Jetzt werden automatisch alle Farbeinträge der Gerätepalette bestimmt. Dabei wird die eigentliche Bestimmung der Farbe durch eine selbstdefinierte Aufzählungsfunktion durchgeführt.

Die Adresse dieser Aufzählungsfunktion wird hier übergeben. Es muß keine explizite Schleife über alle Farbeinträge durchgeführt werden; die Aufzählungsfunktion wird automatisch unendlich oft aufgerufen.

Sie muß daher selbst für eine Abbruchbedingung sorgen; wenn nicht, gibt es in der Regel einen Programmabsturz!

```
EnumObjects(ps.hdc,
        OBJ_PEN,
        (GOBJENUMPROC)Aufzaehlungsfunktion,
        (LPBYTE)(LPARAM)farben);
```

Die Anzahl der Paletteneinträge wird erneuert, da farben[0] durch die Aufzählungsfunktion geändert wurde – dies war gerade die Abbruchbedingung.

```
anzahlfarben = GetDeviceCaps(ps.hdc, NUMCOLORS);
```

Die Ausgabe der Textinformation im Fenster wird eingeleitet

```
y = 20;
deltay = 20;
strcpy(puffer, "Farbpalette mit anzahlfarben = ");
strcat(puffer,
```

```
        itoa( (int)anzahlfarben,
        puffer2,
        10));

TextOut(ps.hdc,
        ps.rcPaint.left+50,
        y+=deltay,
        puffer,
        strlen(puffer));
```

Alle Farbwerte werden aufgelistet

```
for(farbe=1; farbe<=anzahlfarben; farbe++){
strcpy(puffer, "Farbe ");
strcat(puffer, itoa( (int)farbe, puffer2, 10));
strcat(puffer, ", Farbwert ");
strcat(puffer,
        itoa( (int)farben[farbe],
        puffer2,
        16));

TextOut(ps.hdc,
        ps.rcPaint.left+50,
        y+=deltay,
        puffer,
        strlen(puffer));
```

Es werden noch die Farben neben dem Text dargestellt

```
hpen = CreatePen(PS_SOLID, 1, farben[farbe]);
hbrush = CreateSolidBrush(farben[farbe]);
holdpen = SelectObject(ps.hdc, hpen);
holdbrush = SelectObject(ps.hdc, hbrush);
Rectangle(ps.hdc,
        ps.rcPaint.left+5,
        y,
        ps.rcPaint.left+25,
        y+20);
SelectObject(ps.hdc, holdpen);
DeleteObject(hpen);
```

```
SelectObject(ps.hdc, holdbrush);
DeleteObject(hbrush);
}
```

Dies ist die selbstdefinierte Aufzählungsfunktion, die im vorliegenden Fall nach Siftfarben vom Typ PS_SOLID sucht – dies sind die Systemfarben, die nicht gedithert werden

```
int Aufzaehlungsfunktion(LPVOID argument_logpen,
                         LPBYTE argument_farben)
{
LPLOGPEN logpen;
COLORREF *farben;
int iColor;

logpen = (LPLOGPEN)argument_logpen;
farben = (COLORREF *)argument_farben;

if (logpen->lopnStyle==PS_SOLID) {
```

Hier ist die Abbruchbedingung formuliert; wird einmal 0 zurückgegeben, so wird die Aufzählung der Objekte beendet und diese Funktion nicht mehr aufgerufen!

```
if ((iColor = (int)farben[0]) <= 0)
return 0;

farben[iColor] = logpen->lopnColor;
farben[0]--;
}
```

Solange 1 zurückgegeben wird, wird die Aufzählung der Objekte fortgeführt!

```
return 1;
```

10.11   Geräteunabhängige Farbwiedergabe (image color maching ICM)

Da die Gerätetechnologie für Farbwiedergabegeräte unterschiedliche technische Ansätze verfolgt, kann zunächst nicht sichergestellt werden, daß die Farbwiedergabe ein- und derselben Datenquelle (geräteunabhängige Bitmap) auf unterschiedlichen Ausgabegeräten ein identisches Farbverhalten hat. Um dies sicherzustellen, wurde dem API die ICM-Schnittstelle beigefügt.

Hiermit soll sichergestellt werden, daß die Wiedergabe ein- und derselben Grafikdatenquelle unabhängig von der verwendeten Gerätetechnologie und dem verwendeten Reproduktionsmedium (Bildschirm, Papier, Film etc.) identische Ergebnisse liefert.

Normalerweise ist das ICM nicht aktiviert; diese Schnittstelle muß für jeden Gerätekontext, in den Farbinformation ausgegeben werden soll, separat aktiviert werden. Dies geschieht mittels der Funktion SetICMMode(). Damit ist aber noch nicht die ganze Arbeit getan. Nachdem die ICM-Schnittstelle so aktiviert wurde, muß zunächst ein Farbraum kreiert und in den Gerätekontext geladen werden.

Dieser Farbraum stellt eine Liste logischer Farben zur Verfügung, die anschließend zum Darstellen der Grafik verwendet werden dürfen. Exakt die innerhalb des Farbraums definierten logischen Farben können nämlich dann vom Gerätekontext physikalisch exakt reproduziert werden. Bei der Definition des Farbraums muß also der Gerätetreiber, der für die Darstellung des Gerätekontextes zuständig ist, befragt werden, welche logischen Farben er exakt darstellen kann.

Will man abfragen, ob eine bestimmte logische Farbe (dargestellt als RGBQUAD-Struktur) vom Farbraum des Gerätetreibers unterstützt wird, überprüft man dieses mittels der Funktion CheckColorsInGamut().

Eine typische Problemsituation ist der Entwurf einer Farbgrafik innerhalb eines Gerätekontextes des Monitors und die nachfolgende Ausgabe dieser Farbgrafik auf einem Drucker.

Sind für beide Gerätekontexte (Monitor und Drucker) die Farbräume kreiert, so kann mittels der Funktion `Color-MatchToTarget()` eine Vorschau der Druckausgabe auf dem Monitor erzeugt werden.

10.11.1 Farbräume

Ein Farbraum ist eine Liste logischer Farben, die entweder als RGB-Farben oder als CMYK-Farben definiert werden können. Die Funktion `CreateColorSpace()` kreiert einen neuen Farbraum; die Angaben zum Inhalt des Farbraumes werden dabei in der nachfolgenden struktur übergeben.

```
typedef struct tagLOGCOLORSPACE {
```

`DWORD lcsSignature`	Farbraumsignatur
`DWORD lcsVersion`	Versionsnummer; es muß der Wert 0x400 angegeben werden.
`DWORD lcsSize`	Größe der Struktur in Byte.
`LCSCSTYPE lcsCSType`	Typ des Farbraumes
`LCS_DEVICE_RGB`	Es werden RGB-Farbwerte angegeben. Diese Werte werden ohne irgendeine Umsetzung an das Gerät weitergegeben.
`LCS_DEVICE_CMYK`	Es werden CMYK-Farbwerte angegeben. Diese Farbwerte werden ohne Umsetzung im Gerätekontext ausgegeben.
`LCS_CALIBRATED_RGB`	Es werden RGB-Farbwerte angegeben. Diese Farbwerte werden entsprechend der Einträge im Farbraum für das Ausgabegerät umgesetzt.
`LCSGAMUTMATCH lcsIntent`	Die Methode, mit der logische Farben und physikalische Farben miteinander verglichen werden, wird bestimmt.
`LCS_GM_BUSINESS`	Es werden nur reine physikalische Farben verwendet. Eine Farbdarstellung durch Verwendung eines Farbmusters (Dithering) wird nicht gestattet.

LCS_GM_GRAPHICS	Benutzt für Grafikausgaben
LCS_GM_IMAGES	Benutzt für die Darstellung von Fotografien und Bitmaps
CIEXYZTRIPLE lcsEndpoints	Höchstwerte für Rot-, Grün- und Blaufarbanteil
DWORD lcsGammaRed	Skalierung der Rot-Koordinate
DWORD lcsGammaGreen	Skalierung der Grün-Koordinate
DWORD lcsGammaBlue	Skalierung der Blau-Koordinate
TCHAR lcsFilename [MAX_PATH]	Dieses Strukturelement wird normalerweise = 0 gesetzt. Es bezeichnet den Namen einer Farbprofildatei. Eine solche Farbprofildatei steuert die exakte Farbwiedergabe für ein spezifisches Ausgabegerät.

```
} LOGCOLORSPACE;
```

Farbprofildateien enthalten Informationen, die die Farbfähigkeit eines speziellen Gerätes definieren. Eine Farbprofildatei für einen Drucker legt z.B. die Farbwirkung der verwendeten Tinte für eine spezielle Papiersorte fest. Diese Informationen sind wichtig, wenn eine logische Farbe in eine exakte physikalische Farbe abgebildet werden soll.

Diese Farbprofildateien existieren für viele farbfähige Geräte wie z. B. Bildschirm, Drucker und Scanner. Farbprofildateien müssen in der Systemregistratur angemeldet sein. Hierzu kann die Funktion UpdateICMRegKey() verwendet werden, die Farbprofildateien (ICC) neu installiert.

Nachdem ein solcher Farbraum kreiert und mittels SetColorSpace() einem Gerätekontext beigeordnet wurde, können nun bestimmte Grafikausgaben in diesem Gerätekontext stattfinden, die dann in die korrekten physikalischen Farben umgesetzt werden.

Die GDI-Objekte

• Geräteunabhängige Bitmap (DIB) und

• Erweiterte Metadatei (enhanced metafile)

unterstützen die Verwendung von Farbräumen. Bei den geräteunabhängigen Bitmaps muß hierzu eine Struktur vom Typ `BITMAPV4HEADER` benutzt werden.

Diese Struktur ist identisch zur `BITMAPINFOHEADER`-Struktur mit Ausnahme zusätzlicher Strukturelemente, die den Typ des Farbraums, die maximalen Farbwerte und andere Daten definiert.

10.12 Zeichensätze

Ebenso wie alle anderen Grafikobjekte werden auch Text mittels geeigneter GDI-Funktionen im Fensterausgabebereich dargestellt. Hierzu stehen eine Vielzahl von Zeichensätzen und Variationen innerhalb einzelner Zeichensätze zur Verfügung; dabei werden unterschiedliche Definitionsformen für die einzelnen Zeichen verwendet.

Ein Zeichensatz variiert normalerweise in drei Darstellungsmodi.

• Zeichensatztyp (typeface)

Der Zeichensatztyp wird durch die Zeichensatzbenennung dokumentiert. Es ist hiermit prinzipiell die Definition der einzelnen Zeichen des Zeichensatzes gemeint.

• Zeichensatzstil (style)

Innerhalb eines Zeichensatzes können die Zeichen mit unterschiedlichen Stilrichtungen dargestellt werden. Hierunter sind zu nennen Dünndruck, Fettdruck, Kursivdruck etc..

• Zeichengröße (size)

Die Größe des Zeichensatzes wird normalerweise in einer Einheit angegeben, die aus dem professionellen Druckbereich übernommen wurde. Diese „Punkt" genannte Größe entspricht je Einheit etwa 1/72 inch.

Prinzipiell unterstützt WINDOWS 95 drei Techniken, mit denen die Zeichen eines Zeichensatzes definiert werden können.

Abhängig von der Definitionstechnik der einzelnen Zeichen variiert die Güte der Darstellung, ihre Verformbarkeit und Skalierbarkeit.

1. Rasterdefinition

    Rasterzeichensätze speichern für jedes Zeichen eine Bitmap, die vom Betriebssystem dazu benutzt wird, die einzelnen Zeichen darzustellen. Wird ein solches Rasterzeichen vergrößert, so wird der grafische Eindruck zunehmend gröber. Solche Zeichensätze können auch nur mit großem Aufwand in Umrißzeichensätze verwandelt werden.

2. Vektorzeichensätze

    Vektorzeichen definieren den Umriß jedes Zeichens durch eine Verkettung von Liniensegmenten. Die Folge aller Liniensegmente ergibt dann die Außenhülle jedes Zeichens. Vektorzeichensätze sind ohne Qualitätsverlust skalierbar. Sollen allerdings Kurvensegmente dargestellt werden, so müssen diese Kurvensegmente mittels vieler gerader Linien approximiert werden. Eine solche Approximation wird aber bei geeigneter Vergrößerung als Vektorzug auffallen.

3. TrueType-Zeichensätze

    Hierbei wird der Außenrand jedes Zeichens durch eine Verkettung von Liniensegmenten und Kurvensegmenten definiert. So definierte Zeichen sind ohne jeden Qualitätsverlust beliebig skalier- und transformierbar. Für manche Ausgabegeräte gilt, daß einige Zeichensätze bereits für diese Geräte definiert sind. So stellen bestimmte Drucker vordefinierte Zeichensätze zur Verfügung.

Prinzipiell aber führt das Betriebssystem eine Tabelle, in die Zeichensätze aus Zeichensatzdateien geladen werden können. Ein Programm wird hierzu die Funktion `AddFontResource()` verwenden. Damit wird ein neuer Zeichensatz aus einer Zeichensatzdatei gelesen und der internen Zeichensatztabelle hinzugefügt.

Eine Besonderheit gilt hier für TrueType-Zeichensätze. Die eigentliche Definition der Zeichen wird in Dateien mit der

Endung .TTF gespeichert. Zeichensatzproduzenten liefern manchmal nur diese Zeichensatzdateien aus. Das Betriebssystem benötigt darüber hinaus auch Dateien mit der Endung .FOT, die zusätzlich Informationen zu dem zu ladenden Zeichensatz enthalten. Bevor also, falls diese Definitionsdateien fehlen sollten, der eigentliche Zeichensatz geladen werden kann, muß eine solche Informationsdatei künstlich erzeugt werden.

Hierzu wird die Funktion CreateScalableFontResource() benutzt, die vor dem eigentlichen Laden des Zeichensatzes aus der Datei in die interne Zeichensatztabelle aufgerufen werden muß. Wie alle Systemressourcen muß auch ein Zeichensatz, nachdem seine Benutzung beendet ist, freigegeben und gelöscht werden. Dies geschieht mittels der Funktion RemoveFontResource(), die den Eintrag in die interne Zeichensatztabelle löscht und die von den Zeichensatzdaten belegten Speicherbereiche freigibt.

10.13   Textausgabe

Nachdem Zeichensätze in die interne Zeichensatztabelle geladen wurden, können sie prinzipiell zur Textausgabe in beliebige Gerätekontexte verwendet werden. Das Betriebssystem stellt hierzu eine Reihe von Funktionen zur Verfügung, die auch ein Formatieren des Textes während der Textausgabe zulassen. Die Ausrichtung des Textes wird mittels der Funktion SetTextAlign() gesteuert. Hiermit kann die Ausrichtung des Textes an der Basislinie (das ist die Linie, an der entlang eine Zeichenfolge plaziert wird), gesteuert werden. Die eigentliche Textausgabe erfolgt danach mittels der Funktion TextOut().

Wesentlich mehr Formatierungsmöglichkeiten zur Textausgabe bietet hingegen die Funktion DrawText(); hierbei kann die Textausgabe unter Formatierungsbedingungen innerhalb eines vordefinierten rechteckigen Ausgabebereiches erfolgen. Wird bei der Textausgabe eine Ausrichtung des Textes an Tabulatorpositionen gewünscht, so muß die Funktion TabbedTextOut() hierzu verwendet werden.

Programmierung

```
BOOL Text(HWND hWnd,
          PAINTSTRUCT ps,
          LOGFONT logischerfont)
{
HGDIOBJ hflaeche;
HGDIOBJ hstift;
HGDIOBJ hFontobjekt;
HFONT hFont;
char puffer[128];
char puffer2[16];
LONG winkel;
LONG y, deltay;
```

als Füll- und Stiftfarbe wird Grau als Stockobjekt geholt

```
hflaeche = SelectObject(ps.hdc,GetStockObject(GRAY_BRUSH));
hstift = SelectObject(ps.hdc, GetStockObject(WHITE_PEN));
```

Der Hintergrundmodus muß auf „durchscheinend" gesetzt werden, damit sich Textteile mit einem farbigen Hintergrund (auch weiß) nicht selbst löschen!

```
SetBkMode(ps.hdc, TRANSPARENT);
```

Jetzt kann Text ausgegeben werden. Zunächst soll ein Text in verschiedenen Winkeln ausgegeben werden.

```
strcpy(puffer, "Testausgabe");
for (winkel = 0; winkel < 3600; winkel += 100) {
```

hierzu wird in der Struktur des logischen Fonts jeweils der Winkel, bezogen auf die x-Achse in 1/10 Grad neu gesetzt

```
logischerfont.lfEscapement = winkel;
```

Der Font wird mit dieser Angabe kreiert

```
hFont = CreateFontIndirect( (CONST LOGFONT *)&logischerfont);
```

Dann in den Gerätekontext geladen

```
hFontobjekt = SelectObject(ps.hdc, hFont);
```

und schließlich zur Textausgabe genutzt

```
TextOut(ps.hdc, ps.rcPaint.right / 2,
        ps.rcPaint.bottom / 2, puffer, strlen(puffer));
```

Zum Schluß muß jeweils das Grafikobjekt gelöscht werden, da jeder Fontausgabewinkel neu kreiert werden muß.

```
DeleteObject(SelectObject(ps.hdc,hFontobjekt));
}
```

Hintergrundmodus umstellen

```
SetBkMode(ps.hdc, OPAQUE);
```

Die Objekte müssen wieder gelöscht werden

```
DeleteObject(SelectObject(ps.hdc,hflaeche));
DeleteObject(SelectObject(ps.hdc,hstift));
```

Anschließend sollen nun noch die Kapazitäten des Gerätekontexts (also des damit verbundenen Treibers) ausgegeben werden. Dazu wählen wir als Ausgabefarbe Rot.

```
logischerfont.lfEscapement = 0;
hFont = CreateFontIndirect((CONST LOGFONT*)
                        &logischerfont);
hFontobjekt = SelectObject(ps.hdc,
                        hFont);
hflaeche = SelectObject(ps.hdc,
                (HGDIOBJ)CreateSolidBrush(RGB(0xFF,
                                        0x00,
                                        0x00)));
hstift = SelectObject(ps.hdc,
                (HGDIOBJ)CreatePen(PS_SOLID,
                                1,
                                RGB(0xFF,
                                        0x00,
                                        0x00)));
```

Für die Textausgabe muß noch die vertikale Schrittweite festgelegt werden.

```
y = ps.rcPaint.top+10;
deltay = 20;
```

Da jeweils nicht der Konstantenwert, sondern der besseren Lesbarkeit wegen der Konstantentext ausgegeben werden soll, muß dieser String gesondert ermittelt werden.

Wir verwenden hierzu der Kürze wegen zwei oben definiertes Makros, die sowohl das Ergebnis der Abfrage vergleichen als auch den Ausgabetext zusammensetzen.

```
// Makros

#define DEVCAPS(v, x)
if(GetDeviceCaps(ps.hdc, v)&x) {
strcpy(puffer, #v);
strcat(puffer, " : ");
strcat(puffer,#x);
TextOut(ps.hdc,
        ps.rcPaint.left+10,
        y+=deltay,
        puffer,
        strlen(puffer));}

#define DEVCAPSINT(v)
strcpy(puffer, #v);
strcat(puffer, " : ");
strcat(puffer, itoa( (int)
GetDeviceCaps(ps.hdc,
            v),
            puffer2,
            10));TextOut(ps.hdc,
            ps.rcPaint.left+10,
            y+=deltay,
            puffer,
            strlen(puffer));

DEVCAPS(TECHNOLOGY, DT_PLOTTER)
DEVCAPS(TECHNOLOGY, DT_RASDISPLAY)
DEVCAPS(TECHNOLOGY, DT_RASPRINTER)
```

```
DEVCAPS(TECHNOLOGY, DT_RASCAMERA)
DEVCAPS(TECHNOLOGY, DT_CHARSTREAM)
DEVCAPS(TECHNOLOGY, DT_METAFILE)
DEVCAPS(TECHNOLOGY, DT_DISPFILE)
DEVCAPSINT(HORZSIZE)
DEVCAPSINT(VERTSIZE)
...
```

Die Objekte müssen wieder gelöscht werden

```
DeleteObject(SelectObject(ps.hdc,hflaeche));
DeleteObject(SelectObject(ps.hdc,hstift));
DeleteObject(SelectObject(ps.hdc,hFontobjekt));

return(TRUE);
}
```

10.14   Druckerausgabe

Neben der Ausgabe von Grafiken innerhalb eines Fensterausgabebereichs auf dem Monitor ist die Ausgabe auf einer Vielzahl von Druckergeräten wohl die Standardsituation einer Programmausgabe für einen Gerätekontext. Äußerst erfreulich ist in diesem Zusammenhang die Tatsache, daß sämtliche Druckerausgaben unter WINDOWS 95 geräteunabhängig programmiert werden können.

Eine irgendwie geartete Kenntnis spezieller Druckerbefehle oder gar die Programmierung einer Vielzahl von Druckertreibern für ein Programm ist also nicht notwendig. Zwischen die Druckausgabe, die innerhalb des Programms in einen entsprechend generierten Gerätekontext gemacht wird und der tatsächlichen, physikalischen Ausgabe der Grafikinformation auf ein reales Gerät werden Gerätetreiber geschaltet, die vom Gerätehersteller selbst zur Verfügung zu stellen sind.

Damit ist es z. B. auch möglich, die Druckausgabe programmunabhängig auf beliebige Ausgabegeräte zu leiten.

Zusätzlich zu den GDI-Funktionen und dem auf das Ausgabegerät abgestimmten Gerätetreiber kommen vier weitere

Funktionselemente, die von WINDOWS 95 zur Verfügung gestellt werden. Diese zusätzlichen Komponenten sind

- der Druckerspooler,

- der Druckprozessor,

- die Grafikmaschine und

- der Monitor.

Der Druckerspooler überwacht den gesamten Druckausgabeprozeß. Hier wird der korrekte Druckertreiber geladen, GDI-Grafikbefehle werden in treiberkompatible Befehle umgesetzt, Druckerausgaben werden bei Bedarf auf einer Festplatte zwischengespeichert und bei geeigneter Ressourcensituation dann zum Drucker weitergeleitet.

Nachdem das Programm einen geeigneten Gerätekontext kreiert hat und die eigentliche Druckausgabe beginnen soll, muß das Programm die Funktion StartDoc() aufrufen. Später, bei Beendigung der Druckausgabe muß mittels Aufruf der Funktion EndDoc() eine Freigabe der Druckerressourcen erfolgen.

Hat der Spooler eine geeignete Ressourcensituation gefunden, die eine physikalische Druckausgabe zuläßt, so wird der eigentliche Druckprozessor (eine DLL) gestartet, der die Druckausgabesätze vom Spooler übernimmt und in ein für den Druckertreiber geeignetes Format umwandelt. Unmittelbar angeschlossen ist die Grafikmaschine, die die Druckinformation vom Durckprozessor übernimmt und in Aufrufe von Gerätetreiberfunktionen umwandelt.

Diese Gerätetreiberfunktionen werden vom Hersteller des Druckgerätes definiert und im mitgelieferten Druckertreiber zusammengefaßt. Der Druckertreiber übernimmt nun diese Funktionsaufrufe der Grafikmaschine und führt diese Funktionsaufrufe aus. Die Ausführung dieser Funktionsaufrufe (die nicht unter Kontrolle des eigentlichen WINDOWS-Programms liegen) erzeugen nun ihrerseits den eigentlichen Ansteuerungs-Code für den Drucker.

Die so erzeugten geräteabhängigen Grafikinformationen werden abschließend vom Monitor (wieder eine DLL) durch die voreingestellte Schnittstelle an das Druckgerät gesendet. Ohne Kenntnis des Ausgabegerätes, nur unter Benutzung des aktuell verfügbaren Gerätekontextes können nun beliebige Grafikausgaben mittels der dazu geeigneten GDI-Funktionen durchgeführt werden.

Damit kann eine beliebige Folge von Texten, Kurven, ausgefüllten Figuren oder auch Bitmaps auf den Gerätekontext ausgegeben werden. Speziell für die Druckausgabe ist aber zusätzlich ein weiterer Funktionalitätsbereich abzudecken. So kann mittels der GDI-Funktionen z. B. kein Wechsel der Druckseite herbeigeführt werden. Solche druckerspezifischen Funktionen werden nicht mittels einer speziellen GDI-Funktion in den Gerätekontext geschrieben, sondern mittels der Funktion Escape() an den Druckertreiber geschickt. Der Druckertreiber sorgt dann für die entsprechende, gerätespezifische Umsetzung dieser Escape-Befehle.

Die Funktion hat nachfolgend genannte Parameter.

```
int Escape(
HDC    hdc                Handle des Gerätekontextes
int    nEscape            Escapefunktion (s.u.)
int    cbInput            Größe der Eingabestruktur in byte
LPCSTR  lpvInData         Adresse der Eingabestruktur
LPVOID  lpvOutData        Adresse der Ausgabestruktur
);
```

10.14.1 Escapefunktionen

Hierzu existieren eigene API-Funktionen, die alternativ verwendet werden können.

Escape	Eigene Funktion	Inhalt
ABORTDOC	AbortDoc	Die Druckausgabe wird abgebrochen.
ENDDOC	EndDoc	Die Druckausgabe wird normal beendet.

Escape	Eigene Funktion	Inhalt
NEWFRAME	EndPage	Die Druckausgabe wird auf der aktuellen Seite beendet und auf einer neuen Seite begonnen. Dieser Aufruf wird immer zum Abschluß einer Seite benutzt.
STARTDOC	StartDoc	Die Druckausgabe wird begonnen.
	StartPage	Der Druckertreiber wird zum Empfang von Druckerdaten vorbereitet.

Statt der `Escape()`-Funktion kann alternativ auch die Funktion `GetDeviceCaps()` mit den angegebenen Parametern verwendet werden.

Escape	Parameter für Funktion `GetDeviceCaps()`	Inhalt
GETPHYS-PAGESIZE	PHYSICALWIDTH	Breite der Druckerseite in Pixeln.
GETPHYS-PAGESIZE	PHYSICALHEIGHT	Höhe der Druckerseite in Pixeln.
GETPRINTING-OFFSET	PHYSICALOFFSETX	Abstand in x-Richtung (gemessen in Pixeln) von der linken oberen Druckerseitenecke zum Beginn der Druckausgabe.
GETPRINTING-OFFSET	PHYSICALOFFSETY	Abstand (gemessen in Pixeln) in der y-Richtung, gemessen von der linken oberen Ecke der Druckerseite zum Beginn der Druckausgabe.
GETSCALING-FACTOR	SCALINGFACTORX	Skalierungsfaktor in x-Richtung.
GETSCALING-FACTOR	SCALINGFACTORY	Skalierungsfaktor in y-Richtung.

Für folgenden `Escape()`-Aufruf gibt es keine Ersatzfunktion.

QUERYYESCSUPPORT   Es wird ermittelt, ob ein spezieller Escapebefehl vom Gerätetreiber unterstützt wird.

Werden die genannten ESCAPE-Funktionen innerhalb der logischen Klammer, bestehend aus StartDoc() und EndDoc() an den Druckertreiber geschickt, so wird auf dem Ausgabegerät die gewünschte Operation durchgeführt bzw. es wird vom Ausgabegerät die erwünschte Information ermittelt.

10.15   Metadateien

Neben der Möglichkeit, Grafikausgaben in eine Speicherbitmap auszuführen und dort zu speichern, bietet das GDI eine weitere Möglichkeit, eine Folge von Grafikbefehlen bzw. ihr Resultat zu speichern. Um den Nutzen dieser zweiten Speichermöglichkeit, nämlich die Verwendung von Metadateien, zu begründen, sei folgendes Beispiel gewählt.

Es wird in einem Monitorgerätekontext eine Grafikausgabe in einen quadratischen Bereich von 10 x 10 Zentimeter Größe durchgeführt und das Ergebnis als Bitmap in eine Datei (.BMP) gespeichert.

Wird diese in der Datei gespeicherte Bitmap zu einem späteren Zeitpunkt auf demselben Monitor bei derselben Monitorauflösung ausgegeben, so ist das Ergenbis wiederum 10 x 10 Zentimeter groß. Wird die gleiche Bitmap aber auf einem anderen Monitor mit einer anderen Grafikauflösung oder gar auf einem Drucker ausgegeben, so ist nicht garantiert, daß unabhängig von der Geräteauflösung die Grafik die gleiche Größe wie ursprünglich gefordert hat.

In diesem Sinne ist die in einer Bitmap gespeicherte Grafikausgabe geräteabhängig. Werden stattdessen alle zur Erstellung der Grafik benutzten GDI-Befehle nicht unmittelbar ausgeführt, sondern stattdessen in einer Metadatei zwischengespeichert, so ist eine geräteunabhängige Grafikausgabe gewährleistet. Die Ausgabe einer Grafik aus einer Metadatei ist allerdings wesentlich langsamer als der Kopiervorgang einer fertigen Bitmap aus einer Datei auf ein Ausgabegerät. Zunächst wird eine Metadatei mittels der Funktion CreateEnhMetaFile() zur Verfügung gestellt.

Diese Funktion gibt einen speziellen Metadatei-Gerätekontext LS Ergebnis zurück. In diesem Gerätekontext werden sodann sämtliche Grafikausgaben mittels der normalen GDI-Funktionen durchgeführt. Nachdem so alle Grafikausgaben erfolgt sind, muß die Metadatei mittels der Funktion `Close-EnhMetaFile()` wieder geschlossen werden.

Damit ist die gesamte Grafikausgabe über den Umweg des Gerätekontextes in der Metadatei gespeichert worden und kann nunmehr geräteunabhängig auf beliebige Ausgabegeräte ausgegeben werden. Da die Metadatei so aufgebaut ist, daß jeder Satz der metadatei einer GDI-Funktion entspricht, kann der Inhalt der Datei auch nachträglich editiert werden. So ist es leicht möglich, nachträglich eine spezielle Grafikausgabe innerhalb des Gesamtbildes zu verändern.

Programmierung

Zunächst müssen wir einen Gerätekontext für den Bildschirm holen

```
hdc = GetDC(hWnd);
```

Bevor eine Metadatei angelegt werden kann, muß ein Problem gelöst werden. Die Koordinatenangaben aller Grafikausgaben in die Metadatei müssen in metrischen Einheiten erfolgen. Dazu müssen alle Pixelkoordinaten umgerechnet werden.

Hierzu werden die Kontextparameter erfragt.

```
breite_mm = GetDeviceCaps(hdc, HORZSIZE);
hoehe_mm = GetDeviceCaps(hdc, VERTSIZE);
breite_pixel = GetDeviceCaps(hdc, HORZRES);
hoehe_pixel = GetDeviceCaps(hdc, VERTRES);
```

Fensterausgabebereich mit Rechteckkoordinaten in Pixeln

```
GetClientRect(hWnd, &rect);
```

Diese Koordinaten werden jetzt in ganzzahlige Angaben in 0.01 mm umgerechnet.

```
rect.left =    (rect.left * breite_mm * 100)/breite_pixel;
rect.top =     (rect.top * hoehe_mm * 100)/hoehe_pixel;
rect.right =   (rect.right * breite_mm * 100)/breite_pixel;
rect.bottom = (rect.bottom * hoehe_mm * 100)/hoehe_pixel;
```

Jetzt kann der Gerätekontext für die Metadatei kreiert werden

```
hdcMeta = CreateEnhMetaFile(hdc,
                            "metatest.EMF",
                            &rect,
                            "ProgrammnameABC\0BildnameDEF\0\0");
```

Der Gerätekontext für den Bildschirm wird jetzt nicht mehr benötigt. Nun kann damit begonnen werden, Ausgaben in die Metadatei zu machen. Wir geben ein Rechteck aus

```
hflaeche = SelectObject(hdcMeta,
                        GetStockObject(GRAY_BRUSH));
hstift = SelectObject(hdcMeta,
                      GetStockObject(BLACK_PEN));
Rectangle(hdcMeta,
          rect.right/2,
          rect.bottom/2,
          rect.right,
          rect.bottom);
Rectangle(hdc,
          rect.right/2,
          rect.bottom/2,
          rect.right,
          rect.bottom);
DeleteObject(SelectObject(hdcMeta,
                          hflaeche));
DeleteObject(SelectObject(hdcMeta,
                          hstift));
```

Die Metadatei wird geschlossen

```
CloseEnhMetaFile(hdcMeta);
```

Soweit, so gut. Jetzt ist die Grafikausgabe in der Metadatei gespeichert. Die Datei kann nun wieder geöffnet und abgespielt werden.

Öffnen der Datei; es wird ein Dateihandle erzeugt

```
hmeta = GetEnhMetaFile("metatest.EMF");
```

Abspielen der Datei. Die Angaben des Zielrechtecks müssen nun wieder logische Einheiten (Pixel) sein!

```
GetClientRect(hWnd, &rect);
PlayEnhMetaFile(hdc, hmeta, &rect);
DeleteEnhMetaFile(hmeta);
ReleaseDC(hWnd, hdc);
```

11 OpenGL

Die Standardgrafik-Schnittstelle des Win32, also das graphic device interface (GDI), stellt eine Vielzahl von Grafikausgaberoutinen zur Verfügung, die alle Standardaufgaben im Bereich der Fensterausgabe eines Programms erledigen können.

So werden hier Funktionen zur Verfügung gestellt, die zur Darstellung von Texten, Kurven und Flächen dienen sowie die Bearbeitung von Pixelgrafik, Farben, Farbräumen und Farbpalettenmanipulationen zur Verfügung stellen.

Die Schnittstelle OpenGL wurde dem API hinzugefügt, um darüber hinausgehende Aufgaben der Grafikaufbereitung und -ausgabe im Bereich der virtuellen Realität und des rendering abdecken zu können. Zu diesen Aufgaben gehört insbesondere

- das Generieren dreidimensionaler Objekte

- das Organisieren dieser Objekte in Datenstrukturen

- das Anordnen dieser Objekte in einem virtuellen Raum zu einer dreidimensionalen Szene.

- das Definieren von Material- und Oberflächeneigenschaften für Objekte

- die Definition von Beleuchtungsquellen

- die Definition einer Ansichtposition und eines Ansichtfensters sowie

- letztendlich die Darstellung der gesamten Szene inklusive aller Feinheiten wie Schatten, Reflexionen, transparente Oberflächen, Spiegelungen, verdeckte Objekte, Generierung natürlich erscheinender Oberflächeneigenschaften etc.

Dies wird natürlich von der Standardschnittstelle GDI nicht angeboten.

Um die oben beschriebenen Aufgaben der Erzeugung einer grafischen virtuellen Realität abdecken zu können, wurde der OpenGL-Standard von der Firma Silicon Graphics definiert und zunächst für eigene Rechnerplattformen als Software-Schnittstelle erstellt.[1]

Die OpenGL-Schnittstelle wurde im Laufe der Zeit zum De-facto-Standard im Bereich der 3D-Grafikschnittstellen. Die Tatsache, daß diese Schnittstelle in das API des Win32-Systems eingefügt wurde, zeigt, daß hier ein entscheidender Schritt in Richtung der Kompatibilität und allgemeinen Einsetzbarkeit des Betriebssystems WINDOWS 95 gemacht wurde.

Nachfolgend soll ein Überblick über die Konzepte und Schnittstellenfunktionen des OpenGL-Interfaces gemacht werden; für weiterführende Informationen sei auf die original Literatur verwiesen.[2]

11.1   Grundlagen

Bevor auf die Grundstruktur des OpenGL eingegangen wird, soll in folgenden Codes erläutert werden, welche grundlegenden Objekte und Operationen zur Beschreibung einer dreidimensionalen, realitätsnah wirkenden Szene, notwendig sind.

Zunächst einmal können dreidimensionale Objekte aus einfach zu beschreibenden und einfach algorithmisch zu bearbeitenden geometrischen Grundobjekten zusammengesetzt werden; dies sind normalerweise Dreiecke (die zwangsläufig immer flächig sind) oder auch andere flächige Objekte mit Mehrecken, wie z. B. Vierecke.

Setzt man ein Objekt mit gebogener Oberfläche aus ausreichend vielen und ausreichend kleinen flächigen Grund-

---

[1]   OpenGL and Silicon Graphics are registered trademarks

[2]   *OpenGL Reference Manual, The Official Reference Document for OpenGL, Release 1.* OpenGL Architecture Review Board, 1992, Addison Wesley, ISBN 0-201-63276-4.
OpenGL Programming Guide, The Official Guide to Learning

elementen (z. B. Dreiecken) zusammen, so wirkt die Darstellung dieser gebogenen Oberfläche ausreichend realitätsnah.

Will man Objekte mit einfachen geometrischen Oberflächeneigenschaften wie z. B. Würfel, Quader, Säule, Kugel oder Ring in die dreidimensionale Szene einfügen, so bietet es sich natürlich an, diese Objekte direkt durch ihre einfache Oberflächengeometrie zu beschreiben; eine Approximation der Oberfläche durch Primitivflächen wie z. B. Dreiecke, würde die Handhabung nur unnötig verkomplizieren.

Nachdem nun in geeigneter Weise die Oberflächen von den darzustellenden Körpern definiert wurden, kann man diese Oberflächen noch mit optischen Eigenschaften versehen. Man kann also z. B. festlegen, in welchem Maße eine Oberfläche spiegelnd wirkt, ob die Oberfläche lichtdurchlässig ist (und wenn diese der Fall ist, wie dann das Brechungsverhalten der Oberfläche ist), welche Farbe die Oberfläche hat und, um den Eindruck einer virtuellen Realität noch zu deutlich steigern, welche Materialeigenschaft (Stein, Holz etc.) die Oberfläche haben soll.

Um die Modellierung der Szene zu komplettieren, muß nun mindestens eine Lichtquelle definiert werden. Diese Lichtquelle soll die definierte Szene beleuchten; abhängig von der Art der Lichtquelle (direkt strahlend, verteilt in alle Richtungen strahlend etc.) werden nun die optischen Eigenschaften der vorher definierten Oberflächen „aktiviert", so daß Spiegelungen, Farbeindrücke, Mustereindrücke und aufgrund der Geometrie der Szene auch Schatteneindrücke erzeugt werden.

Wie die Szene nun letztendlich als zweidimensionales Bild erscheint, hängt natürlich von der Position des Betrachters und von der Größe der zur Verfügung stehenden Bildfläche ab. In jedem Fall soll die vorher dreidimensional modellierte Szene in ein zweidimensionales, aus einzelnen Bildpunkten zusammengesetztes Bild, transferiert werden – mithin also als Bitmap dargestellt werden.

Bei der Definition des Betrachterstandpunktes (ein dreidimensionaler Punkt im Raum, der in der Regel außerhalb der

Szene liegt und anschaulich als Augenposition oder Kamera-
position aufgefaßt werden kann) und der zwischen Kamera-
position und Szene liegenden Bildfläche (das Projektionsrechteck) wird der Vorgang des „clipping" (Abschneiden der
Bildinformation, die nicht in das Projektionsrechteck paßt)
von Bedeutung.

Hier muß geeignet vereinbart werden, welche dreidimensionalen Objekte bzw. welche Primitvflächen überhaupt noch
bei der Berechnung des Projektionsbildes zu berücksichtigen
sind, wie sie ggf. außerhalb des Betrachtungswinkels liegen.
Tatsächlich ist dies keine unwichtige Frage (der Berech-
nungsvorgang eines realitätsnahen Bildes erfordert ausgesprochen viel Rechenzeit, sodaß man für jedes nicht zu berücksichtigende Teilobjekt dankbar ist); es ist auch keine
einfache Frage, da Teiloberflächen, die außerhalb des Betrachtungswinkels liegen, ja durchaus mit anderen Oberflächen über Lichtspiegelungen interagieren können.

11.2   Struktur der Schnittstelle

Die OpenGL-Schnittstelle dient zur Projektion von zwei- oder
dreidimensionalen Objekten in einen Bildspeicher. Dieser
Bildspeicher kann dann später (dies ist nicht mehr Aufgabe
von OpenGL) als Bitmap in einem Gerätekontext des Win32
dargestellt werden.

Die Objekte des OpenGL können dabei entweder geometrische Objekte sein, die aus Primitivflächen (Vertex) zusammengesetzt sind oder es können zweidimensionale, pixelwei-
se definierte Grafiken sein. Die Einbeziehung flächiger Bitmapgrafiken in eine 3D-Schnittstelle mag vielleicht zunächst
verwundern; es können aber damit Bitmapgrafiken auf vorher
definierte Oberflächen pojiziert werden, so daß z. B. eine Ku-
geloberfläche mit einer Bitmapgrafik versehen werden kann.

Auch können rechteckige Bitmaps beliebig im Raum angeordnet werden und dann aus einem bestimmten Sichtwinkel
heraus projiziert werden.

Aus formaler Sicht gliedert sich OpenGL in zwei Hauptbestandteile

1. Grafikprimitive. Dies sind Objekte und für diese Objekte definierte Datenstrukturen und Funktionen, die zur Definition von räumlichen Oberflächen und deren optischen Eigenschaften verwendet werden.

2. Operationen. Diese Operationen oder OpenGL-Kommandos werden in einer sinnvollen Reihenfolge auf die OpenGL-Primitive angewendet, um letztendlich so das Projektionsbild (Bitmap) der dreidimensionalen Szene zu erzeugen.

Diese beiden Bereiche sollen nachfolgend detailliert besprochen werden.

OpenGL unterstützt explizit nicht die Modellierung dreidimensionaler Objekte und Oberflächen; zwar existiert eine Schnittstelle, die anderweitig definierte, gekrümmte Oberflächen (NURBS) in Flächenprimitive umsetzt, die eigentliche Modellationsarbeit bei der Gestaltung einer dreidimensionalen Szene wird aber von OpenGL nicht funktional unterstützt.

Der zweite Bereich, der außerhalb der OpenGL-Schnittstelle realisiert werden muß, ist die Verwaltung des Bildspeichers selbst. So muß ein Programm, das die OpenGL-Funktionalität benutzen will, zunächst selbständig einen geeigneten Bildspeicher für die OpenGL-Bitmap erzeugen, diesen verwalten und letztendlich auch selbständig in einen Gerätekontext ausgeben.

Kommandos werden grundsätzlich in einer Pipeline abgearbeitet; dies bedeutet, daß die Operationen, die auf die OpenGL-Objekte angewendet werden und jedes für sich durch ein geeignetes OpenGL-Kommando (Funktionsaufruf) spezifiziert wurde in der Reihenfolge ihrer Eingabe abgearbeitet werden.

Wird also mittels einer OpenGL-Funktion der Systemstatus der OpenGL-Schnittstelle abgefragt, so bezieht sich das Ergebnis dieser Abfrage auf den Status, der durch alle vorhergehenden Operationen hervorgerufen wurde.

OpenGL ist eine reine Programmschnittstelle; dies bedeutet, daß an keiner Stelle des OpenGL-Systems eine Benutzereingabe abgefragt wird. Alle Benutzereingaben müssen außerhalb der OpenGL-Schnittstelle bearbeitet werden.

Die Abarbeitung von OpenGL-Kommandos erfolgt im Kontext einer Klient-Server-Architektur. Dabei stellt das die OpenGL-Schnittstelle benutzende Programm die Klientenseite da, während die Implementation der OpenGL-Schnittstelle ihrerseits der Server ist. Dabei kann die OpenGL-Schnittstelle auch physikalisch auf einem anderen Computer installiert sein. OpenGL ist damit netzwerkfähig.

Um die OpenGL-Schnittstelle in einem Win32-Programm verwenden zu können, müssen die nachfolgenden Dateien verfügbar gemacht werden.

Headerdateien

- GL.H
- GLAUX.H
- GLU.H

Bibliotheken

- GLAUX.LIB
- GLU32.LIB
- OPENGL32.LIB

DLLs

- GLU32.DLL
- OPENGL32.DLL

Die Benennung von OpenGL-Funktionen und Konstanten folgt der Benennungsvereinbarung, die in Anhang 6 zusammengestellt ist.

11.3 Grafikobjekte

Sämtliche Operationen des OpenGL werden auf Schnittstellen-spezifische Grafikobjekte angewendet. Grundlage für die Definition aller Grafikobjekte bildet das Basisobjekt „Vertex".

Ein Vertex ist zunächst nichts anderes als ein zweidimensionaler, dreidimensionaler oder vierdimensionaler Punkt, entsprechende Koordinaten müssen angegeben werden. Die Koordinaten eines Vertex-Punktes können in wählbaren Variablentypen angegeben werden.

Es ist allerdings sinnvoll, sich für die Beschreibung einer Szene aus Objekten von vornherein fest auf einen Variablentyp festzulegen und diesen Variablentyp nicht innerhalb der Szene und/oder der Objekte der Szene zu ändern. Die wählbaren Variablentypen sind in Anhang 6 zusammengefaßt.

So kann es z. B. sinnvoll sein, die Koordinaten der Punkte einer Objektbeschreibung als reelle Fließkommazahlen zu definieren, falls entsprechende reelwertige Transformationen auf die Objekte angewendet werden sollen. (Rotation, Skalierung). Ein anderes Programm mag die Spezifizierung der Objektpunkte in ganzzahligen Koordinaten vorziehen.

Ein Vertex-Punkt wird durch die Funktion glVertex spezifiziert. Ein Vertex ist allerdings mehr als nur die Angabe eines Koordinatenpunktes. Zusätzlich zu den Angaben der Koordinaten des Vertexpunktes kann zusätzliche Information wie folgt spezifiziert werden.

- Zusammengehörigkeit mit anderen Vertext-Punkten, um ein Objekt zu bilden

- Farbe

- Flächennormale

- Materialangaben

- Eckenangaben

Die Funktion glVertex kann nämlich zur Definition von geometrischen Objekten dann herangezogen werden, wenn sie innerhalb einer logischen Funktionsklammer, eingeleitet durch die Funktion `glBegin()` und beendet durch die Funktion `glEnd()` einmal oder mehrfach benutzt wird.

Innerhalb dieser logischen Funktionsklammer können auch andere Funktionen, die dann die Eigenschaften des innerhalb der logischen Funktionsklammer definierten Objektes bestimmen, angegeben werden.

```
void glBegin(
```

mode	**Art des Grafikobjektes, das innerhalb dieser logischen Klammer definiert wird.**
`GL_POINTS`	**Jeder Vertex wird als einzelner Punkt angenommen.**
`GL_LINES`	**Jeweils zwei aufeinanderfolgende Vertices bilden ein unabhängiges Liniensegment.**
`GL_LINE_STRIP`	**Es wird ein zusammenhängender Linienzug definiert.**
`GL_LINE_LOOP`	**Es wird ein zusammenhängender Linienzug definiert. Dabei wird das letzte Vertex und das erste Vertex ebenfalls mit einer Linie verbunden, sodaß ein geschlossener Linienzug entsteht.**
`GL_TRIANGLES`	**Jeweils drei aufeinanderfolgende Vertices definieren die Eckpunkte eines Dreiecks.**
`GL_TRIANGLE_STRIP`	**Es wird eine zusammenhängende Gruppe von Dreiecken definiert. Dabei wird wie folgt vorgegangen: Das erste Dreieck wird aus dem dritten, zweiten und ersten Vertext gebildet. Das zweite Dreieck aus dem vierten, dritten und zweiten Vertex usw.. Insgesamt werden also N-2 Dreiecke definiert.**
`GL_TRIANGLE_FAN`	**Es wird eine zusammenhängende Gruppe von Dreiecken definiert. Dabei wird wie folgt vorgegangen: Alle Dreiecke haben das Vertex 1 als gemeinsamen Koodinatenpunkt; das erste Dreieck besteht also aus Vertex 1, 2 und 3; das zweite Dreieck aus Vertex 1, 3, 4 usw.. Es werden insgesamt N-2 Dreiecke definiert.**
`GL_QUADS`	**Jeweils vier aufeinanderfolgende Vertices bilden ein Viereck (Quadrilateral).**

GL_QUAD_STRIP   Es wird eine zusammenhängende Gruppe von Vierecken definiert. Dabei bildet Vertex 1,2,4,3 das erste Viereck, Vertex 3,4,6,5 das zweite Viereck und allgemein Vertex 2n - 1, 2n, 2n+2, 2n+1 das n-te Viereck.

GL_POLYGON   Es wird ein Polygon mit den Vertices als Eckpunkten definiert.

```
);
```

Somit wird also bei Beginn der logischen Definitionsklammer angegeben, wie die innerhalb dieser Klammer definierten Vertices zu interpretieren sind. Auf diese Weise können zweidimensionale Linienzüge aber auch dreidimensionale Oberflächen (auch geschlossene!) definiert werden.

Ebenfalls innerhalb dieser logischen Funktionsklammer können nun weitere Funktionen aufgerufen werden, die jeweils für die nachfolgenden Vertex-Definitionen unterschiedliche Attribute einstellen können. Dies sind die Funktionen

glVertex	Diese Funktion spezifiziert jeweils genau einen Vertex-Punkt durch die Angabe der Vertext-Koordinaten. Bei Beginn der logischen Klammer durch die Funktion glBegin() wurde festgelegt, wie die Folge der hier definierten Vertices zu interpretieren ist. Sollten Typangabe oder Dimensionsangabe nicht interpretierbar sein und/oder nicht zusammenpassen, wird eine Fehlermeldung generiert.
glColor	Hiermit wird die aktuelle Farbe als RGBA-Wert definiert, die für die nachfolgenden Vertextaufrufe gilt. Die Funktion kann innerhalb einer logischen Funktionsklammer mehrfach aufgerufen werden; damit kann mehrfach die Farbe gewechselt werden.
glIndex	Hiermit wird ebenfalls eine neue Farbe für die nachfolgenden Aufrufe festgelegt; es wird allerdings kein expliziter Farbwert angegeben, sondern lediglich der Index in eine Farbliste übergeben.
glNormal	Der Vektor der Flächennormale wird neu gesetzt.
glTexCoord	Die Funktion legt die Texturkoordinaten fest. Damit wird das Aussehen der Oberfläche eines Objektes festgelegt.

glMaterial	Die Materialeigenschaften einer Oberfläche werden definiert. Dabei sind nachfolgende Angaben möglich.	
	GL_AMBIENT	Das ambiente Reflektionsverhalten wird angegeben. Dabei wird für jede Farbkomponente ein Wert zwischen +1 und -1 angegeben.
	GL_DIFFUSE	Die diffuse Reflektion des Materials wird definiert. dabei wird für jede Farbkomponente ein wert zwischen -1 und +1 angegeben.
	GL_SPECULAR	Die spiegelnde Reflektion des Materials wird definiert. Dabei wird für jede Farbkomponente ein Wert zwischen -1 und +1 angegeben.
	GL_EMISSION	Für jede Farbkomponente wird ein Wert zwischen -1 und +1 angegeben, der das Emissionsverhalten definiert.
	GL_SHININESS	Die Speigelgüte des Materials wird definiert als Wert zwischen 0 und 128.
	GL_AMBIENT_AND_DIFFUSE	Entspricht der Nennung beider Materialeigenschaften.
	GL_COLOR_INDEXES	Es werden drei Farbkomponenten angegeben, die das Reflektionsverhalten des materials weiter definieren.
glEdgeFlag	Die Funktion gibt an, ob die nachfolgenden Vertices an der Begrenzungslinie einer Fläche liegen oder nicht.	

11.4   Reflexionsverhalten

Offensichtlich ist die Definition von Oberflächen, insbesondere komplexerer Oberflächen und/oder gekrümmter Oberflächen ein schwieriges Unterfangen. Außerdem werden nur Oberflächendefinitionen unterstützt, die durch ebene Flächen approximiert werden; die ebenen Flächen sind in der Regel Dreiecke, die durch die Vertexkanten begrenzt werden.

Um auch komplexere und vor allem gekrümmte Oberflächen leicht handhaben zu können, stellt die GLU-Unterschnittstelle des OpenGL einige Funktionen zur Verfügung, die hier einen vereinfachten Zugriff möglich machen.

Zunächst einmal werden einige geometrisch einfache Grundobjekte zur Verfügung gestellt, deren Konstruktion über Vertices jedoch einen erheblichen Aufwand bedeuten würde. Dies sind die Oberflächenobjekte

- Zylinder

- Scheibe

- Kugel.

Diese drei geometrischen Grundobjekte sind unter dem Obberbegriff Quadric zusammengefaßt. Entsprechend stellt die Funktion `gluNewQuadric()` zunächst einmal einen Zeiger vom Typ `GLUquadricObj*` auf ein neues Quadricobjekt zur Verfügung.

Danach können die entsprechenden Quadric-Funktionen angewendet werden, die dann das Einfügen des entsprechenden geometrischen Objektes in die Gesamtszene (also auch in das Beleuchtungsmodell) generieren.

`gluCylinder`	Ein Zylinderobjekt wird erzeugt.
`gluDeleteQuadric`	Ein Quadricobjekt wird gelöscht.
`gluDisk`	Eine Scheibe wird als Grafikobjekt erzeugt.
`gluPartialDisk`	Ein Scheibenausschnitt wird erzeugt.
`gluQuadricCallback`	Eine CALLBACK-Funktion wird vereinbart, die immer dann aufgerufen wird, wenn ein Fehler bei der Bearbeitung eines Quadricobjektes auftaucht.
`gluQuadricDrawStyle`	Die Art der Darstellung des Quadricobjektes wird definiert. Dabei können die nachfolgenden Möglichkeiten ausgewählt werden.

	`GLU_FILL`	Die Oberfläche des Objektes wird durch Polygone dargestellt. Das Objekt wird als massiv angenommen.
	`GLU_LINE`	Die Oberfläche des Objektes wird als Menge von Linien dargestellt;

	das Objekt erscheint durchscheinend und als Linienmuster.
`GLU_-` `SILHOUETTE`	Die Oberfläche des Objektes wird durch Linien dargestellt. Das Objekt erscheint durchscheinend. Es werden nur die Linien dargestellt, die die Außenkanten des Objektes beschreiben.
`GLU_POINT`	Die Oberfläche des Objektes wird als Punktmenge dargestellt.

`gluQuadricNormals`	Die Flächennormalen für jede Teilfläche werden bei Quadricobjekten automatisch erzeugt. Diese Funktion steuert die Art der Erzeugung der Flächennormalen. Es sind nachfolgende Möglichkeiten auswählbar.
`GLU_NONE`	Es werden keine Flächennormalen generiert.
`GLU_FLAT`	Für jede Teilfläche wird eine Flächennormale erzeugt.
`GLU_SMOOTH`	Für jeden Vertexpunkt wird eine Flächennormale erzeugt. Dies ist die Voreinstellung.

`gluQuadric-` `Orientation`	Diese Funktion legt fest, wo die Innenseite und die Außenseite des definierten Objektes liegen.
`gluQuadricTexture`	Die Oberflächentextur des Objektes wird definiert.
`gluSphere`	Eine Kugel wird als Quadricobjekt definiert.

11.5   Gekrümmte Oberflächen

Auch für die Darstellung gekrümmter Kurven und Oberflächen stellt die GLU-Schnittstelle wichtige Funktionen zur Verfügung.

Die Definition gekrümmter Oberflächen kann durch mehrere mathematische Instrumente erfolgen. Eines dieser Instrumente sind die sogenannten Non-Uniform Rational B-Spline (NURBS). Diese NURBS können sowohl für die Darstellung von Kurven im Raum als auch von Flächen im Raum verwendet werden. Anschaulich wird eine Fläche im Raum dadurch definiert, daß ein Stützpunktgitter im Raum definiert wird, dessen Gitterpunkte jeweils auf der zu beschreibenden gekrümmten Fläche liegen.

Die Verbindungskurven zwischen je zwei Punkten des Stützpunktgitters sowie die viereckigen Flächen zwischen je vier Punkten des Stützpunktgitters werden nun durch die genannten rationalen B-Splines beschrieben. Tatsächlich ist die Darstellung solcher Kurven und Oberflächen nicht trivial, da bei einem Beleuchtungsmodell exakt der Durchstoßpunkt eines Strahls (z. B. eines Lichtstrahls) durch eine solche Oberfläche als Punktkoordinate bestimmt werden muß.

Die GLU-Schnittstelle aber, nimmt diese Arbeit dem Programmierer vollkommen ab; eine gekrümmte Oberfläche wird geschickt durch eine geschlossene Fläche von Dreiecken approximiert, deren Eckpunkte einfache Vertices, wie oben beschrieben, sind.

Zunächst wird mittels der Funktion `gluNewNurbsRenderer()` ein neues NURBS-Objekt kreiert. Die eigentliche Definition der Oberfläche und der Oberflächeneigenschaften liegt innerhalb einer logischen Funktionsklammer, die durch die Funktion `gluBeginSurface()` eingleitet und durch die Funktion `gluEndSurface()` abgeschlossen wird.

Innerhalb dieser logischen Funktionsklammer kann nun mittels der Funktion `gluNurbsSurface()` die eigentliche Flächendefinition durchgeführt werden.

```
void gluNurbsSurface(
```

`GLUnurbsObj * nobj`	**Zeiger auf ein NURBS-Objekt.**
`GLint sknot_count`	**Anzahl der Stützpunkte in u-Richtung.**
`GLfloat * sknot`	**Feld, das die Stützpunkte in u-Richtung enthält.**
`GLint tknot_count`	**Anzahl Stützpunkte in v-Richtung.**
`GLfloat * tknot`	**Feld, das die Stützpunkte in v-Richtung enthält.**
`GLint s_stride`	**Abstand von Kontrollpunkten in u-Richtung.**
`GLint t_stride`	**Abstand der Stützpunkte in v-Richtung.**

`GLfloat * ctlarray`	Zweidimensionales Feld, das die Koordinaten der Stützpunkte in der u, v-Ebene enthält.
`GLint sorder`	Ordnung der NURBS in u-Richtung. Z. B. hat ein kubischer NURB die Ordnung 4.
`GLint torder`	Ordnung der NURBS in v-Richtung.
`GLenum type`	Oberflächentyp. Es kann eine der nachfolgenden Konstanten verwendet werden.

`GL_MAP2_VERTEX_3`	Jeder Kontrollpunkt beschreibt drei Koordinatenwerte.
`GL_MAP2_VERTEX_4`	Jeder Kontrollpunkt wird durch vier Koordinatenwerte beschrieben.
`GL_MAP2_INDEX`	Jeder Kontrollpunkt ist ein Index in eine Farbtabelle.
`GL_MAP2_COLOR_4`	Jeder Kontrollpunkt ist eine explizite RGBA-Farbangabe.
`GL_MAP2_NORMAL`	Jeder Kontrollpunkt beschreibt einen Flächennormalenvektor.
`GL_MAP2_TEXTURE_COORD_1`	Jeder Kontrollpunkt ist eine einfache reelle Zahl, die die s-Koordinate der Textur beschreibt.
`GL_MAP2_TEXTURE_COORD_2`	Jeder Kontrollpunkt beschreibt zwei reelle Werte, die die s- und t-Koordinate der Textur definieren.
`GL_MAP2_TEXTURE_COORD_3`	Jeder Kontrollpunkt beinhaltet drei reelle Werte, die die Texturkoordinaten s, t und r beschreiben.
`GL_MAP2_TEXTURE_COORD_4`	Jeder Kontrollpunkt wird durch vier reelle Zahlen beschrieben, die die Texturkoordinaten s, t, r und q darstellen.

```
);
```

Wird also ein solches NURBS-Objekt wie beschrieben definiert, so sorgt die OpenGL-Verarbeitungspipeline dafür, daß das Objekt in eine Standard-Vertex-Beschreibung umgewandelt und innerhalb des Beleuchtungsmodells dargestellt wird.

Da die eigentlichen Flächenbeschreibungen in den Feldern der Stützpunktgitter abgelegt sind, können sie ausgesprochen einfach von einem externen Datenbestand (z. B. einer Modellierungssoftware) importiert und mittels der OpenGL-Schnittstelle dargestellt werden.

11.6 Transformationen

Die so definierten Oberflächenbeschreibungen können nun räumlichen Transformationen unterworfen werden. Diese Transformationen werden im Objektraum selbst durchgeführt; erst nach erfolgter Gesamt-Transformation wird dann das zweidimensionale Projektionsbild der Objektszene mittels des Beleuchtungsmodells ermittelt.

Zur Definition und Ausführung von räumlichen Transformationen werden die nachfolgenden Funktionen verwendet.

`glMatrixMode` Es gibt insgesamt drei unterschiedliche, schnittstelleninterne Pufferspeicher für jeweils eine Gesamt-Transformationsmatrix. Diese Funktion gibt an, für welche Transformationsmatrix die nachfolgenden Matrixoperationen gedacht sind. Es sind folgende drei Zielmatrizen möglich.

`GL_MODELVIEW`	32	Nachfolgende Matrixoperationen beziehen sich auf Transformationen, die auf die Gesamtszene angewandt werden.
`GL_PROJECTION`	2	Nachfolgende Matrixoperationen beziehen sich auf die Projektionsmatrix.
`GL_TEXTURE`	2	Nachfolgende Matrixoperationen beziehen sich auf die Texturmatrix.

`glMultMatrix` Es wird die angegebene Matrix mit der vorher ausgewählten Puffermatrix rechts multipliziert.

`glRotate` Eine Rotationsmatrix wird zu der aktuellen matrix hinzugefügt. Die Rotation selbst wird als Rotation um einen wählbaren Vektor um einen bestimmten Winkel (in Grad) definiert.

`glTranslate` Es wird ein Translationsvektor definiert. Die Translation wird zur aktuellen Matrix hinzugefügt.

`glScale`	Es wird eine Skalierungsmatirx definiert. Diese Skalierungsmatrix wird zur aktuellen Transformationsmatrix hinzugefügt.
`glLoadMatrix`	Die aktuelle Matrix wird durch eine bliebige, hier angebbare Matrix ersetzt.
`glLoadIdentity`	Die aktuelle Matrix wird durch die Einheitsmatrix ersetzt. Soll eine Transformationsmatrix konstruiert werden, so beginnt man i.d.R. mit diesem Schritt.
`glPushMatrix`	Die aktuelle Matrix wird zwischengespeichert. Die Zwischenspeicherung ist als Stack definiert, der abhängig vom Modus der Transformationsmatrix die oben angegebenen Größen hat.
`glPopMatrix`	Eine im Matrixstack zwischengespeicherte Matrix wird zur aktuellen Matrix erklärt.

11.7   Beleuchtung und Farbe

Unabhängig davon, daß Material- und Farbeigenschaften je Vertex definiert werden können, muß noch die Beleuchtung des Gesamtmodells festgelegt werden. Hierzu dienen die nachfolgenden Funktionen.

`glLight`	In OpenGL können zwischen 0 und GL_MAX_LIGHTS Lichtquellen definiert werden. Jede Lichtquelle kann einen der nachfolgenden Lichtquellentypen haben.
`GL_SPOT_EXPONENT`	Kennwert, der die Lichtverteilung der Lichtquelle angibt. Der Wert liegt zwischen 0 und 128.
`GL_SPOT_CUTOFF`	Es wird der maximale Winkel der Lichtabstrahlung definiert. Es sind Werte zwischen 0 und 90 Grad erlaubt. Hinzukommt der Spezialwert 180, der ebenfalls akzeptiert wird. Dieser Modus wird gewählt, wenn eine scheinwerferähnliche Lichtquelle simuliert werden soll.
`GL_CONSTANT-_ATTENUATION`	Die Lichtstärke bleibt mit der Entfernung konstant.
`GL_LINEAR-_ATTENUATION`	Die Stärke der Lichtquelle nimmt linear zur Entfernung ab.

GL_QUADRATIC-_ATTENUATION	Die Stärke der Lichtquelle nimmt quadratisch mit der Entfernung ab.
GL_AMBIENT	Der ambiente Lichtanteil wird definiert.
GL_DIFFUSE	Der diffuse Lichtanteil wird definiert.
GL_SPECULAR	Der spiegelnde Anteil des Lichtes wird definiert.
GL_POSITION	Die Position der Lichtquelle wird angegeben.
GL_SPOT_DIRECTION	Es wird der Vektor angegeben, zu dem parallel das Licht abgestrahlt wird.

glLightModel	Das Beleuchtungsmodell wird definiert. Es sind folgende Angaben möglich.
GL_LIGHT_MODEL-_LOCAL_VIEWER	Hier wird definiert, wie spiegelnde Reflexion berechnet wird.
GL_LIGHT_MODEL-_TWO_SIDE	Hier wird festgelegt, ob für eine Oberfläche eine einseitige oder beidseitige Kalkulation der Lichteinwirkung berechnet wird.
GL_LIGHT_MODEL-_AMBIENT	Durch die Angabe eines Werte zwischen -1 und +1 für einen RGBA-Wert wird festgelegt, welche Anfangsintensität (allgemeine Szenenausleuchtung) für die Szene angenommen wird.
GL_LIGHT_MODEL-_LOCAL_VIEWER	Hier wird festgelegt, wie die Winkel für spiegelnde Reflexion berechnet werden.

glMaterial	Hier werden Materialeigenschaften festgelegt.
glShadeModel	Die Berechnung von Schatten kann durch verschiedene Algorithmen durchgeführt werden. Es sind die Angaben GL_FLAT und GL_SMOOTH möglich. Im ersteren Fall wird die Schattierungsfarbe pro Vertex berechnet. Bei GL_SMOOTH müssen mehrere Vertices in die Berechnung der Schattierungsfarbe pro Vertex einbezogen werden, damit ein weicherer Schattenverlauf erzeugt wird. Die nachfolgende Tabell zeigt die Anzahl der einzubeziehenden Vertices je Primitivobjekt.

Primitiveobjekt	Vertex
Einfaches Polygon	1
Dreieckrand	$i + 2$
verknüpftes Dreieck	$i + 2$

loses Dreieck	3i
Quad-Rand	2i + 2
loser Quad	4i

glColorMaterial **Hier wird festgelegt, daß die Materialfarbe einer Oberfläche in definierbarer Weise die Lichtreflexion und Transmission beeinflußt. Es sind die nachfolgenden Parameter benutzbar.**

```
GL_FRONT, GL_BACK, GL_FRONT_AND_BACK,
GL_EMISSION, GL_AMBIENT, GL_DIFFUSE,
GL_SPECULAR, GL_AMBIENT_AND_DIFFUSE
```

Nachdem nun wie beschrieben eine Gesamtszene aus den durch die Vertices definierten Flächenobjekten definiert wurde und auch Materialeigenschaften, Texturen und Beleuchtungseigenschaften festgelegt wurden, können auf diese Gesamtszene sowohl die beschriebenen Transformationen angewendet werden, als auch weitere Manipulationen der Szene auf dem Weg zur Projektions-Bitmap durchgeführt werden.

11.8   Ausschneiden (clipping)

Die einzelnen Flächenelemente werden so bearbeitet, daß lediglich diejenigen Flächenelemente, die einen Beitrag zur Projektionsfläche liefern können, in die zeitaufwendige Berechnung der Beleuchtungs- und Schattenverhältnisse einbezogen werden. Mittels dieses clipping wird also ein entscheidender Beitrag zur Reduzierung der notwendigen Rechenzeit geliefert.

Dabei verfolgt OpenGL folgende Taktik.

- Punkte, Liniensegmente und Polygone werden unterschiedlich behandelt.

- Einzelne Punkte werden entweder ganz beibehalten oder ganz gelöscht (falls sie nicht im Sichtbarkeitsbereich liegen).

- Falls ein Teil eines Polygons außerhalb des Sichtbarkeitsbereiches liegt, werden neue Vertices so berechnet, daß das Polygon aufteilbar wird und dann nur noch der sichtbare Teil des Ursprungspolygons berücksichtigt wird.

Die Funktionen `glClipPlane()`, `glFrustum()`, `glOrtho()`, `glViewport()` beeinflussen den clipping-Vorgang.

11.9 Fragmentbildung

Jedes Grafikprimitiv, das nun innerhalb des dreidimensionalen Objektraumes definiert ist, muß nun auf die zweidimensionale Projektionsebene abgebildet werden. Letztendlich wird also jedes Vertex auf die Bildfläche projiziert; dabei gehen die dem Vertex anhaftenden Informationen wie Farbe, Tiefe, Textur usw. natürlich nicht verloren.

 Ein solcher projizierter Vertexpunkt mit all seinen Zusatzinformationen wird „Fragment" genannt. Bei diesem Vorgang muß auch festgelegt werden, wie groß ein Projektionspunkt ist, wie breit projizierte Linien dargestellt werden sollen oder in welcher Weise punktierte Linien oder Polygonumrandungen darzustellen sind.

Dies wird durch die Funktionen `glPointSize()`, `glLineWidth()`, `glLineStipple()`, `glPolygonStipple()` kontrolliert.

Zwar ist die Bereitstellung des Speicherbereiches für die Projektions-Bitmap, seine Handhabung und letztendlich seine Ausgabe in einem Gerätekontext Aufgaben, die das Programm außerhalb von OpenGL selbsttätig durchführen muß; tatsächlich können aber einige Manipulationsoperationen, die sich auf die Pixeldarstellung und Bitmapdefinition beziehen innerhalb OpenGL durchgeführt werden.

`glPixelStore`	Art der Speicherung einer Bitmap. Hier kann angegeben werden, ob die Information komprimiert (gepackt) wird, wieviele Pixel in einer Bildzeile untergebracht sind etc..
`glPixelTransfer`	Der Transfermodus für die Bildinformation (Pixelinformation) wird gesetzt. Bestimmte Eigenschaften einer Pixelinformation können mittels dieser Funktion einer Skalierung unterworfen werden. Es gelten dabei folgende Skalierungsmodi.

Modus-konstante	Daten-typ	Stdwert	Werte-intervall	Inhalt
GL_MAP-_COLOR	Bool	false	true/false	Es wird eine Farbtransformation gemäß interner Farbtabelle durchgeführt.
GL_MAP-_STENCIL	Bool	false	true/false	Größe und Codierung des Zeichenstiftes.
GL_INDEX_-SHIFT	int	0	(- oo,oo)	Ausführen eines Bitshifts je Farbindex. Damit können Einträge in die Farbindextabelle gesteuert werden.
GL_INDEX_-OFFSET	int	0	(- oo,oo)	Additionskonstante bei der Verschiebung von Farbindexeinträgen.
GL_RED-_SCALE	float	1.0	(- oo,oo)	Der Rotanteil der Farbe wird neu skaliert.
GL_GREEN-_SCALE	float	1.0	(- oo,oo)	Der Grünanteil wird neu skaliert.
GL_BLUE-_SCALE	float	1.0	(- oo,oo)	Der Blauanteil wird neu skaliert.
GL_ALPHA_-SCALE	float	1.0	(- oo,oo)	Der Alpha-Anteil wird neu skaliert.
GL_DEPTH-_SCALE	float	1.0	(- oo,oo)	Die Tiefenangabe wird neu skaliert.
GL_RED-_BIAS	float	0.0	(- oo,oo)	Eine Additionskonstante für den Rotanteil wird gesetzt. Damit kann der gesamte Rotanteil um einen konstanten Faktor verschoben werden.
GL_GREEN-_BIAS	float	0.0	(- oo,oo)	Konstante für Grünanteil.
GL_BLUE-_BIAS	float	0.0	(- oo,oo)	Konstante für Blauanteil.

GL_ALPHA_BIAS	float	0.0	(- oo,oo)	Konstante für Alpha-Anteil.
GL_DEPTH_BIAS	float	0.0	(- oo,oo)	Konstante für Tiefeninformation.

glPixelMap	Hier wird festgelegt, wie Ursprungsinformation mittels einer Zuordnungstabelle in Ausgangsinformation umgesetzt werden kann. Es sind nachfolgende Angaben möglich.
GL_PIXEL_MAP_I_TO_I	Farbindex
GL_PIXEL_MAP_S_TO_S	Musterindex
GL_PIXEL_MAP_I_TO_R	Farbindex in Rotkomponente
GL_PIXEL_MAP_I_TO_G	Farbindex in Grünkomponente
GL_PIXEL_MAP_I_TO_B	Farbindex in Blaukomponente
GL_PIXEL_MAP_I_TO_A	Farbindex in Alpha-Komponente
GL_PIXEL_MAP_R_TO_R	Rotkomponente
GL_PIXEL_MAP_G_TO_G	Grünkomponente
GL_PIXEL_MAP_B_TO_B	Blaukomponente
GL_PIXEL_MAP_A_TO_A	Alpha-Komponente
glDrawPixels	Diese Funktion schreibt einen Block von Pixelinformation in den Datenpuffer. Dabei kann festgelegt werden, wie gemäß der OpenGL-internen Transformationstabellen jede Punktinformation vor dem Schreiben in den Pufferspeicher interpretiert werden soll.
glPixelZoom.	Die Größe jedes Ausgangsbildpunktes auf der Projektionsfläche kann skaliert werden.

Zusätzliche Manipulationen bei der Projektion des Zwischenbildes in die Projektionsebene können noch bezüglich der Textur und ggf. einer zufallsgenerierten „Verschmierung" einzelner Bildanteile (Nebelbildung) durchgeführt werden.

Hierzu werden die Funktionen glTexImage2D(), glTexImage1D(), glTexParameter(), glTexEnv() und glFog() verwendet.

Damit stellt sich die gesamte Verarbeitungspipeline wie folgt
dar.

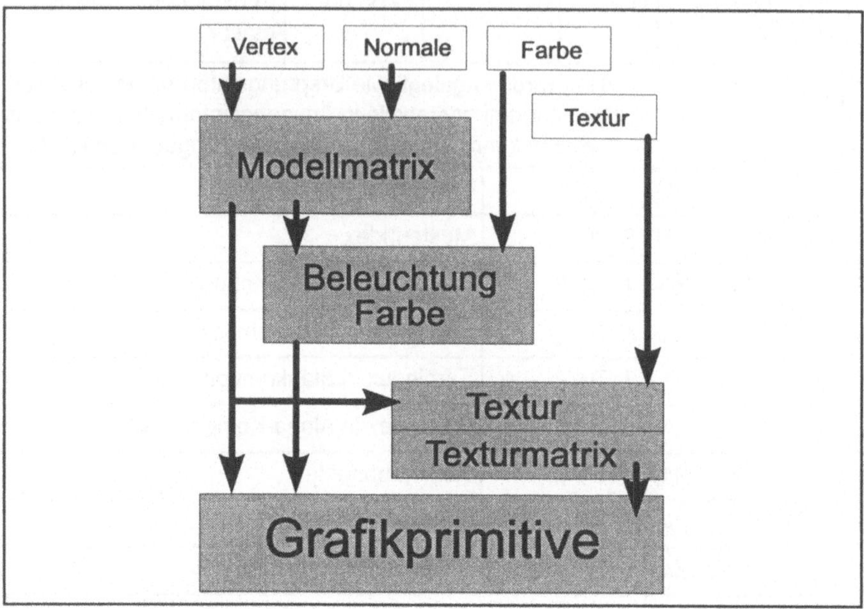

Abb. 11.1:   OpenGL Pipeline

Die Grafik zeigt, wie die unterschiedlichen Kommandogrup-
pen des OpenGL wechselwirken. Ordnungsprinzip ist dabei
die Unterscheidung der grundlegenden Datentypen bzw.
Grafikobjekte.

- Vertex

- Flächennormale

- Farben

- Texturen

Hieraus werden in einem ersten Schritt Grafikprimitive gebildet. Diese Grafikprimitive unterliegen in einem zweiten
Kommandofluß diversen Transformationen, Projektionen und
Clippingoperationen. Letztendlich wird aus den Eingangsob-
jekten eine Pixeldarstellung im Bitmapspeicher.

11.10   Spline-Generierung

Neben der Generierung gekrümmter Kurven oder Oberflächen mittels NURBS kann zur Generierung von Vertices, Flächennormalen, Texturen und Farben (Farbverteilung) als Basis praktisch jede polynomiale oder rationale Splinefunktion verwendet werden. Dies impliziert auch die Verwendung von B-Splines, Bezier-Splines, Hermite-Splines etc.. Verwendung finden hierbei nachfolgende Funktionen.

`glMap`	Diese Funktion bildet die Grundlage der Spline-Definition. Hier wird angegeben, welche Art von Daten durch die nachfolgenden Funktionsaufrufe, die dann die eigentlichen Spline-Funktionen handhaben, erzeugt wird. Hierbei können Vertex-Koordinaten, Flächennormalen, Farben und Textur-Koordinaten erzeugt werden.
`glMapGrid`	Mit dieser Funktionsgruppe wird ein Stützpunktgitter erzeugt. Die Dimension des Stützpunktgitters sowie die dabei verwendeten Variablentypen definiert die Art der erzeugten Daten. Hier kann festgelegt werden, ob die erzeugten Daten eindimensional oder zweidimensional sind.
`glEvalMesh`	Diese Funktionsgruppe erzeugt entweder Punkte oder Linienelemente.
`glEvalPoint`	Hiermit wird ein einzelner Punkt der spezifizierten Datenmenge erzeugt.
`glEvalCoord`	Mit dieser Funktionsgruppe werden ein- oder zweidimensionale Datenbereiche, die in ihrem Typ vorher spezifiziert wurden, erzeugt.

11.11   Kommandolisten

OpenGL stellt auch die Möglichkeit zur Verfügung, eine Folge von OpenGL-Kommandos zu speichern und als Makro zu einem späteren Zeitpunkt ablaufenzulassen. Hierzu wird innerhalb der Funktionen `glNewList()` und `glEndList()`, die eine logische Funktionsklammer bilden, eine beliebige Folge von OpenGL-Anweisungen eingefügt.

Die Open-GL-Anweisungen innerhalb dieser logischen Klammer werden dann nicht ausgeführt, sondern in der neu generierten Liste gespeichert. Diese Liste kann dann zu einem späteren Zeitpunkt mittels der Funktion glCallList() oder der Funktion glCallLists() (hierbei werden dann gleich mehrere Listen hintereinander ausgeführt) ausgeführt werden. Da solche Kommandolisten internen Speicherraum belegen, sollten sie baldmöglichst gelöscht werden. Dies wird mittels der Funktion glDeleteLists() durchgeführt.

11.12   Informationsfunktionen

Die Abfrage von Systemparametern, die aktuell im OpenGL eingestellt sind, sind unverzichtbar für eine flexible Programmierung der Schnittstelle. Die nachfolgenden Funktionen bilden die Gruppe der Informationsfunktionen innerhalb der OpenGL-Schnittstelle. Mit ihrer Hilfe können alle wichtigen Parametereinstellungen des Systems erfragt werden.

glGetLight()	Information über Lichtquellen
glGetTexEnv()	Texturinformationen
glGetTexParameter()	Texturparameter
glGetMaterial()	Materialparameter (Oberflächeneigenschaften)
glGetTexGen()	Informationen zur Generierung der Texturkoordinaten
glGetMap()	Einstellungen zur Bearbeitung von Splines .
glGetClipPlane()	Informationen und Einstellungen zur Clippingebene
glGetTexImage()	Informationen über eine Bitmap, die als Textur verwendet werden soll.
glGetPixelMap()	Informationen darüber, wie die Bildebene pixelweise organisiert ist.
glGetPolygon-Stipple()	Informationen über die Datenmaske, die eine punktierte Linie generiert.
glGetTexLevel-Parameter()	Paramter zur Texturgenerierung; hier werden Angaben über die Dimensionen der Textur, ihre Komponenten und ihr Grenzverhalten spezifiziert.
glGetBooleanv()	Damit kann der Wert eines Parameters, der mittels seines Namens zu spezifizieren ist, ermittelt werden.

`glGetDoublev()`	Siehe vorherige Funktion.
`glGetFloatv()`	Siehe vorherige Funktion.
`glGetIntegerv()`	Siehe vorherige Funktion.
`glGetError()`	Die Fehlerbeschreibung wird abgerufen. Dieser Inhalt wird von der vorhergehenden OpenGL-Funktion bestimmt. Falls in der vorherigen OpenGL-Funktion kein Fehler aufgetreten ist, wird der Wert `GL_NO-_ERROR` zurückgegeben. Es sind darüberhinaus folgende Fehlerkonstanten als Rückgabewert möglich.

`GL_INVALID_ENUM`	In einem Aufzählungsargument einer Funktion wurde ein nicht verwertbarer Wert angegeben.
`GL_INVALID_VALUE`	Zahlenwert, der außerhalb des zulässigen Intervalls liegt.
`GL_INVALID_OPERATION`	Nicht erlaubte Operation (Funktion) wurde versucht.
`GL_STACK_OVERFLOW`	Die vorherige Operation hätte einen Stacküberlauf verursacht. Sie ist nicht ausgeführt worden.
`GL_STACK_UNDERFLOW`	In der vorherigen Operation wurde versucht, eine Information vom Stack zu lesen, die dort nicht mehr vorhanden war. Kommando wurde nicht ausgeführt.
`GL_OUT_OF_MEMORY`	Die letzte Operation hätte einen Speicherüberlauf verursacht.

`glPushAttrib()`	Die aktuelle Systemeinstellung (alle definierten Systemparameter) werden zwischengespeichert. Die Auflistung aller Systemvariablen, die mittels dieser Operation gespeichert werden können, sind in Anhang 7 aufgelistet.
`glPopAttrib().`	

11.13 Anbindung an WIN32

OpenGL ist sowohl für WINDOWS 95 als auch für WINDOWS NT verfügbar; beide Schnittstellen sind in das WIN32 eingefügt. Die Implementation in WIN32 umfaßt folgende Leistungen.

- Alle OpenGL-Funktionen (Präfix gl)

- Die GLU-Bibliothek.

  Die Funktionen dieser Bibliothek greifen auf die Standardfunktionen der OpenGL-Schnittstelle zurück und formulieren mit deren Hilfe einen jeweils einfachen Zugang zu komplexen Operationen. Hierzu zählen insbesondere die Definition und Manipulation einfacher geometrischer Objekte wie Kugel, Säule etc.. Zusätzlich werden aber auch komplexe Objekte wie gebogene Oberflächen oder Texturen aus Bitmaps unterstützt.

- Die WGL-Funktionen.

  Die Funktionen dieser Gruppe stellen die Verbindung zwischen der Funktionalität von OpenGL und dem WIN32 her. Insbesondere wird durch diese Funktionen ein Gerätekontext (rendering context) zur Verfügung gestellt, in den dann die OpenGL-Funktionen ihre Ausgabeinformation schreiben können. Darüberhinaus sind weitere Funktionen kreiert worden, die die Handhabung von unterschiedlichen Pixelformaten und die Doppelpufferung von Ausgabebildern (jeweils ein Bild wird im Hintergrund zusammengestellt) unterstützen. Alle Funktionen dieser Gruppe beginnen mit dem Präfix wgl.

Beachten Sie bitte folgende Beschränkungen.

- Die Druckausgabe eines Gerätekontextes, in den OpenGL die Ausgabedaten geschrieben hat, ist nicht direkt möglich.

- Ein Mischen von OpenGL-Grafik und GDI-Grafik innerhalb eines Fensters, das die Doppelpufferung verwendet, ist nicht möglich.

- Wird die Doppelpufferung nicht verwendet, ist eine vermischte Ausgabe aber erlaubt.

- Ein OpenGL-Fenster darf lediglich eine eigene logische Farbpalette besitzen. Ein Zugriff auf eine Hardware-Farbpalette ist nicht unterstützt.

- Es wird keine Interprozeßkommunikation (IPC) von OpenGL-Fenstern unterstützt.

- Abweichend vom Industriestandard wird die inventor class library (ICL) nicht unterstützt. In dieser Bibliothek ist ein einfacher funktionaler Zugang zu komplizierteren 3D-Objekten realisiert.

11.14   Renderkontext (rendering context)

Bevor irgendwelche OpenGL-Kommandos gegeben werden können, muß zunächst dafür gesorgt werden, daß ein passender Gerätekontext zur Verfügung steht. Dieser Gerätekontext ist dann der Ausgabebereich (in der Regel also der Fensterausgabebereich des Programmfensters), in den OpenGL die Bildinformation (Pixelinformation) schreibt. Es ist nicht erlaubt, normale Gerätekontexte hierfür zu verwenden. Stattdessen muß ein eigener Renderkontext kreiert werden. Die nachfolgenden Funktionen stehen zur Handhabung dieses speziellen Ausgabekontextes zur Verfügung.

`wglCreateContext`	Der Gerätekontext wird kreiert.
`wglMakeCurrent`	Der aktuell gültige Gerätekontext wird festgelegt.
`wglGetCurrentContext`	Es wird ein Handle für den aktuellen Kontext gebildet.
`wglGetCurrentDC`	Es wird ein Handle für den Gerätekontext gebildet, der mit dem speziellen OpenGL-Kontext verbunden ist.

11.15   Pixelformate

Eine zentrale Rolle bei der Bereitstellung eines Open-GL-spezifischen Gerätekontextes spielt das dort verwendete Pixelformat. Das Pixelformat wird im wesentlichen beschrieben in der nachfolgenden Struktur.

```
typedef struct tagPIXELFORMATDESCRIPTOR {
```

`WORD  nSize`		Größe der Struktur in Byte.
`WORD  nVersion`		Versionsnummer der Datenstruktur. Wert sollte 1 sein.
`DWORD dwFlags`		Bitwerte, die die Funktionsweise des Pixelspeichers definieren. Folgende Werte sind möglich.
	`PFD_DRAW_TO_WINDOW`	Der Pufferspeicher kann in einem Fensterausgabebereich ausgegeben werden.
	`PFD_DRAW_TO_BITMAP`	Der Pufferspeicher kann in eine Speicherbitmap ausgegeben werden.
	`PFD_SUPPORT_GDI`	Der Pufferspeicher unterstützt GDI-Ausgabebefehle. Eine Verknüpfung mit `PFD_DOUBLEBUFFER` ist verboten.
	`PFD_SUPPORT_OPEN_GL`	Puffer unterstützt OpenGL-Grafikausgabe.
	`PFD_GENERIC_FORMAT`	Standareinstellung. Das Pixelformat wird von GDI unterstützt.
	`PFD_NEED_SYSTEM-_PALETTE`	Dieses Bit ist anzugeben, wenn eine Grafikausgabehardware existiert, die eine Farbpalette direkt unterstützt.
	`PFD_DOUBLEBUFFER`	Es wird Doppelpufferung bei der Ausgabe verwendet.
	`PFD_STEREO`	Im Puffer wird ein Stereobild abgelegt. Dies wird z. Zt. nicht unterstützt.
	`PFD_SWAP_LAYER_BUFFERS`	Es wird angegeben, ob Teile der Bitmap (z.B. nur der Rotanteil) einem swapping unterliegen oder ob alle Bitmapebenen gleichzeitig geswapt werden müssen.
	`PFD_DOUBLE_BUFFER-_DONTCARE`	Es ist unentschieden, ob ein Doppelpuffer verwendet wird oder nicht.
	`PFD_STEREO_DONTCARE`	Das abgelegte Bild kann entweder monoskopisch oder stereoskopisch sein.
`BYTE  iPixelType`		Typ des Pixeldatenformats.
	`PFD_TYPE_RGBA`	RGBA-Pixel
	`PFD_TYPE_COLORINDEX`	Farbindex
`BYTE  cColorBits`		Anzahl der Farbebenen in jedem Farbspeicher.

`BYTE  cRedBits`	Anzahl der Informationsebenen für den Rotanteil.
`BYTE  cRedShift`	Verschiebungsfaktor
`BYTE  cGreenBits`	Anzahl der Informationsebenen für den Grünanteil.
`BYTE  cGreenShift`	Verschiebungsfaktor
`BYTE  cBlueBits`	Anzahl der Informationsebenen für den Blauanteil.
`BYTE  cBlueShift`	Verschiebungsfaktor
`BYTE  cAlphaBits`	Anzahl der Informationsebenen für den Alpha-Anteil. Hier muß der Wert 0 angegeben werden, da solche Informationsebenen nicht unterstützt werden.
`BYTE  cAlphaShift`	Nicht unterstützt
`BYTE cAccumBits`	Gesamtzahl der Informationsebenen im Akkumulationsspeicher.
`BYTE cAccumRedBits`	Anzahl der Rotebenen im Akkumulationsspeicher.
`BYTE cAccumGreenBits`	Anzahl der Grünebenen im Akkumulationsspeicher.
`BYTE cAccumBlueBits`	Anzahl der Blauebenen im Akkumulationsspeicher.
`BYTE cAccumAlphaBits`	Anzahl der Alphaebenen im Akkumulationsspeicher.
`BYTE  cDepthBits`	Anzahl der Bits im Tiefenspeicher.
`BYTE  cStencilBits`	Größe des Musterspeichers.
`BYTE  cAuxBuffers`	Anzahl der Hilfsspeicher. Dies wird nicht unterstützt.
`BYTE  iLayerType`	Wird nicht unterstützt.
`BYTE  bReserved`	Nicht genutzt. Hier muß der Wert 0 eingegeben werden.
`DWORD dwLayerMask`	Nicht unterstützt.
`DWORD dwVisibleMask`	Hier wird der Farbwert definiert, der transparent erscheint. Damit kann der Effekt hervorgerufen werden, daß Teile der OpenGL-Bitmap transparent erscheinen, so daß darunter liegende Grafikanteile sichtbar werden.
`DWORD dwDamageMask`	Nicht unterstützt.

```
} PIXELFORMATDESCRIPTOR;
```

Zentrale Bedeutung in der Datenhaltung des OpenGL haben Pufferspeicher. Diese Pufferspeicher müssen natürlich unter der Verwaltung von WIN32 im Kernspeicherbereich des WINDOWS 95 untergebracht werden. Von daher müssen Verbindungsfunktionen zwischen den OpenGL-Datenstrukturen, die Pufferspeicher benutzen und dem physikalischen Pufferspeicher des WIN32 bereitgestellt werden.

Zunächst sorgt die Funktion `glDrawBuffer` dafür, daß bestimmte Pufferspeicher für die OpenGL-Funktionen ausgewählt werden. Der Datenaustausch zwischen diesen Pufferspeichern wird durch die WIN32-Funktion `SwapBuffers()` realisiert.

11.16   Farbpaletten

Die Implementierung von OpenGL unterstützt prinzipiell zwei Farbformate; zum einen das RGBA-Format und zum anderen Farbindextabellen. Hierbei ist der RGBA-Modus für OpenGL-Anwendungen vorzuziehen. Eine Farbe wird dabei durch die Angabe jeweils eines Rot-, Grün- und Blauwertes definiert; jeder dieser Werte darf eine reelle Zahl zwischen $[0,1]$ sein.

Der zusätzliche Wert (Alphawert) wird bei der Farbdarstellung nicht mehr benutzt. Jeder der drei Farbwerte (RGB) wird, abhängig von der Farbauflösung der Grafikkarte, mit 2, 3, 5, 6 oder 8 Bit dargestellt. Entweder können mehrere Farbebenen zu einer Bitmap zusammengefaßt werden; oder es wird eine Ebene mit entsprechender Größe des Speichers pro Pixel zur Verfügung gestellt. Der Umgang mit verschiedenen Darstellungs- (Informations-)ebenen der Bitmap wird durch die nachfolgenden Funktionen unterstützt.

`wglCopyContext`	Es werden OpenGL-Kontexte untereinander kopiert.
`wglCreateLayerContext`	Es wird ein neuer OpenGL-Kontext kreiert.
`wglDescribeLayerPlane`	Für einen gegebenen OpenGL-Kontext werden Informationen bzgl. der Informationsebenen eingeholt.

`wglGetLayerPaletteEntries`	Falls für eine Informationsebene eine logische Farbtabelle unterstützt wird, werden hier die notwendigen Informationen darüber eingeholt.
`wglRealizeLayerPalette`	Für eine Informationsebene werden die definierten Farbeinträge in der Farbtabelle realisiert (d. h. im Fenster dargestellt).
`wglSetLayerPaletteEntries`	Die Einträge in eine Farbtabelle werden definiert.
`wglSwapLayerBuffers`	Unterschiedliche Informationsebenen in den Pufferspeichern werden miteinander vertauscht.

OpenGL stellt noch eine zusätzliche Schnittstellenoberfläche zur Verfügung. Diese Oberfläche basiert auf der X-Windows-Schnittstelle. Die zu OpenGL gehörende entsprechende Bibliothek wird als GLX-Bibliothek bezeichnet.

Da diese Bibliothek unter WIN32 nicht zur Verfügung steht, müssen Aufgaben der GLX-Bibliothek durch entsprechende WIN32-Funktionen ersetzt werden.

Anhang 8 enthält eine Gegenüberstellung der GLX-Funktionen und der WIN32-Funktionen.

11.17   Fragmentendarstellung

Nachdem die im Objektraum erzeugten Grafikprimitive auf die Projektionsebene abgebildet wurden, sind die dort über die Bilder der Vertexpunkte definierten Fragmente gesammelt dargestellt. Nun muß pro Pixel der Bildebene entschieden werden, ob ein Fragment bzw. ein Teil eines Fragmentes Bestandteil des Projektionsbildes der dreidimensionalen Szene ist oder nicht.

OpenGL führt zu diesem Zweck eine Reihe von Tests durch, die auf jedes Fragment angewandt werden. Mit Hilfe dieser Tests wird festgestellt, ob das Fragment letztendlich dargestellt wird oder nicht. Die einzelnen Tests pro Fragment werden in der nachfolgend angegebenen Reihenfolge durchgeführt.

Pixeleigentümertest	Der erste Test bestimmt, ob das Pixel des Bildspeichers, das zu einem Fragment gehört, im Eigentum des aktuellen Gerätekontextes ist oder nicht. Nur, wenn der aktuelle OpenGL-Kontext Eigentümer dieses Pixels ist, wird dieser Test bestanden und kann das Pixel vom Fragment benutzt werden. Hintergrund hierzu ist, daß bestimmte Bereiche des Gerätekontextes reserviert werden können, um hier andere Grafikausgaben durchzuführen.
Ausschnittest	Mit Hilfe der Funktion `glScissor()` kann ein rechteckiger Bereich des Ausgabebereichs des OpenGL-Kontextes definiert werden, sodaß außerhalb dieses Bereiches Fragmentanteile nicht dargestellt werden.
Alphatest	Wird die Farbdarstellung im RGBA-Modus durchgeführt, so wird der Alphatest aktiv. ein Farbpixel wird nur dann gesetzt, wenn die Differenz zwischen dem Alphawert des Pixels und einer Konstanten einer bestimmten Testbedingung genügt. Diese Testbedingung kann in der Funktion `glAlphaFunc()` angegeben werden.
Mustertest	Mit Hilfe der Funktion `glStencilFunc()` kann ein bestimmtes Muster (Schablone) definiert werden, die dann mit dem Musterwert des Fragmentes verglichen wird. Abhängig von der Vergleichsoperation wird entschieden, ob das Fragment den Mustertest besteht oder nicht.
Tiefentest	Der Tiefentest vergleicht den Tiefen Wert (z-Pufferwert) des Fragmentes mittels einer durch die Funktion `glDepthFunc()` festgelegten Vergleichsoperation. Abhängig vom Erfolg dieser Vergleichsoperation besteht das Fragment den Tiefentest oder nicht. Mit diesem Tiefentest werden diejenigen Fragmente, die bezogen auf das Projektionszentrum hinter einem anderen Fragment liegen, gelöscht. Damit wird eine der Verdeckungsordnung entsprechende flächige Darstellung erzeugt.

Spieleschnittstelle und schnelle Grafikausgabe

Die Standard-Schnittstelle des WIN32, das GDI, stellt dem normalen Anwenderprogramm eine ausreichende Anzahl von Grafikoperationen zur Verfügung. All diesen Grafikoperationen sind zwei Eigenschaften gemeinsam.

- GDI handhabt ausschließlich zweidimensionale Grafikobjekte und

- GDI ist bei der Ausgabe von umfangreichen Datenmengen, so z. B. bei Bitmaps, ausgesprochen langsam.

Auf der anderen Seite werden aber von WINDOWS 95 oder allgemein unter WIN32 Datenobjekte- und operationen unterstützt, die eine schnelle Grafikausgabe unbedingt notwendig machen. Auch die Bearbeitung und gerenderte Darstellung dreidimensionaler Objekte muß separat unterstützt werden. Aus diesem Grunde wurden unter WIN32 weitere, diese Sonderoptionen zusätzlich unterstützenden Schnittstellen, eingefügt.

Für professionale Anwendungen dreidimensionaler Grafikausgabe sowie hohe Portierbarkeit des Programmcodes enpfiehlt sich die Verwendung der OpenGL-Schnittstelle. Das OpenGL-System bietet die vielfältigsten Möglichkeiten zur Definition und Darstellung dreidimensionaler Objekte und daraus zusammengesetzter Szenerie.

Das Einbeziehen von Lichtquellen und Materialoberflächen-Eigenschaften macht die OpenGL-Schnittstelle zum idealen Instrument für die Programmierung anspruchsvoller 3D-Grafikprogramme aus den Bereichen CAD, 3D-Modellierung und virtuelle Realität.

Die Darstellung von Videosequenzen in Echtzeit sind unverzichtbares Element einer Multimedia-Anwendung oder ggf.

auch einer anspruchsvollen Spielanwendung. Die Handhabung der digitalisierten Video- und Audiodaten sowie die Funktionalität zur schnellen Darstellung dieser Daten ist in der Schnittstelle Video for Windows (VfW) organisiert.

Bei der schnellen Ausgabe von zweidimensionaler Grafik, insbesondere zweidimensionaler Bitmapgrafik, sind die Verfahren, die im GDI implementiert sind, nicht leistungsfähig genug. Eine umfangreiche Schnittstelle zur Handhabung solcher, insbesondere für Spieleanwendungen wichtigen, schnellen Grafikausgabe stellt das WinG dar.

Sind die Anforderungen an die Geschwindigkeit der Grafikausgabe so hoch, daß auch die WinG-Schnittstelle teilweise unzureichende Ergebnisse liefert, kann mittels der Schnittstelle GameSDK ein umfangreicher Zugriff direkt auf die Grafikhardware durchgeführt werden.

Zentrale Bedeutung hat die Funktion Direct3D, die wahrscheinlich die schnellste Möglichkeit einer geräteunabhängigen Grafikausgabe zur Zeit unter Windows darstellt.

Ebenfalls im Bereich der Ausgabe dreidimensionaler Szenerien ist die Schnittstelle Direct3D einzuordnen.

Diese in der aktuellen Version des SDK vom Januar 1996 noch nicht vorhandene Schnittstelle ist gedacht für die Entwicklung von Spielen, die eine dreidimensionale Präsentationsoberfläche haben. Insbesondere werden Hardware-Eigenschaften der Grafikkarte ausgenutzt, die eine extrem schnelle Darstellung dreidimensionaler Objekte ermöglicht.

12.1   WinG

Die WinG-Schnittstelle benutzt die Datenstrukturen für geräteunabhängige Bitmaps (DIB) des GDI; um die Ausgabegeschwindigkeit für DIB-Bitmaps deutlich zu erhöhen, benutzt WinG einen eigenen GDI-Gerätetreiber. Damit ist die WinG-Schnittstelle in ihrer Realisation nahe bei der GDI-Schnittstelle anzusiedeln.

Tatsächlich ist die Funktionalität der WinG-Schnittstelle mittels der Funktion `CreateDIBSection()` in den Teilbereich des GDI eingefügt, der geräteunabhängige Bitmaps handhabt.

Die Funktion `CreateDIBSection()` kreiert eine geräteunabhängige Bitmap. Das Programm kann Pixelinformationen direkt in diese geräteunabhängige Bitmap schreiben.

```
HBITMAP CreateDIBSection(
```

`HDC hdc`	Handle des Gerätekontextes.
`CONST BITMAPINFO *pbmi`	Zeiger auf eine Struktur vom Typ BITMAPINFO. Diese Struktur enthält Konfigurationsinformationen für die geräteunabhängige Bitmap.
`UINT iUsage`	Art der Farbinformation in der geräteunabhängigen Bitmap. Folgende Werte sind möglich.
`DIB_PAL_COLORS`	Die Farbangaben sind Indizes einer logischen Farbpalette.
`DIB_RGB_COLORS`	Die Farbinformationen sind RGB-Werte.
`VOID *ppvBits`	Adresse einer Variablen, die bei erfolgreicher Funktion einen Zeiger auf den Beginn der Bitmapinformation im Kernspeicher enthält.
`HANDLE hSection`	Handle einer Speicherdatei, die die Daten der geräteunabhängigen Bitmap aufnehmen soll. Hier kann der Wert NULL angegeben werden.
	In diesem Fall wird automatisch ein Speicherbereich für die Bitmapdaten angelegt.
`DWORD dwOffset`	Falls eine Speicherdatei verwendet wird, wird hier der Abstand zwischen Beginn der Speicherdatei und den eigentlichen Bitmapdaten (Bildpunktdaten) angegeben.

```
);
```

Informationen über die so angelegte geräteunabhängige Bitmap können in einer Struktur vom Typ `DIBSECTION` abgerufen werden; diese Struktur wird durch Aufruf der Funktion `GetObject()` gefüllt.

```
typedef struct tagDIBSECTION {
```

BITMAP	dsBm	Eine Struktur vom Typ BITMAP, die Angaben zur verwendeten geräteunabhängigen Bitmap enthält.
BITMAPINFOHEADER	dsBmih	Eine Struktur vom Typ BITMAPINFOHEADER, die weitere Informationen enthält.
DWORD	dsBitfields[3]	Farbmaskenangaben
HANDLE	dshSection	Handle einer Speicherdatei, die die geräteunabhängige Bitmap enthält.
DWORD	dsOffset	Falls eine Speicherdatei benutzt wird, gibt dies den Abstand zwischen Beginn der Speicherdatei und dem Beginn der Punktinformation an.

```
} DIBSECTION;
```

Zur Einbindung der WING-Funktionalität in eigene Programme muß sichergestellt sein, daß die nachfolgend beschriebenen Dateien zur Verfügung stehen.

WING.DLL	Diese Datei enthält die Funktionsdefinitionen der Schnittstelle.
WING32.DLL	Verbindungsschicht zwischen der WING-Funktionalität und der Win32-Schicht.
WINGDE.DLL	Hier sind Funktionen definiert, die den eigentlichen schnellen Datentransfer für geräteunabhängige Bitmaps zur Verfügung stellen.
WINGDIB.DRV	Spezieller WING-Grafiktreiber
WINGPAL.WND	Farbpalettenhandler
DVA.386	Treiber für direkten Videozugriff. Diese Datei muß in SYSTEM.INI als [386Enh] ... devive = DVA.386 installiert sein

Die Funktionalität der WING-Schnittstelle ist nicht besonders umfangreich. Die nachfolgenden Funktionen stellen sämtliche Leistungen der Schnittstelle zur Verfügung.

`WinGCreateDC()`	**Es wird ein Gerätekontext kreiert, der für WING-Ausgaben geeignet ist.**
`WinGCreateBitmap()`	**Es wird eine geräteunabhängige Bitmap (DIB) kreiert, die kompatibel zur Schnittstelle ist.**
`WinGGetDIBPointer()`	**Die Adresse der DIB wird ermittelt.**
`WinGRecommendDIBFormat()`	**Diese Funktion ermittelt automatisch die bestmögliche Datenstruktur der DIB.**
`WinGGetDIBColorTable()`	**Die Farbtabelle für die WING-Bitmap wird ermittelt.**
`WinGSetDIBColorTable()`	**Die Farbtabelle für die geräteunabhängige Bitmap wird definiert.**
`WinGBitBlt()`	**Der Inhalt des WING-Gerätekontextes wird in den Monitorgerätekontext kopiert. Damit wird die Grafik im Fensterausgabebereich dargestellt.**
`WinGStretchBlt()`	**Der Inhalt des WING-Gerätekontextes wird im Fenstergerätekontext ausgegeben; dabei findet eine Skalierung der Bitmap statt.**
`WinGCreateHalftoneBrush()`	**Es wird ein Farbfüllmuster (Halbtonfarbe) kreiert.**
`WinGCreate-` `HalftonePalette()`	**Es wird eine Halbton-Farbpalette kreiert.**
`WING_DITHER_TYPE`	**Datenstruktur zur Definition von Ditheringmustern für Halbtonfüllmuster.**

12.1.1 Ausgabe einer WinG-Bitmap

Zunächst wird mittels der Funktion `WinGCreateDC()` ein Schnittstellen-spezifischer Gerätekontext mit der Benennung WinGDC kreiert. Dieser Gerätekontext erscheint auf der Eingabeseite wie ein vollkommen normaler GDI Gerätekontext.

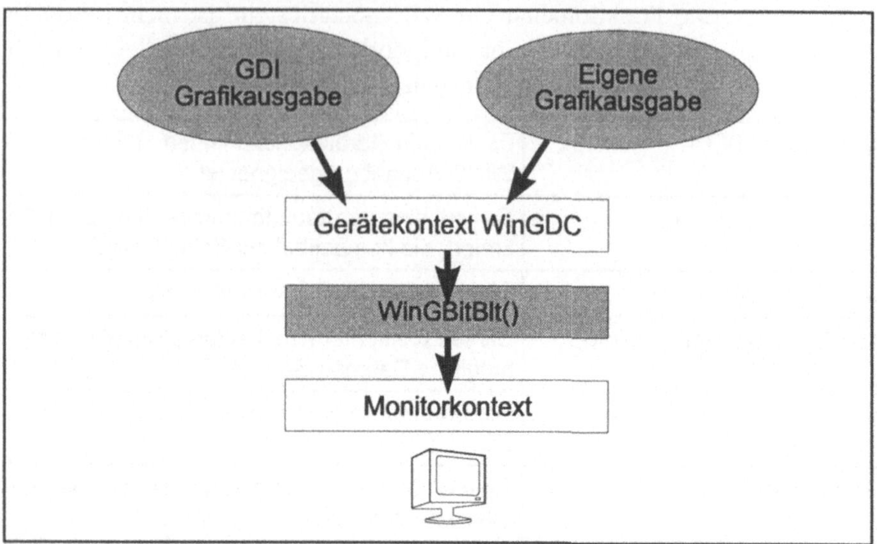

Abb. 12.1:   WinG-Ausgabepipeline

Somit können in diesen speziellen WinG-Gerätekontext Ausgaben sowohl mit den normalen GDI-Funktionen, mit GDI-Bitmapfunktionen als auch mit programmeigenen Funktionen gemacht werden. Letzteres ist nur deshalb möglich, weil im Gegensatz zu normalen Gerätekontexten, beim WinG-Gerätekontext (WinGDC) zusätzlich ein Zeiger auf den Beginn der Punktinformation geliefert wird, sodaß ein Programm eigenständig einzelne Punkte der Bitmap manipulieren kann.

Insgesamt werden all diese Eingaben in den WinGDC hier gesammelt; zu diesem Zeitpunkt ist das dort assemblierte Bild noch nicht im Fensterausgabebereich angezeigt worden. Erst durch die Verwendung der Funktionen `WinGStretchBlt()` oder `WinGBitBlt()` wird der Inhalt des WinGDC in den Fenstergerätekontext (Monitorgerätekontext) transportiert und damit die Bitmap tatsächlich angezeigt.

Beim gemeinsamen Zugriff von GDI-Funktionen und programmeigenen Funktionen, die direkt auf den Bitmapspeicher der DIB zugreifen, sind einige Besonderheiten zu berücksichtigen.

 Die wichtigste Einschränkung bei WinGDC-Verwendung ist die Tatsache, daß zunächst einmal ein WinGDC ein 256-Farben RGB-Ausgabegerät ist. Dies muß berücksichtigt werden, wenn GDI-Ausgabefunktionen andere Farben voraussetzen, als in der WinG-eigenen Farbpalette vorhanden sind. Allerdings kann die Farbpalette des WinGDC mittels der Funktion `WinGSetDIBColorTable()` erweitert werden.

Beim Datentransport zwischen den beteiligten Gerätekontexten bei der Ausgabe des Bildes in den Fensterausgabebereich sind folgende Einschränkungen zu beachten. Die Funktion `BitBlt()` ist nicht in der Lage, irgendwelchen Bitmaptransport zwischen Gerätekontexten unterschiedlichen Typs durchzuführen.

Insofern verbietet sich von daher schon die Verwendung dieser Funktion zum Transport der Bitmapinformation vom WinGDC in den Monitorgerätekontext. Die hierfür zuständige Funktion `WinGBitBlt()` bzw. `WinGStretchBlt()` ist auch nur in der Lage, den Datentransport zwischen WinGDC und FensterDC (Bildschirm) durchzuführen.

Irgendein anderer Datentransport zwischen Gerätekontexten wird auch hier nicht unterstützt. Der umgekehrte Weg, nämlich der Datentransport vom Fenstergerätekontext in den WinGDC, muß wie folgt realisiert werden. Zunächst muß für den Fenstergerätekontext eine kompatible Bitmap kreiert werden; danach kann ein bliebiges Rechteck aus dem Fenstergerätekontext durch `BitBlt()` in diese kompatible Bitmap transportiert werden.

Von hier wird dann letztendlich mittels der Funktion `GetDIBits()` der Datentransport in das WinGDC durchgeführt. Dieser für das Subsystem Windows 3.x gültige Weg kann unter Windows 95 und Windows NT durch eine direkte Verwendung der Funktion `BitBlt()` abgekürzt werden.

12.1.2 Orientierung

Normalerweise sind geräteunabhängige Bitmaps (DIB) so definiert, daß die unterste Bildzeile zuerst im Bilddatenspeicher abgelegt wird; unglücklicherweise ist dies bei geräteabhängigen Bitmaps (DDB) genau umgekehrt. Dies muß uns aber hier nicht weiter interessieren.

WinG nimmt irgendwelche Umsetzarbeiten bzgl. der Orientierung der Bitmap im Hintergrund vor. Daher sind Ausgaben mit GDI-Funktionen in eine WinGDC im Ergebnis identisch mit den direkten Ausgaben der GDI-Funktionen in den Fensterausgabebereich.

Für die Programmentwicklung unter Benutzung der WinG-Schnittstelle hat der Hersteller MICROSOFT eine freie Weitergabe der oben genannten Systemdateien erlaubt. Diese Systemdateien können als notwendige Laufzeitumgebung ggf. selbst entwickelten Programmen beim Vertrieb beigelegt werden.[1]

Die WinG-Schnittstelle wird bei ihrer ersten Installation in einem neuen Videomodus einmalig einen Leistungstest der Grafikhardware durchführen. Eigene Anwendungen sollten ggf. darauf hinweisen.

12.2   GameSDK

Für alle die Programme, bei denen die Geschwindigkeit der Ausgabe geräteunabhängiger Bitmaps mittels WinG nicht ausreicht (also insbesondere bei Spielen mit interaktiver Grafikausgabe) muß ein Weg gefunden werden, sowohl geräteunabhängige Bitmaps weiterhin zu unterstützten, als auch direkt (oder besser: möglichst direkt) auf die Grafikhardware zuzugreifen.

Die hierzu kreierte Schnittstelle GameSDK verfolgt daher einen vollkommen anderen Ansatz als die WinG-Schnittstelle. Das GameSDK ist damit auch nicht kompatibel zum GDI.

GameSDK besteht aus vier Hauptkomponenten.

---

[1]   Quelle:Microsoft development library, Januar 1996, "shipping a product with WinG"

1. DirectDraw: Schnelle Ausgabe von Bitmapdaten auf die Grafikhardware

2. DirectSound: Direkte Kontrolle der Audiokarte; Ausgabe von Audiodaten; Mischen von Audiodaten

3. DirectPlay: Schnittstelle zur Koppelung mehrerer Computer zu einem Netzwerk, in dem Spiele, verteilt auf die Computer des Netzwerkes, ausgeführt werden können.

4. DirectInput: Schnittstelle zur Programmierung vielfältiger Eingabegeräte.

Das GameSDK ist eine Ein-/Ausgabeschnittstelle, die als ausschließliches Ziel die Optimierung der Ausgabegeschwindigkeit und die Flexibilität der Dateneingabe hat.

Soweit möglich, werden von den Einzelschnittstellen des GameSDK vorhandene Hardwarefähigkeiten der Ein-/Ausgabegeräte unterstützt.

12.2.1 DirectDraw

Die Teilschnittstelle realisiert eine möglichst schnelle Grafikausgabe. Soweit möglich, werden Hardwarefähigkeiten unterstützt. Die Schnittstelle ist in ihrer Funktionalität sehr hardwarenah und stellt kaum komfortable Grafikausgabefunktionen zur Verfügung. Insgesamt werden nachfolgende Funktionsbereiche unterstützt.

- Verwalten mehrerer Kernspeicherbereiche. In jedem Speicherbereich wird ein eigenes Bild gehalten bzw. aufgebaut; es kann sehr schnell zwischen einzelnen Bildern geschaltet werden, so daß der Transport zwischen Bildspeicher und Videospeicher sehr kurz ist. Durch die Handhabung mehrerer Bildspeicher kann z. B. ein aktuelles Bild angezeigt werden, während andere Bilder im Hintergrund generiert werden.

- Die Bildspeicher können auch im Video RAM der Grafikkarte selbst angelegt werden.

- Zugriff auf evtl. vorhandene Blitterhardware. Damit ist der extrem schnelle Transport rechteckiger Bitmapbereiche unterstützt.

- Unterstützung von Tiefenspeicher (Z-Speicher) für die Darstellung dreidimensionaler Objekte

- Zugriff auf ggf. vorhandene Overlay-Unterstützung der Grafikhardware

- Zugriff auf evtl. vorhandene Hardware-Unterstützung für die Skalierung von Bitmaps

- Simultaner Zugriff auf mehrere Video-Speicherbereiche

DirectDraw hat direkten Zugriff auf alle wichtigen Bereiche der Speicherhandhabung. Hierzu gehören insbesondere

- Speicherbereitstellung (Allozierung),

- das Bewegen,

- Transformieren und

- Einfrieren

von Speicherbereichen.

12.2.2 DD-Objekte

Die bei DirectDraw verwendete Objekthierarchie ist schnell erläutert. Zunächst muß mittels der Funktion `DirectDraw-Create()` ein DirectDraw-Objekt (DD-Objekt) kreiert werden.

```
HRESULT DirectDrawCreate(
```

`GUID FAR * lpGUID`	Zeiger auf den Gerätetreiber, der kreiert werden soll. Die Angabe von NULL kreiert immer den aktuellen Videotreiber.
`LPDIRECTDRAW FAR *lplpDD`	Zeiger auf Zeiger; hier wird der nachfolgend verwendete DD-Zeiger abgelegt.
`IUnknown FAR *pUnkOuter`	Hier muß der Wert NULL stehen.

```
)
```

Damit ist die Vorbereitung für alle weiteren DirectDraw-Operationen durchgeführt. Als nächstes muß die vorhandene Hardware daraufhin untersucht werden, welche Grafikunterstützung sie ggf. anzubieten hat.

12.2.3 Hardwareinformation

Gleichzeitig wird hier festgelegt, daß das laufende Programm als einziges Zugriff auf die CPU hat. Alle anderen Anwendungen werden also hier gestoppt. Die Funktion SetCooperativeLevel() reserviert die gesamte CPU-Zeit für die laufende Anwendung.

```
HRESULT  SetCooperativeLevel(
```

LPDIRECTDRAW lpDD	Zeiger auf das DD-Objekt.
HWND hWnd	Handle des Ausgabefensters.
DWORD dwFlags	Art der Grafikausgabe. Es sind folgende Angaben möglich.
DDSCL_ALLOWMODEX	ModeX-Monitore erlaubt.
DDSCL_ALLOWREBOOT	Die Tastenkombination CTRL_ALT_DEL ist erlaubt.
DDSCL_EXCLUSIVE	Das Programm läuft exklusiv.
DDSCL_FULLSCREEN	Der gesamte Bildschirm wird benutzt. GDI-Ausgaben werden ignoriert.
DDSCL_NORMAL	Normale Ausgabe im Fensterausgabebereich.
DDSCL_NOWINDOWCHANGES	Es werden keine Änderungen der Fenstergröße erlaubt.

```
)
```

12.2.4 Videomodus

Nun muß der Videomodus etabliert werden. Die beste Unterstützung liefert DirectDraw z. Zt. für den 640 x 480 x 256 Videomodus.

Dabei werden 8 Bit je Bildschirmpunkt für die Darstellung von Farbinformationen verwendet. Der Videomodus wird mit der nachfolgenden Funktion etabliert.

```
HRESULT SetDisplayMode(
```

`LPDIRECTDRAW lpDD`	**Zeiger auf das DD-Objekt.**
`DWORD dwWidth`	**Breite der Ausgabe-Bitmap.**
`DWORD dwHeight`	**Höhe der Ausgabe-Bitmap.**
`DWORD dwBpp`	**Anzahl der für die Farbdarstellung verwendeten Bits/Pixel.**

```
)
```

Eine Möglichkeit, sich vorab über die Hardwaremöglichkeiten der Grafikhardware zu informieren (um z. B. die Größe der verwendeten Bitmapspeicher zu optimieren) ist die nachfolgende Funktion.

```
HRESULT GetCaps(
```

`LPDIRECTDRAW lpDD`	**Zeiger auf das DD-Objekt.**
`LPDDCAPS lpDDDriverCaps`	**Zeiger auf eine Struktur vom Typ** DDCAPS**, die anschließend die Hardware-Eigenschaften beschreibt.**
`LPDDCAPS lpDDHELCaps`	**Zeiger auf eine Struktur vom Typ** DDCAPS**, die anschließend die Eigenschaften der Hardware Emulation Layer (HEL) zeigt.**

```
)
```

```
typedef struct _DDCAPS{
```

`DWORD wSize`	**Größe der Struktur in Byte.**
`DWORD dwCaps`	**Treiberspezifische Gerätekapazitäten (s. Anhang 10).**
`DWORD dwCaps2`	**Weitere treiberspezifische Kapazitäten (s. Anhang 10).**
`DWORD dwCKeyCaps`	**Farbkapazitäten (s. Anhang 10).**
`DWORD dwFXCaps`	**Skalierungskapazitäten (s. Anhang 10).**
`DWORD dwFXAlphaCaps`	**Alphakapazitäten (s. Anhang 10).**

`DWORD dwPalCaps`	Palettekapazitäten (siehe Anhang 10).
`DWORD dwSVCaps`	Stereobildkapazitäten (siehe Anhang 10).
`DWORD dwAlphaBlt ConstBitDepths`	Anzahl Bit für Alphakonstante DDBD_2,4,8.
`DWORD dwAlphaBlt PixelBitDepths`	Anzahl Bit für Alphawert DDBD_1,2,4,8.
`DWORD dwAlphaBlt- SurfaceBitDepths`	Bit pro Alphawert Oberfläche DDBD_1,2,4,8.
`DWORD dwAlphaOver- layConstBitDepths`	Bits für Alpha-Overlaykonstante DDBD_2,4,8.
`DWORD dwAlphaOver- layPixelBitDepths`	Bits für Alpha-Overlaypixel DDBD_1,2,4,8.
`DWORD dwAlphaOver- laySurfaceBitDepths`	Bits für Alpha-Overlayoberfläche DDBD_1,2,4,8.
`DWORD dwZBuffer- BitDepths`	Bits für Tiefenpuffer DDBD_8,16,24,32.
`DWORD dwVidMemTotal`	Gesamtgröße des Videospeichers.
`DWORD dwVidMemFree`	Größe des freien Videospeichers.
`DWORD dwMaxVisi- bleOverlays`	Maximale Anzahl gleichzeitig sichtbarer Overlays.
`DWORD dwCurrVisi- bleOverlays`	Anzahl der aktuell sichtbaren Overlays.
`DWORD dwNum- FourCCCodes`	Anzahl der FOURCC-Codes.
`DWORD dwAlignBoun- darySrc`	Grenze des Quellrechtecks.
`DWORD dwAlignSi- zeSrc`	Größe des Quellrechtecks in Byte.
`DWORD dwAlignBoun- daryDest`	Größe des Zielrechtecks.

```
DWORD
dwAlignSizeDest

DWORD                      Strideausrichtung.
dwAlignStrideAlign

DWORD dwRops               ROPS werden unterstützt.
[DD_ROP_SPACE]

DDSCAPS ddsCaps            Struktur vom Typ DDSCAPS mit weiteren Kapazitäten.

DWORD dwMinOver-           Minimaler Overlay-Skalierungsfaktor (multipliziert mit
layStretch                1000).

DWORD dwMaxOver-           Maximaler Overlay-Skalierungsfaktor (multipliziert mit
layStretch                1000).

DWORD dwMinLiveVi-         Minimaler Video-Skalierungsfaktor (multipliziert mit
deotretch                 1000).

DWORD dwMaxLiveVi-         Maximaler Video-Skalierungsfaktor (multipliziert mit
deotretch                 1000).

DWORD dwMin-              Minimaler Codec-Skalierungsfaktor (multipliziert mit
HwCodectretch             1000).

DWORD dwMax-              Maximaler Codec-Skalierungsfaktor (multipliziert mit
HwCodectretch             1000).

DWORD dwReserved1         Reserviert.

DWORD dwReserved2         Reserviert.

DWORD dwReserved3         Reserviert.
} DDCAPS;


typedef struct _DDSCAPS{

DWORD dwCaps              Standardgerätekapazitäten (siehe Anhang 10).
} DDSCAPS;
```

Diese äußerst umfangreichen Informationsmöglichkeiten bzgl. der Hardwareunterstützung lassen eine, durch eine umfangreiche Programmlogik gestützte, sehr feine Abstimmung der Grafikausgabe zu.

12.2.5 Oberfläche

Nachdem nun das DD-Objekt kreiert wurde und eine Übersicht über die Gerätekapazitäten besteht, so daß Speicherzugriffe optimiert werden können, kann die Hauptoberfläche (primary surface) kreiert werden. Hierbei wird ein Bildspeicher für das Vordergrundbild und ein weiterer Bildspeicher zur Verwaltung eines Hintergrundbildes angelegt.

Diese Hauptoberfläche ist in der Regel die einzige, die auf dem Bildschirm sichtbar ist. Zusätzlich werden auch komplexe Oberflächen (complex surfaces) unterstützt. Sie werden ebenfalls durch die nachfolgend beschriebene Funktion kreiert und können weitere Bitmapversionen aufnehmen und handhabbar machen.

```
HRESULT CreateSurface(
```

`LPDIRECTDRAW lpDD,`	**Zeiger auf das DD-Objekt.**
`LPDDSURFACEDESC lpDDSurfaceDesc,`	**Zeiger auf eine Struktur vom Typ** DDSURFACEDESC. **Hier wird die Art der zu kreierenden Oberfläche beschrieben.**
`LPDIRECTDRAWSURFACE FAR *lplpDDSurface,`	**Zeiger auf einen Zeiger, der auf die Hauptoberfläche verweist.**
`IUnknown FAR *pUnkOuter`	**Für zukünftige Nutzung reserviert. Hier muß der Wert** NULL **angegeben werden.**

```
)
```

```
typedef struct _DDSURFACEDESC{
```

`DWORD dwSize;`	**Größe der Struktur in Byte.**
`DWORD dwFlags;`	**Modus der Hauptoberfläche. Hier wird angegeben, welche der Strukturelemente gültig sind und ausgewertet werden sollen. Nachfolgende Werte sind möglich.**

`DDSD_DDSCAPS`	**ddsCaps ist gültig.**
`DDSD_HEIGHT`	**Höhe der Oberfläche in Pixeln.**
`DDSD_WIDTH`	**Breite der Oberfläche in Pixeln.**

DDSD_PITCH	Abstand zum Start der nächsten Bildzeile.
DDSD_BACK-BUFFERCOUNT	Anzahl der Hintergrundspeicher.
DDSD_ZBUFFER BITDEPTH	Tiefe des Z-Buffers.
DDSD_ALPHA-BITDEPTH	Tiefe des Alpha-Buffers.
DDSD_LP-SURFACE	Zeiger auf den Speicherbereich, der die oberflächendaten enthält.
DDSD_PIXEL-FORMAT	ddpfPixelFormat ist gültig.
DDSD_CKDEST-OVERLAY	Farbschlüssel für Overlay im Ziel.
DDSD_CKDEST-BLT	Farbschlüssel für Verschiebungen im Ziel.
DDSD_CKSRC-OVERLAY	Farbschlüssel für Quellenoverlay.
DDSD_CKSRC-BLT	Farbschlüssel für Blockverschiebungen in der Quelle.
DDSD_ALL	Alle Eingabefelder sind gültig.
DDPIXELFORMAT ddpfPixelFormat;	Beschreibung des Pixelformates der Oberfläche.
DDSCAPS ddsCaps;	Kapazitäten der Oberfläche.
} DDSURFACEDESC;	

12.2.6   Bildspeicher

Nachdem nun die Hautoberfläche kreiert wurde, müssen nun die Adressen für den Vordergrund- und den Hintergrundspeicherbereich ermittelt werden. Dies wird in beiden Fällen durch die Funktion GetAttachedSurface() durchgeführt.

```
HRESULT GetAttachedSurface(
```

LPDIRECTDRAW-SURFACE lpDDSurface,	Zeiger auf eine DIRECTDRAWSURFACE-Struktur, die die Hauptoberfläche repräsentiert.
LPDDSCAPS lpDDSCaps,	Zeiger auf eine DDCAPS-Struktur, die die Kapazitäten der Hauptoberfläche definiert.
LPLPDIRECTDRAW-SURFACE FAR *lplpDDAttachedSurface	Zeiger auf einen Zeiger, der auf die Adresse der DIRECTDRAWSURFACE-Struktur verweist.

```
)
```

Im Gegensatz zu der Gruppe der DirectDraw-Funktionen, die für die Handhabung der Speicherbereiche zuständig sind, werden die Farbpaletten durch die GDI-Funktionen gehandhabt.

12.2.7 Bildausgabe

Der eigentliche Datentransport des Gesamtbildes auf den Bildschirm (bzw. auch von Teilen des Gesamtbildes) wird durch die Funktion BltFast() durchgeführt.

```
HRESULT BltFast(
```

LPDIRECTDRAW-SURFACE lpDDSurface,	Zeiger auf die Hauptoberfläche (DIRECTDRAWSURFACE)
DWORD dwX,	x-Koordinate in der Zieloberfläche.
DWORD dwY,	y-Koordinate in der Zieloberfläche.
LPDIRECTDRAWSUR-FACE lpDDSrcSurface,	Zeiger auf die Quelloberfläche (DIRECTDRAWSURFACE)
LPRECT lpSrcRect,	Quellrechteck
DWORD dwTrans	Modus des Datentransfers. Hierbei sind folgende Werte möglich.
DDBLTFAST_DESTCOLORKEY	Transparentes Kopieren unter Benutzung des Farbschlüssels im Ziel.
DDBLTFAST_NOCOLORKEY	Normales Kopieren, keine Transparenz.

DDBLTFAST_SRCCOLORKEY	Transparentes Kopieren unter Benutzung des Farbschlüssels der Quelle.
DDBLTFAST_WAIT	Die Funktion wartet auf die Ausführung der Kopieraktion.

)

Mit Hilfe dieser Funktion wird prinzipiell die gesamte Grafikausgabe der Anwendung durchgeführt. Im einzelnen sind dabei in der Regel folgende Schritte auszuführen.

- Abfragen der Benutzereingabe

- Abfrage programminterner Parameter

- Vorbereitung der neuen Grafik: Berechnen von neuen Positionen, ggf. Objektkollisionen und neuen Perspektiven

- Berechnung und Speicherung des Bildes im Hintergrundspeicher für die nächste Bildausgabe

- Umschalten auf den Hintergrundspeicher, so daß dieser auf dem Bildschirm dargestellt wird.

Diese letzte Aufgabe wird durch die besprochene Funktion `BltFast()` durchgeführt.

12.2.8 Transparenzmodus

Wichtig ist insbesondere der Transparenzmodus beim Kopieren zwischen Quelle und Ziel. Mit Hilfe dieses Transparenzmodus können sogenannte Sprites dargestellt werden. Ein Sprite ist dabei ein rechteckiger Bildausschnitt (der in der Regel kleiner als das Gesamtbild ist), der neben den undurchsichtigen Farben, die dann später im resultierenden Bild dargestellt werden, auch transparente Farben (oder besser: eine transparente Farbe) enthält.

Diese transparente Farbe ist in der Regel an den Außenrändern des rechteckigen Bildbereiches des Sprites angeordnet, so daß hier die Hintergrundfarben durchscheinen. Damit ist es möglich, Figuren mit komplizierten Außenrändern darzustellen.

12.2.9 Einbinden von DirectDraw-Oberflächen in Fensterausgabebereiche

Da eine Ausgabe durch die langsamen GDI-Funktionen nicht sinnvoll ist, muß nach der besprochenen Initialisierungsarbeit jegliche Art Grafikausgabe im Fensterausgabebereich umgelenkt werden zur DirectDraw-Schnittstelle. Hierzu ist es notwendig, zunächst alle an die Fensterfunktion versendeten Nachrichten wie gewohnt abzuarbeiten. Sollten allerdings keine Nachrichten mehr an die Fensterfunktion gesendet werden, mithin die Nachrichtenwarteschlange für die Fensterfunktion leer sein, muß eine eigenständige Grafikausgaberoutine aufgerufen werden.

Diese Routine erledigt dann sämtliche besprochenen DirectDraw-Funktionsaufrufe, um die Benutzereingaben abzufangen und die entsprechenden Grafikausgaben durchzuführen.

Auch bei der Kreation des Programmhauptfensters muß bereits an die optimale Grafikauflösung (640 x 480) für das DirectDraw gedacht werden.

12.2.10 DirectSound

Die DirectSound-Schnittstelle des GameSDK erlaubt direkten Zugriff auf die Audiohardware des Computers. So kann z.B. von der Programmlogik bestimmt werden, ob bestimmte Audiodaten im eventuell vorhandenen Speicher der Audiokarte direkt gehalten werden. Insgesamt können Audiodaten des Wave-Formates und des Midi-Formates ausgegeben werden.

Hinzu kommt die Funktionalität eines Audiomixers. Damit können, abhängig von der Programmlogik, bestimmte Klangereignisse aus einer Datei geladen, nach Bedarf gemischt und dann komplett über die Audiohardware ausgegeben werden.

Tatsächlich wird dieser Bereich aber auch von einigen sehr umfassenden Multimedia-Schnittstellen abgedeckt, die ggf. alternativ verwendet werden können.

12.2.11   DirectPlay

Diese Schnittstelle dient dazu, ein Programm, das auf einem zentralen Rechner installiert ist und abläuft, durch externe Datenfernübertragungskanäle erreichbar zu machen. Hintergedanke hierfür sind Spieleapplikationen, die von mehreren Benutzern über DFÜ-Kanäle gemeinsam und gleichzeitig genutzt werden können. Da hier eine hohe Anforderung an den Datendurchsatz gestellt ist, können die normalen Mechanismen der Interprozeß-Kommunikation nicht verwendet werden.

12.2.12   DirectInput

Dieser Teil des GameSDK betreut die Dateneingabe über spezielle Eingabehardware. Hierzu zählen Joysticks, berührungsempfindliche Bildschirme und weitere Sondereingabegeräte. Dabei sind kaum Einschränkungen bzgl. der Eingabehardware gemacht worden. Prinzipiell werden alle Eingabegeräte unterstützt, die ein absolutes Koordinatensystem verwalten.

Es können Bewegungen über insgesamt sechs Hauptbewegungsachsen abgefragt werden; dies bedeutet, daß alle dreidimensionalen Translationen sowie alle notwendigen Drehwinkel (Eulerwinkel) genutzt werden können. Es werden bis zu 32 Eingabeknöpfe (Druckknöpfe) abgefragt.

Alle Funktionen dieser Schnittstelle beginnen mit dem Präfix joy[1].

12.2.13   Notwendige Bibliotheken

Folgende Dateien und Bibliotheken müssen für die Kompilierung von DirectDraw-Anwendungen vorhanden sein.

DirectDraw	DDRAW.H , DDRAW.LIB
DirectPlay	DPLAY.H , DPLAY.LIB
DirectSound	DSOUND.H , DSOUND.LIB

---

[1]   Siehe Multimedia, Joystick

12.2.14   DirectXSetup

Ein gutes Herz zeigt Microsoft für die Entwickler von Game-SDK-Anwendungen. Um dem potentiellen Käufer einer solchen Anwendung ein kompliziertes Installieren der notwendigen DirectX-Dateien zu ersparen, wird die Sonderfunktion DirectXSetup zur Verfügung gestellt.

```
int WINAPI DirectXSetup(
```

`HWND hwnd,`	**Handle des Elternfensters für die Dialogbox.**
`LPSTR root_path,`	**Zeichenkette, die das Verzeichnis der DirectX-Dateien enthält.**
`DWORD flags`	**Auswahlmodus. Es können nachfolgende Werte angegeben werden.**

`DSETUP_DDRAW`	**Installation von DirectDraw**
`DSETUP_DSOUND`	**Installation von DirectSound**
`DSETUP_DPLAY`	**Installation von DirectPlay**
`DSETUP_DIRECTX`	**Installation von allen DirectX-Komponenten**
`DSETUP_REINSTALL`	**Installation unabhängig von der Version**

```
)
```

Die meisten Spielanwendungen werden aufgrund der extrem großen Datenmenge auf CD-ROM Medien vertrieben. Um dem Benutzer solcher CD's nur einen minimalen Verwaltungsaufwand zuzumuten, besteht die Möglichkeit, auf der Oberfläche der Dateistruktur der CD eine Datei mit dem Namen AUTORUN.INF unterzubringen. WINDOWS 95 untersucht unmittelbar nach dem Einlegen einer CD in den Laufwerksschacht die Dateistruktur nach dieser Datei.

Sollte diese Datei vorhanden sein, wird sie von WINDOWS 95 gelesen und zum Ausführen eines Automatikstartes benutzt. Der Programmbenutzer muß also weder eine Installation manuell durchführen noch, falls dies der Wunsch des Programmentwicklers ist, eigenhändig das Programm starten.

Der Inhalt der AUTORUN-Datei muß mindestens in der Angabe eines zu startenden Programms und des zu diesem Programm gehörenden Programmicons bestehen.

```
[autorun]
OPEN=INSTALL.EXE    // Installiert Spielkomponenten
ICON=SPIEL.ICO      // Spielicon
[Herstellername]
DIB=bitmap.dib
Title=Spieltitel
DirName=VERZEICHNIS_FÜRS_SPIEL
```

13 Multimedia

Die Präsentation von Informationen im Rahmen einer Multimedia-Schnittstelle umfaßt

- die Ausgabe von Audioinformation

- die Ausgabe von Videoinformation

- die Möglichkeit für den Programmbenutzer, schnell und einfach innerhalb der angegebenen Informationsmenge zu navigieren, Informationen auszusuchen und darzustellen.

Das API des Win32 bietet einen dreistufigen Zugang zu der Handhabung von Multimediadaten.

1. Die Schnittstellen-Definition der Stufe 1 stellt eine besonders einfache programmtechnische Handhabung beliebiger Videodaten in Form direkter Funktionsaufrufe zur Verfügung, die dann komplexe Gesamtaufgaben wie das Abspielen von Multimediadaten oder auch die Aufnahme, Weiterverarbeitung und Speicherung von Multimediadaten mittels eines einzigen Funktionsaufrufes ermöglichen.

2. In der zweiten Stufe wird ein funktionaler Zugang zu den Einzeloperationen, die mit der Wiedergabe und Aufzeichnung von Multimediadaten verbunden sind über die NCI-Schnittstelle verfügbar gemacht. Diese MCI-Schnittstelle ist ein standardisierter Zugang zur Kontrolle beliebiger Multimedia-Geräte. Sie ermöglicht dem Programmierer einen direkteren Zugang zu den Leistungen von Multimedia-Geräten als die wenigen und einfachen Funktionen der Stufe 1.

3. Die Funktionalität der Schnittstelle der Stufe 3 stellt darüberhinaus weiteren, detaillierteren Zugriff auf Multimedia-Daten zur Verfügung.

13.1   Gerätevoraussetzungen

Um Multimedia-Daten auf einem Computer sinnvoll aufnehmen, verarbeiten und ausgeben zu können, sind Mindestvoraussetzungen an die Leistungsfähigkeit der Computerkonfiguration zu stellen. Um hier einen Standard zu schaffen, wurde in den Jahren 1990 und 1993 vom MPC Marketing Council eine zweistufige Standardisierung definiert, die die Mindestanforderungen an einen multimediafähigen Computer definieren.

Anforderungen der Stufe 1

Processor	386SX
RAM	2 Mbyte
Festplatte	30 Mbyte
CDROM	Datentransfer 90-150 kbyte/sec CPU-Belastung kleiner 40% Mittlere Zugriffszeit kleiner 1 sec
Audio	8-bit Digital-Analog Ausgabe mit 22.05 kHz und 11.025 kHz 8-bit Analog-Digital Eingabe mit 11.025 kHz Synthesizer mit 4 Stimmen
Grafik	SVGA (640*480) bei 16 oder 256 Farben

Anforderungen der Stufe 2

Processor	25 Mhz 486SX
RAM	4 MB
Festplatte	160 MB
Tastatur	Standard 101 Tasten
Maus	2 Tasten, seriell
Midi	MIDI Aus/Eingang
Joystick	Gameport

CDROM	Datentransfer 300 kbyte/sec bei kleiner 60% CPU 150 kbyte/sec bei kleiner 40% CPU Mittlere Zugriffszeit kleiner 0.4 sec Multisessionfähigkeit MSCDEX-2.2 Treiber
Audio	16-bit Digital-Analog Ausgabe, Stereo Linear PCM (Pulse Code Modulation) DMA 44.1 kHz (<15%CPU) 22.05, 11.025 kHz (<10%CPU) 16-bit Analog-Digital Eingang Linear PCM DMA 44.1, 22.05, and 11.025 kHz Mikrophoneingang Synthesizer
Grafik	640*480 Pixel , 16 bit Farbtiefe (65k Farben) Transferrate 1.2 Mpixel/sec bei kleiner 40% CPU

13.2 Datenformate

Das Windows API unterstützt drei Typen von Multimedia-Daten; typischerweise werden die Dateien, die diese Daten aufnehmen, mit entsprechenden Dateierweiterungen versehen.

1. WAV
   Audiodaten, die durch die Digitalisierung eines analogen Eingangssignals gewonnen werden. Hier können mehrere Abtastraten definiert werden, die die Qualität des digitalen Signals beeinflussen.

2. MID
   In diesen Dateien wird ebenfalls Audioinformation abgespeichert. Im Gegensatz zu den WAV-Dateien wird hier aber eine Anweisungssequenz für den internen Synthesizer abgespeichert. Wird eine solche MIDI-Datei dann wiedergegeben, werden diese Instruktionen an den Synthesizer weitergegeben, der seinerseits daraus ein Audio-

Ausgabesignal generiert. Da viele Synthesizer die standardisierten Midi-Befehle unterschiedlich interpretieren, ist nicht sichergestellt, daß der identische Klang ein Druck auf unterschiedlichen Rechnern erreicht werden kann.

3. AVI

In diesen Dateien werden Videodaten aufgezeichnet; normalerweise gehören hierzu auch ebenfalls abgespeicherte Audiodaten im WAV-Format. Die Videodaten werden als Folge von Einzelbildern abgespeichert.

13.2.1   Formate der Multimedia-Dateien

Die wichtigsten Dateiformate für Multimedia-Daten, die vom Win32 verwendet werden, basieren auf dem RIFF-Format (Ressource Interchange File Format). Falls ein Programm ein eigenes Multimedia-Format definieren muß, weil es mit den bestehenden Datenformaten nicht hinreichend arbeiten kann, sollte das selbst kreierte Datenformat auf dem RIFF-Standard beruhen. Die grundlegende Struktur im RIFF-Format sind Beschreibungsblöcke (chunks), die gemäß der nachfolgenden C-Syntax definiert werden.

```
typedef struct {
```

FOURCC ckID	Identifikationscode des Blocks. Jeder Block wird durch eine vier Zeichen lange Identifikation eindeutig bestimmt. Bei der Bearbeitung einer RIFF-Datei können Beschreibungsblöcke übersprungen werden, falls die Identifikation des Blocks unbekannt ist.
DWORD ckSize	Größe des nachfolgenden Strukturelementes in Byte.
BYTE ckData[ckSize]	Hier liegt die eigentliche Binärinformation des Blocks. Sie wird immer so gehalten, daß sie eine gerade Anzahl von Byte lang ist. Dabei bezieht sich die vorherige Größenangabe dieses Strukturelementes auf die reine Anzahl der Informationsbyte; ein Byte, das ggf. zum Auffüllen auf eine gerade Anzahl benutzt wird, wird nicht mitgezählt.

```
} CK;
```

Der Identifikationscode eines Blocks besteht aus vier Zeichen; diese Zeichen werden linksbündig geschrieben und ggf. rechts mit Leerzeichen auf die Anzahl von genau vier Byte aufgefüllt. RIFF-Blocks dürfen nicht geschachtelt werden; eine Ausnahme bilden Blocks mit der Identifikationskennung LIST und RIFF. Innerhalb dieser Blöcke dürfen Unterblöcke definiert werden.

Innerhalb einer RIFF-Datei werden die Blöcke hintereinander geschrieben; jeder Block wird durch Angabe der Identifikation, der Größenangabe für den Informationsblock und anschließend den in runde Klammern eingeschlossenen Informationsblock selbst beschrieben.

Block Syntax

```
<ckID> <ckSize> ( <ckData> )
```

Beispiel

SMP 128 (<Sampledaten 128 byte lang>)

Eine Sonderstellung nehmen RIFF-Blöcke ein. Da diese Blöcke geschachtelte RIFF-Blöcke enthalten können, ist die nachfolgende Syntax erlaubt und wird verwendet.

Syntax für RIFF-Block

RIFF <Blocklänge> (<Typangabe> <ck>...)

Typangabe kann sein...

PAL	Palette Datei (.PAL)
RDIB	RIFF Device Independent Bitmap Format (.DIB)
RMID	RIFF MIDI Format (.MID)
RMMP	RIFF Multimedia Movie Format
WAVE	Waveform Audio Format (.WAV)

Beispiele:

```
RIFF('RDIB' data( <DIB-data> ))
RIFF('RMID' data( <MIDI-data> ))
RIFF('PAL' data(<palette:LOGPALETTE>) )
```

Bei der Beschreibung eines RIFF-Formates wird nachfolgende Syntax verwendet.

Element	Inhalt
<name>	Name eines Dateielements; Beispiel <SMP> oder <RIFF>
<name>®elemente	Das Objekt <name> wird aus den elementen gebildet; Beispiel: <RMID-form>®RIFF('RMID' data(<MIDI-data>))
<name:typ>	Das Objekt <name> hat den Datentyp <typ> <punkt> ® <x:INT> <y:INT>
[Optionalklammern]	Der Inhalt der Klammern [ ] kann weggelassen werden
Obligatorisches Oder | e1 | e2 |...	Genau eines der mittels | verknüpften Elemente muß genommen werden
element . . .	Eine beliebige Auswahl > 0 aus einer Folge kann gewählt werden
[element] . . .	Eine beliebige Auswahl >= 0 aus einer Folge kann gewählt werden
{ elements }	Elementenliste, aus der genau ein Element zu wählen ist
struct { . . . } name	Struktur in C-Syntax
// Kommentar	Kommentartext

Mit dieser Beschreibungssyntax lassen sich nun die o. a. Multimedia-Dateiformate wie folgt beschreiben.

- Geräteunabhängige Bitmap (DIB)

```
<RDIB-form> ® RIFF ('RDIB' data( <DIB-data> ))
```

- Mididaten

```
<RMID-form> ® RIFF ('RMID' data( <MIDI-data> ))
```

- Farbpalette

```
<PAL-form>  ® RIFF ('PAL' data(<palette: LOGPALETTE>))
```

- Audiodaten (WAV)

```
<WAVE-form> ®    RIFF( 'WAVE'
                        <fmt-ck>
                        <data-ck> )
<fmt-ck> ®       fmt( <wave-format>
                     <format-specific> )
```

```
<wave-format> ®   struct {
                          WORD    wFormatTag;
                          WORD    nChannels;
                          DWORD   nSamplesPerSec;
                          DWORD   nAvgBytesPerSec;
                          WORD    nBlockAlign;
                          }
<PCM-format-specific> ®
                      struct {
                          UINT    nBitsPerSample;
                          }
<data-ck> ®    data( <wave-data> )
```

Dabei gelten die Definitionen

wFormatTag   WAVE-Format der Datei; z. B.
WAVE_FORMAT_PCM (1): Pulse Code Modulation
(PCM) Format

nChannels   1:mono
2:stereo

nSamplesPerSec   Auflösung (Hz)

nAvgBytesPerSec   mittlere Anzahl byte. die pro Sekunde transferiert werden

nBlockAlign   nChannels * nBitsPerSample / 8

FormatSpecific

Beispiel: PCM-WAVE-Datei mit 22.050 kHz Auflösung, mono, 8bit

```
RIFF('WAVE' fmt(1, 2, 22050, 44100, 1, 8)
        data( <wave-data> ) )
```

13.3   Stufe 1-Zugriff (MCIWnd Window User Interface)

Dieser Zugriff auf Multimedia-Daten ist aus Programmierersicht sicherlich der am leichtesten zu realisierende. Es wird lediglich ein seitens des API vorbereitetes Interface (MCIWnd) aktiviert. Dieses Interface bietet dann über nur wenige Funktionen einen weitreichenden und komplexen Zugriff auf Multimedia-Daten. Zentrale Bedeutung hat dabei das in diesem Interface vordefinierte Kontrollfenster, das alle mit dem

Laden, Speichern und Darstellen von Multimedia-Daten zusammenhängende Funktionen verfügbar macht.

Das Interface stellt insgesamt eine Bibliothek von Funktionen, Nachrichten und Makrodefinitionen zur einfachsten Programmierung von Multimedia-Anwendungen zur Verfügung. Insgesamt werden Videodaten, Audio-Wiedergabe über die CD-ROM, Ausgabe von Wave-Daten sowie Midi-Daten verfügbar gemacht.

Den direkten Zugang bietet die Funktion MCIWndCreate(). Diese Funktion registriert zunächst die entsprechende Fensterklasse und kreiert danach ein Kontrollfenster, das alle notwendigen Funktionen (Kontrollelemente) für die Multimedia-Wiedergabe verfügbar macht. Mittels dieser Funktion kann ebensogut ein Multimedia-Gerät oder eine Datei mit Multimedia-Daten geöffnet und mit dem Multimedia-Fenster verbunden werden, damit diese Daten wiedergegeben werden können.

```
HWND MCIWndCreate(
```

hwndParent	**Handle des Elternfenster.**
hInstance	**Handle der Programminstanz.**
dwStyle	**Fensterstil. Neben den bekannten Fensterstilen aus der Funktion** CreateWindowEx() **sind nachfolgende Stilangaben zulässig.**

	MCIWNDF_NO-AUTOSIZE-WINDOW	**Die Fenstergröße wird nicht automatisch der Bildgröße angepaßt.**
	MCIWNDF_NO-AUTOSIZEMOVIE	**Das Darstellungsrechteck für die Bildwiedergabe wird nicht automatisch mit der Änderung der Fenstergöße verändert.**
	MCIWNDF_NO-ERRORDLG	**MCI-Fehler werden nicht dargestellt.**
	MCIWNDF_NO-MENU	**Der Menübalken wird nicht dargestellt. Der Benutzer kann das Popup-Menu nicht anwählen.**

`MCIWNDF_NO-OPEN`	Die Einträge zum Öffnen und Schließen von Dateien werden aus dem Menü des Fensters gestrichen.
`MCIWNDF_NO-PLAYBAR`	Die Instrumentenzeile wird nicht angezeigt.
`MCIWNDF-_NOTIFYANSI`	Es wird eine ANSI-Zeichenkette statt der Unicodezeichenkette verwendet, wenn das Elternfenster von Änderungen informiert wird.
`MCIWNDF-_NOTIFYMODE`	Das Elternfenster wird immer durch Versenden der Nachricht `MCIWNDM_NOTIFYMODE` von irgendwelchen Änderungen informiert.
`MCIWNDF-_NOTIFYPOS`	Das Elternfenster wird mittels einer `MCIWNDM_NOTIFYPOS`-Nachricht von der Änderung der aktuellen Position innerhalb der Multimedia-Daten unterrichtet.
`MCIWNDF-_NOTIFY-MEDIA`	Das Elternfenster wird von einer Änderung bzgl. des Ausgabegerätes bzw. der Multimedia-Datei unterrichtet. Hierzu wird eine `MCIWNDM-_NOTIFYMEDIA`-Nachricht verwendet.
`MCIWNDF-_NOTIFYSIZE`	Das Elternfenster wird von einer Größenänderung des Fensters unterrichtet.
`MCIWNDF-_NOTIFY-ERROR`	Das Elternfenster wird von dem Auftreten eines Fehlers unterrichtet.
`MCIWNDF-_NOTIFYALL`	Das Elternfenster wird von allen auftretenden Ereignissen unterrichtet.
`MCIWNDF_-RECORD`	Ein Aufnahmeknopf wird dem Kontrollfenster hinzugefügt. Gleichzeitig erhält das Menü des Kontrollfensters den Eintrag „Neue Datei". Dies wird nur dann akzeptiert, wenn das MCI-Gerät die technische Möglichkeit der Audio-Aufzeichnung hat.

`MCIWNDF-` `_SHOWALL`	Alle nachfolgenden Stile werden aktiviert.

`MCIWNDF-`
`_SHOWMODE`
`_`
	Der aktuelle Zustand des Kontrollfensters wird in der Titelzeile angezeigt.

`MCIWNDF-` `_SHOWNAME`	Der Name der Multimedia-Datei wird in der Titelzeile angezeigt.

`MCIWNDF-`
`_SHOWPOS`
`_`
	Die aktuelle Position innerhalb der Multimedia-Daten wird in der Titelzeile angezeigt.

`szFile`	Zeichenkette, die das zu öffnende Gerät oder die zu öffnende Datei bezeichnet.

Diese Funktion kann auf einfachste Weise genutzt werden und damit ein Wiedergabegerät (Kontrollfenster) für die Multimedia-Wiedergabe kreieren und darstellen. Neben der direkten Darstellung MCI-Kontrollfensters mittels

```
MCIWndCreate(hwnd, hInstModule, NULL, "TEST.AVI")
```

bei der die AVI-Datei geladen und im Kontrollfenster geeignet dargestellt wird, kann auch eine automatische Wiedergabe einer Multimedia-Datei ohne Präsentation der Fensterkontrollelemente durchgeführt werden. Hierzu wird zunächst die Funktion `MCIWndCreate()` benutzt, wobei die Stilangaben

- `MCIWNDF_NOPLAYBAR` und

- `MCIWNDF_NOTIFYMODE`

anzugeben sind. Hierdurch wird zwar das Kontrollfenster geöffnet und dargestellt; durch Verwendung des ersten Stils aber, wird die Anzeige der Kontrollmöglichkeiten unterdrückt. Die zweite Stilangabe dient dazu, sicherzustellen, daß das Elternfenster von der Beendigung der Multimedia-Wiedergabe unterrichtet wird.

Mittels des Makros `MCIWndPlay()` kann dann die Wiedergabe der Multimedia-Daten im vorher geöffneten Kontrollfenster eingeleitet werden. Wird das Elternfenster durch die entsprechende Nachricht von der Beendigung der Multimedia-

Datenwiedergabe unterrichtet, so wird mittels `MCIWnd-Destroy()` das Kontrollfenster geschlossen.

Es gibt eine Reihe von Makros, die eine direkte Beeinflussung der Kontrollelemente des MCI-Fensters zulassen. Sie sind nachfolgend zusammengestellt.

`MCIWndGetStart`	Die Startposition der Multimedia-Daten wird ermittelt.
`MCIWndGetEnd`	Die Endposition der Multimedia-Daten wird ermittelt.
`MCIWndGetLength`	Die Länge der Multimedia-Daten wird ermittelt. Die hier ermittelte Längenangabe hängt vom verwendeten Zeitformat ab.
`MCIWndGetPosition`	Die aktuelle Position innerhalb der Multimedia-Daten wird ermittelt.
`MCIWndHome`	Es wird an den Anfang der Daten zurückgefahren.
`MCIWndEnd`	Es wird zum Ende der Multimedia-Daten gefahren.
`MCIWndSeek`	Es wird eine bestimmte Position innerhalb der Multimedia-Daten angefahren. Die Angabe der anzufahrenden Position hängt vom verwendeten Zeitformat ab.
`MCIWndStep`	Es wird die Position innerhalb der Daten um einen einzigen Schritt (Zeitschritt) geändert.
`MCIWndPlay`	Ab der aktuellen Position wird die Wiedergabe der Multimedia-Daten gestartet.
`MCIWndPause`	Die Wiedergabe der Multimedia-Daten wird gestoppt, das Ausgabefenster in den Pause-Zustand versetzt.
`MCIWndResume`	Die Wiedergabe bzw. Aufnahme wird erneut gestartet.
`MCIWndStop`	Die Aktion wird gestoppt.
`MCIWndPlayFrom`	Die Wiedergabe wird von einer bestimmten Position beginnend gestartet.
`MCIWndPlayTo`	Die Wiedergabe wird bis zu einer bestimmten Position durchgeführt.
`MCIWndPlayFromTo`	Die Wiedergabe eines zu definierenden Zeitintervalls wird gestartet.
`MCIWndPlayReverse`	Die Wiedergabe der Multimedia-Daten in umgekehrter Richtung wird gestartet.

Das MCI-Fenster beinhaltet auch die Möglichkeit zur Aufzeichnung von Multimedia-Daten. Hierzu ist natürlich notwendig, daß die verwendete Hardware eine Digitalisierung eingehender Audio- oder Videodaten ermöglicht. Normalerweise wird die Aufzeichnung über das MCI-Fenster für Audiodaten (WAV) verwendet.

Zunächst wird mittels `MCIWndCreate()` das MCI-Fenster dergestalt kreiert, daß das Aufnahmekontrollelement dargestellt wird. Der anschließende Aufruf der Funktion `MCIWndNew()` stellt eine neue Datendatei, die die aufzuzeichnenden Daten aufnehmen soll, zur Verfügung. Der Programmbenutzer kann nun durch Betätigung des Aufnahmekontrollelementes innerhalb des MCI-Fensters die Aufnahme seiner Multimedia-Daten durchführen.

Genauso gut kann aber auch die Programmlogik selbst den Aufnahmeprozeß durch Verwendung der Funktion `MCIWndRecord()` steuern.

Nachdem die Multimedia-Information in irgendeiner Weise aufgezeichnet wurde, kann das Ergebnis durch die Funktion `MCIWndSave()` oder `MCIWndSaveDialog()` in eine Datei abgespeichert werden.

Unterschiedliche Multimedia-Geräte (und damit auch die entsprechenden MCI-Fenster) unterstützen jeweils unterschiedliche Zeitformate. Diese Zeitformate können durch das Makro `MCIWndSetTimeFormat()` eingestellt werden.

`hwnd`	**Handle des MCI-Fensters.**
`lp`	**Adresse eines Puffers, der die Formatangabe enthält. Es sind folgende Textangaben möglich.**

`Bytes`	**MCI_FORMAT_BYTES**
`Frames`	**MCI_FORMAT_FRAMES**
`Hours, minutes, seconds`	**MCI_FORMAT_HMS**
`Milliseconds`	**MCI_FORMAT_MILLISECONDS**
`Minutes, seconds,`	**MCI_FORMAT_MSF**

```
frames
Samples                    MCI_FORMAT_SAMPLES
SMPTE 24                   MCI_FORMAT_SMPTE_24
SMPTE 25                   MCI_FORMAT_SMPTE_25
SMPTE 30 drop              MCI_FORMAT_SMPTE_30DROP
SMPTE 30 (non-drop)        MCI_FORMAT_SMPTE_30
Tracks, minutes,           MCI_FORMAT_TMSF
seconds, frames
```

13.4 Stufe 2-Zugriff (Media Control Interface MCI)

Der Zugriff über die Stufe 1-Schnittstelle MCIWnd stellt einen einfachen, wenig differenzierten Zugriff auf Multimedia-Geräte und Multimedia-Daten zur Verfügung. Will der Programmierer stattdessen einen direkteren Zugriff auf die Fähigkeiten von Multimedia-Geräten haben und komplexere Manipulationsmöglichkeiten von Multimedia-Daten in der Programmlogik benutzen, so bietet sich ein Zugriff über die Stufe 2 des MCI-Interfaces des Win32 an. Diese Schnittstelle stellt einen für alle Multimediageräte allgemeingültigen, standardisierten Zugriff auf alle Arten von Audio- und Videoinformationen zur Verfügung.

Die MCI-Schnittstelle kann über zwei Zugänge bedient werden.

1. Kommando-Nachrichten Interface (*command-message interface CMI*) Hierbei werden durch Verwendung der Funktion `mciSendCommand()` entsprechende Nachrichten an die MCI-Schnittstelle versendet und damit dort entsprechende Aktionen hervorgerufen.

2. Kommando-Text Interface (*command-string interface CSI*) Hier wird mittels der Funktion `mciSendString()` eine Kommandozeichenkette an die MCI-Schnittstelle gesendet.

Diese so versendeten Kommandozeilen bedingen dann entsprechende Aktionen für das MCI-Gerät bzw. die Multimedia-Daten.

Informationen seitens der MCI-Schnittstelle werden in Form von C-Strukturen zurückgeliefert, die leicht in die Programmlogik einzubinden sind.

Die erste Aktion mit einem MCI-Gerät (gemeint ist immer das virtuelle Gerät, das durch die MCI-Schnittstelle repräsentiert wird) ist das Öffnen des Gerätes. Hierzu wird, falls man die MCI-CSI-Schnittstelle verwendet, das Kommando

```
mciSendString(
"open C:\WINDOWS\MEDIA\robotzwi.wav type waveaudio ",
lpText, lstrlen(lpText), NULL
);
```

gegeben, das in diesem Beispiel das Öffnen der Audio-Datei veranlaßt. Entsprechend wird zum Abspielen des Gerätes das MCI-CSI-Kommando *Play* versendet; das Kommando *Close* schließt dann das MCI-Gerät und beendet die MCI-Datenbearbeitung.

Die nachfolgende Tabelle stellt die textbasierten und nachrichtenbasierten Kommandos zur Steuerung der MCI-Schnittstelle tabellarisch zusammen. Die Systemkommandos werden direkt ausgeführt, ohne daß sie mittels der MCI-Schnittstelle an das Gerät gesendet werden.

CSI	CMI	Beschreibung
break	MCI_BREAK	Ein Abbruchschlüssel für das MCI-Gerät wird definiert.
sysinfo	MCI_SYSINFO	Geräteinformationen über das MCI-Gerät werden geliefert.

Obligate Kommandos

Alle MCI-Gerätetreiber müssen die in diesem Block definierten Kommandos unterstützen.

CSI	CMI	Beschreibung
capability	MCI_GET-DEVCAPS	Kapazität des MCI-Gerätes
close	MCI_CLOSE	Das MCI-Gerät wird geschlossen.

CSI	CMI	Beschreibung
info	MCI_INFO	Textbasierte Information über das MCI-Gerät wird geliefert.
open	MCI_OPEN	Das MCI-Gerät wird initialisiert und für den Betrieb geöffnet.
status	MCI_STATUS	Der aktuelle Status des MCI-Gerätes wird emittelt.

Standardkommandos

Die Standardkommandos sind optional bei der Definition eines MCI-Gerätetreibers; sie müssen herstellerseitig nicht unbedingt verfügbar gemacht sein.

CSI	CMI	Beschreibung
load	MCI_LOAD	Multimedia-Daten werden aus einer Datei geladen.
pause	MCI_PAUSE	Die aktuelle Aktion des MCI-Gerätes wird unterbrochen.
play	MCI_PLAY	Der MCI-Gerätetreiber beginnt mit der Ausgabe von MCI-Daten.
record	MCI_RECORD	Der MCI-Treiber beginnt mit der Digitalisierung von Eingabedaten.
resume	MCI_RESUME	Die vorher gestoppte aktuelle Aktion des MCI-Gerätes wird erneut begonnen.
save	MCI_SAVE	MCI-Daten werden in einer Datei gespeichert.
seek	MCI_SEEK	Es wird eine bestimmte Position innerhalb der MCI-Daten angesteuert.
set	MCI_SET	Der Operationsstatus des MCI-Gerätes wird gesetzt.
status	MCI_STATUS	Es werden Statusinformationen über das MCI-Gerät erfragt. Dieses Kommando ist eigentlich ein obligates Kommando; es kann allerdings sein, daß bestimmte Optionen innerhalb dieses Kommandos nicht verfügbar sind.
stop	MCI_STOP	Die aktuelle Aktion des MCI-Gerätes wird gestoppt.

Erweiterter Kommandosatz

Abhängig von den technischen Möglichkeiten des MCI-Gerätes
können weitere Kommandos verfügbar sein. Der Gerätecode
muß jeweils exakt wie geschrieben verwendet werden.

CSI	CMI	Gerätecode	Beschreibung
configure	`MCI_CON-FIGURE`	**digitalvideo**	Dialog zur Konfiguration des MCI-Gerätes wird angezeigt.
cue	`MCI_CUE`	**digitalvideo, waveaudio**	Die Wiedergabe oder Aufzeichnung durch das MCI-Gerät wird vorbereitet.
delete	`MCI_DELETE`	**waveaudio**	Ein MCI-Datensatz wird gelöscht.
escape	`MCI_ESCAPE`	**videodisc**	Eine gerätespezifische Steuerinformation wird an das MCI-Gerät gesendet.
freeze	`MCI_FREEZE`	**overlay**	Der Inhalt des Video-Datenpuffers wird eingefroren; ein Neueinlesen von Videodaten wird unterbunden.
put	`MCI_PUT`	**animation, digitalvideo, overlay**	Definition von Quellfenster, Zielfenster und Rahmenfenster.
realize	`MCI_REALIZE`	**animation, digitalvideo**	Eine geräteeigene Farbpalette wird realisiert und zur Darstellung einer Bildinformation verwendet.
setaudio	`MCI_SETAUDIO`	**digitalvideo**	Audioparameter im Rahmen einer Wiedergabe digitaler Videoinformation werden gesetzt.
setvideo	`MCI_SETVIDEO`	**digitalvideo**	Videoparameter für eine digitale Video-Wiedergabe werden definiert.
signal	`MCI_SIGNAL`	**digitalvideo**	Ein spezielles Datensegment innerhalb von MCI-Daten wird anhand einer Datenmaske ermittelt.

CSI	CMI	Gerätecode	Beschreibung
spin	MCI_SPIN	videodisc	Die Rotation des Video-Datenträgers wird gestartet oder gestoppt.
step	MCI_STEP	animation, digitalvideo, videodisc	Die bildweise Wiedergabe von Videoinformation wird durchge-führt.
unfreeze	MCI_UNFREEZE	overlay	Der Video-Datenpuffer wird freigegeben.
update	MCI_UPDATE	animation, digitalvideo	Das aktuelle Videobild wird er-neut innerhalb des Gerätekon-textes dargestellt.
where	MCI_WHERE	animation, digitalvideo, overlay	Die rechteckigen Bildbereiche für Quelle, Ziel und Bildbereich bei der Bildwiedergabe werden ermittelt.
window	MCI_WINDOW	animation, digitalvideo, overlay	Das Wiedergabefenster wird kontrolliert.

Insgesamt stehen also folgende MCI-Geräte zur Verfügung:

- Animation

- CD-Audiowiedergabe

- Videowiedergabe

- MIDI

- VCR (Steuerbarer Videorekorder)

- Videodisk

- Overlay-Technik

- WAVE

Anhang 1 listet alle verfügbaren Kommandos und Nachrich-ten für die Schnittstellen MCI-CSI und MCI-CMI auf, wobei bei dieser Liste aufgeführt ist, welche der o. a. MCI-Geräte vom jeweiligen Kommando unterstützt wird.

Jedes CSI-Kommando folgt der Syntax

```
<CSI-Kommando> <Gerätename oder Dateiname>
              <Argumente je nach Kommando>
```

Es wird daher in der Regel mittels einer Anweisungsfolge gemäß

```
char puffer[256];
...
wsprintf(puffer, "play %s from %u to %u",
              lpdateiname, dVon, dBis);
mciSendString(puffer, NULL, 0, NULL);
```

zunächst als Zeichenkette erzeugt und dann an die MCI-Schnittstelle geschickt, die dann die Aktion in Zusammenarbeit mit dem Gerätetreiber durchführt.

13.5   Schnittstellen der Stufe 3

Einen wesentlich gerätenaheren Zugriff auf die Ressourcen der anzusteuernden MCI-Geräte und die zur Handhabung von Multimedia-Daten benötigten Betriebssystem-Ressourcen liefern die Schnittstellen der Stufe 3.

Diese werden insbesondere zur Bearbeitung von Videodaten benötigt, da hier besonders große Datenmengen zu handhaben sind und damit extrem hohe Anforderungen an die verwendeten Algorithmen gestellt werden.

Aber auch der direkte Zugang zu Audiodaten sowie die Ansteuerung weiterer Multimedia-Geräte (z. B. Joystick) werden innerhalb der Schnittstellen der 3. Stufe bereitgestellt.

13.5.1   Videodaten (AVIfile Interface)

Die Funktionen und Makros der AVIfile-Schnittstelle ermöglichen einen direkten Zugang zum Inhalt von Multimediadateien, die im Resource Information File Format (RIFF) definiert wurden. Hierzu gehören insbesondere auch audio-video interleaved files (AVI), die Videosequenzen zusammen mit der zugehörigen Audioinformation beinhalten.

Die Funktionen der Schnittstelle ermöglichen einen direkten Zugang auf den Inhalt dieser RIFF-Dateien, wobei das direkte Editieren der Binärdaten entfällt. Alle Funktionen, Datenstrukturen und Makros dieser Schnittstelle sind in einer DLL enthalten, die vor dem ersten Gebrauch einer Funktion dieser Schnittstelle mittels der Funktion AVIFileInit() initialisiert werden muß. Die Schnittstelle sollte sobald als möglich mittels der Funktion AVIFileExit() wieder freigegeben werden.

13.5.2 Ein-/Ausgabeoperationen

Nachdem die Schnittstellenfunktionen verfügbar gemacht worden sind, kann zunächst eine AVI-Datei mittels der Funktion AVIFileOpen() geöffnet werden. Die Datei wird nach Gebrauch mit der Funktion AVIFileRelease() geschlossen. Dieselbe Datei kann von mehreren Threads gleichzeitig geöffnet werden; es muß dabei sichergestellt werden, daß dabei immer nur ein Thread gleichzeitig auf diese AVI-Datei zugreifen kann, damit eine möglichst hohe Daten-Transferrate erreicht werden kann.

Bevor nun Videodaten aus dieser Datei gelesen werden können, sollte ein Programm zunächst Informationen über die Videodaten einholen. Dies geschieht mittels der Funktion AVIFileInfo(), die eine nachfolgend beschriebene Struktur füllt.

```
typedef struct {

DWORD                Ungefähre Daten-Transferrate
dwMaxBytesPerSec

DWORD dwFlags        Dateimodus
```

AVIFILEINFO-_HASINDEX	Die Audio/Videoinformation in der Datei ist initiiert. Dieser Index ist am Ende der Audio-/Videodaten angehängt und kann zur Erhöhung der Daten-Transferrate genutzt werden.
AVIFILEINFO-_MUSTUSEINDEX	Die Datei enthält einen Wiedergabe-Index. Dieser Index ist statt der physikalischen Blockanordnung der RIFF-Datei zu benutzen.

	AVIFILEINFO_IS- INTERLEAVED	Interleave-Modus
	AVIFILEINFO_WAS- CAPTUREFILE	Die AVI-Datei enthält eine digitalisierte Videosequenz, die in Echtzeit aufgenommen wurde.
	AVIFILEINFO_COPY RIGHTED	Die Datei enthält Daten, die mit einem Copyright belegt sind. Ein Programm sollte das Kopieren solcher Dateien nicht erlauben.
DWORD dwCaps	Kapazitätsmodus	
	AVIFILECAPS_CANR EAD	Aus der Datei darf gelesen werden.
	AVIFILECAPS_CAN- WRITE	In die Datei darf geschrieben werden.
	AVIFILECAPS_ALL- KEYFRAMES	Jedes Einzelbild in dieser Datei ist separat ansteuerbar und ein Schlüsselbild.
	AVIFILECAPS_NO- COMPRESSION	Die AVI-Daten werden nicht komprimiert.
DWORD dwStreams		Anzahl der Datenströme in der datei. Eine normale AVI-Datei mit Audio- und Videosequenzen hat mindestens zwei solcher Datenströme.
DWORD dwSuggested- BufferSize		Empfohlene Puffergröße in Byte für das Lesen aus der Datei.
DWORD dwWidth		
DWORD dwHeight		
DWORD dwScale		Zeitskala
DWORD dwRate		
DWORD dwLength		Länge der AVI-Datei in den Einheiten, die in der Zeitskala definiert wurden.
DWORD dwEditCount		Anzahl der Datenströme, die zu der Datei hinzugefügt oder von der Datei gelöscht wurden.
char szFileType[64]		Dateityp
} AVIFILEINFO;		

Nun können zusätzliche Informationen aus der AVI-Datei mittels der Funktion `AVIFileReadData()` ermittelt werden, die aber lediglich zum lesen nicht zeitkritischer Datei-Information benutzt wird. Hiermit kann also z. B. ein RIFF-Block gelesen werden, der Autoren-Informationen oder Copyright-Informationen enthält.

Umgekehrt kann mit der Datei `AVIFileWriteData()` ebenfalls nichtzeitkritische Information in die AVI-Datei geschrieben werden.

Es gibt auch einen eigenen Block von Funktionen, die die Benutzung der Zwischenablage in Verbindung mit AVI-Dateien unterstützen. Die Funktion `AVIPutFileOnClip-board()` schreibt die Gesamtinformation einer AVI-Datei auf die Zwischenablage, die dann mittels der Funktion `AVIGet-FromClipboard()` wieder aus der Zwischenablage in eine (ggf. andere) AVI-Datei geschreiben werden kann.

Der AVI-spezifische Inhalt der Zwischenablage kann bei Bedarf durch `AVIClearClipboard()` gelöscht werden.

Bislang konnten mit den besprochenen Ein-/Ausgabefunktionen lediglich zeitunkritische Datentransporte durchgeführt werden.

13.5.3   Zeitkritischer AVI-Datentransport

Das Lesen von Videosequenzen aus einer AVI-Datei und die Darstellung dieser Videosequenzen innerhalb eines Gerätekontextes aber ist eine ausgesprochen zeitkritische Operation, die insbesondere bei leistungsschwächeren Rechnern einen Großteil der CPU-Zeit erfordert. Es ist also sinnvoll, hierzu spezielle, besonders schnelle Funktionen bereitzuhalten. Hierzu stellt die AVI-Schnittstelle die Handhabung von Datenströmen zur Verfügung.

Ein solcher Datenstrom ist immer eine logisch geschlossene, sequenzielle Folge von Multimediadaten, die ohne weitere Zwischenstrukturierung gelesen und dargestellt werden kann. Ist also einmal mit dem Lesen eines Datenstroms begonnen worden, so muß keinerlei Formatierungsarbeit aufgrund von

Dateiformaten mehr berücksichtigt werden, sondern der Datenstrom kann unmittelbar in die entsprechende Ausgabefunktion geleitet werden. Gleiches gilt natürlich umgekehrt auch für das Schreiben von zeitkritischen Daten in eine AVI-Datei; auch dies wird mittels eines Datenstroms erledigt.

Eine logisch abgeschlossene Informationseinheit kann z. B. die Audioinformation einer AVI-Datei sein. Sie entspricht etwa der Tonspur eines herkömmlichen Films.

Unabhängig von dem Auslesen der Audiodaten und der Darstellung der Audiodaten durch eine entsprechende Audio-Hardware wird gleichzeitig der Datenstrom der Videodaten aus der AVI-Datei gelesen und entsprechend zu einer anderen Multimedia-Schnittstelle (Ausgabe der Bildfolge in einem Gerätekontext) des Bildschrims geleitet.

Nachdem die AVI-Datei mittels `AVIFileOpen()` geöffnet wurde, kann jeder der in dieser Datei vorhandenen Datenströme mittels der Funktion `AVIFileGetStream()` geöffnet werden. Ein Datenstrom wird durch `AVIStreamRelease()` geschlossen, wenn er nicht mehr benötigt wird.

Soll ein neuer Datenstrom für eine AVI-Datei kreiert werden, so bentutzt man die Funktion `AVIFileCreateStream()`. Bevor der Datenstrom nun bearbeitet werden soll, kann Zusatzinformation über die Funktion `AVIStreamInfo()` eingeholt werden, die eine Struktur nachfolgenden Typs füllt.

```
typedef struct {
DWORD fccType
```

DWORD fccType — Vier Zeichen lange Kennung des Datenstromtyps. Folgende Angaben sind möglich.

`streamtypeAUDIO`	Audiodatenstrom (Tonspur)
`streamtypeMIDI`	Mididaten
`streamtypeTEXT`	Textdaten
`streamtypeVIDEO`	Videodaten

DWORD fccHandler — Vier-Zeichen-Code für die Kompressionsmethode der Videodaten. Dieser Struktureintrag wird für Audiodatenströme nicht berücksichtigt.

DWORD dwFlags	**Modus**	
	AVISTREAMINFO_- DISABLED	Der Datenstrom soll nur dann dargestellt werden, wenn dies explizit vom Programmbenutzer verlangt wird.
	AVISTREAMINFO_- FORMATCHANGES	Ein Videodatenstrom enthält Änderungen der Farbpalette. Dies ist ein Hinweis für das Programm, daß eine Palettenanimation durchzuführen ist.
DWORD dwCaps	Kapazitätseigenschaften. Dieser Eintrag wird aktuell nicht benutzt.	
WORD wPriority	Priorität des Datenstroms.	
WORD wLanguage	Sprache im Datenstrom.	
DWORD dwScale	Zeitskala für den Datenstrom. Die Einheit der Zeitskala hängt von der Art der Multimediadaten ab. Für einen Videodatenstrom ist die Zeiteinheit z.B. die Bildrate.	
DWORD dwRate	Datenstromrate, gemessen in der oben definierten Zeitskala.	
DWORD dwStart	Nummer des ersten Bildes im Datenstrom; normalerweise ist dieser Wert 0.	
DWORD dwLength	Länge des Datenstroms in der Einheit der Zeitskala.	
DWORD dwInitialFrames	Zeitverzögerung bei der Wiedergabe von Videobildern und den zugehörigen Audiodaten; normalerweise ist diese Zeitverzögerung 0,75 Sekunden.	
DWORD dwSuggestedBufferSize	Angenommene (oder besser empfohlene) Puffergröße in Byte.	
DWORD dwQuality	Qualitätsfaktor, der zwischen 0 und 10.000 liegt und an den Datenkompressionsalgorithmus weitergegeben wird. Je höher die angeforderte Videoqualität ist, desto langsamer arbeitet der Dekompressionsalgorithmus.	
DWORD dwSampleSize	Größe eines Datenblocks in Byte. Wird hier der Wert 0 angegeben, so kann die Datenblockgröße variieren.	
RECT rcFrame	Zielrechteck, in dem die Videodaten dargestellt werden sollen.	

```
DWORD            Anzahl der Manipulationszugriffe auf die Daten des Daten-
dwEditCount      stroms.

DWORD            Anzahl der Formatwechsel für die Daten des Datenstroms.
dwFormat-
ChangeCount

char             Name des Datenstroms.
szName[64]

} AVISTREAMINFO;
```

Sind alle Vorinformationen eingeholt, so kann mittels der Funktion AVIStreamRead() der Inhalt des Datenstroms gelesen werden. Diese Funktion unterstützt allerdings keinerlei Dekompression der daten des Datenstroms. Hierzu muß der Datenstrom nach dem Auslesen zunächst in einen Dekompressionsalgorithmus geleitet werden, bevor er dargestellt werden kann.

Umgekehrt kann in eine bereits geöffnete AVI-Datei ein neuer Datenstrom geschrieben werden. Hierzu muß zunächst durch AVIFileCreateStream() ein Handle für diesen neuen Datenstrom kreiert werden; danach kann der Datenstrom durch AVIStreamWrite() in die Datei geschrieben werden.

Soll ein Datenstrom aus einer geöffneten AVI-Datei editiert werden, so stehen eine ganze Reihe Editorfunktionen zur Verfügung. Der datenstrom muß zunächst durch CreateEditableStream() editierbar gemacht werden. Danach stehen die Funktionen EditStreamCut(), EditStreamCopy() und EditStreamPaste() zur Verfügung.

Zusätzlich kann der Inhalt des Datenstroms durch EditStreamClone() dupliziert werden.

13.5.4   Videokompression (video compression manager VCM)

Die Bearbeitung von Videodaten ist nicht nur ausgesprochen zeitkritisch (daher die Handhabung über Datenströme), sondern es müssen auch große Datenmengen transportiert, gespeichert und in kürzester Zeit ausgegeben werden.

Bei einer Multimedia-fähigen SVGA-Grafik sind 640*480 Pixel bei 8 bit Farbtiefe ca. 16 mal pro Sekunde auf dem Gerätekontext (in der Regel Monitor) auszugeben; dies bedeutet eine Datentranferrate von ca. 4.7 Mbyte/sec.. Damit wird die Standardanforderung an einen Multimedia-fähgien Computer, selbst bei der geringen Farbtiefe um den Faktor 4 überschritten. Abhilfe schafft hier eine der nachfolgenden Methoden (eigentlich eher Tricks).

- Verringern der Ausgabefläche um den Faktor 4 (320 x 200 Pixel)

- Verringern der Bildrate auf ca. 12 Bilder/sec. (dann erscheint die Videowiedergabe allerdings als Einzelbildfolge)

- Darstellung nur jeder zweiten Bildzeile (verbunden mit einer etwas geringeren Bildrate ist diese Methode noch die mit dem ansehnlichsten Ergebnis versehene).

Ein wesentlich größeres Problem ist allerdings die Gesamtdatenmenge, die notwendig ist, um Videosequenzen zu speichern. Die Speicherung von einer Minute Videosequenz in SVGA-Qualität fordert etwa eine Speicherkapazität von 280 Mbyte. Selbst eine CD (mit viel zu geringer Datentransferrate) würde auf diese Weise lediglich ca. 3 Minuten Videowiedergabedaten aufnehmen können.

Selbst bei Rücknahme der Wiedergabequalität (12 Bilder pro Sekunde), Darstellung nur jeder zweiten Bildzeile sowie kleinere Ausgabefläche bleiben immer noch ca. 50 MB Videodaten für 1 Minute Wiedergabedauer. Nicht berücksichtigt wurde bei diesen Zahlen die ebenfalls notwendige Audioinformation. Um hier Abhilfe zu schaffen, wurde ein Win32 API mit der Kurzbezeichnung VCM zur Verfügung gestellt, das

- Videodaten komprimiert und dekomprimiert,

- komprimierte Videodaten empfängt und unmittelbar in einem Gerätekontext darstellt,

- komprimierte oder auch dekomprimierte Videodaten mittels einer programmeigenen Darstellungsroutine darstellt

Hierzu stellt das VCM, das den Standard *Video for Windows* unterstützt, entsprechende Funktionen und Strukturen zur Verfügung.

Jeder Aufruf einer Funktion der VCM-Schnittstelle wird in eine entsprechende Nachricht an einen für die Komprimierung oder Dekomprimierung von Videodaten zuständigen Treiber verwandelt; diese Nachricht wird dann an diesen Treiber mittels der Funktion ICSendMessage() gesandt.

Damit sind die Funktionen und Makros der VCM-Schnittstelle lediglich Umsetzer zur Erzeugung dieser Nachrichten.

Die Nachrichten an Komprimierer oder Dekomprimierer werden nicht über die Standard Nachrichtenschnittstelle des Win32 versandt, da hier besonders zeitkritische Rahmenbedingungen zu erfüllen sind.

Jeder Komprimierungstreiber ist durch zwei Identifikationscodes eindeutig bezeichnet, die jeweils vier Zeichen lang sind und durch einen Punkt getrennt werden. für den ersten Identifikationscode gilt

VIDC	Komprimierung und Dekomprimierung
VIDS	Darstellung von Videodatenströmen
TXTS	Darstellung von Textdatenströmen
AUDS	Treiber für Audiodatenströme

Normalerweise werden die Angaben zum Komprimierungstreiber aus den Informationen des Datenstromes entnommen. Eine typische Treiberbezeichnung für die Komprimierung von Videodaten ist z. B. VIDC.MSSQ.

Zunächst muß ein Komprimierungstreiber gefunden und geöffnet werden. Zentrale Bedeutung haben hierbei die Funktionen ICLocate() und ICOpen(). Mit beiden Funktionen kann man einen Komprimierungstreiber des gewünschten Typs suchen und für die gewünschte Operation öffnen.

```
HIC ICLocate()
```

`DWORD fccType`	Vier Zeichen langer Identifikationscode für den gewünschten Treiber. Normalerweise muß für Videokomprimierer hier die Bezeichnung VIDC eingegeben werden.
`DWORD fccHandler`	Bevorzugter Treibername zur Bearbeitung des Datenstroms. Diese Bezeichnung ist normalerweise im Vorinformationsblock der AVI-Datei enthalten. Wird hier der Wert NULL angegeben, so wird der erste passende Treiber ausgesucht.
`LPBITMAP-INFOHEADER lpbiIn`	Adresse einer BITMAPINFOHEADER-Struktur. Diese Struktur definiert das Eingabeformat des Datenstromes aus der AVI-Datei.
`LPBITMAP-INFOHEADER lpbiOut`	Adresse einer BITMAPINFOHEADER-Struktur, die das Ausgabeformat definiert.
`WORD wFlags`	Aktionsmodus. Nachfolgende Werte sind möglich.

`ICMODE_COMPRESS`	Eine Komprimierung wird durchgeführt.
`ICMODE_DECOMPRESS`	Eine Dekomprimierung wird durchgeführt.
`ICMODE_DRAW`	Es wird zunächst eine Dekomprimierung durchgeführt und dann unmittelbar auf der Darstellungshardware ausgegeben.
`ICMODE_-FASTCOMPRESS`	Eine Komprimierung wird durchgeführt, die für eine Realzeitdarstellung geeignet ist.
`ICMODE_-FASTDECOMPRESS`	Eine Dekomprimierung wird durchgeführt, die für eine Realzeitdarstellung geeignet ist.

Ein Kompressionstreiber muß durch die Funktion `ICClose()` nach seinem Gebrauch abgemeldet werden. Das Programm kann über `ICInfo()` Informationen über den Kompressionstreiber ermitteln und in der Programmlogik benutzen.

Nachdem der Kompressionstreiber geöffnet wurde, kann nun mit der Ausgabe der Videodaten im Gerätekontext des Monitors begonnen werden. Zunächst wird die Funktion `ICDrawBegin()` aufgerufen, die die Darstellungsfunktion der Schnittstelle initialisiert und das gewünschte Ziel der Grafikausgabe mitteilt. Dieser Teil der VCM-Schnittstelle muß logisch durch die Funktion `ICDrawEnd()` wieder abgeschlossen werden.

Nachdem nun die Wiedergabe initialisiert wurde, kann der eigentliche Datenfluß mittels `ICDrawStart()` gestartet werden. Die VCM-Schnittstelle beginnt dann mit der Ausgabe des Videodatenstroms im Gerätekontext des Monitors. Der Vorgang wird durch `ICDrawStop()` beendet.

13.5.5   Bilddigitalisierung (AVICap)

Neben der Darstellung von Videosequenzen ist insbesondere das Aufnehmen von Videoeinzelbildern oder Sequenzen eine wichtige Leistung der Multimedia-Schnittstellen des Win32. Die hierfür zuständige AVICap-Schnittstelle steuert das Digitalisieren eines analgen Videosignals und den anschließenden Vorgang des Abspeicherns der gewonnenen Bildinformation auf einem Datenträger.

Im einzelnen unterstützt die Schnittstelle

- das Aufnehmen von Audio- und Videodatenströmen und die Abspeicherung in einer AVI-Datei

- den dynamischen Wechsel von Audio- und Videosignaleingängen

- das Anzeigen eines eingehenden analogen Bildsignals in Overlaytechnik

- Steuerung der Digitalisierungsparameter

- Handhabung von Farbpaletten

- Handhabung von Einzelbildern aus einer Videosequenz.

Grundsätzlich werden mit der AVICap-Schnittstelle Video- und Audiodatenströme gehandhabt. Es können allerdings auch Einzelbilder aus dem Videodatenstrom festgehalten und als Einzelbild weiterverarbeitet werden.

Die AVICap-Schnittstelle läßt sich auf zwei Arten ansteuern.

1. Zum einen können Funktionsaufrufe oder Makroaufrufe verwendet werden, die dann entsprechende Nachrichten generieren und an die AVICap-Schnittstelle versenden.

2. Die zweite Möglichkeit besteht darin, direkt diese Nachrichten an die Schnittstelle zu versenden.

Die Schnittstelle ist mit einem ausgesprochen einfachen programmtechnischen Zugang zur Digitalisierungsleistung versehen; es reicht eine Sequenz von drei Anweisungen, um mit der Digitalisierung und Abspeicherung des Video- und Audiosignaleingangs zu beginnen. Zuvor muß sichergestellt werden, daß die Dateien und Bibliotheken

- MMSYSTEM.LIB

- VFW.LIB

- MMSYSTEM.H

- VFW.H

- AVICAP.DLL

verfügbar gemacht werden. Danach kann folgender Programmcode dazu benutzt werden, das Digitalisieren und Speichern einer Videosequenz durchzuführen.

- Durch direktes Ansprechen der Schnittstelle mittels Nachrichtenversendung:

Fenster öffnen, damit alle Leistungen der Schnittstelle (Fensterklasse) verfügbar sind

```
hwndC = capCreateCaptureWindow ("Digitalisierung",
                WS_CHILD | WS_VISIBLE
                , 0, 0, 100, 80, hwndParent,
                nID);
```

Treiber für Digitalisierungsgerät initialisieren (das Gerät muß natürlich Bilddigitalisierung unterstützen)

```
SendMessage (hwndC, WM_CAP_DRIVER_CONNECT, 0 , 0L);
```

Mit der Bildsignalaufnahme beginnen... (das wars schon!)

```
SendMessage (hwndC, WM_CAP_SEQUENCE, 0, 0L);
```

Verwendet man statt dessen das Makrointerface, sieht der Ablauf wie folgt aus:

```
hwndC = capCreateCaptureWindow ("Digitalisierung",
                                WS_CHILD | WS_VISIBLE,
                                0, 0, 100, 80,
                                hwndParent, nID);
```

Treiber für Digitalisierungsgerät initialisieren (das Gerät muß natürlich Bilddigitalisierung unterstützen)

```
capDriverConnect (hwndC, 0);
```

Mit der Bildsignalaufnahme beginnen... (das wars schon!)

```
capCaptureSequence (hwndC);
```

Alle wesentlichen Parameter, die die Art der Signalaufnahme steuern, lassen sich durch die Makro-/Nachrichtenschnittstelle

Nachricht	Makro
WM_CAP_GET_SEQUENCE_SETUP	capCaptureGetSetup
WM_CAP_SET_SEQUENCE_SETUP	capCaptureSetSetup

Hierbei wird eine Struktur nachfolgenden Typs benutzt.

```
typedef struct {
```

DWORD dwRequestMicroSecPerFrame	Empfohlene Bildrate in Microsekunden. Eine Microsecunde entspricht 1 Millionstel Sekunde. Der Standardwert ist 66667 und entspricht 15 Bilder/sec.
BOOL fMakeUserHitOKToCapture	Der Programmbenutzer ist dafür zuständig, mittels einer Dialogbox die Signalaufnahme einzuleiten (TRUE). Die Voreinstellung ist FALSE.
UINT wPercentDropForError	Während des Digitalisierungsvorganges einer Videosequenz können Einzelbilder verlorengehen, weil entweder das Aufnahmegerät selbst oder die nachgeschaltete Software-Schnittstelle zu langsam sind. Hier wird angegeben, wieviel Prozent der Gesamtbilder einer Videosequenz verlorengehen dürfen, ohne, daß ein Fehler gemeldet wird. Die Voreinstellung ist 10.

`BOOL fYield`	Falls hier TRUE angegeben wird, wird für die Signaldigitalisierung und Aufzeichnung ein eigener Thread eingesetzt. die Voreinstellung ist FALSE.
`DWORD dwIndexSize`	Maximalzahl von Indexeinträgen in der AVI-Datei. Der Wert darf aus dem Intervall [1800, 324000] gewählt werden. Jeder Audiodaten-Puffer und jedes Videobild nutzen genau einen Indexeintrag; damit ist die maximale Zahl der in einer AVI-Datei zu speichernden Videobilder vorgegeben. Es können so ca. 350 Minuten Videobilder in einer AVI-Datei abgespeichert werden. Diese Angabe bezieht sich natürlich nur auf die maximal zulässige Indexgröße; sie berücksichtigt nicht den zur Speicherung notwendigen Speicherplatz.
`UINT wChunk-Granularity`	Größe eines logischen Blocks in Byte in der AVI-Datei.
`BOOL fUsing-DOSMemory`	Nicht erlaubt.
`UINT wNum-VideoRequested`	Maximale Anzahl von Video-Pufferspeichern.
`BOOL fCapture-Audio`	Wird hier der Wert TRUE angegeben, so wird das Audiosignal parallel verarbeitet. Dies ist die Voreinstellung, falls die entsprechende Audiohardware installiert ist.
`UINT wNum-AudioRequested`	Maximale Anzahl von Audio-Pufferspeichern. Die Maximalzahl ist 10.
`UINT vKeyAbort`	Virtueller Tastencode, der den Aufzeichnungsvorgang des Eingangssignals abbricht. Voreingestellt ist der Wert `VK_ESCAPE`.
`BOOL fAbort-LeftMouse`	Wird hier der Wert TRUE angegeben, so wird die Aufnahme gestoppt, falls die linke Mautaste gedrückt wird.
`BOOL fAbort-RightMouse`	Wird hier der Wert TRUE angegeben, so wird die Aufnahme gestoppt, falls die rechte Maustaste gedrückt wird.
`BOOL fLimitEnabled`	Wird hier TRUE angegeben, so wird die Aufnahme automatisch nach Verstreichen der nachfolgend anzugebenden Zeit gestoppt.
`UINT wTimeLimit`	Maximale Aufnahmezeit in Sekunden.

`BOOL` `fMCIControl`	Wird hier der Wert TRUE angegeben, so wird ein MCI-kompatibles Videogerät als Signallieferant benutzt.
`BOOL` `fStepMCIDevice`	Wird hier der Wert TRUE angegeben, so kann das MCI-Gerät, das das Videosignal liefert, in Einzelbildern weitergeschaltet werden. Dies kann dann sinnvoll sein, wenn die Digitalisierung von Einzelbildern in Echtzeit von der Schnittstelle nicht geleistet werden kann.
`DWORD` `dwMCIStartTime`	Startzeit der Videowiedergabe des MCI-Gerätes in Millisekunden.
`DWORD` `dwMCIStopTime`	Stop-Position für das MCI-Gerät in Millisekunden.
`BOOL fStep-` `CaptureAt2x`	Die Digitalisierungshardware liefert die doppelte Bildauflösung. Damit werden mehr Digitalinformationen geliefert, als in dem geplanten Bildformat abspeicherbar sind.

`UINT wStep-`
`CaptureAverage-`
`Frames`
	Anzahl der Digitalisierungsdurchgänge pro Bild. Dieser Wert wird benutzt, wenn die Bild-Digitalisierung in mehreren Durchgängen durchgeführt wird. Ein typischer Wert ist dann 5.

`DWORD dwAudio-` `BufferSize`	Puffergröße für Audio-Digitalisierung in Byte.
`BOOL fDisable-` `WriteCache`	Nicht benutzt.
`UINT` `AVStreamMaster`	Hier wird festgelegt, ob das Audiosignal die Signaldigitalisierung steuert oder nicht.
`AVSTREAMMASTER_AUDIO`	Das Audiosignal steuert die gesamte Signalverarbeitung.
`AVSTREAMMASTER_NONE`	Der Audiodatenstrom und der Videodatenstrom werden separat gehandhabt.

```
} CAPTUREPARMS;
```

13.5.6 Hardwarekapazität

Die AVICap-Schnittstelle muß natürlich in ihren Parametereinstellungen Rücksicht nehmen auf die Möglichkeiten der Digitalisierungs-Hardware. Die Möglichkeiten des Signalaufnahmegerätes (sowohl für Video als auch für Audio) lassen sich durch die Nachricht `WM_CAP_DRIVER_GET_CAPS` bzw. das Makro `capDriverGetCaps()` abfragen.

Es wird eine Struktur nachfolgenden Typs gefüllt und steht anschließend der Programmlogik zur Verfügung.

```
typedef struct {
```

`UINT`
`wDeviceIndex`
	Indexnummer des Treibers; die Indexnummer wird in der Datei `SYSTEM.INI` wie folgt definiert.
	
	`[drivers]`
	`msvideo=bravado.drv   ; Index = 0`
	`msvideo1=vblaster.drv ; Index = 1`
	`msvideo2=targa16.drv   ; Index = 2`

`BOOL   fHasOverlay`	TRUE: Das Gerät unterstützt Videooverlay.
`BOOL` `fHasDlgVideoSource`	Das Gerät bzw. der mitgelieferte Gerätetreiber unterstützt eine Dialogbox zur Einstellung von Parametern und der Videoquelle.
`BOOL` `fHasDlgVideoFormat`	Das Gerät bzw. der Gerätetreiber unterstützt eine Dialogbox zur Einstellung des Videoformates.

`BOOL`
`fHasDlgVi-`
`deoDisplay`
	Das Gerät bzw. der Gerätetreiber unterstützt eine Dialogbox zum einstellen von Parametern, die die Wiedergabe des Videos auf dem Gerätekontext steuert.

`BOOL   fCapture-` `Initialized`	Das Eingabegerät ist erfolgreich initialisiert worden.
`BOOL   fDriver-` `SuppliesPalettes`	Das Gerät bzw. der Gerätetreiber unterstützt die Arbeit mit Farbpaletten.
`HANDLE hVideoIn`	Nicht benutzt.
`HANDLE hVideoOut`	Nicht benutzt.
`HANDLE hVideoExtIn`	Nicht benutzt.

```
HANDLE            Nicht benutzt.
hVideoExtOut

} CAPDRIVERCAPS;
```

13.5.7 Datenformate

Das Videoformat wird durch die Nachrichtenschnittstelle

Nachricht	Makro
WM_CAP_GET_VIDEOFORMAT	capGetVideoFormat() capGetVideoFormatSize()
WM_CAP_SET_VIDEOFORMAT	capSetVideoFormat()

abgefragt bzw. gesetzt. Hierbei wird eine Struktur vom Typ BITMAPINFO benutzt, die alle Angaben über das Videoformat enthält.

Das Audioformat wird durch die Schnittstelle

Nachricht	Makro
WM_CAP_GET_AUDIOFORMAT	capGetAudioFormat() capGetAudioFormatSize()
WM_CAP_SET_AUDIOFORMAT	capSetAudioFormat

definiert. Es werden hierbei, abhängig vom Audioformat, unterschiedliche Strukturen verwendet, die nachfolgend definiert werden.

```
typedef struct {
WORD   wFormatTag        Formattyp. Es wird nur der Formattyp WA-
                         VE_FORMAT_PCM unterstützt.

WORD   nChannels         Anzahl der Audiokanäle (Mono oder Stereo)

DWORD  nSamplesPerSec    Auflösung in Hertz

DWORD  nAvgBytesPerSec   Datentransferrate (Angabe in Byte/sek.)

WORD   nBlockAlign       Jeder Datenblock wird auf eine gerade Anzahl von
                         Byte gefüllt.

} WAVEFORMAT;
```

```
typedef struct {
WORD   wFormatTag
```
Formattyp. Es wird nur der Formattyp WAVE_FORMAT_ PCM unterstützt.

```
WORD   nChannels
```
Anzahl der Audiokanäle (Mono oder Stereo).

```
DWORD  nSamplesPerSec
```
Auflösung in Hertz.

```
DWORD  nAvgBytesPerSec
```
Datentransferrate (Angabe in Byte/sek.

```
WORD   nBlockAlign
```
Jeder Datenblock wird auf eine gerade Anzahl von Byte gefüllt.

```
WORD   wBitsPerSample
```
Anzahl der je Analog-Digitalwandlung verwendeten Bits (pro Messung). Hier sind die Angaben 8 oder 16 erlaubt.

```
WORD   cbSize
```
An das Ende der Struktur wird ein zusätzlicher Informationsblock angehängt, dessen Größe hier (in Byte) anzugeben ist. Dieser zusätzliche Informationsblock enthält weitere Angaben zum Datenformat und ist vom verwendeten Datenformat abhängig.

```
} WAVEFORMATEX;
```

```
typedef struct {
WAVEFORMAT wf
```
Siehe obige Struktur.

```
WORD wBitsPerSample
```
Anzahl Bits pro Messung.

```
} PCMWAVEFORMAT;
```

Eine vollständige Liste aller Audioformate ist in Anhang 2 nachzulesen.

Nach der Digitalisierung des Eingangssignals werden die daraus resultierenden Datenströme (in der Regel Video- und Audiodatenstrom) in einer Datei abgespeichert. Diese Datei hat voreingestellt den Namen `CAPTURE.AVI`. Sie kann ggf. bei Bedarf anschließend umbenannt werden.

Manchmal ist es aber sinnvoll, von vornherein einen anderen Dateinamen anzugeben. Hierzu kann die Schnittstelle

Nachricht	Makro
WM_CAP_FILE_SET_CAPTURE_FILE	capFileSetCaptureFile
WM_CAP_FILE_GET_CAPTURE_FILE	capFileGetCaptureFile
WM_CAP_FILE_SAVEAS	capFileSaveAs

verwendet werden. Da das Digitalisieren von Videoeingangs-
signalen besonders zeitkritisch ist, wird an einigen Stellen der
AVICap-Schnittstelle versucht, Rechenzeit einzusparen.

Hierzu zählt auch die Möglichkeit, bereits unmittelbar nach
Anlegen einer Plattendatei, die dann später die digitalisierten
Signaldaten aufnehmen soll und vor dem eigentlichen Beginn
der Datenabspeicherung die Dateigröße zu berechnen und
den notwendigen Speicherplatz dafür zu allozieren.

Damit wird ein (möglichst zusammenhängender) Platz auf
dem Speichermedium reserviert, in dem dann die digitalisierten Datenströme nur noch sequentiell geschrieben werden
müssen. Die zusätzliche Zeit, die beim normalen Abspeichern
für das im Bedarfsfall notwendige Vergrößern des Speicherbereiches verschwendet wird, entfällt damit.

Die Schnittstelle

Nachricht	Makro
WM_CAP_FILE_ALLOCATE	capFileAlloc

erledigt diese Aufgabe.

Manchmal ist es auch notwendig, die digitalisierten Datenströme nicht etwa in einer Datei abzuspeichern, sondern sie
direkt in einer eigenen Funktion auszuwerten.

Hierzu muß zunächst die Schnittstelle davon unterrichtet
werden, daß der gefüllte Datenpuffer nicht etwa in eine Datei
geschrieben, sondern an eine eigene CALLBACK-Funktion
übergeben werden soll.

Dies wird von der Schnittstelle

Nachricht	Makro
WM_CAP_SET_CALLBACK_- WAVESTREAM	capSetCallbackOnWaveStream()
WM_CAP_SET_CALLBACK_- VIDEOSTREAM	capSetCallbackOnVideoStream()

erledigt; hier wird mitgeteilt, daß jeweils eine CALLBACK-Funktion Empfänger für die digitalisierten Datenblöcke sein soll. Darüberhinaus muß vorher der Schnittstelle mitgeteilt werden, daß die Datenströme nicht in eine Datei eingeleitet werden sollen. Dies wird durch

Nachricht	Makro
WM_CAP_SEQUENCE_NOFILE	capCaptureSequenceNoFile()

durchgeführt.

Die Verwendung von CALLBACK-Funktionen kann noch an anderen Stellen notwendig sein.

WM_CAP_SET_CALLBACK_CAPCONTROL capSetCallbackOnCapControl()	Diese Funktion wird benötigt, falls ein Programm besonders hohe Ansprüche an die Ansteuerung von Anfangs- und Endposition für die Datendigitalisierung hat. Dies kann z. B. bei professioneller Ansteuerung eines Schnittrekorders der Fall sein.
WM_CAP_SET_CALLBACK_ERROR capSetCallbackOnError()	Diese Funktion wird benutzt, um eine eigene Fehlerhandhabung zu programmieren.
WM_CAP_SET_CALLBACK_FRAME capSetCallbackOnFrame()	Diese Funktion handhabt die Bearbeitung von Einzelbildern, die als vereinfachte Bildvorschau verwendet werden sollen.
WM_CAP_SET_CALLBACK_STATUS capSetCallbackOnStatus()	Diese Funktion wird immer dann aufgerufen, wenn sich der Status des Digitalisierungsfensters ändert.

WM_CAP_SET_CALLBACK_VIDEOSTREAM `capSetCallbackOnVideoStream()`	Die Funktion handhabt eine eigene Verarbeitung des digitalisierten Videodatenstroms; dies ist eine Alternative zur Abspeicherung des Videodatenstroms in einer Datei.
WM_CAP_SET_CALLBACK_WAVESTREAM `capSetCallbackOnWaveStream()`	Die Funktion handhabt einen digitalisierten Audiodatenstrom.
WM_CAP_SET_CALLBACK_YIELD `capSetCallbackOnYield()`	Diese Funktion wird immer dann aufgerufen, wenn ein neues Einzelbild digitalisiert wurde. Sie kann dazu benutzt werden, z. B. durch Versendung von Nachrichten andere Fensterfunktionen vom Eintreffen eines neuen digitalisierten Bildes zu unterrichten. Die Funktion muß den Wert TRUE zurückgeben, damit die Signaldigitalisierung fortgesetzt wird. gibt sie den Wert FALSE zurück, so wird die Signaldigitalisierung abgebrochen.

13.5.8   Erweiterte Audiobearbeitung

Im Bereich der Audiobearbeitung werden grundsätzlich zwei Formen von Daten unterschieden.

1. Die Digitalisierung analoger Audiosignale liefert eine digitalisierte Information über das Frequenz- und Amplitudenverhalten des analogen Eingangssignals. Diese Information wird in Dateien vom Typ WAV abgespeichert.

2. Die meisten Audioausgabegeräte verfügen über einen eingebauten Synthesizer. In Dateien vom Typ MID (Midi-Dateien) können Anweisungen zur Ansteuerung dieses Synthesizers gespeichert werden. Wird eine solche Datei dann abgespielt, so erzeugt der Synthesizer einen entsprechenden Klangeindruck.

Nachfolgend sollen die Schnittstellen für beide Arten von Audiodaten beschrieben werden; neben den bereits besprochenen programmtechnischen Zugängen zu Audiodaten werden hier erweiterte Möglichkeiten der Programmierung dargestellt.

13.5.9 WAVE Programmierung

Das Win32 API stellt zusätzlich zu den besprochenen Möglichkeiten (MCIWnd, MCI) auf unterster Detaillierungsstufe eine weitere Schnittstelle zur Kontrolle von Audiogeräten zur Verfügung. Es handelt sich hierbei um eine gerätenahe Möglichkeit der Programmierung, die eine wesentlich komplexere Kontrolle der Audiogeräte zuläßt, als dies bei der Programmierung über die anderen Schnittstellen möglich ist. Die angebotenen Operationen umfassen die Gebiete

- Abspielen von WAVE-Dateien

- Aufnahme von WAVE-Dateien

- Kontrolle der Audiogeräte

- Kontrolle von Audio-Zwischenablageformaten

Die einfachste Möglichkeit zum Abspielen von WAVE-Dateien ohne Benutztung der MCI-Schnittstelle bietet die Funktion PlaySound(). Hiermit wird eine komplexe Art des Zugriffs auf die Ansteuerung von Audiogeräten angeboten.

```
BOOL PlaySound(pszSound, hmod, fdwSound)
```

LPCSTR pszSound	Zeichenkette, die die Quelle der Wave-Daten angibt. Wird hier der Wert NULL angegeben, so wird die Wiedergabe irgendeiner Audioinformation gestoppt. In der nachfolgenden Modusangabe wird festgelegt, um was für eine Art Datenquelle es sich handelt.
HMODULE hmod	Handle einer Programmdatei, die die zu ladende und abzuspielende Ressource beinhaltet.
DWORD fdwSound	**Modus**
SND_APPLICATION	Eine seitens der laufenden Anwendung definierte Verbindung bestimmt die Art der auszugebenden Audiodaten.
SND_ALIAS	Audiodaten werden ausgegeben, die mit einem Systemereignis verknüpft wurden. Die Verknüpfung erfolgt in WIN.INI.

`SND_ALIAS_ID`	Es werden die Audiodaten, die mit der Identifikationskennung verknüpft sind, wiedergegeben.
`SND_ASYNC`	Die Audiodaten werden asynchron ausgegeben. Die Funktion gibt die Kontrolle unmittelbar nach Aufruf an das aufrufende Programm ab. Die Ausgabe der Audiodaten erfolgt durch einen separaten Thread.
`SND_FILENAME`	Es werden die Ausdiodaten in der Wave-Datei ausgegeben, deren Name angegeben wurde.
`SND_LOOP`	Die Audiodaten werden in einer unendlichen Folge immer wieder neu ausgegeben. Diese Wiedergabe muß bei Bedarf explizit abgebrochen werden.
`SND_MEMORY`	Die Audiodaten liegen in einer Speicherdatei, deren Adresse angegeben wurde.
`SND_NODEFAULT`	Falls die angegebenen Audiodaten nicht gefunden werden konnten, wird kein Standardgeräusch ausgegeben.
`SND_NOSTOP`	Sollten bereits andere Audiodaten ausgegeben werden, so wird diese Ausgabe nicht unterbrochen. Ist dieser Modus nicht spezifiziert, so wird die andere Audiowiedergabe unterbrochen und die hier angeforderte Audiowiedergabe eingeleitet.
`SND_NOWAIT`	Falls der angeforderte Gerätetreiber aktuell aktiv ist, werden keine Audiodaten ausgegeben.
`SND_PURGE`	Alle laufenden Audioausgaben werden abgebrochen.
`SND_RESOURCE`	Die angegebenen Audiodaten befinden sich in einer Ressourcendatei.
`SND_SYNC`	Die Wiedergabe der Audiodaten erfolgt synchron. Die Funktion gibt die Kontrolle an das aufrufende Programm erst dann zurück, wenn alle Audiodaten ausgegeben wurden.

Aus Kompatibilitätsgründen zu vorherigen Betriebssystemversionen wird auch noch die Funktion sndPlaySound() unterstützt, deren Leistung eine Untermenge der Funktion PlaySound() ist.

Eine typische Anwendung ist die Ausgabe von Audiodaten, die mit einem Systemereignis wie z. B. einem Mausklick verbunden sind. Diese Systemereignisse werden in eine Abteilung der Systemregistratur wie folgt benannt.

```
[sounds]
SystemDefault=D:\WINDOWS\MEDIA\XYZ.WAV
SystemHand=D:\WINDOWS\MEDIA\OHOH.WAV
SystemQuestion=D:\WINDOWS\MEDIA\ CLICK.WAV
SystemStart=D:\WINDOWS\MEDIA\CHORD.WAV
MouseClick=D:\WINDOWS\MEDIA\CLACK.WAV
```

Eine solche WAVE-Datei wird dann durch

```
PlaySound("MouseClick", NULL, SND_SYNC);
```

ausgegeben.

13.5.1.10 Stufe 3 Audioschnittstelle

Die Funktionen dieser Schnittstelle stellen einen direkten Zugang zu den Leistungen eines Audioein-/ausgabegerätes her. Sie beginnen alle mit dem Präfix „wave". Der Zugriff erfolgt unmittelbar auf die einzelnen Funktionen der Audiogeräte bzw. deren Treiber. Um also die Funktionen dieser Schnittstelle in ihrer Komplexität handhaben zu können, muß zunächst ein Schnittstellenteil besprochen werden, der dazu dient, Informationen über die verfügbaren Audiogeräte einzuholen.

Folgende Funktionen dienen der Erfragung von Gerätekapazitäten für Audioein-/ausgabegeräte.

waveInGetNumDevs	Die Anzahl der Audioeingabegeräte, die aktuell im System vorhanden sind, wird ermittelt.
waveOutGetNumDevs	Die Anzahl der Audioausgabegeräte, die aktuell im System vorhanden sind, wird ermittelt.

Diese Funktionen sind notwendig, da einige Multimedia-Computer mehr als jeweils ein Audiogerät zur Verfügung haben. Ist die Anzahl der Audiogeräte ermittelt, kann konkret nachgefragt werden, welche Gerätekapazitäten von den Audiogeräten verfügbar gemacht werden. Hierzu dienen die Funktionen des nachfolgenden Blocks.

`waveInGetDevCaps`	**Es werden die Leistungen eines Audioeingabegerätes in einer Struktur vom Typ** `WAVEINCAPS` **beschrieben.**
`waveOutGetDevCaps`	**Es werden die Geräteleistungen eines Audioausgabegerätes ermittelt und in eine Struktur vom Typ** `WAVE-OUTCAPS` **geschrieben.**

```
typedef struct {
```

`WORD`	`wMid`	Hersteller-Identifikationscode des Gerätes. Die Hersteller-Identifikationscodes sind in Anhang 3 zusammengestellt.
`WORD`	`wPid`	Produkt-Identifikationscode des Gerätes. Die Produkt-Identifikationscodes sind in Anhang 3 zusammengestellt.
`MMVERSION vDriverVersion`		Treiberversions-Nummer
`CHAR szPname[MAXPNAMELEN]`		Produktname
`DWORD dwFormats`		Hier werden alle unterstützten Datenformate durch logisches Oder verbunden aufgeführt.

`WAVE_FORMAT_1M08`	11.025 kHz, mono, 8-bit
`WAVE_FORMAT_1M16`	11.025 kHz, mono, 16-bit
`WAVE_FORMAT_1S08`	11.025 kHz, stereo, 8-bit
`WAVE_FORMAT_1S16`	11.025 kHz, stereo, 16-bit
`WAVE_FORMAT_2M08`	22.05 kHz, mono, 8-bit
`WAVE_FORMAT_2M16`	22.05 kHz, mono, 16-bit
`WAVE_FORMAT_2S08`	22.05 kHz, stereo, 8-bit
`WAVE_FORMAT_2S16`	22.05 kHz, stereo, 16-bit

```
                    WAVE_FORMAT_4M08      44.1 kHz, mono, 8-bit

                    WAVE_FORMAT_4M16      44.1 kHz, mono, 16-bit

                    WAVE_FORMAT_4S08      44.1 kHz, stereo, 8-bit

                    WAVE_FORMAT_4S16      44.1 kHz, stereo, 16-bit

WORD   wChannels    Anzahl der Kanäle (Mono = 1, Stereo = 2).

WORD   wReserved1   Reserviert

} WAVEINCAPS;


typedef struct {

WORD       wMid     Hersteller-Identifikationscode des Gerätes. Die Her-
                    steller-Identifikationscodes sind in Anhang 3 zusam-
                    mengestellt.

WORD       wPid     Produkt-Identifikationscode des Gerätes. Die Produkt-
                    Identifikationscodes sind in Anhang 3 zusammenge-
                    stellt.

MMVERSION           Treiberversions-Nummer
vDriverVersion

CHAR       szPname[MAXPNAMELEN]

DWORD      dwFormats
           WAVE_FORMAT_1M08      11.025 kHz, mono, 8-bit

           WAVE_FORMAT_1M16      11.025 kHz, mono, 16-bit

           WAVE_FORMAT_1S08      11.025 kHz, stereo, 8-bit

           WAVE_FORMAT_1S16      11.025 kHz, stereo, 16-bit

           WAVE_FORMAT_2M08      22.05 kHz, mono, 8-bit

           WAVE_FORMAT_2M16      22.05 kHz, mono, 16-bit

           WAVE_FORMAT_2S08      22.05 kHz, stereo, 8-bit

           WAVE_FORMAT_2S16      22.05 kHz, stereo, 16-bit

           WAVE_FORMAT_4M08      44.1 kHz, mono, 8-bit

           WAVE_FORMAT_4M16      44.1 kHz, mono, 16-bit

           WAVE_FORMAT_4S08      44.1 kHz, stereo, 8-bit

           WAVE_FORMAT_4S16      44.1 kHz, stereo, 16-bit
```

```
WORD    wChannels    Anzahl der Kanäle (Mono = 1, Stereo = 2).

WORD    wReserved1;  Reserviert

DWORD   dwSupport    Zusätzliche Geräte-Eigenschaften, die ebenfalls un-
                     terstützt werden.
```

WAVECAPS_LRVOLUME	Separate linke und rechte Lautstärkekontrolle
WAVECAPS_PITCH	Pitchkontrolle
WAVECAPS_PLAYBACKRATE	Wiedergaberate
WAVECAPS_SYNC	Der Gerätetreiber arbeitet nur synchron und blockiert den rufenden Thread, während ein Datenpuffer ausgegeben wird.
WAVECAPS_VOLUME	Lautstärkekontrolle
WAVECAPS_SAMPLEACCURATE	Extakte Positionsangabe

```
} WAVEOUTCAPS;
```

Die Audiogeräte werden mittels der Funktionen `waveInOpen()`
und `waveOutOpen()` jeweils für die Eingabe oder Ausgabe von
Audiodaten geöffnet. Nach ihrem Gebrauch müssen sie mittels
`waveOutClose()` bzw. `waveInClose()` geschlossen werden. Innerhalb dieser logischen Klammer können Daten ausgegeben
werden durch die Funktion `waveOutWrite()`.

Die Eingabe von Daten über das Audiogerät in einen Kern-
speicherpuffer wird mittels der Funktionsfolge

waveInAddBuffer	Der Zeiger auf den Pufferbereich wird an den Gerätetreiber weitergegeben, um dort mit Audiodaten gefüllt zu werden.
waveInReset	Die Aufnahme von Audiodaten wird gestoppt und alle Pufferspeicher werden geschlossen.
waveInStart	Die Aufnahme wird begonnen.
waveInStop	Die Aufnahme wird beendet.

Der Transport von Audiodaten zwischen Treiber und Kernspeicher wird also in Datenblöcken durchgeführt.

Diese Datenblöcke müssen vor der ersten Benutzung als Kernspeicherbereiche bereitgestellt werden. Zusätzlich muß für jeden Datenblock eine Kopfstruktur (Informationsstruktur) gefüllt werden. Erfreulicherweise werden hierzu Funktionen zur Verfügung gestellt, die das Füllen einer Informationsstruktur übernehmen.

waveInPrepareHeader	Der Informationsblock für die Dateneingabe wird vorbereitet.
waveInUnprepareHeader	Der Informationsblock für die Dateneingabe wird gelöscht.
waveOutPrepareHeader	Der Informationsblock für die Datenausgabe wird gefüllt.
waveOutUnprepareHeader	Der Informationsblock für die Datenausgabe wird freigegeben.

Diese vier Funktionen arbeiten mit einer Struktur nachfolgenden Typs.

```
typedef struct {
LPSTR   lpData
DWORD   dwBufferLength
DWORD   dwBytesRecorded
DWORD   dwUser
DWORD   dwFlags
            WHDR_BEGINLOOP
            WHDR_DONE
            WHDR_ENDLOOP
            WHDR_INQUEUE
```

LPSTR lpData	Adresse des Datenpuffers.
DWORD dwBufferLength	Größe des Datenpuffers in Byte.
DWORD dwBytesRecorded	Falls die Informationsstruktur für die Dateneingabe benutzt wird, wird hier angegeben, wieviele Daten (in Byte) im Puffer liegen.
DWORD dwUser	Für interne Benutzung freigehalten.
DWORD dwFlags	Modus
WHDR_BEGINLOOP	Für die Datenausgabe wird hier festgelegt, daß der folgende Datenblock der erste Datenblock der Ausgabe ist.
WHDR_DONE	Der Treiber signalisiert hier, daß er mit der Bearbeitung des übergebenen Datenblocks fertig ist.
WHDR_ENDLOOP	Hier wird angegeben, daß der Ausgabepuffer der letzte gewesen ist.
WHDR_INQUEUE	Der Datenblock steht in der Warteschlange vor der Ausgabe.

```
WHDR_PREPARED        Der Informationsblock wurde durch die
                     Funktion waveInPrepareHeader be-
                     schrieben.

DWORD  dwLoops       Anzahl der Wiedergabe-Wiederholungen.
struct wavehdr_tag far
* lpNext

DWORD  reserved      Reserviert.

} WAVEHDR;
```

13.6 Zugriff auf MIDI-Geräte

Diese Schnittstelle beschreibt den direkten Zugriff (lesend und schreibend) auf MIDI-Geräte. Alle damit verbundenen Funktionen beginnen mit dem Präfix „midi".

Im Gegensatz zu anderen Audioformaten, bei denen die Verwendung der Geräteschnittstelle optional war und stattdessen eine komfortablere Schnittstelle wie z. B. das MCI verwendet werden konnte, kann eine Aufnahme von MIDI-Daten nur über die hier beschriebene low-level-Schnittstelle programmiert werden.

MIDI-Daten sind nicht etwa digitalisierte Audioanalogsignale, sondern sie sind Steueranweisungen an eine Synthesizerhardware, die dann ein den Anweisungen entsprechendes analoges Ausgangssignal erzeugt.

13.6.1 Datenströme

Da hohe Anforderungen an die Qualität der Ein- und Ausgabe von MIDI-Daten gestellt werden, diese Prozesse mithin also zeitkritisch sind, werden sie als Datenströme realisiert.

Ein solcher MIDI-Datenstrom wird durch die Funktionen `midiStreamOpen()` (Öffnen des Datenstroms), `midiStreamOut()` (Ausgabe des Datenstroms in einen Gerätetreiber) und `midiStreamClose()` (Schließen des Datenstroms nach Gebrauch) gehandhabt. Dabei wird der Datenstrom selbst durch die nachfolgenden Strukturen definiert.

Der Datenstrom beginnt immer mit der Struktur

```
typedef struct {
```

`LPSTR   lpData`	**Adresse der eigentlichen MIDI-Daten.**
`DWORD   dwBuffer-Length`	**Größe des die MIDI-Daten enthaltenden Puffers in Byte.**
`DWORD   dwBytes-Recorded`	**Aktuelle Belegung des Datenpuffers in Byte.**
`DWORD   dwUser`	**Verfügbar für programmeigene Daten.**
`DWORD   dwFlags`	**Art der Daten im Pufferspeicher.**
`MHDR_DONE`	**Der Gerätetreiber ist mit der Bearbeitung des Puffers fertig.**
`MHDR_-INQUEUE`	**Die Daten im Puffer sind in der Warteschlange und warten auf die Ausgabe durch das MIDI-Gerät.**
`MHDR_ISSTRM`	**Der Pufferspeicher ist ein Datenstrompuffer.**
`MHDR_-PREPARED`	**Der Inhalt dieser Struktur wurde durch eine der beiden Funktionen** `midiInPrepareHeader()` **oder** `midiOutPrepareHeader()` **gefüllt.**
`struct midihdr_tag far * lpNext`	**Reserviert.**
`DWORD   reserved`	**Reserviert.**
`DWORD   dwOffset`	**Offset in Byte zum Beginn des Pufferspeichers.**
`DWORD dwReserved[4]`	**Reserviert.**

```
} MIDIHDR;
```

Diese Struktur wird von den beiden Funktionen `midiInPrepareHeader()` und `midiOutPrepareHeader()` gefüllt; sie kann natürlich auch direkt bearbeitet werden.

Die Headerstruktur enthält im Datenbereich eine oder mehrere Eventstrukturen.

```
typedef struct {
```

`DWORD dwDeltaTime`	Anzahl von MIDI-Zeiteinheiten als Abstand zwischen dem vorherigen und dem aktuellen MIDI-Ereignisblock.
`DWORD dwStreamID`	Reserviert, muß 0 sein.
`DWORD dwEvent`	Dieser Parameter enthält sowohl einen Ereigniscode als auch Ereignisparameter. Der Ereigniscode kann durch das Makro `MEVT_EVENTTYPE()` ermittelt werden, der Ereignisparameter durch das Makro `MEVT_EVENTPARM()`.

`MEVT_F_CALLBACK`	Das System generiert einen CALLBACK.
`MEVT_F_LONG`	Es liegt ein langes Ereignis vor. Die unteren 24 Bit enthalten die Länge des Parameters.
`MEVT_F_SHORT`	Es liegt ein kurzes Ereignis vor. Die unteren 24 Bit enthalten die Ereignisparameter.
`MEVT_COMMENT`	Langes Ereignis. Die Daten werden ignoriert und dienen lediglich zur Speicherung von Kommentartext.
`MEVT_LONGMSG`	Langes Ereignis.
`MEVT_NOP`	Kurzes Ereignis. Dieses Ereignis dient lediglich als Platzhalter und löst keinerlei Aktion aus.
`MEVT_SHORTMSG`	Kurzes Ereignis.
`MEVT_TEMPO`	Kurzes Ereignis. Das Tempo der nachfolgenden Ausgabe-Ereignisse wird bestimmt.
`MEVT_VERSION`	Langes Ereignis. Es wird die Version des MIDI-Puffers definiert.

`DWORD dwParms[]`	Ereignisparameter. Dieses Feld muß so aufgefüllt werden, daß eine ganze Anzahl von 4-Byte-Worten enthalten ist.

```
} MIDIEVENT;
```

13.6.2   MIDI-Gerätekapazitäten

Zwei Informationsfunktionen bestimmen die Leistungsfähigkeit von MIDI-Ein-/Ausgabegeräten, sodaß ein Programm vor dem lesenden oder schreibenden Zugriff auf ein MIDI-Gerät zunächst Informationen über die Fähigkeiten des Gerätes einholen kann.

Die Funktion `midiInGetNumDevs()` ermittelt zunächst die Anzahl der verfügbaren MIDI-Eingabegeräte; die Funktion `midiOutGetNumDevs()` ermittelt die Anzahl der verfügbaren MIDI-Ausgabegeräte. Ist die Anzahl der verfügbaren Geräte somit bekannt, kann anschließend mit der Funktion `midiInGetDevCaps()` eine nachfolgend beschriebene Informationsstruktur vom Typ `MIDIINCAPS` mit den Gerätefähigkeiten eines MIDI-Eingabegerätes gefüllt werden; entsprechend für MIDI-Ausgabegeräte füllt die Funktion `midiOutGetDevCaps()` eine Informationsstruktur vom Typ `MIDIOUTCAPS`.

```
typedef struct {
WORD       wMid
WORD       wPid
MMVERSION
vDriverVersion
CHAR
szPname[MAXPNAMELEN]
DWORD      dwSupport
} MIDIINCAPS;
```

WORD wMid	Hersteller-Identifikationscode (siehe Anhang 3).
WORD wPid	Produkt-Identifikationscode (siehe Anhang 3).
MMVERSION vDriverVersion	Versionsnummer des Gerätetreibers.
CHAR szPname[MAXPNAMELEN]	Zeichenkette, die den Pruduktnamen enthält.
DWORD dwSupport	Reserviert.

```
typedef struct {
WORD       wMid
WORD       wPid
MMVERSION
vDriverVersion
CHAR
szPname[MAXPNAMELEN]
```

WORD wMid	Hersteller-Identifikationscode (siehe Anhang 3).
WORD wPid	Produkt-Identifikationscode (siehe Anhang 3).
MMVERSION vDriverVersion	Versionsnummer des Gerätetreibers.
CHAR szPname[MAXPNAMELEN]	Zeichenkette, die den Produktnamen enthält.

WORD	wTechnology	Technologieangabe für das MIDI-Ausgabegerät.
	MOD_FMSYNTH	FM Synthesizer
	MOD_MAPPER	Microsoft MIDI mapper
	MOD_MIDIPORT	MIDI hardware Schnittstelle
	MOD_SQSYNTH	square wave synthesizer
	MOD_SYNTH	Synthesizer
WORD	wVoices	Anzahl der Stimmen, die vom MIDI-Gerät unterstützt werden. Diese Angabe gilt nur für interne MIDI-Geräte.
WORD	wNotes	Maximale Anzahl simultan spielbarer Noten. Diese Angabe gilt nur für interne MIDI-Geräte.
WORD	wChannelMask	Durch eine Bit-Maske wird angegeben, welche der insgesamt 16 Kanäle des Gerätes ansprechbar sind. Sind alle Kanäle ansprechbar, so muß der Wert 0xFFFF angegeben werden.
DWORD	dwSupport	Zusätzliche Gerätemöglichkeiten.
	MIDICAPS_CACHE	Es wird patch caching unterstützt.
	MIDICAPS_LRVOLUME	Separate Lautstärkeregelung für linken und rechten Kanal wird unterstützt.
	MIDICAPS_STREAM	Das Gerät unterstützt direkt die Funktion `midiStreamOut()`.
	MIDICAPS_VOLUME	Das Gerät unterstützt Lautstärkekontrolle.

```
} MIDIOUTCAPS;
```

MIDI-Geräte müssen vor dem ersten Datenstromtransport geöffnet und nach dem letzten Zugriff geschlossen werden. Hierfür gibt es einen Satz von vier Funktionen, die auch nach Eingabe- und Ausgabegerät unterscheiden.

Diese Funktionen sind `midiInClose()`, `midiInOpen()`, `midiOutClose()` und `midiOutOpen()`. Hierbei ist zu beachten, daß die meisten MIDI-Geräte keinen verteilten Zugriff unterstützen; dies bedeutet, daß immer nur genau ein Thread auf ein MIDI-Gerät zugreifen kann. Eine gleichzeitige Benutzung eines MIDI-Gerätes durch mehrere Threads wird also in der Regel nicht unterstützt.

Ein MIDI-Datenstrom wird mittels der Funktion midiStream-Out() in ein vorher geöffnetes MIDI-Ausgabegerät gesendet. Der Datenstrom selbst besteht aus einer Anfangsstruktur (MIDIHDR), die die Anfangsadresse und Länge eines im Speicher festgelegten Datenblocks mit sich führt.

Innerhalb dieses Datenblocks sind dann die eigentlichen MIDI-Stromdaten enthalten. Diese MIDI-Stromdaten selbst sind als Folge von Strukturen vom Typ MIDIEVENT organisiert. ein solcher MIDI-Stromdatenpuffer darf mximal 64K groß sein.

Neben dem Datenstromzugriff auf ein MIDI-Gerät können auch einzelne Nachrichten an das MIDI-Gerät geschickt werden. Hierzu sind die Funktionen midiOutLongMsg() und midiOutShortMsg() verfügbar.

13.6.3   MIDI-Aufnahme

Die Aufnahme von MIDI-Informationen und ihrer Abspeicherung in einer Datei wird nur von den nachfolgend beschriebenen low-level-Funktionen unterstützt. Die MCI-Schnittstelle stellt eine solche Funktionalität nicht zur Verfügung.

Wichtig ist auch zu wissen, daß der Datenstromtransport für die MIDI-Dateneingabe nicht unterstützt wird.

Nachdem, wie oben beschrieben, die Gerätekapazitäten eines MIDI-Eingabegerätes erfragt wurden und das MIDI-Eingabegerät geöffnet wurde, kann mit der Aufnahme von MIDI-Daten begonnen werden. Hierzu wird zunächst ein Speicherbereich bereitgestellt, dessen Adresse dann mit der Funktion midiInAddBuffer() an den Gerätetreiber des MIDI-Eingabegerätes geschickt wird. Der Gerätetreiber füllt diesen Speicherbereich dann mit den MIDI-Eingabedaten.

Die Aufnahme wird komplett beendet, indem die Funktion midiInReset() aufgerufen wird. Damit wird der Aufnahmevorgang gestoppt und alle Pufferbereiche geschlossen.

Eine temporäre Unterbrechung der MIDI-Aufnahme kann durch die Funktion midiInStop() durchgeführt werden; die Aufnahme kann mittels midiInStart() erstmalig oder erneut gestartet werden.

13.6.4 MIDI Mapper

Sind MIDI-Daten einmal in einer entsprechenden MIDI-Datei (dies ist eine RIFF-Datei mit der Endung RMI) aufgezeichnet und sollen nun ggf. über unterschiedliche MIDI-Ausgabegeräte ausgegeben werden, so wird festzustellen sein, daß das analoge Ergebnis (der Klangeindruck) bei unterschiedlicher Ausgabehardware unterschiedlich ausfällt.

Das Problem der geräteunabhängigen Ausgabe von MIDI-Information wird durch den MIDI-Mapper gelöst. Dies ist eine Schnittstelle, die zwischen die MIDI-Daten (aus einer MIDI-Datei) und das MIDI-Ausgabegerät gelegt werden.

Der MIDI-Mapper bekommt also seine Eingabeinformation durch die Standard Ausgabefunktionen `midiOutShortMsg()` und `midiOutLongMsg()`. Der MIDI-Mapper modifiziert dann die so erhaltenen MIDI-Daten gemäß einer aktuell festgelegten Zuordnungstabelle (MIDI setup map) und schickt die so modifizierten MIDI-Daten anschließend an das MIDI-Ausgabegerät.

Diese Zuordnungstabelle kann vom Programmbenutzer jeweils aktuell ausgewählt werden. Durch die Auswahl einer spezifischen Zuordnungstabelle wird eine Modifizierung des Klangeindruckes der wiedergegebenen MIDI-Daten erreicht. Tatsächlich ist die Zuordnungstabelle in drei Untertabellen unterteilt; dies ist die

- Kanalzuordnungstabelle (Channel map)

- Tastaturtabelle (Key map)

- Programm- und Lautstärketabelle (Patch map)

Die Kanaltabelle dient zur Umcodierung aller Nachrichten, die einen Ausgabekanal ansprechen. Die Tastaturtabelle lenkt die entsprechenden Tastaturwerte gemäß der Tabelleneinträge auf andere Tasten des Tastaturinstrumentes um.

Die Patch map wird im wesentlichen dazu verwendet, einzelne Klangerzeugungsinstrumente neu zu besetzen. Im Anhang 4 ist die Standardbelegung der Instrumentenkennwerte (die Standard patch map) definiert. Die nachfolgende Zusammenstellung zeigt, welche Nachrichtenbereiche von welchen Teiltabellen umgesetzt werden.

Statusbyte der MIDI-Nachricht	Inhalt	Betroffene Tabellen
0x80-0x8F	Note-off	Kanal, Tastatur
0x90-0x9F	Note-on	Kanal, Tastatur
0xA0-0xAF	Polyphonic-key-aftertouch	Kanal, Tastatur
0xB0-0xBF	Control-change	Kanal, patch
0xC0-0xCF	Program-change	Kanal, patch
0xD0-0xDF	Channel-aftertouch	Kanal
0xE0-0xEF	Pitch-bend-change	Kanal
0xF0-0xFF	System	nicht betroffen

13.7   Multimediazeitmessung (timer)

Da die Anforderung an die Exaktheit der Zeitbasis bei Multimedia-Anwendungen wesentlich höher sind als bei normalen Anwendungen, muß hier ein exakteres Instrument als die Verwendung der WM_TIMER-Nachricht bereitgestellt werden. Dieses Instrument sind die Multimedia-Timer, deren Funktions-Schnittstelle mit dem Präfix „time" beginnt.

Zunächst muß festgestellt werden, welche Computerkapazitäten verfügbar sind, um eine Zeitbasis festzulegen. Hierzu wird die Funktion timeGetDevCaps() aufgerufen, die eine nachfolgend definierte Struktur mit Informationen füllt.

```
typedef struct {
UINT wPeriodMin     Minimale Zeitauflösung in millisekunden
UINT wPeriodMax     Maximale Zeitauflösung in millisekunden
} TIMECAPS;
```

Die Zeitbasis wird aktiviert, indem die Funktion timeBeginPeriod() mit Angabe der minimalen Zeiteinheit in Millisekunden aufgerufen wird.

Da die Aktivierung einer Zeitbasis eine relativ große CPU-Belastung darstellt (die betreuende Funktion muß sehr häufig aufgerufen werden), sollte eine Zeitbasis nur so kurz wie möglich aktiv sein.

Dies bedeutet, daß die Initialisierung unmittelbar vor dem Gebrauch der Zeitbasis erfolgt und unmittelbar nach dem Gebrauch der Zeitbasis mittels der Funktion `timeEndPeriod()` wieder abgeschaltet werden muß.

Innerhalb dieser logischen Funktionsklammer kann die aktuell verstrichene Zeit (in Millisekunden) mittels der Funktion `timeGetTime()` abgefragt werden.

Darüberhinaus kann ein periodisch auszuführendes Ereignis mittels der Funktion `timeSetEvent()` initialisiert werden. Hierbei wird eine CALLBACK-Funktion angegeben, die in einem zu definierenden Zeitintervall jeweils aufgerufen wird und beliebige, programmdefinierte Aktionen ausführen kann.

13.8   Joystick

Insbesondere bei der Programmierung von Computer-Spielen ist der Joystick ein gängiges Eingabegerät. Es erlaubt die Eingabe von zweidimensionalen Positionen; spezielle Joysticks erlauben sogar die Eingabe dreidimensionaler Positionen und Rotationen. Funktionen dieser Schnittstelle beginnen mit dem Präfix „joy".

Zunächst sind zwei Informationsfunktionen auszuführen, die einmal die Anzahl der im System verfügbaren Joystick-Eingabegeräte ermittelt. Dies wird durch die Funktion `joyGetNumDevs()` durchgeführt.

Tatsächlich wird hier der zuständige Joystick-Treiber abgefragt, wieviele Eingabegeräte er unterstützt. Insgesamt ist der Treiber in der Lage, maximal zwei Joystick-Eingabegeräte zu betreuen, die zwei- oder dreidimensionale Koordinaten liefern und bis zu vier Druckknöpfe anbieten.

Tatsächlich können nicht nur Joysticks, sondern alle Eingabegeräte, die absolute Koordinaten liefern, mit dieser Schnittstelle abgefragt werden. Hierzu zählen auch seriöse Eingabegeräte wie berührungsempfindliche Bildschirme, Digitalisierungstabletts und Lichtschreiber.

Nachdem nun bekannt ist, wieviele Eingabegeräte verfügbar sind, kann mit der Funktion joyGetDevCaps() abgefragt werden, welche Gerätekapazitäten je Eingabegerät verfügbar sind. Diese Funktion füllt eine nachfolgend beschriebene Informationsstruktur.

```
typedef struct {
```

WORD wMid	Herstellercode (siehe Anhang 3).
WORD wPid	Produktcode (siehe Anhang 3).
CHAR szPname [MAXPNAMELEN]	Zeichenkette, die den Produktnamen enthält.
UINT wXmin	Kleinste x-Koordinate
UINT wXmax	Größte x-Koordinate
UINT wYmin	Kleinste y-Koordinate
UINT wYmax	Größte y-Koordinate
UINT wZmin	Kleinste z-Koordinate
UINT wZmax	Größte z-Koordinate
UINT wNumButtons	Anzahl der Druckknöpfe auf dem Gerät (maximal 4)
UINT wPeriodMin	Kleinste Zeiteinheit der Abfrageperiode
UINT wPeriodMax	Größte Zeiteinheit der Abfrageperiode
UINT wRmin	Kleinster Wert des ersten Rotationswinkels
UINT wRmax	Größter Wert des ersten Rotationswinkels
UINT wUmin	Kleinster Wert des zweiten Rotationswinkels
UINT wUmax	Größter Wert des zweiten Rotationswinkels
UINT wVmin	Kleinster Wert des dritten Rotationswinkels
UINT wVmax	Größter Wert des dritten Rotationswinkels
UINT wCaps	Gerätekapazitäten
JOYCAPS_HASZ	Es wird die dritte Raumkoordinate (z-Koordinate) unterstützt.

JOYCAPS_HASR	Es wird eine Rotation um die z-Achse unterstützt.
JOYCAPS_HASU	Es wird eine Rotation um die x-Achse unterstützt.
JOYCAPS_HASV	Es wird eine Rotation um die y-Achse unterstützt.
JOYCAPS_HASPOV	Das Gerät liefert die Information eines Betrachtungspunktes.
JOYCAPS_POV4DIR	Das Gerät liefert relative Bewegungskoordinaten (zentriert, vorwärts, rückwärts, links, rechts).
JOYCAPS_POVCTS	Das Gerät liefert Werte für eine kontinuierliche Rotation.

UINT wMaxAxes	Maximalzahl der unterstützten Rotationsachsen.
UINT wNumAxes	Anzahl der aktuell unterstützten Rotationsachsen.
UINT wMaxButtons	Maximalzahl der vom Eingabegerät unterstützten Eingabeknöpfe.
CHAR szRegKey [MAXPNAMELEN]	Zeichenkette, die den Registraturschlüssel für das Gerät enthält.
CHAR szOEMVxD [MAXOEMVXD]	Zeichenkette, die den OEM-Treibernamen enthält.

```
} JOYCAPS;
```

Das Einholen von Informationen vom Eingabegerät kann grundsätzlich über zwei Methoden erfolgen.

- Bearbeitung der vom Gerät gesandten Nachrichten

- Direkte Abfrage des Gerätes

Bei der automatischen Überwachung der vom Eingabegerät versendeten Nachrichten muß zunächst eine logische Funktionsklammer eröffnet werden, die mittels `joySetCapture()` die Überwachung des Joysticks einleitet und zu einem späteren Zeitpunkt mittels `joyReleaseCapture()` wieder beendet.

Bei der Einleitung der Überwachung wird eine Zeitperiode angegeben, die die Überwachungsfrequenz definiert.

Ist dies einmal geschehen, so wird an die zuständige Fensterfunktion automatisch eine der nachfolgend spezifizierten Nachrichten versendet, die dann von der Fensterfunktion entsprechend verarbeitet werden müssen.

`MM_JOY1MOVE, MM_JOY2MOVE`	Die x- oder y-Koordinate hat sich geändert.
`wParam`	Angabe, welcher Knopf gedrückt wurde.
`LOWORD(lParam)`	x-Koordinate
`HIWORD(lParam)`	y-Koordinate
`MM_JOY1ZMOVE, MM_JOY2ZMOVE`	Änderung der z-Koordinate
`wParam`	Information, welcher Knopf gedrückt wurde.
`LOWORD(lParam)`	x-Koordinate
`HIWORD(lParam)`	y-Koordinate

`MM_JOY1BUTTONUP,`
`MM_JOY2BUTTONUP,`
`MM_JOY1BUTTONDOWN,`
`MM_JOY2BUTTONDOWN`
	Ein Druckknopf am Eingabegerät wurde bedient.

`wParam`	Angabe, welcher Druckknopf seinen Zustand (gedrückt oder nicht gedrückt) geändert hat.
`LOWORD(lParam)`	x-Koordinate
`HIWORD(lParam)`	y-Koordinate

Folgende Bitkonstanten werden jeweils in `wParam` benutzt.

`JOY_BUTTON1`	Knopf 1 ist gedrückt.
`JOY_BUTTON1CHG`	Der Zustand von Knopf 1 hat sich geändert.
`JOY_BUTTON2`	Knopf 2 ist gedrückt.
`JOY_BUTTON2CHG`	Der Zustand von Knopf 2 hat sich geändert.
`JOY_BUTTON3`	Knopf 3 ist gedrückt.
`JOY_BUTTON3CHG`	Der Zustand von Knopf 3 hat sich geändert.
`JOY_BUTTON4`	Knopf 4 ist gedrückt.
`JOY_BUTTON4CHG`	Der Zustand von Knopf 4 hat sich geändert.

Die andere Methode besteht darin, jeweils bei Bedarf den Zustand des Eingabegerätes abzufragen. Dies wird mittels der Funktion `joyGetPos()` realisiert. Diese Funktion liefert die nachfolgend definierte Informationsstruktur zurück.

```
typedef struct {
UINT wXpos          X-Koordinate
UINT wYpos          Y-Koordinate
UINT wZpos          Z-Koordinate
UINT wButtons       Druckknopfzustand
          JOY_BUTTON1           Knopf 1 gedrückt
          JOY_BUTTON2           Knopf 2 gedrückt
          JOY_BUTTON3           Knopf 3 gedrückt
          JOY_BUTTON4           Knopf 4 gedrückt
} JOYINFO;
```

14 Interprozeßkommunikation (IPC)

Das API stellt eine Reihe von definierten Schnittstellen zur Verfügung, die einen Datenaustausch zwischen parallellaufenden Prozessen (Programmen) gestatten.

Diese Prozesse können dabei auf ein- und demselben Computer, aber auch verteilt über ein Netzwerk, ausgeführt werden. Zusätzlich können einige Mechanismen des IPC dazu verwendet werden, Teile ein- und desselben Prozesses verteilt auf mehrere Computer auszuführen und ihre Kommunikation untereinander sicherzustellen.

Unter dem Überbegriff IPC faßt man nachfolgend genannte Funktionseinheiten zusammen.

IPC-Mechanism	WinNT	Win95	Win32s	Win16	MSDOS	POSIX	OS/2
DDE	JA	JA	JA	JA	NEIN	NEIN	NEIN
OLE	JA	NEIN	JA	JA	NEIN	NEIN	NEIN
OLE 2.0	JA	JA	NEIN	JA	NEIN	NEIN	NEIN
NetBIOS	JA	JA	JA	JA	JA	NEIN	JA
Named pipes	JA	JA	JA	JA	JA	JA	JA
Windows sockets	JA	JA	JA	JA	NEIN	NEIN	NEIN
Mailslots	JA	JA	JA	NEIN	NEIN	NEIN	JA
Semaphores	JA	JA	NEIN	NEIN	NEIN	JA	JA
RPC	JA	JA JA	JA		JA	NEIN	NEIN
Mem-Mapped File	JA	JA	JA	NEIN	NEIN	NEIN	NEIN

Aufgrund des Themenumfangs wurden nachfolgende Mechanismen in das vorliegende Buch *nicht* aufgenommen; sie sollen hier nur kurz benannt werden.

1. NetBios

   Die vom WIN32 unterstützte `Netbios()`-Funktion dient der Programmierung von Netzwerken auf einer relativ niedrigen, hardwarenahen Ebene. Anwendungen, die für das IBM NetBIOS geschrieben wurden, können hiermit recht leicht auf ein WIN32-System portiert werden.

   Für Applikationen, die originär für WIN32 entwickelt werden, empfiehlt sich die Verwendung anderer IPC-Mechanismen, die nicht so hardwarenahe sind.

2. Windows sockets

   Diese Schnittstelle dient dem Ansatz, basierend auf einem internationalen Standard (Berkeley Software Distribution BSD) eine für alle Entwickler offene (d. h. verläßliche + dokumentierte) Schnittstelle zur Realisierung von Netzwerkfähigen Anwendungen verfügbar zu machen.

3. RPC

   RPC ist die Abkürzung für *remote procedure call*; hiermit wird eine Schnittstelle (und darüber hinaus eine offene Standardisierung) verfügbar gemacht, die eine Programmierung verteilter Anwendungen möglich macht; die verschiedenen Programmteile können dabei auf unterschiedlicher Hardware ablaufen, solange der RPC-Standard in der Kommunikation zwischen den Rechnern verwendet wird.

14.1 Synchronisation

Da WINDOWS 95 die Parallelverarbeitung von Threads und Prozessen sowie den zgleichzeitigen Zugriff auf Datenobjekte (z. B. Dateien) unterstützt, entsteht die Notwendigkeit, Objekte zu definieren und handhabbar zu machen, die ein Abstimmen paralleler Vorgänge aufeinander unterstützten. Einfache Beispiele hierfür sind

- der gleichzeitige Zugriff auf eine Datei, bei der Lese- und Schreibzugriffe seitens mehrerer Programmabschnitt koordiniert werden müssen und

- die Koordination mehrerer Threads, die ggf. auf notwendige Zwischenergebnisse fremder Threads warten müssen.

Es müssen also Synchronisationsobjekte definiert werden, die den Zustand parallel verarbeiteter Abläufe widerspiegeln, und zusätzlich müssen Funktionen bereitgestellt werden, die das Einrichten, Manipulieren und Abfragen solcher Synchronisationsobjekte ermöglichen.

14.1.1 Synchronisationsobjekte

Das Win 32 API unterstützt drei Objekttypen, die zur Synchronisation paralleler Abläufe verwendet werden können.

1. Ereignis (event)

   Dieses Synchronisationsobjekt dient zur Synchronisation eines Threads mit einem oder mehreren anderen Threads.

2. Mutex

   Dieses Objekt ist immer im Besitz genau eines Threads. Es dient zur Regelung des exklusiven Zugriffs auf Ressourcen (z. B. Datei) durch jeweil genau einen Thread.

3. Semaphore

   Dieses Objekt ist ein zentraler Zähler, der den gleichzeitigen Zugriff mehrerer Threads auf eine einzige Ressource (z. B. Datei) auf eine Maximalzahl zugreifender Threads beschränkt.

Neben diesen allgemeinen Synchronisationsobjekten, die neben der Inter-Thread-Kommunikation auch die Abstimmung zwischen Prozessen handhaben können, gibt es eine Reihe weiterer, spezieller Synchronisationsobjekte.

Objekt	Funktion	Inhalt
Datei	`FindFirstChange-Notification`	Es wird eine Synchronisationsmeldung abgesetzt, wenn eine spezifizierte Änderung in einem Verzeichnis oder einem Verzeichnispfad stattfindet.

Objekt	Funktion	Inhalt

Tastatur	`CreateFile`
	`GetStdHandle`
	`CONIN$`
		Hier wird ein Signal erzeugt, wenn ungelesene Eingabe im Tastaturpuffer vorhanden ist.

Prozeß	`CreateProcess`	Es wird ein Signal erzeugt, wenn der gestartete Prozeß beendet wird.

Thread	`CreateProcess,`
	`CreateThread,`
	`CreateRe-`
	`moteThread`
		Es wird ein Signal erzeugt, wenn der Thread beendet wird.

14.1.2   Wartefunktionen

Synchronisationsobjekte werden also wie oben beschrieben generiert, um ein abgestimmtes Zeitverhalten zwischen verschiedenen Abläufen innerhalb des Systems zu ermöglichen. Hierzu gehört neben der Generierung des Synchronisationsobjektes natürlich auch die Möglichkeit, den Zustand des Synchronisationsobjektes seitens eines Threads oder eines Prozesses abzufragen. Diese Aufgabe übernehmen verschiedene Wartefunktionen, die im folgenden in ihrer Aufgabenstellung definiert werden sollen.

Immer dann, wenn eine solche Wartefunktion aufgerufen wird, wird der Zustand des befragten Synchronisationsobjektes geprüft und darüberhinaus weitere Rahmenbedingungen für den Wartezustand kontrolliert. Hierzu gehört insbesondere die Kontrolle, ob eine maximale Wartezeit für ein Synchronisationsereignis erreicht ist.

Ist keine der Rahmenbedingungen für die Wartefunktion positiv erfüllt, so wird der mittels dieser Wartefunktion anfragende Programmablauf in einen Wartezustand versetzt, der nur sehr wenig Rechenzeit benutzt.

```
DWORD WaitForSingleObject(
```

HANDLE hObject	Hier wird das Synchronisationsobjekt identifiziert. Durch die Funktion werden folgende Synchronisationsobjekte unterstützt. Dateiänderung Tastatureingabe Ereignis Mutex Prozeß Thread Semaphore
DWORD dwTimeout	Angabe der maximalen Wartezeit in Millisekunden. Hier ist auch die Angabe von `INFINITE` erlaubt, bei der ein unendliches Wartezeitintervall initialisiert wird.
Rückgabewert	Die Funktion gibt eine der nachfolgend definierten Konstanten zurück.

`WAIT_ABANDONED`	Es wurde ein Mutexobjekt abgefragt. Dieses Objekt war von einem Thread, der bereits beendet ist, fälschlicherweise nicht freigegeben worden. Das Synchronisationsobjekt ist jetzt Eigentum des anfragenden Threads.
`WAIT_OBJECT_0`	Das angefragte Objekt liefert ein positives Signal (Freigabe).
`WAIT_TIMEOUT`	Das Wartezeitintervall ist abgelaufen.
`WAIT_FAILED`	Es ist ein Abfragefehler eingetreten.

```
);
```

Es können auch mehrere Synchronisationsobjekte gleichzeitig durch eine Wartefunktion abgefragt werden; die Wartefunktion führt genau dann zum Erfolg, wenn mindestens eins der abgefragten Synchronisationsobjekte positiv antwortet.

```
DWORD WaitForMultipleObjects(
```

`DWORD` `cObjects`	Hier wird die Anzahl der zu überwachenden Synchronisationsobjekte angegeben. Wsystemseitig ist eine Maximalzahl angegeben als `MAXIMUM_WAIT_OBJECTS`.
`CONST HANDLE *` `lphObjects`	Zeiger auf ein Feld mit den Synchronisationsobjekten. Es sind nachfolgende Typen von Synchronisationsobjekten erlaubt. Dateiänderung Tastatureingabe Ereignis Mutex Prozeß Thread Semaphore
`BOOL  fWaitAll`	Modus der Abfrageverknüpfung.

	`TRUE`	Es wird ein positives Signal gegeben, wenn alle abgefragten Objekte eine positive Antwort liefern.
	`FALSE`	Es wird eine positive Antwort geliefert, wenn mindestens eins der abgefragten Objekte eine positive Antwort liefert.

`DWORD` `dwTimeout`	Wartezeitintervall in Millisekunden; für eine unendliche Wartezeit ist die Eingabe des Wertes INFINITE erlaubt.

Rückgabewert

`WAIT_OBJECT_0 bis`
`WAIT_OBJECT_0`
`      + cObjects - 1`
	Gesamtantwort aller abgefragten Objekte gemäß oben definierter Antwortverknüpfung. Entweder wird die Gesamtantwort für alle Synchronisationsobjekte gleichzeitig oder die Antwort genau eines (des ersten) abgefragten, positiven Synchronisationsobjektes zurückgegeben.

`WAIT_ABANDONED_0 bis`
`WAIT_ABANDONED_0`
`      + cObjects - 1`
	Siehe oben.

`WAIT_TIMEOUT`	Das Wartezeitintervall ist abgelaufen.
`WAIT_FAILED`	Es ist ein Funktionsfehler aufgetreten.

Neben dem einfachen Abfragen von Synchronisationsobjekten durch die beiden o. g. Funktionen kann es auch notwendig sein, den Zustand von Synchronisationsobjekten gleichzeitig mit dem Vorliegen bestimmter Nachrichten zu überwachen. Damit dies mit einem Funktionsaufruf zu erledigen ist (wären zwei Funktionsaufrufe notwendig, so würde zunächst auf die Zustände von Synchronisationsobjekten und erst anschließend auf den Zustand einer Nachrichtenwarteschlange gewartet werden) ist die nachfolgende Funktion realisiert worden.

Die Funktion MsgWaitForMultipleObjects() liefert ein Ergebnis, wenn mindestens einer der folgenden Zustände erfüllt ist:

- wählbar eins oder alle Synchronisationsobjekte sind positiv.

- Eine bestimmte Nachricht liegt in der Nachrichtenwarteschlange des befragten Threads.

- Die maximale Wartezeit ist erreicht.

```
DWORD MsgWaitForMultipleObjects(
```

DWORD nCount	**Anzahl der zu überwachenden Synchronisationsobjekte. Die Maximalzahl ist mittels der Konstanten** MAXIMUM_WAIT_OBJECTS **definiert.**
LPHANDLE pHandles	**Adresse eines Feldes mit den Synchronisationsobjekten. Es sind die gleichen Synchronisationsobjekte wie bei den beiden vorhergehenden Funktionen erlaubt.**
BOOL fWaitAll	**Siehe oben.**
DWORD dwMilliseconds	**Siehe oben.**
DWORD dwWakeMask	**Hier wird spezifiziert, welcher Nachrichtentyp in der der Warteschlange des befragten Threads vorliegen muß, damit die Funktion positiv antwortet.**

QS_ALLINPUT	**Eine beliebige Nachricht liegt vor.**
QS_HOTKEY	**WM_HOTKEY**
QS_INPUT	**Eine Eingabenachricht liegt vor.**
QS_KEY	**WM_KEYUP, WM_KEYDOWN,**

	WM_SYSKEYUP, WM_SYSKEYDOWN
QS_MOUSE	WM_MOUSEMOVE, WM_LBUTTONUP, WM_RBUTTONDOWN, etc.
QS_MOUSE-BUTTON	WM_LBUTTONUP, WM_RBUTTONDOWN, etc.
QS_MOUSEMOVE	WM_MOUSEMOVE
QS_PAINT	WM_PAINT
QS_POST-MESSAGE	Eine gepostete Nachricht liegt vor.
QS_SEND-MESSAGE	Eine versendete Nachricht liegt vor.
QS_TIMER	WM_TIMER

Rückgabewert	Die Funktion antwortet mit einem der nachfolgenden Rückgabewerte.
WAIT_OBJECT_0 bis WAIT_OBJECT_0 + cObjects - 1	Siehe oben.
WAIT_ABANDONED_0 bis WAIT_ABANDONED_0 + cObjects - 1	Siehe oben.
WAIT_TIMEOUT	Siehe oben.
0xFFFFFFFF	Funktionsfehler

14.1.3   Mutexobjekte

Ein Mutexobjekt liefert ein positives Signal, wenn es nicht durch irgendeinen Thread belegt ist; es liefert ein negatives Signal, wenn es Besitztum irgendeines Threads ist. Ein Mutexobjekt kann zu maximal einem Thread gehören. Es ist damit wechselseitig exklusiv an bestimmte Threads gebunden. Dieses Synchronisationsobjekt ist damit geeignet, als Signal für die ausschließliche Benutzung irgendeiner potentiell gemeinsamen Ressource durch genau einen Thread, der dann Besitzer des Mutexobjektes ist, zu dienen.

Programmtechnisch müssen hierzu drei Funktionen zur Verfügung stehen. Zum einen muß der generierende Thread mittels der Funktion `CreateMutex()` ein Mutexobjekt kreieren und benennen. Er ist damit gleichzeitig aktueller Eigentümer dieses Mutexobjektes. Weiterhin muß dieser Thread (der Eigentümer) das Mutexobjekt löschen können, wenn es nicht mehr benötigt wird.

Dies geschieht mittels der Funktion `ReleaseMutex()`. Darüberhinaus müssen fremde Threads in der lage sein, ein Handle eines benannten Mutexobjektes zu erzeugen, um damit geeignete Abfrageoperationen bzgl. des Mutexobjektes durchführen zu können. Dies geschieht mit der Funktion `OpenMutex()`, die für ein benanntes Mutexobjekt, dessen Name übergeben werden muß, ein Handle erzeugt.

14.1.4 Semaphoreobjekte

Ein Semaphoreobjekt reglementiert den mehrfachen Zugriff unterschiedlicher Threads auf eine gemeinsame Ressource. Deshalb wird mit dem Semaphoreobjekt bei seiner Definition mittels der Funktion `CreateSemaphore()` eine maximale Zugriffszahl übergeben, die größer 0 sein muß. Fremde Threads oder Prozesse können nun ein Handle für das Semaphoreobjekt mittels der Funktion `OpenSemaphore()` erlangen und dieses Handle dazu benutzen, geeignete Abfrageoperationen durchzuführen.

Jedes Mal, wenn eine solche Abfrageoperation auf ein Semaphoreobjekt positiv beantwortet wird, wird der interne Zähler für das Semaphoreobjekt um den Wert 1 verringert. Sobald dieser interne Zähler den Wert 0 erreicht, wird eine negative Antwort auf Abfragefunktionen (Wartefunktionen) erteilt.

Der interne Zähler eines Semaphoreobjektes kann mittels der Funktion `ReleaseSemaphore()` wieder erhöht werden. Damit ist der besitzende Thread in der Lage, erneuten Zugriff auf eine gemeinsame Ressource freizugeben.

Ein einfaches Beispiel für die Verwendung von Semaphore-objekten ist ein Prozeß, der lediglich eine maximalzahl von prozeßeigenen Ressource (z. B. offenen Fenstern) erlauben will. Hierzu wird die Anzahl der maximal erwünschten Ressourcenobjekte an ein Semaphoreobjekt übergeben und bei jeder Benutzung eines solchen Ressourcenobjektes der interne Semaphorezähler um den Wert 1 verringert.

Damit ist eine einfache, zentrale Möglichkeit gegeben, prozeßweit oder auch über Prozeßgrenzen hinaus die Verwendung einer Systemressource zu beschränken.

14.1.5   Ereignisobjekte (events)

Ein Ereignisobjekt wird mittels der Funktion `CreateEvent()` kreiert; dabei kann gewählt werden, ob das Ereignisobjekt solange eingeschaltet bleibt (positive Antworten gibt), bis es explizit mittels der Funktion `ResetEvent()` gelöscht wird oder ob es automatisch nach jeder Abfrage durch irgendeinen Thread auf „nicht aktiv" gesetzt wird.

Fremde Threads können ein Handle auf ein Ereignisobjekt mittels der Funktion `OpenEvent()` erlangen. Danach kann jeder beliebige Thread, der ein solches Handle erzeugt hat, mittels der Funktion `SetEvent()` oder `PulseEvent()` den Zustand des Ereignisobjektes auf „aktiv" setzen. Damit ist ein Ereignisobjekt immer dann beliebig anwendbar, wenn das Vorliegen irgendeines bliebigen Zustandes in dem kreieren-den Thread signalisiert werden soll.

Interprozeßsynchronisation kann mittels der beschriebenen drei Synchronisationsobjekte Mutex, Semaphore und Ereignis realisiert werden. Sie sind damit prozeßgrenzen-übergreifend.

Programmierung

```
case IDM_SYNC_START:{
char puffer [MAX_PATH];
STARTUPINFO stinfo;
```

Die Demo der Synchronisation soll zwischen zwei Prozesses demonstriert werden. Der eine Prozeß ist der aktuell laufende, der andere Prozeß wird jetzt hier gestartet.

Bevor der zweite Prozeß gestartet wird, wird ein Synchronisationsobjekt kreiert und auf FALSE geschaltet.

```
hsync = CreateEvent(NULL,
                TRUE,
                FALSE,
                "Name_des_Sync_Objekts");
```

Jetzt wird der zweite Prozeß gestartet...

```
strcpy(puffer, "ipc_sync.exe");
```

STARTUPINFO-Struktur initialisieren.

```
stinfo.cb = sizeof (STARTUPINFO);
stinfo.lpReserved = 0;
stinfo.lpDesktop = NULL;
stinfo.lpTitle = NULL;
stinfo.dwX = 0;
stinfo.dwY = 0;
stinfo.dwXSize = 0;
stinfo.dwYSize = 0;
stinfo.dwXCountChars = 0;
stinfo.dwYCountChars = 0;
stinfo.dwFillAttribute = 0;
stinfo.dwFlags = 0;
stinfo.wShowWindow = 0;
stinfo.cbReserved2 = 0;
stinfo.lpReserved2 = 0;
```

Der Kind-Prozeß wird gestartet

```
CreateProcess (puffer,
            NULL,
            NULL,
            NULL,
            FALSE,
            DETACHED_PROCESS,
            NULL,
```

```
                NULL,
                &stinfo,
                &prozessinfo );
}
break;
```

Der laufende zweite Prozeß kann zwar mit einer Aufgabe beginnen (siehe dort), diese aber nicht weiterführen, da er auf die Freigabe durch das SyncObjekt hsync warten muß...

```
case IDM_SYNC_FREI:{
```

Das Sync-Objekt wird freigegeben (auf TRUE geschaltet), damit der zweite Prozeß etwas tun kann

```
SetEvent(hsync);
```

Danach wird das Sync-Objekt gelöscht...

```
CloseHandle(hsync);
MessageBox(hWnd,
        "SyncObjekt wurde freigegeben...\n
         Der Zweite Prozeß wird jetzt abgebrochen",
        " ",
        MB_OK);
```

...und der zweite Prozeß „ferngesteuert" beendet.

```
TerminateProcess (prozessinfo.hProcess, 0);
}
break;
```

Der zweite Prozeß fragt nun das Synchronisationsobjekt seinerseits ab.

```
case IDM_START:{
HDC hdc;
HANDLE hsync;
```

Zunächst wird das sync-Objekt geöffnet – dazu muß dem zweiten Prozeß der Name des sync-Objekts bekannt sein. Dies bietet sich also für Prozesse eines Programms oder eines Herstellers an.

```
hsync = OpenEvent(EVENT_ALL_ACCESS,
                  TRUE,
                  "Name_des_Sync_Objekts");


hdc = GetDC(hWnd);
```

Zuerst gibt der Prozeß einen kurzen Text aus – dann...

```
strcpy(buffer,
       "Hier beginnt der zweite Prozeß - er wartet
        auf die Freigabe durch den ersten Prozess
        mittels ...Starte Berechnung");
TextOut(hdc, 10,10, buffer, strlen(buffer));
```

...muß er ohne Ende auf die Freigabe der weiteren Bearbeitung durch den ersten Prozeß warten

```
WaitForSingleObject(hsync, INFINITE);
```

An diese Stelle kommt der Prozeß erst, wenn die Freigabe erfolgt ist. Dann wird das syncObjekt erstmal gelöscht, weil es nicht mehr weiter benötigt wird.

```
CloseHandle(hsync);
```

Zur Kontrolle gibt der Prozeß jetzt eine zweite Nachricht aus – fertig.

```
strcpy(buffer,
       "Jetzt wurde das sync-Objekt durch den
        ersten Prozeß freigegeben");
TextOut(hdc, 10, 30, buffer, strlen(buffer));

ReleaseDC(hWnd, hdc);
}
break;
```

14.1.6 Sektionsobjekte (critical section objects)

Im Gegensatz zu Synchronisationsobjekten, die wie oben beschrieben prozeßübergreifend verwendet werden können, können Sektionsobjekte ausschließlich zwischen Threads ein- und desselben Prozesses eingesetzt werden. Sie sind zunächst wesentlich schneller als die oben beschriebenen Synchronisationsobjekte.

Ein Sektionsobjekt ist immer Besitztum eines einzelnen Threads, der das Sektionsobjekt mittels der Funktion `InitializeCriticalSection()` kreiert hat.

Nachdem dies geschehen ist, kann ein beliebiger Thread des Prozesses mittels der Funktion `DeleteCriticalSection()` das Sektionsobjekt löschen.

Nachdem das Sektionsobjekt von einem beliebigen Thread innerhalb des Prozesses kreiert wurde, kann es von einem ebenfalls beliebigen Thread des Prozesses verwendet werden. Dieser Thread wird das Sektionsobjekt aktivieren, wenn der Beginn einer Programmphase des Threads erreicht wird, die eine Unterbrechung aufgrund des Multitasking-Betriebes verbietet; eine Aktivierung des Sektionsobjektes kann mit der Funktion `EnterCriticalSection()` stattfinden und mittels der Funktion `LeaveCriticalSection()` wieder freigegeben werden.

Innerhalb dieser logischen Funktionsklammer ist eine Unterbrechung des das Sektionsobjekt besitzenden Threads durch andere Threads des gleichen Prozesses nicht möglich. Damit kann z. B. vermieden werden, daß mehrere Threads eines Prozesses gleichzeitig auf eine zentrale Datenstruktur zugreifen und damit zu logischen Programmfehlern Anlaß geben würden.

Der den Thread besitzende Prozeß kann allerdings vom Multitasking-Betriebssystem unterbrochen werden, um die Rechenzeit einem anderen Prozeß zuzuordnen.

14.1.7   Interlockedobjekte

Geht es lediglich darum, den gleichzeitigen Zugriff auf eine bestimmte Variable innerhalb des Bereiches mehrerer Threads eines Prozesses oder auch prozeßübergreifend zu verwenden, ist die die Verwendung von Interlockedobjekten schneller und sinnvoller.

Irgendein Thread, der gerade aktiv ist, kann mittels der Funktion `InterlockedIncrement()` den Wert einer Variablen um 1 erhöhen. Die entsprechende inverse Operation (Werterniedrigung um 1) kann mittels der Funktion `InterlockedDecrement()` durchgeführt werden.

Durch Verwendung dieser beiden Operationen wird aber sichergestellt, daß der die Funktionen aufrufende Thread während der Durchführung dieser Operation nicht unterbrochen werden kann. Gleichzeitig wird verhindert, daß andere Threads innerhalb der Funktionsausführung ebenfalls auf die gleiche Variable rechnend zugreifen.

Die Funktion `InterlockedExchange()` weist einer Variablen einen neuen Wert zu; sie verhindert ebenfalls den parallelen Zugriff mehrerer Threads auf die Zielvariable.

14.2 Zwischenablage (clipboard)

Die Zwischenablage als API-Schnittstelle zum Datentransfer zwischen Prozessen nimmt eine Sonderfunktion in der IPC ein.

Zum einen werden die durch die Zwischenablage transportierten Daten in einem einheitlichen, problemspezifischen Format transportiert. Dabei hängt dieses Format vom Datenformat der Quelle und des Ziels ab.

Zum andern ist dies vereinbarungsgemäß die einzige IPC-Schnittstelle, die ausschließlich auf Anforderung des Programmbenutzers durch

- Kopierfunktion

- Ausschneidefunktion

- Einfügefunktion

des Programms ausgelöst wird. Nachdem aus dem Quellprozeß Daten im Quellformat in die Zwischenablage kopiert wurden, können alle anderen Prozesse kopierend auf die Daten der Zwischenablage zugreifen.

14.2.1 Datenformate der Zwischenablage

Das Format der Daten, die in die Zwischenablage kopiert wurden, entspricht dem Datenformat des Quellprozesses. Ist der Quellprozeß z. B. ein Textbearbeitungsprogramm, so wird der Inhalt der Zwischenablage ein kopierter Textbereich sein und in einem entsprechenden Textformat hier abgelegt werden. Ist die Quellanwendung statt dessen z. B. ein Grafikprogramm, so kann das Format der Zwischenablage z. B. eine Rastergrafik oder Vektorgrafik sein.

Prozesse, die zu einem späteren Zeitpunkt (also nach dem Kopieren der Daten in die Zwischenablage) vor der Entscheidung stehen, ob sie das Format der Daten in der Zwischenablage verarbeiten können oder nicht, können vorab mittels der Funktion `GetClipboardFormatName()` den Bezeichner (den Namen) des aktuellen Datenformates in der Zwischenablage ermitteln. Umgekehrt hat jeder Prozeß die Möglichkeit, das von ihm für die Zwischenablage zu verwendende Datenformat explizit zu definieren; dies geschieht mittels der Funktion `RegisterClipboardFormat()`.

Hierbei wird ein Datenformatname übergeben. Diese Möglichkeit wird immer dann genutzt werden, wenn das zu verwendende Datenformat kein Standarddatenformat ist, sondern für die speziellen Bedürfnisse des Anwendungsprogrammes definiert wurde. Ansonsten kann eines der nachfolgend definierten Standardformate benutzt werden.

`CF_BITMAP`	Handle auf eine Bitmap
`CF_DIB`	Geräteunabhängige Bitmap
`CF_DIF`	Data Interchange Format.
`CF_DSPBITMAP`	Bitmapdaten in einem privaten Format
`CF_DSPENHMETAFILE`	Erweitertes Metadateiformat
`CF_DSPMETAFILEPICT`	Metadateibildformat
`CF_DSPTEXT`	Privates Textformat
`CF_ENHMETAFILE`	Metadatei
`CF_GDIOBJFIRST` **bis** `CF_GDIOBJLAST`	GDI-Objekte

CF_HDROP	Eine Liste von Dateien, die in einer Verschiebeoperation benutzt werden kann.
CF_LOCALE	Lokales Textformat
CF_METAFILEPICT	Bildformat einer Metadatei
CF_OEMTEXT	Textformat; im Text sind OEM-Zeichen enthalten
CF_OWNERDISPLAY	Der Prozeß, der aktuell die Zwischenablage besitzt, muß selbst für die Darstellung des Inhaltes der Zwischenablage sorgen.
CF_PALETTE	Farbpalette
CF_PENDATA	Daten für Microsoft Windows for Pen Computing.
CF_PRIVATEFIRST bis CF_PRIVATELAST	Ganzzahlige Kennwerte für private Datenformate
CF_RIFF	Spezielles Audioformat
CF_SYLK	Microsoft Symbolic Link (SYLK)
CF_TEXT	Textformat
CF_WAVE	Audioformat
CF_TIFF	Grafikformat
CF_UNICODETEXT	Nur für WINDOWS NT

Die Zwischenablage kann immer maximal einen Datensatz enthalten. Wird danach eine zweite Kopieroperation in die Zwischenablage hinein durchgeführt, so ersetzt der neue Datenblock den alten Inhalt.

Obwohl nur immer maximal ein Datensatz in der Zwischenablage gehalten werden kann, können durchaus mehrere alternative Datenformate für diesen einen Datensatz gespeichert werden. Wird z. B. Text aus einer Textverarbeitung in die Zwischenablage kopiert, so kann es sinnvoll sein, mehrere verschiedene Textformate, die vom Datenblock unterstützt werden, in die Zwischenablage zu schreiben. Ein anderer Prozeß, der dann auf den Inhalt der Zwischenablage lesend zugreifen will, kann sich aus den alternativ angebotenen Datenformaten das für ihn bestpassende heraussuchen.

Die Zwischenablage kann nur dann von einem Prozeß bearbeitet werden, wenn er einziger Eigentümer der Zwischenablage ist. Dies kann ein Prozeß mittels der Funktion `OpenClipboard()` erreichen. Hat der Prozeß dann alle notwendigen Operationen mit der Zwischenablage durchgeführt, muß er den Besitzerstatus für die Zwischenablage durch die Funktion `CloseClipboard()` wieder zurückgeben.

Ist der Prozeß (in der Regel die aktive Fensterfunktion innerhalb des Prozesses) einmal Eigentümer der Zwischenablage, so kann sie Daten in der Zwischenablage löschen; dies geschieht mittels der Funktion `EmptyClipboard()`. Es ist sinnvoll, die Zwischenablage vor dem Einkopieren von Daten mittels dieser Funktion tatsächlich zu leeren.

Der Eigentümer der Zwischenablage kann anschließend mittels der Funktion `SetClipboardData()` Daten und Angaben zum Datenformat in die Zwischenablage kopieren. Will der Eigentümer der Zwischenablage hingegen Daten aus der Zwischenablage lesen, so muß zunächst das Datenformat bzw. alle in der Zwischenablage für die Daten gespeicherten Datenformate ermittelt werden. Hierzu wird zunächst mit der Funktion `EnumClipboardFormats()` die Anzahl der in der Zwischenablage gespeicherten Datenformate erfragt. Danach kann das am besten passende Datenformat durch die Funktion `GetPriorityClipboardFormat()` bestimmt werden. Ist dies durchgeführt, kann abschließend durch die Funktion `GetClipboardData()` der eigentliche Datentransfer von der Zwischenablage in den Datenbereich des Prozesses durchgeführt werden.

Eine Sonderbehandlung erfahren Speicherobjekte, die vom Eigentümerprozeß in die Zwischenablage kopiert wurden. Diese Speicherobjekte sollten alle mit der Funktion `GlobalAlloc()` angelegt worden sein. Sobald ein solches Speicherobjekt in die Zwischenablage gelegt wurde, geht es in das Eigentum des Betriebssystems über. Wenn dann zu einem späteren Zeitpunkt die Zwischenablage geleert wird, wird das Betriebssystem für eine Freigabe der vom Speicherobjekt belegten Speicherbereiche sorgen.

Abhängig vom Datenformat des Speicherobjektes wird dann die jeweils angegebene API-Funktion zur Freigabe des Speicherbereiches benutzt.

CF_DSPENHMETAFILE	**DeleteMetaFile**
CF_DSPMETAFILEPICT	
CF_ENHMETAFILE	
CF_METAFILEPICT	
CF_BITMAP	**DeleteObject**
CF_DSPBITMAP	
CF_PALETTE	
CF_DIB	**GlobalFree**
CF_DSPTEXT	
CF_OEMTEXT	
CF_TEXT	
CF_UNICODETEXT	

Programmierung

Es wird ein Text und eine Bitmap in die Zwischenablage kopiert

```
case IDM_ZWISCHENABLAGE_COPY:{
```

Variablen für den Text

```
char *ptext;
HGLOBAL htext;
char puffer[64] = "Dies ist der Text für die Zwischenablage";
```

Variablen für die Bitmap

```
HBITMAP hbm;
```

Die Zwischenablage wird für das Fenster geöffnet.

```
OpenClipboard(hWnd);
```

> Zuerst löschen wir den aktuellen Inhalt der Zwischenablage –
> alle Einträge werden dabei gelöscht, die Zwischenablage ist
> danach vollkommen leer!

```
EmptyClipboard();
```

Jetzt wird ein Speicherbereich bereitgestellt, der den zu kopierenden Text enthält.

```
htext = GlobalAlloc(GMEM_DDESHARE, strlen(puffer) );
```

Der Speicherblock wird festgelegt, damit der Text hineinkopiert werden kann.

```
ptext = (char *)GlobalLock(htext);
```

Jetzt wird einfach der Text hineinkopiert

```
strcpy(ptext, puffer);
```

Bevor nun der Text an die Zwischenablage übergeben werden kann, muß die Festlegung des Speicherblocks aufgehoben werden.

Das BS betreut nämlich den Inhalt der Zwischenablage ohne weitere Überwachung durch das Serverprogramm – es muß als auch mit dem Speicherblock frei operieren können.

```
GlobalUnlock(htext);
```

Jetzt erst darf der Speicherblock der Zwischenablage übergeben werden; dabei muß der Zwischenablage auch mitgeteilt werden, um welches Datenformat es sich handelt.

```
SetClipboardData(CF_TEXT, htext);
```

Wir wollen die Situation noch etwas komplizierter machen – bis jetzt war ja eh alles sehr einfach. Zusätzlich zum Text kopieren wir jetzt noch eine Bitmap in die Zwischenablage

Von jedem Format darf ja ein Objekt in der Zwischenablage liegen...

Die Bitmapressource wird geladen

```
hbm = LoadBitmap(hInst,
        MAKEINTRESOURCE(IDB_BITMAP));
```

 In diesem Fall reicht es, lediglich das Handle der Bitmap der Zwischenablage zu übergeben – den Rest macht die Zwischenablage dann allein!

```
SetClipboardData(CF_BITMAP, hbm);
```

Noch können andere Anwendungen nicht auf die Zwischenablage zugreifen, da hWnd noch Eigentümer ist. Also muß der Zugriff hier beendet werden, damit die Zwischenablage im System frei verfügbar ist!

```
CloseClipboard();
```

Um den Effekt zu beobachten, öffnen Sie am besten den ClipboardViewer und ggf. noch eine Textverarbeitung (z. B. Wordpad.exe) und/oder ein Grafikprogramm (z. B. Paint.exe). Da zwei unterschiedliche Datensätze gespeichert wurden, kann man in einem guten Programm beim Einfügen der Zwischenablage wählen, welches Datenobjekt eingefügt werden soll. Sowohl wordpad.exe als auch der Clipboard Viewer können das.

Die Ressourcen (in unserem Fall also das Bitmaphandle und der Speicher für den Text) sind noch belegt und werden anderweitig freigegeben – z. B. vom Clipboard Viewer, wenn man seinen Inhalt löscht.

```
}
break;

case IDM_ZWISCHENABLAGE_PASTE:{
```

Variablen für den Text

```
char *ptext;
HGLOBAL htext;
char puffer[64] = "Dies ist der Text für die Zwischenablage";
```

Zuerst erfragen wir, ob ein spezielles Datenformat in der Zwischenablage liegt. Falls das der Fall ist, wird das Datenobjekt entsprechend geladen.

```
if (IsClipboardFormatAvailable(CF_TEXT)) {
```

Die Arbeitsschritte sind zunächst unabhängig vom Datenformat in der Zwischenablage. Zuerst wird die Kontrolle über die Zwischenablage vom BS angefordert.

```
OpenClipboard(hWnd);
```

Dann werden die Daten aus der Zwischenablage kopiert – sie verbleiben also auch in der Zwischenablage!

```
htext = GetClipboardData(CF_TEXT);
```

Jetzt kann mit dem kopierten Inhalt irgendwas gemacht werden – hier geben wir den Inhalt z. B. im Fensterausgabebereich aus...

```
ptext = GlobalLock(htext);
```

Textausgabe wie gehabt...

```
hdc = GetDC(hWnd);
TextOut(hdc, 10, 10, ptext, strlen(ptext));
ReleaseDC(hWnd, hdc);
```

Zu guter letzt wird der Speicherbereich wieder freigegeben.

```
GlobalUnlock(htext);

}
else if (IsClipboardFormatAvailable(CF_BITMAP)) {
```

Hier kann, wie in \GDI\BITMAP.c beschrieben, eine im Clipboard gespeicherte Bitmap über ihr Handle geholt und dargestellt werden.

```
}
```

Die Kontrolle über die Zwischenablage wird zurückgegeben

```
CloseClipboard();
}
break;
```

14.3 Speicherdateien (file mapping)

Wird bei der Verwendung von Speicherdateien der Inhalt einer Datei in den virtuellen Adreßraum eines Prozesses abgebildet und kann danach von diesem Prozeß bzw. seinen Threads so gehandhabt werden, als sei es ein normaler Informationsblock in einem Kernspeicherbereich.

Statt z. B. langwierige Dateieingabe-/ausgabeoperationen durchzuführen, kann der Prozeß einfach über die entsprechenden Adressen auf den Inhalt im Speicherblock zugreifen.

Das Win 32 API ermöglicht es nun, zwei oder mehr Prozessen gleichzeitig auf dasselbe Speicherobjekt (Speicherdatei) zuzugreifen. Zunächst einmal erhält der Eigentümerprozeß einen Zeiger auf das Speicherdateiobjekt (dies ist ein Zeiger auf den Adreßbereich innerhalb des virtuellen Adreßraums). Es gibt nun prinzipiell drei verschiedene Möglichkeiten, für den Eigentümerprozeß, den Zugriff auf die zunächst private Speicherdatei auf andere Prozesse zu verlagern.

1. Vererbung

   Der Eigentümerprozeß gibt das Handle der Speicherdatei an einen Kindprozeß weiter.

2. Benannte Speicherdatei

   Der Eigentümerprozeß kreiert eine Speicherdatei mit einem spezifischen namen. Dieser Name wird einem zweiten Prozeß bekanntgegeben, der dann seinerseits einen eigenen Zugriff auf die Speicherdatei über die Verwendung des ihm jetzt bekannten Objektnamens durchführen kann. Das Mitteilen des Objektnamens von einem Prozeß zum anderen wird mittels anderer IPC-Verfahren durchgeführt.

3. Handle-Duplizierung

   Der Eigentümerprozeß der Speicherdatei übergibt das Handle einem zweiten Prozeß, der seinerseits dieses Handle dupliziert und im weiteren für den Zugriff auf das Speicherdateiobjekt verwendet. Die Handleübergabe erfolgt über eine geeignete IPC-Schnittstelle.

Grundsätzlich muß der parallele Zugriff auf eine identische Ressource seitens mehrerer Prozesse aufeinander abgestimmt werden; dieser Grundsatz gilt selbstverständlich auch für die gemeinsame Benutzung von Speicherdateien. So bietet sich z. B die Verwendung von Semaphoren an, um den Zugriff auf das Speicherdateiobjekt zu koordinieren.

14.3.1   Möglichkeiten und Einschränkungen

Speicherdateien können im Rahmen der IPC dann genutzt werden, wenn die kommunizierenden Prozesse auf einem Computer ablaufen; eine Verwendung über ein Netzwerk von Computern ist nicht vorgesehen.

Zwar kann ein Prozeß ein Speicherdateiobjekt auf einem Speichergerät (Festplatte) kreieren, die über ein Netzwerk verfügbar ist. Ein auf einem anderen Computer laufender Prozeß kann aber nicht auf dieses Objekt zugreifen. Speicherdateiobjekte stellen eine effektive Methode dar, von mehreren Prozessen aus gleichzeitig denselben Datenraum zu bearbeiten.

Nachteilig ist die Beschränkung auf einen logischen Computer und die Notwendigkeit für den Programmierer, die Synchronisation des Zugriffs über andere IPC-Schnittstellen selbst zu realisieren.

Zusammen mit der Definition von Speicherdateiobjekten wird gleichzeitig der allgemeine Zugriff auf gemeinsam geutzte Speicherbereiche (shared memory) definiert. Dies bedeutet, daß sämtliche Speicherreservierungen, die ein Prozeß in seinem virtuellen Adreßraum mittels der Funktionen `Global-Alloc()`, `LocalAlloc()`, `HeapAlloc()` oder `VirtualAlloc()` vorgenommen hat, nur von dem kreierenden Prozeß selbst verwendet werden können.

Will ein Prozeß eine Speicherreservierung vornehmen, die von anderen Prozessen ebenfalls bearbeitet werden können, so muß dies über die Funktionalität der Speicherdateiobjekte abgewickelt werden.

14.4 Dynamischer Datenaustausch (DDE)

Bei den meisten anderen IPC-Schnittstellen liegt lediglich eine lose Koppelung von zwei Prozessen vor, die untereinander Datenbereiche gemeinsam nutzen oder austauschen. IPC-Schnittstellen wie

- Pipelines

- Zwischenablage

- Briefkastenobjekte o. ä.

sind ausschließlich dazu geeignet, einen Datenaustausch zwischen Prozessen für kurze Zeit zu etablieren und während dieser Kopplungsphase lediglich den Austausch klar definierbarer, nicht komplexer Datenmengen vorzunehmen. Wird statt dessen eine Kopplung zwischen zwei Prozessen gewünscht, die in der Lage ist, komplexes Verhalten beider Prozesse zu koordinieren, so muß eine andere Art der Interprozeßkommunikation gewählt werden. Hierzu bietet sich die IPC-Schnittstelle DDE (dynamic data exchange) an, die eine feste Verbindung zwischen zwei Prozessen etabliert und einen komplexen Informationsaustausch ermöglicht, der auch in sehr kurzer Zeit jeweils abgewickelt wird.

Die DDE-Schnittstelle basiert ebenfalls auf dem Server-Klientenkonzept, das auch anderen IPC-Schnittstellen zugrunde liegt. DDE kann zwischen Prozessen, die auf dem gleichen Computer ablaufen aber auch zwischen Prozessen auf unterschiedlichen Computern eines Netzwerkes etabliert werden.

Eine DDE-Kommunikation zwischen zwei Prozessen wird typischerweise aufgrund einer Benutzeraktion kreiert; der Datenaustausch über die DDE-Schnittstelle wird aber in der Regel über die eigentliche Benutzeraktion hinaus zwischen den beiden Prozessen andauern.

Grundsätzlich gibt es zwei unterschiedliche Ansätze aus Programmierersicht, um einen Prozeß DDE-fähig zu machen.

14.4.1   DDE-Protokoll

Die erste programmtechnische Möglichkeit zur Etablierung einer DDE-Schnittstelle basiert auf der Fähigkeit eines Prozesses, DDE-spezifische Nachrichten zu bearbeiten und zu versenden. Zugrunde liegt ein DDE-Protokoll, das in streng reglementierter Form den Datenaustausch zwischen Prozessen durch das reine Versenden von Nachrichten definiert. Dieser bidirektionale Datenaustausch zwischen den beiden beteiligten Prozessen (der eine Prozeß nimmt dabei die Rolle des Servers ein, der andere Prozeß ist der Klient) basiert ausschließlich auf die Entgegennahme und Versendung von spezifischen Nachrichten.

Sollen in einer DDE-Konversation größere Datenmengen ausgetauscht oder gemeinsam genutzt werden, so wird hierzu ein gemeinsam nutzbarer Speicherbereich eingerichtet, dessen Handle via DDE-Nachricht dem Partnerprozeß mitgeteilt wird. Das DDE-Protokoll ist sowohl für den einmaligen Austausch von Informationen zwischen zwei Prozessen als auch für eine länger andauernde Informationsverbindung zwischen zwei Prozessen sinnvoll einzusetzen.

14.4.2   Dynamic Data Exchange Management Library (DDEML)

Diese zweite Möglichkeit, eine DDE-Schnittstelle zwischen zwei Partnerprozessen einzurichten, geht programmtechnisch einen anderen Weg. Zugrunde liegt eine DLL, die die Prozesse zum Datenaustausch benutzen können. Die innerhalb dieser DDEML-Schnittstelle bereitgestellten Funktionen ermöglichen einen einfacheren Aufbau einer DDE-Konversation; prinzipiell stellen sie einen einfacheren Zugriff auf das Senden und Empfangen der DDE-spezifischen Nachrichten dar.

Entscheidend ist, daß beide Versionen der DDE-Schnittstelle miteinander kompatibel sind. Ein Programm, das seine DDE-Schnittstelle mittels der protokollbasierten Version realisiert hat, kann durchaus eine DDE-Konversation mit einem anderen Programm führen, das die DDEML verwendet. Es wird empfohlen, bei Programmneuerstellungen die DDEML-Schnittstelle zu verwenden.

Gerade die Fähigkeit der DDE-Schnittstelle zur effektiven Realisation eines langfristigen, komplexen Informationsaustausches zwischen zwei Prozessen macht eine Verknüpfung von zwei Programmen möglich, die aus Benutzersicht den Umgang mit Anwendungsprogrammen erheblich vereinfacht.

So kann z. B. eine Textverarbeitung in der Rolle des DDE-Klienten die Daten und die Leistung eines anderen Programmes (z. B. einer Tabellenkalkulation in der Rolle des Servers importieren und im eigenen Textdokument anzeigen.

14.4.3 Ablauf eines DDE-Protokolls

Der Ablauf einer DDE-Konversation zwischen zwei Programmen läuft immer in der gleichen Weise ab. Dabei wird zunächst der DDE-Dialog aufgebaut, sodann eine der möglichen Transaktionsarten

- einmaliger Datenaustausch

- automatische Datenüberwachung- und Übermittlung

- bedingte Kommandoausführung

ausgeführt und abschließend der DDE-Dialog beendet.

Aktion 1

Klient initialisiert den DDE-Dialog. Dabei wird angegeben, mit welchem Programm (*programmname*) welche Aufgabe (*aufgabenname*) bearbeitet werden soll

Beteiligte Nachricht	wParam	IParam

`WM_DDE_INITIATE`	**Handle des Klienten-fensters**	`MAKELPARAM(`
		`programmname,`
		`aufgabenname)`

Aktion 2

Serverprogramm antwortet, falls *programmname* und *aufgabenname* stimmen (unterstützt werden). Falls *programmname* **und** *aufgabenname* nicht angegeben wurden, antwortet jeder DDE-Server mit allen von ihm unterstützten Aufgaben.

Beteiligte Nachricht	wParam	lParam
WM_DDE_ACK	**Handle des Serverfensters**	MAKELPARAM(programmname, aufgabenname)

Aktion 3.1

Einzelne Daten werden übertragen
(Normalerweise als kurzfristiger DDE-Dialog realisiert)

Aktion 3.1.1

Klient fordert Daten vom Server an. Dabei wird *datenformat* angegeben; hier gelten die Formate der Zwischenablage. Hinzu kommt der Bezeichner der vom Server verlangten Daten (*datenname*).

Beteiligte Nachricht	wParam	lParam
WM_DDE_REQUEST	**Handle**	MAKELPARAM(datenformat, datenname)

Aktion 3.1.1.1.1

Server hat die angeforderten Daten und schickt sie zurück. Der Zeiger auf die Datenstruktur (*daten*) und nochmal der *datenname* werden gesendet.

Beteiligte Nachricht	wParam	lParam
WM_DDE_DATA	**Handle**	PackDDElParam(WM_DDE_ACK, (UINT)daten, datenname)

Aktion 3.1.1.1.2

Klient hat die positive Nachricht bekommen (auch den Zeiger auf die Datenstruktur DDEDATA) und bestätigt durch eine **positive** Rückantwort.

Beteiligte Nachricht	wParam	lParam
WM_DDE_ACK	**Handle**	PackDDElParam(WM_DDE_ACK, 0x8000, datenname)

Aktion 3.1.1.2.1

Server hat die angeforderten Daten nicht verfügbar oder sonst ein Fehler ist aufgetreten. Er schickt eine **negative** Antwort an den Klienten.

Beteiligte Nachricht	wParam	lParam

`WM_DDE_ACK`	`Handle`	`PackDDElParam(`
		`WM_DDE_ACK,`
		`0, datenname)`

Aktion 3.1.1.2.2

Der Klient hat die negative Antwort bekommen und bestätigt diese Nachricht, damit der Server ggf. allozierten Speicher wieder freimachen kann.

Beteiligte Nachricht	wParam	lParam

`WM_DDE_ACK`	`Handle`	`PackDDElParam(`
		`WM_DDE_ACK,`
		`0, datenname)`

Aktion 3.1.2

Klient möchte Daten (mit dem Bezeichner *datenname*) an den Server senden. Nachdem die Daten klientenseitig ins richtige (problemspezifische) Format gebracht wurden, wird der Server benachrichtigt und gleichzeitig werden ihm die *daten* übergeben.

Beteiligte Nachricht	wParam	lParam

`WM_DDE_POKE`	`Handle`	`PackDDElParam(`
		`WM_DDE_POKE,`
		`(UINT)daten, daten-`
		`name)`

Aktion 3.1.2.1

Server kann die gesendeten Daten nicht verarbeiten. Er schickt eine **negative** Antwort an den Klienten.

Beteiligte Nachricht	wParam	lParam

`WM_DDE_ACK`	`Handle`	`PackDDElParam(`
		`WM_DDE_ACK,`
		`0, datenname)`

Aktion 3.1.2.2

Server kann die gesendeten Daten verarbeiten. Er schickt eine **positive** Antwort an den Klienten.

Beteiligte Nachricht	wParam	lParam
WM_DDE_ACK	Handle	PackDDElParam(WM_DDE_ACK, 0x8000, datenname)

Aktion 3.2

Ein permanenter Datenaustauschdialog wird etabliert.

Aktion 3.2.1

Der Klient informiert den Server von seinem Wunsch, eine permanente Datenverbindung aufzubauen. Dabei kann der Klient zwischen zwei verschiedenen Formen wählen:

- Der Server informiert den Klienten, wenn sich die Daten (*datenname*) geändert haben (warm link)

- Der Server informiert den Klienten, wenn sich die Daten (*datenname*) geändert haben und schickt die neuen Daten an den Klienten (hot link)

Dies wird dem Server in *optionen* (Handle einer Struktur DDEADVISE) mitgeteilt.

Beteiligte Nachricht	wParam	lParam
WM_DDE_ADVISE	Handle	PackDDElParam(WM_DDE_ADVISE, (UINT) optionen, datenname

Aktion 3.2.1.1

Server kann die geforderten Daten nicht bedienen. Er schickt eine **negative** Antwort an den Klienten.

Beteiligte Nachricht	wParam	lParam
WM_DDE_ACK	Handle	PackDDElParam(WM_DDE_ACK, 0, datenname)

Aktion 3.2.1.2

Server kann die geforderten Daten bedienen. Er schickt eine **positive** Antwort an den Klienten.

Beteiligte Nachricht	wParam	lParam
WM_DDE_ACK	Handle	PackDDElParam(WM_DDE_ACK, 0x8000, datenname)

Aktion 3.2.2

Bei Änderung der Daten schickt der Server eine Benachrichtigung (daten == NULL) und ggf. auch die neuen Daten selbst (daten) an den Klienten.

Beteiligte Nachricht	wParam	lParam
WM_DDE_DATA	Handle	PackDDElParam(WM_DDE_DATA, (UINT) daten, datenname

Aktion 3.2.2.1

Der Klient hat die Daten korrekt bekommen; er schickt eine positive Antwort.

Beteiligte Nachricht	wParam	lParam
WM_DDE_ACK	Handle	PackDDElParam(WM_DDE_ACK, 0x8000, datenname)

Aktion 3.2.2.2

Der Klient hat die Daten nicht korrekt bekommen; er schickt eine negative Antwort.

Beteiligte Nachricht	wParam	lParam
WM_DDE_ACK	Handle	PackDDElParam(WM_DDE_ACK, 0, datenname)

Aktion 3.3

Eine Datenverbindung (nicht etwa der ganze DDE-Dialog!) wird gelöst.

Aktion 3.3.1

Der Klient fordert das Lösen der Datenverbindung vom Server an. Dabei wird der *datenname* übergeben.

Beteiligte Nachricht	wParam	lParam

`WM_DDE_UNADVISE`	**Handle**	`PackDDElParam(`
		`WM_DDE_UNADVISE,`
		`0, datenname`

Aktion 3.3.1.1

Server kann die Datenverbindung nicht lösen. Er schickt eine **negative** Antwort an den Klienten.

Beteiligte Nachricht	wParam	lParam

`WM_DDE_ACK`	**Handle**	`PackDDElParam(`
		`WM_DDE_ACK,`
		`0, datenname)`

Aktion 3.3.1.2

Server kann die Datenverbindung lösen. Er schickt eine **positive** Antwort an den Klienten.

Beteiligte Nachricht	wParam	lParam

`WM_DDE_ACK`	**Handle**	`PackDDElParam(`
		`WM_DDE_ACK,`
		`0x8000, datenname)`

Aktion 3.4

Der Klient fordert das Ausführen von Kommandos vom Server an.

Aktion 3.4.1

Der Klient übergibt dem Server eine Folge von auszuführenden Kommandos (*kommando*). Beispiel für Kommandos und die nötige Syntax:

`[open("beispiel.bmp")][run("test.exe")]`

Jedes Kommando gehört also in [eckige Klammern]

Kommandos können hintereinandergehangen werden `[...][...]`

Parameter in (runde Klammern)

Texte in "Hochkommata"

Beteiligte Nachricht	wParam	lParam

`WM_DDE_EXECUTE`	**Handle**	`PackDDElParam(`
		`WM_DDE_EXECUTE,`
		`0,`
		`(UINT)kommando`

Aktion 3.4.1.1

Server kann die Kommandos nicht ausführen. Er schickt eine **negative** Antwort an den Klienten.

Beteiligte Nachricht	wParam	lParam

`WM_DDE_ACK`	**Handle**	`PackDDElParam(`
		`WM_DDE_ACK,`
		`0, datenname)`

Aktion 3.4.1.2

Server kann die Kommandos ausführen. Er schickt eine **positive** Antwort an den Klienten.

Beteiligte Nachricht	wParam	lParam

`WM_DDE_ACK`	**Handle**	`PackDDElParam(`
		`WM_DDE_ACK,`
		`0x8000, datenname)`

Aktion 4

Entweder der Server oder der Klient bricht eigenständig den DDE-Dialog ab.

Beteiligte Nachricht	wParam	lParam
`WM_DDE_TERMINATE`	**Handle**	`0`

```
typedef struct {
unsigned short    reserviert
reserved:14,
fDeferUpd:1,      TRUE : warm link
                  FALSE: hot link
fAckReq:1;        TRUE : WM_DDE_ACK erwartet
                  FALSE: nicht erwartet
```

```
short          Datenformat
cfFormat;      CF_BITMAP
               CF_DIB
               CF_DIF
               CF_ENHMETAFILE
               CF_METAFILEPICT
               CF_OEMTEXT

               CF_PALETTE
               CF_PENDATA
               CF_RIFF
               CF_SYLK
               CF_TEXT
               CF_TIFF
               CF_WAVE
               CF_UNICODETEXT

} DDEADVISE;
```

14.4.4   Kopplung mittels DDEML

Unter Verwendung des DDEML wird die Handhabung und Programmierung eines DDE-Dialoges wesentlich vereinfacht. Statt alle Nachrichten, die in einem DDE-Protokoll ausgetauscht werden können in der Serveranwendung und der Klientenanwendung zu berücksichtigen und den notwendigen Programmcode für jede einzelne DDE-Nachricht zu programmieren, kann die API-Schnittstelle entsprechend genutzt werden.

Folgendes Grundkonzept wird in der DDEML-Schnittstelle verfolgt.

1. Das explizite Empfangen und Versenden von Nachrichten entfällt.

2. Hierzu werden spezielle Funktionen der DDEML-Schnittstelle verwendet. Sämtliche Nachrichten, die zum DDE-Protokoll gehören, werden an eine spezielle Funktion gesendet, die dann diese Nachrichten bearbeiten kann. Ein Verarbeiten der DDE-Nachrichten innerhalb der Fensterfunktion entfällt damit.

Da die meisten DDE-Objekte als Betriebssystematome gehandhabt werden, stellt die DDEML-Schnittstelle zusätzlich

Funktionen zur Verfügung, die Datenobjekte und Betriebssystematome konvertiert.

Ein Prozeß beginnt die Bearbeitung eines DDE-Protokolls zunächst mit der Funktion `DdeInitialize()`; hierbei wird vor allem der Funktionsname der Funktion angegeben, die die eingehenden DDE-Nachrichten bearbeiten soll.

Ein Prozeß beendet den DDE-Dialog durch die Funktion `DdeUninitialize()`. Innerhalb dieser logischen Klammer wird nun der DDE-Dialog durchgeführt.

Die eigentliche Logik der Bearbeitung eingehender DDE-Nachrichten wird also in die bei der Initialisierung des DDE-Dialoges anzugebenden CALLBACK-Funktion delegiert, die vom Programmierer zu erstellen ist. Eine solche Funktion ist Adressat aller Nachrichten, die zum DDE-Protokoll gehören. Diese Nachrichten sind in der folgenden Tabelle zusammengefaßt.

Nachricht	Empfänger	aufgrund Funktion...
XTYP_ADVDATA	Klient	
XTYP_ADVREQ	Server	DdePostAdvise
XTYP_ADVSTART	Server	DdeClientTransaction
XTYP_ADVSTOP	Server	DdeClientTransaction
XTYP_CONNECT	Server	DdeConnect
XTYP_CONNECT_CONFIRM	Server	
XTYP_DISCONNECT	Klient/Server	DdeDisconnect
XTYP_ERROR	Klient/Server	
XTYP_EXECUTE	Server	DdeClientTransaction
XTYP_MONITOR	DDEML	
XTYP_POKE	Server	DdeClientTransaction
XTYP_REGISTER	Klient/Server	DdeNameService
XTYP_REQUEST	Server	DdeClientTransaction
XTYP_UNREGISTER	Klient/Server	DdeNameService

Nachricht	Empfänger	aufgrund Funktion...
XTYP_WILDCONNECT	Server	DdeConnect DdeConnectList
XTYP_XACT_COMPLETE	Klient	DdeClientTransaction

Dabei muß sowohl der Serverprozeß als auch der Klientenprozeß eine eigene CALLBACK-Funktion bereithalten.

Nicht nur die Abarbeitung der eingehenden Nachrichten des DDE-Protokolls wird separat von der Fensterfunktion durch eine eigene CALLBACK-Funktion erledigt; auch das Versenden der DDE-Nachrichten wird nicht mehr explizit durch die Funktionen SendMessage() oder Postmessage() durchgeführt.

Um die DDEML-Schnittstelle verfügbar zu haben, muß die Datei DDEML.H und die Bibliotheksdateien USER32.LIB und DDEML.DLL verfügbar sein.

Nachdem beide Prozesse (Server und Klient) jeweils eigenständig die DDEML-Schnittstelle aktiviert haben (durch die Funktion DdeInitialize()) wird prinzipiell das bereits beschriebene DDE-Protokoll durchgeführt. Hierzu beginnt der Klient durch Aufruf der Funktion DdeConnect() mit dem Aufbau des DDE-Dialogs. Diese Funktion sendet eine Nachricht vom Typ XTYP_CONNECT an die DDE Callbackfunktion des Servers.

Das DDEML sorgt dabei dafür, daß bei der Versendung dieser Nachricht eine möglichst geringe Systembelastung auftritt; DDEML stellt daher sicher, daß diese Nachricht nur an diejenigen Callbackfunktionen gesendet wird, bei denen der angeforderte Servername unterstützt wird. Serverprozesse, die einen anderen Servernamen unterstützen, werden von der DDEML-Schnittstelle nicht mehr angesprochen.

Falls kein passender Server gefunden wurde, wird der Klientenprozeß davon unterrichtet und kann entsprechend darauf reagieren.

Das DDEML sorgt dabei dafür, daß der erste Serverprozeß, der eine positive Antwort liefert, die Verbindung zum anfragenden Klientenprozeß aufbaut; andere Serverprozesse, die ggf. den gleichen Servernamen unterstützen, werden dann nicht mehr berücksichtigt.

Will der Klientenprozeß einen Einfluß auf die Auswahl des Servers haben, so wird er statt dessen den Verbindungsaufbau durch die Funktion `DdeConnectList()` einleiten.

Damit wird eine Nachricht vom Typ `XTYP_WILDCONNECT` generiert, die dann an alle in Frage kommenden Serverprozesse versendet wird. Auf diese Weise kann sich der Klientenprozeß zunächst über alle im System verfügbaren Serverprozesse informieren, die in der Lage sind, den entsprechenden Datennamen oder Aktionsnamen zu unterstützen. Danach kann der Klientenprozeß wahlweise eine Verbindung zu einem oder mehreren Serverprozessen gleichzeitig aufbauen und unterhalten.

Während der eigentlichen Verbindungsphase zwischen Klientenprozeß und Serverprozeß wird der wesentliche Teil des Dialoges durch die Funktion `DdeClientTransaction()` unterstützt. Mittels dieser Funktion können unterschiedliche Anforderungen an den Serverprozeß gestellt werden; entsprechend den Bedürfnissen des Klienten werden damit unterschiedliche Nachrichten an die Callbackfunktion des Serverprozesses versendet.

Diese Transaktionsfunktion unterstützt auch einen Synchronisationmechanismus zwischen Klientenprozeß und Serverprozeß. Wird eine maximale Wartezeit beim Aufruf dieser Funktion durch den Klientenprozeß vereinbart, so findet eine Synchronisation der Transaktion in der Weise statt, daß der Klientenprozeß erst dann weiter arbeiten kann, wenn entweder diese maximale Wartezeit verstrichen ist oder der Serverprozeß die Anfrage erfüllt hat. Wird eine solche Wartezeit nicht vereinbart und/oder ein entsprechender Modus (`TIMEOUT_ASYNC`) beim Aufruf der Transaktionsfunktion gewählt, so findet eine asynchrone Kopplung zwischen Klient und Server statt.

Hierbei kann der Klientenprozeß unmittelbar nach Aufruf der Transaktionsfunktion weiter rechnen. Er wird dann zu einem späteren Zeitpunkt vom Erfolg oder Mißerfolg der Transaktionsanfrage vom Server unterrichtet.

Eine aktuell laufende Transaktion zwischen Server und Klient kann mittels der Funktion DdeAbandonTransaction() jederzeit abgebrochen werden. Der Abbruch des gesamten DDE-Dialogs wird mittels der Funktion DdeDisconnect() bzw. entsprechend mit der Funktion DdeDisconnectList() ausgeführt.

Ist dies geschehen und ist darüber hinaus die DDEML-Schnittstelle noch nicht wieder freigegeben worden (durch DdeUninitialize()), so kann die DDE-Verbindung mittels der Verbindung DdeReconnect() erneut aufgebaut werden.

14.4.5   Atomobjekte

Das DDE-Protokoll nutzt zur Datendefinition sogenannte Atomobjekte. Ein Atomobjekt ist nichts anderes als eine Liste von Zeichenketten, wobei jede Zeichenkette durch ein eindeutiges Identifikationsobjekt (das Atom) angesprochen wird.

Es gibt eine zentrale Atomtabelle (global atom table), die maximal 37 Einträge enthalten kann. Sie ist von allen laufenden Prozessen her zugreifbar. Einträge in diese globale Atomtabelle, die von einem Prozeß gemacht werden, sind damit automatisch allen anderen aktiven Prozessen innerhalb des Systems bekannt. Definiert ein Prozeß z.B. ein eigenes Format für die Zwischenablage oder einen DDE-Dialog, so kann der Bezeichner dieses privaten Formates sinnvollerweise in der globalen Atomtabelle eingetragen werden. Er ist damit allen anderen Prozessen des Systems bekannt.

Jeder Prozeß kann eine private lokale Atomtabelle zusätzlich verwalten. Dies wird in der Regel dazu benutzt, eine große Anzahl von (ggf. sehr langen) Zeichenketten mit einem geringen Aufwand zu verwalten. Zwar hat eine lokale Atomtabelle auch zunächst nur 37 Einträge; die Größe der lokalen Atomtabelle kann aber seitens des Eigentümerprozesses jederzeit geändert werden.

Die Funktion InitAtomTable() initialisiert eine Atomtabelle. Vorher muß der aufrufende Prozeß allerdings mittels geeigneter Speicherverwaltungsfunktionen dafür gesorgt haben, daß ausreichend Kernspeicher für die lokale Atomtabelle zur Verfügung steht. Folgende Regeln gelten für die Einträge in Atomtabellen.

- Die Atomkennwerte liegen für Zeichenkettenatome im Bereich [0xC000, 0xFFFF]

- Groß-/Kleinschreibung wird in den Zeichenketten nicht unterschieden

- Zeichenketten haben eine maximale Länge von 255 Byte

Neben Zeichenkettenatomen können auch Ganzzahlatome verwendet werden. Hierfür gelten folgende Regeln

- Der Wert eines Ganzzahlatoms liegt im Bereich [0x0001, 0xBFFF]

- Ein solches Ganzzahlatom wird mit der Schreibweise #dddd. repräsentiert; es werden dezimale Ziffern (d) verwendet.

Ein Eintrag in eine Atomtabelle kann mittels der Funktion AddAtom() für die lokale Atomtabelle und GlobalAddAtom() für die Betriebssystemzentrale globale Atomtabelle erfolgen. Umgekehrt werden Einträge mittels der Funktionen DeleteAtom() und GlobalDeleteAtom() wieder gelöscht.

Zugriff auf Einträge in die Atomtabelle wird mittels der Funktionen FindAtom(), GlobalFindAtom(), GetAtomName() oder GlobalGetAtomName() unterstützt.

14.5   OLE (object linking and embedding)

Die aus Programmbenutzersicht komfortabelste IPC-Schnittstelle mit der Bezeichnung OLE basiert auf der Definition sogenannter „zusammengesetzter Dokumente" (compound documents). Das bedeutet, daß aus Sicht des Programmbenutzers ein Dokument aus mehreren Teildokumenten zusammensetzbar ist, die jede für sich durch ein eigenes Programm unterstützt werden. so können z. B. in ein Textdokument, das zunächst von einem Textverarbeitungsprogramm eröffnet und betreut wird, nachträglich weitere Teildokumente eingefügt werden, die dann von anderen Programmen unterstützt werden.

Dies können z. B. Grafiken sein, die dann natürlich von einem Grafikprogramm zu betreuen sind; hinzu können Tabellen einer Tabellenkalkulation oder auch Grafiken eines statistischen Analyseprogrammes kommen.

Die OLE-Schnittstelle handhabt ein solches zusammengesetztes Dokument unsichtbar für den Programmbenutzer dergestalt, daß dem Programmbenutzer der Eindruck eines einheitlichen, in jedem Teildokument bearbeitbaren Dokumentes entsteht. Dabei gibt es zwei prinzipielle Möglichkeiten der Verknüpfung von Teildokumenten in einem Hauptdokument (container document) unter OLE-Schnittstelle.

14.5.1   Verbundene Dokumente (linked documents)

Bei dieser Art der Verbindung von Teildokument und Hauptdokument verbleiben die eigentlichen Daten des Teildokumentes an der Position, an der sie vom Teildokumentenprogramm kreiert worden sind.

Normalerweise sind die Daten des Teildokumentes damit in einem anderen Dokument als dem Hauptdokument gespeichert; dieses Quelldokument (Teildokument) wird typischerweise auch an einer anderen logischen Stelle des Datenträgers liegen.

Das Hauptdokument enthält damit lediglich einen Verweis (link) auf die logische Position des Teildokumentes. Hinzu kommen Informationen, die Regeln, wie das Teildokument im Hauptdokument präsentiert wird. Normalerweise bedeutet dies, daß das Verschieben eines Teildokumentes in der Ordnerstruktur die im Hauptdokument gespeicherte Verbindungsreferenz ungültig werden läßt; teilweise ist das Betriebssystem allerdings in der Lage, durch Überwachung von Verschiebeoperationen die neue Position des Teildokumentes im Hauptdokumentenverweis zu aktualisieren und damit die Verbindung zwischen Hauptdokument, Verweis auf Teildokument und logische Position des Teildokumentes aufrechtzuerhalten.

Wird vom Hauptdokument aus die Bearbeitung des Teildokumentes gestartet (Doppelklick auf das Teildokumenteobjekt), so wird das zuständige Teildokumenteprogramm gestartet und stellt damit dem Benutzer die Möglichkeit zur Änderung der Teildokumentedaten zur Verfügung.

Entscheidend für die Leistungsfähigkeit verbundener Teildokumente ist aber die Tatsache, daß eine Änderung im Teildokument (gleichgültig, von wem sie durchgeführt wurde!) automatisch in die Darstellung des Teildokumentes im Hauptdokument übertragen wird.

Ist also z. B. in einem Textdokument (Hauptdokument) das Balkendiagramm einer statistischen Auswertung enthalten, und werden die dem Balkendiagramm zugrundeliegenden Daten anderweitig (ggf. auch an einer anderen Stelle eines Netzwerkes) geändert, so wird diese Datenänderung automatisch vom Betriebssystem in das fragliche Hauptdokument übertragen; dies bedeutet, daß im Beispiel die Balkendiagrammgrafik geändert dargestellt wird. Damit ist die Verwendung verbundener Teildokumente dann sinnvoll, wenn innerhalb eines Netzwerkes verschiedene Nutzer für die Betreuung verschiedener Datenbereiche zuständig sind.

Die Änderungen, die in einem bestimmten Datenbereich durchgeführt werden, werden dann als verbundenes Teildokument automatisch in anderen Dokumenten (Hauptdokumente) aktualisiert.

14.5.2 Eingebettete Dokumente (embedded documents)

Die zweite Möglichkeit der Verknüpfung von Teildokumenten mit dem Hauptdokument besteht in der Einbettung der Teildokumente. Hierbei werden sämtliche zur Beschreibung des Teildokumentes notwendigen Daten (alle Dokumentendaten) zu den Daten des Hauptdokumentes hinzu kopiert.

Damit wird ein Hauptdokument, das eingebettete Dokumente statt verbundener Dokumente enthält, in der Regel wesentlich umfangreicher sein.

Sollte zu einem späteren Zeitpunkt das Teildokument selbst durch das zuständige Teildokumentenprogramm geändert werden, so wird diese Datenänderung nicht automatisch in das eingebettete Teildokument des Hauptdokumentes übertragen. Eine Aktualisierung der Darstellung der Teildokumentedaten im Hauptdokument findet damit nicht statt.

Die Verwendung eingebetteter Dokumente ist allerdings dann von Vorteil, wenn das Hauptdokument inklusive aller eingebetteter Teildokumente als komplette Datenmenge kopiert werden soll. so mag innerhalb eines Netzwerkes der Zugriff auf verbundene Teildokumente sichergestellt sein; verschickt man allerdings das Hauptdokument mit den Teildokumenten zu einem nicht direkt verbundenen anderen Netzwerk oder Computer, so müssen eingebettete Dokumente verwendet werden, damit die gesamte notwendige Datenmenge zur Verfügung steht.

Es mag auch von Vorteil sein, daß Änderungen im Teildokument durchgeführt werden können, ohne das Original des Teildokumentes damit zu ändern. Somit kann das Original z. B. als Mustervorlage zentral weitergeführt werden.

Der Hauptvorteil bei der Verwendung eingebetteter Dokumente liegt aber wohl darin, daß bei ihrer Bearbeitung im Rahmen des Hauptdokumentes das für die Bearbeitung zuständige Teildokumenteprogramm nicht separat in einem eigenständigen Programmhauptfenster gestartet werden muß, sondern lediglich innerhalb des Hauptdokumenteprogramms die für die Bearbeitung des Teildokumentes notwendigen Instrumente zusätzlich zur Verfügung gestellt werden. Doppelklickt man also ein eingebettetes Teildokument zur Bearbeitung, so werden im Programmfenster des Hauptdokumenteprogrammes zusätzliche Menüeinträge, Werkzeugleisten oder andere Bearbeitungsinstrumente zur Bearbeitung des Teildokumentes eingeblendet. Dieses Vorgehen erhöht aus Benutzersicht die Homogenität der Programmoberflächen.

14.5.3 Verschieben von Dokumenten (drag and drop)

Eine Orientierung von Programmoperationen an Datenobjekten schafft aus Benutzersicht einen intuitiven und damit leicht zu erlernenden Zugang zu Programmoperationen. so ist es für den Programmbenutzer wesentlich einfacher, einen Kopiervorgang durch eine Aufnahme und Verschiebeoperation eines Datenobjektes (z. B. eines Dateisymbols) mittels der Maus hin zu einem neuen Ziel (neue Dateiposition) durchzuführen als etwa eine Menüauswahl zu treffen oder eine Dialogbox auszufüllen.

Programmtechnisch ist eine solche DAD-Operation (drag and drop) aufgrund ihrer Komplexität aufwendig zu realisieren. In jedem Fall sind an einer solchen Operation mindestens zwei Prozesse beteiligt; das Aufnehmen des Datenobjektes oder besser des entsprechenden grafischen Symbols mittels der Maus berührt den Prozeß, der bis zu diesem Zeitpunkt Eigentümer des Datenobjektes gewesen ist.

Dieser Quellprozeß betreut den Verschiebevorgang (die linke Maustaste bleibt gedrückt, während der Mauszeiger mit dem grafischen Datensymbol bewegt wird) solange, bis ein gültiges Ziel für die Verschiebeoperation gefunden wurde. Hierzu ist notwendig, daß das Zielobjekt von einem Zielprozeß betreut wird, der in der Lage und willens ist, das verschobene Datenobjekt entgegenzunehmen.

Der Zielprozeß wird an dieser Stelle die Betreuung des verschobenen Datenobjektes übernehmen und letztendlich auch das Kopieren der Daten in die eigenen Datenbereiche übernehmen. Der für den Verschiebevorgang notwendige Dialog findet zwischen dem Quellprozeß, dem Zielprozeß und der für den Vorgang zuständigen OLE-Schnittstelle des Betriebssystems statt.

14.5.4 Komponenten Objekt Modell (Component Object Model COM)

Das COM-Modell definiert sowohl die Programmierschnittstelle als auch den Datenstandard der OLE-Komponenten. Das Modell definiert als Grundlage eine Reihe von Objekten wie z. B.

- Datenobjekte,

- Prozesse,

- Kontrollelemente etc.

die als OLE-Komponenten miteinander kommunizieren. Eine solche Kommunikation findet immer zwischen einem Serverprozeß und einem Klientenprozeß statt. Dabei bietet der Serverprozeß Objektleistungen an, und der Klientenprozeß seinerseits sendet Objektanforderungen (Leistungsanforderungen) an den Server.

Eine solche angeforderte Leistung kann also z. B. in der zur Verfügungstellung von Daten seitens des Servers, aber auch in der Bereitstellung von Programmleistungen seitens des Servers bestehen.

Eine OLE-Kommunikation kann zwischen Objekten stattfinden, die

- in unterschiedlichen Prozessen,

- auf unterschiedlichen Computern, unter verschiedenen Betriebssystemen

ablaufen.

Da der gesamte Bereich der OLE-Schnittstelle, basierend auf dem COM-Objektmodell hochgradig standardisiert ist, können somit auch Programme unterschiedlicher Hersteller und unterschiedlicher Versionsnummern miteinander kommunizieren.

Da es sich beim OLE-Standard um eine objektorientierte Sichtweise handelt, ist der einfachste programmiertechnische Zugriff durch die Verwendung einer objektorientierten Sprache (C++) gegeben; ein Zugriff über andere Sprachen ist aber durchaus realisiert.

Das COM-Modell ist die Basis für die OLE-Schnittstelle. Auf Grundlage dieses Modells sind Spezifikationen wie z. B.

- OLE Structured Storage (OLESS),

- OLE Compound Documents (OLECD) und

- OLE Controls (OLECT)

definiert. Dabei bildet COM die definitorische Grundlage dieser OLE-Objekte. COM ist damit die grundlegende Standardisierung des OLE. Das OLE selber wird durch eine Menge von Datenobjekten und Funktionen zur Manipulation dieser Datenobjekte definiert; jegliche Art Zugriff auf OLE-Objekte darf ausschließlich über die Funktionen der OLE-Schnittstelle erfolgen. Dabei ist der COM-Standard dahingehend offen, daß Programmierer ihre eigenen Schnittstellen zu Datenobjekten definieren können, die ihrerseits kompatibel zum COM-Standard sein müssen.

Die Implementation eines eigenen OLE-Interfaces geschieht derart, daß ein Teil der Definition der Datenobjekte sowie ein Teil der im Interface definierten Funktionen nach außen sichtbar deklariert werden; mithin also anderen Programmierern zur Verfügung stehen.

Diese nach außen sichtbaren Funktionsdefinitionen des Interfaces stellen den einzigen Zugang zu den Datenobjekten dar. Intern können weitere Funktionen definiert und genutzt werden; auch ist ein Zugriff auf bereits seitens des Betriebssystems spezifizierte OLE-Funktionen möglich.

COM stellt also über die reine Standard-Definition auch eine Bibliothek von COM-kompatiblen Funktionen zur Verfügung. Diese Bibliothek wird als DLL vom Betriebssystem angeboten. Diese Bibliothek enthält Leistungen wie folgt.

- API -Funktionen, die den Umgang mit COM-Objekten erleichtern

- Funktionen, die den Zugriff auf OLE-Objekte unterstützen, die auf einem anderen Computer eines Netzwerkes liegen

- Funktionen, die den Umgang mit Speicherbereichen kontrollieren, der für OLE-Objekte benutzt wird

Die COM-Bibliothek kann erst benutzt werden, wenn sie mittels der Funktion `OleInitialize()` installiert wurde. Der Bereich der Nutzung der OLE-Schnittstelle wird logisch mit der Funktion `OleUninitialize()` abgeschlossen. Eine große Anzahl dieser OLE-Interface sind bereits vordefiniert. Als Beispiel mag das Interface IDropSource dienen, das die Funktionalität des Quellprozesses bei einer DAD-Operation definiert. Hierin enthalten sind mehrere Funktionen, die bei der Handhabung der DAD-Operation notwendig sind.

Ein weiteres Interface (IDropTarget) bedient dann die Handhabung des DAD-Objektes auf der Seite des Zielprozesses.

Faßt man nun mehrere Interface zu einer Menge zusammen, so wird diese Gesamtmenge der Interface als COM-Klasse bezeichnet. Um alle Interface einer Klasse und damit alle in den Interfacen beschriebenen Funktionen zur Verfügung zu stellen, wird mittels der Funktion CoCreateInstance() eine Instanz der Klasse kreiert. Danach stehen alle Methoden, die in den Interfacen dieser Klasse beschrieben sind, dem Programmierer zur Verfügung.

Bei der Erzeugung einer Instanz eines Interfaces wird ein Zeiger auf ein Feld von Zeigern kreiert, die ihrerseits jeweils auf die einzelnen Methoden bzw. Funktionen, die die Operationen des Interfaces definieren, verweisen. Wird nun eine Instanz für eine ganze Klasse von Interfacen gebildet, so wird diese Interface-Klasse durch eine 128-bit große Kennung mit der Bezeichnung CLSID repräsentiert.

14.6   Briefkästen (mailslots)

Die Verwendung von Briefkästen durch Prozesse zur Inter-Prozeß-Kommunikation (IPC) ähnelt sehr stark der Verwendung benannter Pipelines. Ihre Handhabung ist dabei programmtechnisch etwas einfacher; zusätzlich ist das Versenden von Informationen an viele Empfängerprozesse hier wesentlich vereinfacht.

Jeder Prozeß kann zunächst als Briefkastenserver auftreten. Hierzu wird ein Briefkastenobjekt vom Prozeß eingerichtet. alle anderen Prozesse, die den Namen dieses Briefkastenobjektes kennen, können nun ihrerseits als Objektklienten Information in diesen Briefkasten kopieren. Da ein- und derselbe Prozeß gleichzeitig Briefkastenserver und Briefkastenklient sein kann, ist somit eine lesende und schreibende Kommunikation über das Briefkastenobjekt möglich.

Der wesentliche Unterschied besteht allerdings darin, daß ein Briefkastenklient

- gezielt eine Nachricht in einen bestimmten Briefkasten,

- gezielt Nachrichten in alle Briefkästen eines lokalen Computers und

- gezielt Nachrichten in alle Briefkästen auf allen Computern eines netzwerkes versenden kann.

Dies wäre mit benannten Pipelines deutlich komplizierter zu realisieren.

Ein Briefkastenobjekt wird durch ein Kernspeicherobjekt realisiert, das, ähnlich einer Speicherdatei, bearbeitet wird; als reines Speicherobjekt ist es temporär und geht bei Prozeßende verloren.

Der Serverprozeß eines Briefkastenobjektes kreiert sein Briefkastenobjekt durch die Funktion `CreateMailslot()`.

```
HANDLE CreateMailslot(
```

`LPCTSTR` `lpName`	Adresse einer Zeichenkette, die einen gültigen Briefkastenobjektnamen definiert. Der Name muß dabei nachfolgender Syntax genügen. **\\.\mailslot\[pfad]name**
`DWORD` `nMaxMessageSize`	Maximale Größe einer Nachricht in Byte. Sollte hier eine 0 angegeben werden, kann die Nachricht jede beliebige Größe haben.
`DWORD` `lReadTimeout`	Maximale Wartezeit in Millisekunden für eine Leseoperation. Dabei sind folgende Sonderwerte möglich.
	`0` Keine Wartezeit, falls keine Nachricht vorliegt.
	`MAILSLOT_WAIT_-` `FOREVER` Unendlich lange Wartezeit.

`LPSECURITY_-`
`ATTRIBUTES`
`lpSecurity-`
`Attributes`
	Sicherheitsattribute des Objektes. Wird hier der Wert NULL angegeben, so wird die Voreinstellung der Sicherheitsattribute genommen.

```
);
```

Für die Serverseite eines Briefkastenobjektes gilt folgende Standardhandhabung. Zunächst wird der Serverprozeß mittels der Funktion CreateMailslot() ein Briefkastenobjekt kreieren. Er kann anschließend mittels der Funktion Mailslot-Info() Information über die Standardeinstellung des Briefkastenobjektes sowie zusätzliche Information über eine eventuell vorliegende Nachricht im Briefkastenobjekt erlangen.

Der Serverprozeß kann letztendlich mittels der Funktion Read-File() Nachrichten aus dem Briefkastenobjekt entnehmen.

Ein Klientenprozeß wird mittels der Funktion CreateFile() ein gültiges Handle für ein Briefkastenobjekt kreieren. Dazu muß der Name des Briefkastenobjektes bekannt sein; dies wird der Serverprozeß vorher sicherzustellen haben.

Bei der Angabe des Objektnamens in dieser Funktion sind mehrere Möglichkeiten für Briefkastenobjekte vorgesehen.

\\computername**mailslot**\[path]name	**Der Briefkasten liegt auf einem speziellen Computer im Netz**
\\.**mailslot**\[path]name	**Der Briefkasten liegt auf dem gleichen Computer wie der Klient**
\\domainname**mailslot**\[path]name	**Es werden alle Briefkästen des gegebenen Namens einer Domaine (Gruppe) adressiert**
***mailslot**\[path]name	**Es werden alle Briefkästen des gegebenen Namens innerhalb des ganzen Netzwerks adressiert**

Nachdem so ein Handle für den gewünschten Empfängerkreis eingerichtet wurde, kann der Klientenprozeß mittels der Funktion WriteFile() in alle durch dieses Handle repräsentierten Briefkastenobjekte eine Nachricht versenden.

14.7   Unbenannte Pipelines (anonymous pipes)

Eine unbenannte Pipeline ist ein Datenaustauschkanal zwischen verwandten Prozessen; typischerweise wird eine unbenannte Pipeline zwischen einem Elternprozeß und einem

Kindprozeß oder zwischen zwei Geschwisterprozessen verwendet.

Grundsätzlich ist eine Verwendung innerhalb eines Netzwerkes nicht möglich.

Eine unbenannte Pipeline wird mittels der Funktion `Create-Pipe()` kreiert; dabei wird sowohl ein Handle für den lesenden Zugriff als auch ein Handle für den schreibenden Zugriff erzeugt. Jeden Ende der Pipeline wird dabei genau eines der beiden Handle zugewiesen; damit ist definiert, daß mit einer unbenannten Pipeline nur eine monodirektionale Kommunikation (Einbahnstraße) durchgeführt werden kann.

Eine Besonderheit ist in Verbindung mit der Puffergröße einer unbenannten Pipeline noch zu benennen. Wenn der Prozeß, der den schreibenden Zugriff auf die Pipeline inne hat mittels der Funktion `WriteFile()` Daten in die unbenannte Pipeline schreibt, so wird die Funktion `WriteFile()` erst dann beendet, wenn alle Daten in die unbenannte Pipeline geschrieben worden sind.

Sollte hierzu der interne Speicherplatz der unbenannten Pipeline nicht ausreichen, so wird die Funktion `WriteFile()` nicht beendet werden, bis auf der anderen Seite der Pipeline der den lesenden Zugriff innehabende Prozeß mittels der Funktion `ReadFile()` Daten aus der Pipeline gelesen hat und damit wieder Platz im internen Pufferspeicher der Pipeline erzeugt hat.

Entweder sorgt also der Programmierer dafür, daß der interne Pufferspeicher der unbenannten Pipeline in jedem Fall groß genug ist, um alle anfallenden schreibenden Zugriffe unmittelbar zu erledigen oder er sorgt dafür, daß mittels geeigneter IPC-Funktionen eine Abstimmung des Schreibens und Lesens in die unbenannte Pipeline zwischen den beiden beteiligten Prozessen stattfindet.

Wird hierfür nicht explizit Sorge getragen, so kann aufgrund des Verhaltens der Funktion `WriteFile()` sehr leicht eine Blockade des schreibenden Prozesses hervorgerufen werden.

In diesem Zusammenhang ist auch wichtig, daß der ansynchrone Zugriff auf die unbenannte Pipeline nicht unterstützt wird. Dies bedeutet, daß nicht gleichzeitig schreibend und lesend auf die unbenannte Pipeline zugegriffen werden darf. Anders ausgedrückt: Die beiden Funktionen `ReadFileEx()` und `WriteFileEx()` werden nicht unterstützt. die unbenannte Pipeline belegt solange Betriebssystemressourcen, bis alle verfügbaren Handle für diese Pipeline mittels der Funktion `CloseHandle()` geschlossen wurden.

14.8   Benannte Pipelines (named pipes)

Das Instrument der benannten Pipelines steht z. Zt. unter WINDOWS 95 noch nicht zur Verfügung; wir gehen aber davon aus, daß dieses äußerst wichtige IPC-Instrument in Zukunft auch für das WINDOWS95 API verfügbar sein wird und beschreiben daher die Handhabung im folgenden Text.

Benannte Pipelines vermitteln den Informationsaustausch zwischen jeweils zwei Prozessen. Dabei können diese Prozesse bei der Verwendung benannter Pipelines auch auf logisch unterschiedlichen Computern ablaufen. Damit ist die Verwendung benannter Pipelines eine ausgesprochen einfache Porgramm-Schnittstelle zur Vermittlung von Datenaustausch zwischen Prozessen innerhalb eines Netzwerkes.

Dabei ist es wesentlich, die unterschiedlichen Rollen der beteiligten Prozesse zu definieren. Der Prozeß, der die benannte Pipeline mittels der Funktion `CreateNamedPipe()` kreiert, fungiert beim gesamten Datenaustauschprozeß als Server. Er ist damit in der Situation, Anfragen von Prozessen zu bedienen, die die von ihm kreierte benannte Pipeline benutzen wollen. Diese Prozesse, die die vom Server zur Verfügung gestellte benannte Pipeline benutzen wollen, sind dabei in der Rolle eines Klienten (Client). Sie müssen Anfragen an den Serverprozeß stellen, um von dort Ressourcen zur Verfügung gestellt zu bekommen.

Der Serverprozeß wird also mit der Funktion `CreateNamedPipe()` eine benannte Pipeline kreieren.

```
HANDLE CreateNamedPipe(
```

LPCTSTR   lpName   Name der Pipeline. Dabei muß die Benennung folgender Syntax gehorchen.
\\.\PIPE\pipename
pipename darf dabei alle Zeichen außer ''\'' enthalten; die Gesamtlänge darf maximal 255 Zeichen lang sein. Der String muß mit '\0' abgeschlossen werden.

DWORD
dwOpenMode   Art des Zugriffs auf die benannte Pipeline. Es sind folgene Modusangaben möglich:

```
PIPE_ACCESS-
_DUPLEX
```
Die Pipeline ist bidirektional; sowohl Server als auch Klient dürfen lesend und schreibend auf die Pipeline zugreifen.

```
PIPE_ACCESS-
_INBOUND
```
Der Klient darf nur in die Pipeline schreiben, der Server nur lesen.

```
PIPE_ACCESS-
_OUTBOUND
```
Der Server darf nur in die Pipeline schreiben, der Klient nur lesen.

```
FILE_FLAG-
_WRITE_THROUGH
```
Nur wichtig für Schreiboperationen auf Bytebasis und nur dann, wenn dabei ein Netzwerk betroffen ist; Klient und Server sind dann auf unterschiedlichen Computern.

Schreibende Zugriffe (Funktionen) warten auf das Ende des Datentransportes durch das Netzwerk.

```
FILE_FLAG-
_OVERLAPPED
```
Schreiboperationen, Leseoperationen und Verbindungsoperationen (Funktionen) werden im Hintergrund abgearbeitet. Die jeweiligen Funktionen returnieren sofort; der sie aufrufende Thread kann sofort weiterrechnen (falls er das Ergebnis der Funktion nicht sofort braucht!). Folgende Funktionen dürfen benutzt werden.

```
ReadFileEx()
WriteFileEx ()
ReadFile()
WriteFile()
ConnectNamedPipe()
TransactNamedPipe()
```

`WRITE_DAC`	Es wird schreibender Zugriff für die Diskretions-Zugriffs-Kontrollliste (DAC) eingeräumt. (DAC)
`WRITE_OWNER`	Es wird schreibender Zugriff auf den Eigentümer der Pipeline eingeräumt.
`ACCESS_SYSTEM-_SECURITY`	Es wird schreibender Zugriff auf die System-Sicherheits-Kontrollliste (ACL)eingeräumt. (ACL)

`DWORD dwPipeMode`

Art des Schreibe- und Lesezugriffs auf die benannte Pipeline. Es sind folgende Typangaben möglich.

`PIPE_TYPE_BYTE`	Es wird eine Folge von Bytes in die Pipeline geschrieben. Dies schließt eine Kombination mit dem nachfolgenden Typ aus.
`PIPE_TYPE_-MESSAGE`	Es wird eine Folge von Nachrichten in die Pipeline geschrieben. **PIPE_READMODE_MESSAGE PIPE_READMODE_BYTE** Dieser Modus schließt eine Kombination mit PipeReadModeMessage aus.
`PIPE_READ-MODE_BYTE`	Es wird eine Folge von Bytes aus der Pipeline gelesen.
`PIPE_READMODE-_MESSAGE`	Es wird eine Folge von Nachrichten aus der Pipeline gelesen. Hierzu muß zusätzlich der Modus `PIPE_TYPE_MESSAGE` spezifiziert worden sein.
`PIPE_WAIT`	Die Pipeline wird blockiert, solange eine der nachfolgenden Funktionen nicht vollständig ausgeführt ist. `ReadFile()` `WriteFile()` `ConnectNamedPipe()`
`PIPE_NOWAIT`	Ein nicht blockierender Modus wird eingestellt. In diesem Fall blockieren die o. g. drei Abfragefunktionen nicht und erledigen ihre Arbeit asynchron. Dieser Modus ist lediglich eingerichtet zur Kompatibilitätsunterstützung mit Microsoft Lan Manager Version 2.0.

```
DWORD            Maximalzahl der Instanzen, die maximal von der be-
nMaxInstances    nannten Pipeline kreiert werden dürfen. Erlaubtes Inter-
                 vall ist [1, PIPE_UNLIMITED_INSTANCES].

DWORD            Größe des Ausgabepuffers in Byte.
nOutBufferSize

DWORD            Größe des Eingabepuffers in Byte.
nInBufferSize

DWORD            Maximale Wartezeit für Pipelineoperationen in Millise-
nDefaultTimeOut  kunden.

LPSECURITY-      Zeiger auf eine Struktur vom Typ SECURI-
_ATTRIBUTES      TY_ATTRIBUTES. Hier kann der Wert NULL angegeben
lpSecurity-      werden; dies bedeutet eine Standardeinstellung.
Attributes

);
```

Die Namensgebung für eine benannte Pipeline muß noch exakter definiert werden. Der Serverprozeß kann eine benannte Pipeline nur auf dem Computer einrichten, auf dem er auch selber aktiv ist; er kann eine benannte Pipeline auf keinem anderen Computer eines Netzwerkes einrichten.

Daher muß bei der Verwendung der Funktion CreateNamedPipe durch den Serverprozeß die Benennungssyntax ('.') eingehalten werden. Wichtig ist dabei die Verwendung des Punktes ('.') als Bezeichnung für den lokalen Computer, auf dem der Serverprozeß selber abläuft. Auf diese benannte Pipeline dürfen nun Klientenprozesse, die in Besitz des Namens dieser Pipeline sind beliebig zugreifen. Diese Klientenprozesse dürfen dabei auch auf anderen Computern innerhalb eines Netzwerkes liegen; sie müssen also den Namen des Computers angeben, auf dem der Serverprozeß aktiv ist.

```
\\servername\PIPE\pipename
```

Sollte sich der Serverprozeß auf dem gleichen Computer befinden, auf dem auch der anfordernde Klientenprozeß liegt, darf statt des Servernamens auch wieder der Punkt als Ersatzzeichen für den lokalen Computer angegeben werden.

Die Gesamtlänge des Pipelinenamens darf 255 Zeichen nicht überschreiten; die Zuordnung von benannter Pipeline und Pipelinename muß eineindeutig für das gesamte Netzwerk sein.

14.8.1 Operationen mit benannten Pipelines

Zunächst muß vom Serverprozeß eine benannte Pipeline mittels der Funktion `CreateNamedPipe()` erzeugt werden. Wird diese Funktion ein erstes Mal benutzt, so muß dabei die maximale Zahl erlaubter Instanzen für die benannte Pipeline angegeben werden.

Der Hintergrund hierfür ist die Möglichkeit, daß ein Server mittels derselben benannten Pipeline mehrere Klientenprozesse gleichzeitig versorgen kann.

Hierzu werden dann mehrere Instanzen derselben Pipeline ebenfalls wieder durch die Funktion `CreateNamedPipe()` erzeugt. Jeder Aufruf dieser Funktion liefert damit ein Handle einer neuen Pipelineinstanz an den aufrufenden Serverprozeß zurück.

Sobald auf diese Art und Weise eine oder mehrere Instanzen (und damit Handle) der benannten Pipeline erzeugt wurden, und alle in Frage kommenden Klientenprozesse vom Namen der Pipeline informiert wurden, können diese Klientenprozesse auf jeweils eine Instanz der Pipeline zugreifen.

Bevor nun erstmalig Daten über die Pipeline zwischen Serverprozeß und Klientenprozeß durch Lese-/Schreiboperationen ausgetauscht werden können, muß der Klientenprozeß zunächst eine Verbindung zur Pipeline herstellen. Dies kann auf zwei verschiedene Weisen geschehen.

Einmal kann der Klientenprozeß durch Aufruf der Funktion `CreateFile()` ein eigenes Handle für sein Ende der Pipeline bzw. der Pipelineinstanz kreieren.

Die zweite Möglichkeit ist, daß der Klientenprozeß die Funktion `CallNamedPipe()` verwendet. Hiermit wird der gesamte Porzeß einer Nachrichtenübertragung insgesamt erledigt. Die Funktion stellt zunächst die Verbindung zur Pipelineinstanz her, schreibt dann eine Nachricht in die Pipeline oder liest eine Nachricht aus der Pipeline und löscht abschließend das Pipelinehandle und schließt damit den Prozeß ab.

Diese zweite Möglichkeit ist zwar komfortabler, da alle Einzelaufgaben automatisch mit einer Funktion erledigt werden; es können allerdings nur Nachrichten-Pipelines und keine Daten-Pipelines damit bearbeitet werden.

Der Serverprozeß selbst stellt durch Verwendung der Funktion ConnectNamedPipe() fest, ob auf der Klientenseite die Pipeline geöffnet wurde. Auf Klientenseite wartet der Klientenprozeß über die Funktion WaitNamedPipe() auf die Bereitstellung einer Pipelineinstanz durch die Serverseite.

Lese- und Schreiboperationen bzgl. einer Pipeline werden durch nachfolgende Funktionen realisiert.

Funktion	Nachricht Byte	Lesen Schreiben	Inhalt
ReadFile	beides	Lesen	
WriteFile	beides	Schreiben	
ReadFileEx	beides	Lesen	überlappende Aktionen
WriteFileEx	beides	Schreiben	überlappende Aktionen
PeekNamedPipe	beides	Lesen	Inhalt wird gelesen, verbleibt aber in der Pipeline
Transact-NamedPipe	nur Nachricht	beides	Erst wird Nachricht in die Pipeline geschrieben und danach die Antwortnachricht gelesen

Der gesamte Prozeß der Datenübermittlung durch eine Pipeline wird von der Serverseite her abgeschlossen. Hierzu wird zunächst die Funktion DisconnectNamedPipe() aufgerufen, die die Verbindung zu einem Klientenprozeß abbricht. Damit wird das Handle der Pipeline auf der Klientenseite ungültig. Sollten zu diesem Zeitpunkt noch Daten in der Pipeline ungelesen stehen, so werden diese gelöscht.

Nach diesem Abtrennen des Klientenprozesses kann der Serverprozeß entweder die Funktion CloseHandle() aufrufen, um das Instanzenhandle der Pipeline zu schließen oder der Serverprozeß kann dieses Handle erneut mittels ConnectNamedPipe() einem anderen Klientenprozeß zur Verfügung stellen.

Programmierung

 Z. Zt. ist die Einbindung benannter Pipelines in WINDOWS 95 noch nicht vollzogen; das folgende Beispiel funktioniert nur unter WINDOWS NT.

```
case IDM_PIPES:{
HANDLE hPipeline;
LPTSTR pipelineName =
        "\\\\.\\pipe\\diesistderpipelinename";
char puffer [MAX_PATH];
STARTUPINFO stinfo;
DWORD test;
```

Für die Demo wird jetzt der zweite Prozeß gestartet...

```
strcpy(puffer, "ipc_pipe.exe");
```

STARTUPINFO-Struktur initialisieren.

```
stinfo.cb = sizeof (STARTUPINFO);
stinfo.lpReserved = 0;
stinfo.lpDesktop = NULL;
stinfo.lpTitle = NULL;
stinfo.dwX = 0;
stinfo.dwY = 0;
stinfo.dwXSize = 0;
stinfo.dwYSize = 0;
stinfo.dwXCountChars = 0;
stinfo.dwYCountChars = 0;
stinfo.dwFillAttribute = 0;
stinfo.dwFlags = 0;
stinfo.wShowWindow = 0;
stinfo.cbReserved2 = 0;
stinfo.lpReserved2 = 0;
CreateProcess (puffer,
```

```
                      NULL,
                      NULL,
                      NULL,
                      FALSE,
                      DETACHED_PROCESS,
                      NULL,
                      NULL,
                      &stinfo,
                      &prozessinfo );
```

Die benannte Pipeline wird geöffnet; es sollen byte-weise Informationen hin- und hergeschickt werden können.

```
hPipeline = CreateNamedPipe(pipelineName,
                          PIPE_ACCESS_DUPLEX |
                          FILE_FLAG_WRITE_THROUGH,
                          PIPE_TYPE_BYTE |
                          PIPE_READMODE_BYTE |
                          PIPE_WAIT,
                          PIPE_UNLIMITED_INSTANCES,
                          256,
                          256,
                          5000,
                          NULL);
```

Da PIPE_WAIT gewählt wurde, wartet der Serverprozeß auf das Andocken des Clientenprozesses

```
if( ConnectNamedPipe(hPipeline, NULL) ){
DWORD AnzahlByte;
```

...der Clientenprozeß ist jetzt angeschlossen. Nun wird zunächst auf eine Anfrage seitens des Clienten gewartet.

```
ReadFile(hPipeline, buffer, 256, &AnzahlByte, NULL);
```

In buffer steht jetzt ein Text, der die Informations- oder Operationsanfrage des Clienten beinhaltet. Er wird abgefragt und es wird dem Inhalt entsprechend geantwortet.

```
if( strcmp(buffer, "Max") == 0)
strcpy(buffer, "Max und Moritz");
else if( strcmp(buffer, "Daniel") == 0)
```

```
strcpy(buffer, "Daniel Düsentrieb");
else
strcpy(buffer, "unbekannte Anfrage");
```

> Jetzt wird die Antwort an den Clienten geschickt, der darauf schon warten sollte...

```
WriteFile(hPipeline, buffer, strlen(buffer),
          &AnzahlByte, NULL);
```

> Der Server bricht in dieser Demo jetzt die Konversation ab. Dazu wird der Inhalt der Pipeline insgesamt an den Clienten geschickt...

```
FlushFileBuffers(hPipeline);
```

> ...bevor die Pipeline serverseitig geschlossen wird. Nur so ist sichergestellt, daß der Client auch wirklich den Pipelineinhalt bekommt.

```
DisconnectNamedPipe(hPipeline);
CloseHandle(hPipeline);
}
else
```

> Auf Clientenseite ist irgendwas schiefgelaufen – der Clientenprozeß konnte nicht angeschlossen werden. Daher wird die Pipeline geschlossen

```
CloseHandle(hPipeline);
}
break;
```

> Die Clientenseite sieht dann wie folgt aus...

> Der zweite Prozeß demonstriert hier die Abfrage einer benannten Pipeline.

```
case IDM_START:{
HANDLE hPipeline;
LPTSTR pipelineName =
          "\\\\.\\pipe\\diesistderpipelinename";

HDC hdc;
```

Der Clientenprozeß wird zunächst versuchen, die benannte Pipeline zu öffnen. Im Beispiel wartet der Serverprozeß unendlich lange auf diesen Versuch. In einem realen Programm wird dies natürlich so nicht programmiert.

Dort würde man dann einen eigenen Thread im Serverprozeß dazu abstellen, auf das anlinken eines Clienten zu warten.

```
hPipeline = CreateFile(pipelineName,
                GENERIC_READ | GENERIC_WRITE,
                0,
                NULL,
                OPEN_EXISTING,
                0,
                NULL);
```

Es sollte immer getestet werden, ob ein gültiges Handle erzeugt wurde – ob also die Pipeline tatsächlich angelinkt wurde.

```
if (hPipeline != INVALID_HANDLE_VALUE){
DWORD AnzahlByte;
```

Es wurde ein gültige Handle erzeugt... weiter gehts mit dem Abschicken eines Anfragetextes an den Server

```
strcpy(buffer, "Daniel");
WriteFile(hPipeline, buffer, strlen(buffer),
        &AnzahlByte, NULL);


hdc = GetDC(hWnd);


strcpy(buffer, "Anfrage an Server : Daniel");
TextOut(hdc, 10,10, buffer, strlen(buffer));


strcpy(buffer, "Antwort vom Server : ");
TextOut(hdc, 10,30, buffer, strlen(buffer));
```

Jetzt erwartet man die Antwort des Servers...

```
ReadFile(hPipeline, buffer, 256, &AnzahlByte, NULL);
TextOut(hdc, 10,50, buffer, strlen(buffer));
ReleaseDC(hWnd, hdc);
```

Die Verbindung zur Pipeline wird gekappt.

```
CloseHandle(hPipeline);
      }
   }
   break;
```

A1 MCI-Kommandos

		Animation	CD Audio	Video	MIDI	VCR	VideoDisk	Overlay	Wave
break	MCI_BREAK	x	x	x	x	x	x	x	x
capability	MCI_GETDEVCAPS	x	x	x	x	x	x	x	x
capture	MCI_CAPTURE			x					
close	MCI_CLOSE	x	x	x	x		x	x	x
configure	MCI_CONFIGURE			x					
copy	MCI_COPY			x					
cue	MCI_CUE			x		x			x
cut	MCI_CUT			x					
delete	MCI_DELETE			x					x
escape	MCI_ESCAPE						x		
freeze	MCI_FREEZE			x		x		x	
index	MCI_INDEX					x			
info	MCI_INFO	x	x	x	x	x	x	x	x
list	MCI_LIST			x		x			
load	MCI_LOAD			x				x	
mark	MCI_MARK					x			
monitor	MCI_MONITOR			x					
open	MCI_OPEN	x	x	x	x		x	x	x
paste	MCI_PASTE			x					
pause	MCI_PAUSE	x	x	x	x	x	x		x
play	MCI_PLAY	x	x	x	x	x	x		x
put	MCI_PUT	x		x				x	
quality	MCI_QUALITY			x					

		Animation	CD Audio	Video	MIDI	VCR	VideoDisk	Overlay	Wave
break	MCI_BREAK	x	x	x	x	x	x	x	x
realize	MCI_REALIZE	x		x					
record	MCI_RECORD			x	x	x			x
reserve	MCI_RESERVE			x					
restore	MCI_RESTORE			x					
resume	MCI_RESUME	x	x	x	x	x	x		x
save	MCI_SAVE			x	x			x	x
seek	MCI_SEEK	x	x	x	x	x	x		x
set	MCI_SET	x	x	x	x	x	x	x	x
setaudio	MCI_SETAUDIO			x		x			
settimecode	MCI_SETTIMECODE					x			
settuner	MCI_SETTUNER					x			
setvideo	MCI_SETVIDEO			x		x			
signal	MCI_SIGNAL			x					
spin	MCI_SPIN						x		
status	MCI_STATUS	x	x	x	x	x	x	x	x
step	MCI_STEP	x		x		x	x		
stop	MCI_STOP	x	x	x	x	x	x		x
sysinfo	MCI_SYSINFO	x	x	x	x	x	x	x	x
undo	MCI_UNDO			x					
unfreeze	MCI_UNFREEZE			x		x		x	
update	MCI_UPDATE	x		x					
where	MCI_WHERE	x		x				x	
window	MCI_WINDOW	x		x				x	

A2   Audioformatkonstanten

WAVE_FORMAT_UNKNOWN	0x0000	Microsoft Corporation
WAVE_FORMAT_ADPCM	0x0002	Microsoft Corporation
WAVE_FORMAT_IBM_CVSD	0x0005	IBM Corporation
WAVE_FORMAT_ALAW	0x0006	Microsoft Corporation
WAVE_FORMAT_MULAW	0x0007	Microsoft Corporation
WAVE_FORMAT_OKI_ADPCM	0x0010	OKI
WAVE_FORMAT_DVI_ADPCM WAVE_FORMAT_IMA_ADPCM	0x0011	Intel Corporation
WAVE_FORMAT_MEDIASPACE_ADPCM	0x0012	Videologic
WAVE_FORMAT_SIERRA_ADPCM	0x0013	Sierra Semiconductor Corp
WAVE_FORMAT_G723_ADPCM	0x0014	Antex Electronics Corporation
WAVE_FORMAT_DIGISTD	0x0015	DSP Solutions, Inc.
WAVE_FORMAT_DIGIFIX	0x0016	DSP Solutions, Inc.
WAVE_FORMAT- _DIALOGIC_OKI_ADPCM	0x0017	Dialogic Corporation
WAVE_FORMAT_YAMAHA_ADPCM	0x0020	Yamaha Corporation of America
WAVE_FORMAT_SONARC	0x0021	Speech Compression
WAVE_FORMAT- _DSPGROUP_TRUESPEECH	0x0022	DSP Group, Inc
WAVE_FORMAT_ECHOSC1	0x0023	Echo Speech Corporation
WAVE_FORMAT_AUDIOFILE_AF36	0x0024	
WAVE_FORMAT_APTX	0x0025	Audio Processing Technology
WAVE_FORMAT_AUDIOFILE_AF10	0x0026	

WAVE_FORMAT_DOLBY_AC2	0x0030	Dolby Laboratories
WAVE_FORMAT_GSM610	0x0031	Microsoft Corporation
WAVE_FORMAT_ANTEX_ADPCME	0x0033	Antex Electronics Corporation
WAVE_FORMAT_CONTROL-_RES_VQLPC	0x0034	Control Resources Limited
WAVE_FORMAT_DIGIREAL	0x0035	DSP Solutions, Inc.
WAVE_FORMAT_DIGIADPCM	0x0036	DSP Solutions, Inc.
WAVE_FORMAT_CONTROL_RES_CR10	0x0037	Control Resources Limited
WAVE_FORMAT_NMS_VBXADPCM	0x0038	Natural MicroSystems
WAVE_FORMAT_G721_ADPCM	0x0040	Antex Electronics Corporation
WAVE_FORMAT_MPEG	0x0050	Microsoft Corporation
WAVE_FORMAT_CREATIVE_ADPCM	0x0200	Creative Labs, Inc
WAVE_FORMAT-_CREATIVE_FASTSPEECH8	0x0202	Creative Labs, Inc
WAVE_FORMAT-_CREATIVE_FASTSPEECH10	0x0203	Creative Labs, Inc
WAVE_FORMAT_FM_TOWNS_SND	0x0300	Fujitsu Corp.
WAVE_FORMAT_OLIGSM	0x1000	Ing C. Olivetti & C., S.p.A.
WAVE_FORMAT_OLIADPCM	0x1001	Ing C. Olivetti & C., S.p.A.
WAVE_FORMAT_OLICELP	0x1002	Ing C. Olivetti & C., S.p.A.
WAVE_FORMAT_OLISBC	0x1003	Ing C. Olivetti & C., S.p.A.
WAVE_FORMAT_OLIOPR	0x1004	Ing C. Olivetti & C., S.p.A.
WAVE_FORMAT_PCM	0x0001	

 Hersteller- und Produktcodes

Anhang 3.1 Herstellercodes

Hersteller	Code
Advanced Gravis Computer Technology, Ltd.	MM_GRAVIS
Antex Electronics Corporation	MM_ANTEX
APPS Software	MM_APPS
Artisoft, Inc.	MM_ARTISOFT
AST Research, Inc.	MM_AST
ATI Technologies, Inc.	MM_ATI
Audio, Inc.	MM_AUDIOFILE
Audio Processing Technology	MM_APT
Audio Processing Technology	MM_AUDIOPT
Auravision Corporation	MM_AURAVISION
Aztech Labs, Inc.	MM_AZTECH
Canopus, Co., Ltd.	MM_CANOPUS
Compusic	MM_COMPUSIC
Computer Aided Technology, Inc.	MM_CAT
Computer Friends, Inc.	MM_COMPUTER_FRIENDS
Control Resources Corporation	MM_CONTROLRES
Creative Labs, Inc.	MM_CREATIVE
Dialogic Corporation	MM_DIALOGIC
Dolby Laboratories, Inc.	MM_DOLBY
DSP Group, Inc.	MM_DSP_GROUP
DSP Solutions, Inc.	MM_DSP_SOLUTIONS

Hersteller	Code
Echo Speech Corporation	MM_ECHO
ESS Technology, Inc.	MM_ESS
Everex Systems, Inc.	MM_EVEREX
EXAN, Ltd.	MM_EXAN
Fujitsu, Ltd.	MM_FUJITSU
I/O Magic Corporation	MM_IOMAGIC
ICL Personal Systems	MM_ICL_PS
Ing. C. Olivetti & C., S.p.A.	MM_OLIVETTI
Integrated Circuit Systems, Inc.	MM_ICS
Intel Corporation	MM_INTEL
InterActive, Inc.	MM_INTERACTIVE
International Business Machines	MM_IBM
Iterated Systems, Inc.	MM_ITERATEDSYS
Logitech, Inc.	MM_LOGITECH
Lyrrus, Inc.	MM_LYRRUS
Matsushita Electric Corporation of America	MM_MATSUSHITA
Media Vision, Inc.	MM_MEDIAVISION
Metheus Corporation	MM_METHEUS
microEngineering Labs	MM_MELABS
Microsoft Corporation	MM_MICROSOFT
MOSCOM Corporation	MM_MOSCOM
Motorola, Inc.	MM_MOTOROLA
Natural MicroSystems Corporation	MM_NMS
NCR Corporation	MM_NCR
NEC Corporation	MM_NEC
New Media Corporation	MM_NEWMEDIA
OKI	MM_OKI
OPTi, Inc.	MM_OPTI

Hersteller	Code
Roland Corporation	MM_ROLAND
SCALACS	MM_SCALACS
Seiko Epson Corporation, Inc.	MM_EPSON
Sierra Semiconductor Corporation	MM_SIERRA
Silicon Software, Inc.	MM_SILICONSOFT
Sonic Foundry	MM_SONICFOUNDRY
Speech Compression	MM_SPEECHCOMP
Supermac Technology, Inc.	MM_SUPERMAC
Tandy Corporation	MM_TANDY
Toshihiko Okuhura, Korg, Inc.	MM_KORG
Truevision, Inc.	MM_TRUEVISION
Turtle Beach Systems	MM_TURTLE_BEACH
Video Associates Labs, Inc.	MM_VAL
VideoLogic, Inc.	MM_VIDEOLOGIC
Visual Information Technologies, Inc.	MM_VITEC
VocalTec, Inc.	MM_VOCALTEC
Voyetra Technologies	MM_VOYETRA
Wang Laboratories	MM_WANGLABS
Willow Pond Corporation	MM_WILLOWPOND
Winnov, LP	MM_WINNOV
Xebec Multimedia Solutions Limited	MM_XEBEC
Yamaha Corporation of America	MM_YAMAHA

Anhang 3.2 Gerätecodes

Gerät	Code
Adlib-compatible synthesizer	MM_ADLIB
G.711 codec	MM_MSFT_ACM_G711
GSM 610 codec	MM_MSFT_ACM_GSM610
IMA ADPCM codec	MM_MSFT_ACM_IMAADPCM
Joystick adapter	MM_PC_JOYSTICK
MIDI mapper	MM_MIDI_MAPPER
MPU 401-compatible MIDI input port	MM_MPU401_MIDIIN
MPU 401-compatible MIDI output port	MM_MPU401_MIDIOUT
MS ADPCM codec	MM_MSFT_ACM_MSADPCM
MS audio board stereo FM synthesizer	MM_MSFT_WSS_FMSYNTH_STEREO
MS audio board aux port	MM_MSFT_WSS_AUX
MS audio board mixer driver	MM_MSFT_WSS_MIXER
MS audio board waveform input	MM_MSFT_WSS_WAVEIN
MS audio board waveform output	MM_MSFT_WSS_WAVEOUT
MS audio compression manager	MM_MSFT_MSACM
MS filter	MM_MSFT_ACM_MSFILTER
MS OEM audio aux port	MM_MSFT_WSS_OEM_AUX
MS OEM audio board mixer driver	MM_MSFT_WSS_OEM_MIXER
MS OEM audio board stereo FM synthesizer	MM_MSFT_WSS_OEM_- FMSYNTH_STEREO
MS OEM audio board waveform input	MM_MSFT_WSS_OEM_WAVEIN
MS OEM audio board waveform output	MM_MSFT_WSS_OEM_WAVEOUT
MS vanilla driver aux (CD)	MM_MSFT_GENERIC_AUX_CD
MS vanilla driver aux (line in)	MM_MSFT_GENERIC_AUX_LINE
MS vanilla driver aux (mic)	MM_MSFT_GENERIC_AUX_MIC

Gerät	Code
MS vanilla driver MIDI external out	MM_MSFT_GENERIC_MIDIOUT
MS vanilla driver MIDI in	MM_MSFT_GENERIC_MIDIIN
MS vanilla driver MIDI synthesizer	MM_MSFT_GENERIC_MIDISYNTH
MS vanilla driver waveform input	MM_MSFT_GENERIC_WAVEIN
MS vanilla driver wavefrom output	MM_MSFT_GENERIC_WAVEOUT
PC speaker waveform output	MM_PCSPEAKER_WAVEOUT
PCM converter	MM_MSFT_ACM_PCM
Sound Blaster internal synthesizer	MM_SNDBLST_SYNTH
Sound Blaster MIDI input port	MM_SNDBLST_MIDIIN
Sound Blaster MIDI output port	MM_SNDBLST_MIDIOUT
Sound Blaster waveform input	MM_SNDBLST_WAVEIN
Sound Blaster waveform output	MM_SNDBLST_WAVEOUT
Wave mapper	MM_WAVE_MAPPER

Anhang 3.3 Treibercodes

Treiber	Code
Sound Blaster 16 waveform output	MM_MSFT_SB16_WAVEOUT
Sound Blaster 16 aux (CD)	MM_WSS_SB16_AUX_CD
Sound Blaster 16 aux (CD)	MM_MSFT_SB16_AUX_CD
Sound Blaster 16 aux (line in)	MM_WSS_SB16_AUX_LINE
Sound Blaster 16 aux (line in)	MM_MSFT_SB16_AUX_LINE
Sound Blaster 16 FM synthesizer	MM_WSS_SB16_SYNTH
Sound Blaster 16 FM synthesizer	MM_MSFT_SB16_SYNTH
Sound Blaster 16 MIDI out	MM_WSS_SB16_MIDIOUT
Sound Blaster 16 MIDI out	MM_MSFT_SB16_MIDIOUT
Sound Blaster 16 MIDI in	MM_WSS_SB16_MIDIIN
Sound Blaster 16 MIDI in	MM_MSFT_SB16_MIDIIN

Treiber	Code
Sound Blaster 16 mixer device	MM_WSS_SB16_MIXER
Sound Blaster 16 mixer device	MM_MSFT_SB16_MIXER
Sound Blaster 16 waveform input	MM_WSS_SB16_WAVEIN
Sound Blaster 16 waveform input	MM_MSFT_SB16_WAVEIN
Sound Blaster 16 waveform output	MM_WSS_SB16_WAVEOUT
Sound Blaster Pro aux (CD)	MM_WSS_SBPRO_AUX_CD
Sound Blaster Pro aux (CD)	MM_MSFT_SBPRO_AUX_CD
Sound Blaster Pro aux (line in)	MM_WSS_SBPRO_AUX_LINE
Sound Blaster Pro aux (line in)	MM_MSFT_SBPRO_AUX_LINE
Sound Blaster Pro FM synthesizer	MM_WSS_SBPRO_SYNTH
Sound Blaster Pro FM synthesizer	MM_MSFT_SBPRO_SYNTH
Sound Blaster Pro MIDI in	MM_WSS_SBPRO_MIDIIN
Sound Blaster Pro MIDI in	MM_MSFT_SBPRO_MIDIIN
Sound Blaster Pro MIDI out	MM_WSS_SBPRO_MIDIOUT
Sound Blaster Pro MIDI out	MM_MSFT_SBPRO_MIDIOUT
Sound Blaster Pro mixer	MM_WSS_SBPRO_MIXER
Sound Blaster Pro mixer	MM_MSFT_SBPRO_MIXER
Sound Blaster Pro waveform input	MM_WSS_SBPRO_WAVEIN
Sound Blaster Pro waveform input	MM_MSFT_SBPRO_WAVEIN
Sound Blaster Pro waveform output	MM_WSS_SBPRO_WAVEOUT
Sound Blaster Pro waveform output	MM_MSFT_SBPRO_WAVEOUT
WSS NT aux	MM_MSFT_WSS_NT_AUX
WSS NT FM synthesizer	MM_MSFT_WSS_NT_FMSYNTH_STEREO
WSS NT mixer	MM_MSFT_WSS_NT_MIXER
WSS NT wave in	MM_MSFT_WSS_NT_WAVEIN
WSS NT wave out	MM_MSFT_WSS_NT_WAVEOUT

Anhang 3.4 Produktcodes

Hersteller	Produktcode
Artisoft, Inc.	MM_ARTISOFT_SBWAVEIN
	MM_ARTISOFT_SBWAVEOUT
Audio Processing Technology	MM_APT_ACE100CD
Aztech Labs, Inc.	MM_AZTECH_AUX_CD
	MM_AZTECH_AUX_LINE
	MM_AZTECH_AUX_MIC
	MM_AZTECH_DSP16_FMSYNTH
	MM_AZTECH_DSP16_WAVEIN
	MM_AZTECH_DSP16_WAVEOUT
	MM_AZTECH_DSP16_WAVESYNTH
	MM_AZTECH_FMSYNTH
	MM_AZTECH_MIDIIN
	MM_AZTECH_MIDIOUT
	MM_AZTECH_PRO16_FMSYNTH
	MM_AZTECH_PRO16_WAVEIN
	MM_AZTECH_PRO16_WAVEOUT
	MM_AZTECH_WAVEIN
	MM_AZTECH_WAVEOUT
Computer Aided Technology, Inc.	MM_CAT_WAVEOUT
Creative Labs, Inc.	MM_CREATIVE_AUX_CD
	MM_CREATIVE_AUX_LINE
	MM_CREATIVE_AUX_MASTER
	MM_CREATIVE_AUX_MIC
	MM_CREATIVE_AUX_MIDI
	MM_CREATIVE_AUX_PCSPK
	MM_CREATIVE_AUX_WAVE

Hersteller	Produktcode
Creative Labs, Inc. *(Forts.)*	MM_CREATIVE_FMSYNTH_MONO
	MM_CREATIVE_FMSYNTH_STEREO
	MM_CREATIVE_MIDIIN
	MM_CREATIVE_MIDIOUT
	MM_CREATIVE_SB15_WAVEIN
	MM_CREATIVE_SB15_WAVEOUT
	MM_CREATIVE_SB16_MIXER
	MM_CREATIVE_SB20_WAVEIN
	MM_CREATIVE_SB20_WAVEOUT
	MM_CREATIVE_SBP16_WAVEIN
	MM_CREATIVE_SBP16_WAVEOUT
	MM_CREATIVE_SBPRO_MIXER
	MM_CREATIVE_SBPRO_WAVEIN
	MM_CREATIVE_SBPRO_WAVEOUT
DSP Group, Inc.	MM_DSP_GROUP_TRUESPEECH
DSP Solutions, Inc.	MM_DSP_SOLUTIONS_AUX
	MM_DSP_SOLUTIONS_SYNTH
	MM_DSP_SOLUTIONS_WAVEIN
	MM_DSP_SOLUTIONS_WAVEOUT
Echo Speech Corporation	MM_ECHO_AUX
	MM_ECHO_MIDIIN
	MM_ECHO_MIDIOUT
	MM_ECHO_SYNTH
	MM_ECHO_WAVEIN
	MM_ECHO_WAVEOUT
ESS Technology, Inc.	MM_ESS_AMAUX
	MM_ESS_AMMIDIIN

Hersteller	Produktcode
ESS Technology, Inc. *(Forts.)*	MM_ESS_AMMIDIOUT
	MM_ESS_AMSYNTH
	MM_ESS_AMWAVEIN
	MM_ESS_AMWAVEOUT
Everex Systems, Inc.	MM_EVEREX_CARRIER
I/O Magic Corporation	MM_IOMAGIC_TEMPO_AUXOUT
	MM_IOMAGIC_TEMPO_MIDIOUT
	MM_IOMAGIC_TEMPO_MXDOUT
	MM_IOMAGIC_TEMPO_SYNTH
	MM_IOMAGIC_TEMPO_WAVEIN
	MM_IOMAGIC_TEMPO_WAVEOUT
Ing. C. Olivetti & C., S.p.A.	MM_OLIVETTI_ACM_ADPCM
	MM_OLIVETTI_ACM_CELP
	MM_OLIVETTI_ACM_GSM
	MM_OLIVETTI_ACM_OPR
	MM_OLIVETTI_ACM_SBC
	MM_OLIVETTI_AUX
	MM_OLIVETTI_JOYSTICK
	MM_OLIVETTI_MIDIIN
	MM_OLIVETTI_MIDIOUT
	MM_OLIVETTI_MIXER
	MM_OLIVETTI_SYNTH
	MM_OLIVETTI_WAVEIN
	MM_OLIVETTI_WAVEOUT
Integrated Circuit Systems, Inc.	MM_ICS_WAVEDECK_AUX
	MM_ICS_WAVEDECK_MIXER
	MM_ICS_WAVEDECK_SYNTH

Hersteller	Produktcode
Integrated Circuit Systems, Inc. *(Forts.)*	`MM_ICS_WAVEDECK_WAVEIN`
	`MM_ICS_WAVEDECK_WAVEOUT`
InterActive, Inc.	`MM_INTERACTIVE_WAVEIN`
	`MM_INTERACTIVE_WAVEOUT`
International Business Machines	`MM_IBM_PCMCIA_AUX`
	`MM_IBM_PCMCIA_MIDIIN`
	`MM_IBM_PCMCIA_MIDIOUT`
	`MM_IBM_PCMCIA_SYNTH`
	`MM_IBM_PCMCIA_WAVEIN`
	`MM_IBM_PCMCIA_WAVEOUT`
	`MM_MMOTION_WAVEAUX`
	`MM_MMOTION_WAVEIN`
	`MM_MMOTION_WAVEOUT`
Iterated Systems, Inc.	`MM_ITERATEDSYS_FUFCODEC`
Lyrrus, Inc.	`MM_LYRRUS_BRIDGE_GUITAR`
Matsushita Electric Corporation of America	`MM_MATSUSHITA_AUX`
	`MM_MATSUSHITA_FMSYNTH_STEREO`
	`MM_MATSUSHITA_MIXER`
	`MM_MATSUSHITA_WAVEIN`
	`MM_MATSUSHITA_WAVEOUT`
Media Vision, Inc.	`MM_MEDIAVISION_CDPC`
	`MM_CDPC_AUX`
	`MM_CDPC_MIDIIN`
	`MM_CDPC_MIDIOUT`
	`MM_CDPC_MIXER`
	`MM_CDPC_SYNTH`
	`MM_CDPC_WAVEIN`

Hersteller	Produktcode
Media Vision, Inc.	MM_CDPC_WAVEOUT
(Forts.)	MM_OPUS401_MIDIIN
	MM_OPUS401_MIDIOUT
	MM_MEDIAVISION_OPUS1208
	MM_OPUS1208_AUX
	MM_OPUS1208_MIXER
	MM_OPUS1208_SYNTH
	MM_OPUS1208_WAVEIN
	MM_OPUS1208_WAVEOUT
	MM_MEDIAVISION_OPUS1216
	MM_OPUS1216_AUX
	MM_OPUS1216_MIDIIN
	MM_OPUS1216_MIDIOUT
	MM_OPUS1216_MIXER
	MM_OPUS1216_SYNTH
	MM_OPUS1216_WAVEIN
	MM_OPUS1216_WAVEOUT
	MM_MEDIAVISION_PROAUDIO
	MM_PROAUD_AUX
	MM_PROAUD_MIDIIN
	MM_PROAUD_MIDIOUT
	MM_PROAUD_MIXER
	MM_MEDIAVISION_PROAUDIO_16
	MM_PROAUD_16_AUX
	MM_PROAUD_16_MIDIIN
	MM_PROAUD_16_MIDIOUT
	MM_PROAUD_16_MIXER
	MM_PROAUD_16_SYNTH

Hersteller	Produktcode
Media Vision, Inc. *(Forts.)*	MM_PROAUD_16_WAVEIN
	MM_PROAUD_16_WAVEOUT
	MM_MEDIAVISION_PROAUDIO_PLUS
	MM_PROAUD_PLUS_AUX
	MM_PROAUD_PLUS_MIDIIN
	MM_PROAUD_PLUS_MIDIOUT
	MM_PROAUD_PLUS_MIXER
	MM_PROAUD_PLUS_SYNTH
	MM_PROAUD_PLUS_WAVEIN
	MM_PROAUD_PLUS_WAVEOUT
	MM_PROAUD_SYNTH
	MM_PROAUD_WAVEIN
	MM_PROAUD_WAVEOUT
	MM_MEDIAVISION_PROSTUDIO_16
	MM_STUDIO_16_AUX
	MM_STUDIO_16_MIDIIN
	MM_STUDIO_16_MIDIOUT
	MM_STUDIO_16_MIXER
	MM_STUDIO_16_SYNTH
	MM_STUDIO_16_WAVEIN
	MM_STUDIO_16_WAVEOUT
	MM_MEDIAVISION_THUNDER
	MM_THUNDER_AUX
	MM_THUNDER_SYNTH
	MM_THUNDER_WAVEIN
	MM_THUNDER_WAVEOUT
	MM_MEDIAVISION_TPORT

Hersteller	Produktcode
Media Vision, Inc. *(Forts.)*	`MM_TPORT_SYNTH`
	`MM_TPORT_WAVEIN`
	`MM_TPORT_WAVEOUT`
Metheus Corporation	`MM_METHEUS_ZIPPER`
microEngineering Labs	`MM_MELABS_MIDI2GO`
MOSCOM Corporation	`MM_MOSCOM_VPC2400`
NCR Corporation	`MM_NCR_BA_AUX`
	`MM_NCR_BA_MIXER`
	`MM_NCR_BA_SYNTH`
	`MM_NCR_BA_WAVEIN`
	`MM_NCR_BA_WAVEOUT`
New Media Corporation	`MM_NEWMEDIA_WAVJAMMER`
OPTi, Inc.	`MM_OPTI_M16_AUX`
	`MM_OPTI_M16_FMSYNTH_STEREO`
	`MM_OPTI_M16_MIDIIN`
	`MM_OPTI_M16_MIDIOUT`
	`MM_OPTI_M16_MIXER`
	`MM_OPTI_M16_WAVEIN`
	`MM_OPTI_M16_WAVEOUT`
	`MM_OPTI_M32_AUX`
	`MM_OPTI_M32_MIDIIN`
	`MM_OPTI_M32_MIDIOUT`
	`MM_OPTI_M32_MIXER`
	`MM_OPTI_M32_SYNTH_STEREO`
	`MM_OPTI_M32_WAVEIN`
	`MM_OPTI_M32_WAVEOUT`
	`MM_OPTI_P16_AUX`

Hersteller	Produktcode
OPTi, Inc. *(Forts.)*	MM_OPTI_P16_FMSYNTH_STEREO
	MM_OPTI_P16_MIDIIN
	MM_OPTI_P16_MIDIOUT
	MM_OPTI_P16_MIXER
	MM_OPTI_P16_WAVEIN
	MM_OPTI_P16_WAVEOUT
Roland Corporation	MM_ROLAND_MPU401_MIDIIN
	MM_ROLAND_MPU401_MIDIOUT
	MM_ROLAND_SC7_MIDIIN
	MM_ROLAND_SC7_MIDIOUT
	MM_ROLAND_SERIAL_MIDIIN
	MM_ROLAND_SERIAL_MIDIOUT
	MM_ROLAND_SMPU_MIDIINA
	MM_ROLAND_SMPU_MIDIINB
	MM_ROLAND_SMPU_MIDIOUTA
	MM_ROLAND_SMPU_MIDIOUTB
Sierra Semiconductor Corporation	MM_SIERRA_ARIA_AUX
	MM_SIERRA_ARIA_AUX2
	MM_SIERRA_ARIA_MIDIIN
	MM_SIERRA_ARIA_MIDIOUT
	MM_SIERRA_ARIA_SYNTH
	MM_SIERRA_ARIA_WAVEIN
	MM_SIERRA_ARIA_WAVEOUT
Silicon Software, Inc.	MM_SILICONSOFT_SC1_WAVEIN
	MM_SILICONSOFT_SC1_WAVEOUT
	MM_SILICONSOFT_SC2_WAVEIN
	MM_SILICONSOFT_SC2_WAVEOUT

Hersteller	Produktcode
Silicon Software, Inc. *(Forts.)*	`MM_SILICONSOFT_SOUNDJR2_WAVEOUT`
	`MM_SILICONSOFT_SOUNDJR2PR_WAVEIN`
	`MM_SILICONSOFT_SOUNDJR2PR_WAVEOUT`
	`MM_SILICONSOFT_SOUNDJR3_WAVEOUT`
Tandy Corporation	`MM_TANDY_PSSJWAVEIN`
	`MM_TANDY_PSSJWAVEOUT`
	`MM_TANDY_SENS_MMAMIDIIN`
	`MM_TANDY_SENS_MMAMIDIOUT`
	`MM_TANDY_SENS_MMAWAVEIN`
	`MM_TANDY_SENS_MMAWAVEOUT`
	`MM_TANDY_SENS_VISWAVEOUT`
	`MM_TANDY_VISBIOSSYNTH`
	`MM_TANDY_VISWAVEIN`
	`MM_TANDY_VISWAVEOUT`
Toshihiko Okuhura, Korg, Inc.	`MM_KORG_PCIF_MIDIIN`
	`MM_KORG_PCIF_MIDIOUT`
Truevision, Inc.	`MM_TRUEVISION_WAVEIN1`
	`MM_TRUEVISION_WAVEOUT1`
VideoLogic, Inc.	`MM_VIDEOLOGIC_MSWAVEIN`
	`MM_VIDEOLOGIC_MSWAVEOUT`
Visual Information Technologies, Inc.	`MM_VITEC_VMAKER`
	`MM_VITEC_VMPRO`
VocalTec, Inc.	`MM_VOCALTEC_WAVEIN`
	`MM_VOCALTEC_WAVEOUT`
Wang Laboratories	`MM_WANGLABS_WAVEIN1`
	`MM_WANGLABS_WAVEOUT1`
Winnov, LP	`MM_WINNOV_CAVIAR_CHAMPAGNE`

Hersteller	Produktcode
Winnov, LP *(Forts.)*	`MM_WINNOV_CAVIAR_VIDC`
	`MM_WINNOV_CAVIAR_WAVEIN`
	`MM_WINNOV_CAVIAR_WAVEOUT`
	`MM_WINNOV_CAVIAR_YUV8`
Yamaha Corporation of America	`MM_YAMAHA_GSS_AUX`
	`MM_YAMAHA_GSS_MIDIIN`
	`MM_YAMAHA_GSS_MIDIOUT`
	`MM_YAMAHA_GSS_SYNTH`
	`MM_YAMAHA_GSS_WAVEIN`
	`MM_YAMAHA_GSS_WAVEOUT`

 A4   Instrumententabelle (MIDI Mapper)

Piano	Chromatic Percussion	Orgel
0 Acoustic grand piano	8 Celesta	16 Hammond organ
1 Bright acoustic piano	9 Glockenspiel	17 Percussive organ
2 Electric grand piano	10 Music box	18 Rock organ
3 Honky-tonk piano	11 Vibraphone	19 Church organ
4 Rhodes piano	12 Marimba	20 Reed organ
5 Chorused piano	13 Xylophone	21 Accordion
6 Harpsichord	14 Tubular bells	22 Harmonica
7 Clavinet	15 Dulcimer	23 Tango accordion

Gitarre	Bass	Geige
24 Acoustic guitar (nylon)	32 Acoustic bass	40 Violin
25 Acoustic guitar (steel)	33 Electric bass (finger)	41 Viola
26 Electric guitar (jazz)	34 Electric bass (pick)	42 Cello
27 Electric guitar (clean)	35 Fretless bass	43 Contrabass
28 Electric guitar (muted)	36 Slap bass 1	44 Tremolo strings
29 Overdriven guitar	37 Slap bass 2	45 Pizzicato strings
30 Distortion guitar	38 Synth bass 1	46 Orchestral harp
31 Guitar harmonics	39 Synth bass 2	47 Timpani

Orchester	Blasinstrumente I	Blasinstrumente II
48 String ensemble 1	56 Trumpet	64 Soprano sax
49 String ensemble 2	57 Trombone	65 Alto sax
50 Synth. strings 1	58 Tuba	66 Tenor sax
51 Synth. strings 2	59 Muted trumpet	67 Baritone sax
52 Choir Aahs	60 French horn	68 Oboe
53 Voice Oohs	61 Brass section	69 English horn
54 Synth voice	62 Synth. brass 1	70 Bassoon
55 Orchestra hit	63 Synth. brass 2	71 Clarinet

Flöte	Synth Lead	Synth Pad
72 Piccolo	80 Lead 1 (square)	88 Pad 1 (new age)
73 Flute	81 Lead 2 (sawtooth)	89 Pad 2 (warm)
74 Recorder	82 Lead 3 (calliope lead)	90 Pad 3 (polysynth)
75 Pan flute	83 Lead 4 (chiff lead)	91 Pad 4 (choir)
76 Bottle blow	84 Lead 5 (charang)	92 Pad 5 (bowed)
77 Shakuhachi	85 Lead 6 (voice)	93 Pad 6 (metallic)
78 Whistle	86 Lead 7 (fifths)	94 Pad 7 (halo)
79 Ocarina	87 Lead 8 (brass + lead)	95 Pad 8 (sweep)

Klangeffekte
120 Guitar fret noise
121 Breath noise
122 Seashore
123 Bird tweet
124 Telephone ring
125 Helicopter
126 Applause
127 Gunshot

A5 Rasteroperationen (ROP)

Logische Funktion (hexadecimal)	Rasteroperation (hexadecimal)	Logische Funktion in Umgekehrter Polnischer Notation	Modusname, falls definiert
00	00000042	0	BLACKNESS
01	00010289	DPSoon	-
02	00020C89	DPSona	-
03	000300AA	PSon	-
04	00040C88	SDPona	-
05	000500A9	DPon	-
06	00060865	PDSxnon	-
07	000702C5	PDSaon	-
08	00080F08	SDPnaa	-
09	00090245	PDSxon	-
0A	000A0329	DPna	-
0B	000B0B2A	PSDnaon	-
0C	000C0324	SPna	-
0D	000D0B25	PDSnaon	-
0E	000E08A5	PDSonon	-
0F	000F0001	Pn	-
10	00100C85	PDSona	-
11	001100A6	DSon	NOTSRCERASE
12	00120868	SDPxnon	-
13	001302C8	SDPaon	-
14	00140869	DPSxnon	-
15	001502C9	DPSaon	-
16	00165CCA	PSDPSanaxx	-
17	00171D54	SSPxDSxaxn	-

Logische Funktion (hexadecimal)	Rasteroperation (hexadecimal)	Logische Funktion in Umgekehrter Polnischer Notation	Modusname, falls definiert
18	00180D59	SPxPDxa	-
19	00191CC8	SDPSanaxn	-
1A	001A06C5	PDSPaox	-
1B	001B0768	SDPSxaxn	-
1C	001C06CA	PSDPaox	-
1D	001D0766	DSPDxaxn	-
1E	001E01A5	PDSox	-
1F	001F0385	PDSoan	-
20	00200F09	DPSnaa	-
21	00210248	SDPxon	-
22	00220326	DSna	-
23	00230B24	SPDnaon	-
24	00240D55	SPxDSxa	-
25	00251CC5	PDSPanaxn	-
26	002606C8	SDPSaox	-
27	00271868	SDPSxnox	-
28	00280369	DPSxa	-
29	002916CA	PSDPSaoxxn	-
2A	002A0CC9	DPSana	-
2B	002B1D58	SSPxPDxaxn	-
2C	002C0784	SPDSoax	-
2D	002D060A	PSDnox	-
2E	002E064A	PSDPxox	-
2F	002F0E2A	PSDnoan	-
30	0030032A	PSna	-
31	00310B28	SDPnaon	-
32	00320688	SDPSoox	-
33	00330008	Sn	NOTSRCCOPY
34	003406C4	SPDSaox	-
35	00351864	SPDSxnox	-

Logische Funktion (hexadecimal)	Rasteroperation (hexadecimal)	Logische Funktion in Umgekehrter Polnischer Notation	Modusname, falls definiert
36	003601A8	SDPox	-
37	00370388	SDPoan	-
38	0038078A	PSDPoax	-
39	00390604	SPDnox	-
3A	003A0644	SPDSxox	-
3B	003B0E24	SPDnoan	-
3C	003C004A	PSx	-
3D	003D18A4	SPDSonox	-
3E	003E1B24	SPDSnaox	-
3F	003F00EA	PSan	-
40	00400F0A	PSDnaa	-
41	00410249	DPSxon	-
42	00420D5D	SDxPDxa	-
43	00431CC4	SPDSanaxn	-
44	00440328	SDna	SRCERASE
45	00450B29	DPSnaon	-
46	004606C6	DSPDaox	-
47	0047076A	PSDPxaxn	-
48	00480368	SDPxa	-
49	004916C5	PDSPDaoxxn	-
4A	004A0789	DPSDoax	-
4B	004B0605	PDSnox	-
4C	004C0CC8	SDPana	-
4D	004D1954	SSPxDSxoxn	-
4E	004E0645	PDSPxox	-
4F	004F0E25	PDSnoan	-
50	00500325	PDna	-
51	00510B26	DSPnaon	-
52	005206C9	DPSDaox	-
53	00530764	SPDSxaxn	-

Logische Funktion (hexadecimal)	Rasteroperation (hexadecimal)	Logische Funktion in Umgekehrter Polnischer Notation	Modusname, falls definiert
54	005408A9	DPSonon	-
55	00550009	Dn	DSTINVERT
56	005601A9	DPSox	-
57	00570389	DPSoan	-
58	00580785	PDSPoax	-
59	00590609	DPSnox	-
5A	005A0049	DPx	PATINVERT
5B	005B18A9	DPSDonox	-
5C	005C0649	DPSDxox	-
5D	005D0E29	DPSnoan	-
5E	005E1B29	DPSDnaox	-
5F	005F00E9	DPan	-
60	00600365	PDSxa	-
61	006116C6	DSPDSaoxxn	-
62	00620786	DSPDoax	-
63	00630608	SDPnox	-
64	00640788	SDPSoax	-
65	00650606	DSPnox	-
66	00660046	DSx	SRCINVERT
67	006718A8	SDPSonox	-
68	006858A6	DSPDSonoxxn	-
69	00690145	PDSxxn	-
6A	006A01E9	DPSax	-
6B	006B178A	PSDPSoaxxn	-
6C	006C01E8	SDPax	-
6D	006D1785	PDSPDoaxxn	-
6E	006E1E28	SDPSnoax	-
6F	006F0C65	PDSxnan	-
70	00700CC5	PDSana	-
71	00711D5C	SSDxPDxaxn	-

Logische Funktion (hexadecimal)	Rasteroperation (hexadecimal)	Logische Funktion in Umgekehrter Polnischer Notation	Modusname, falls definiert
72	00720648	SDPSxox	-
73	00730E28	SDPnoan	-
74	00740646	DSPDxox	-
75	00750E26	DSPnoan	-
76	00761B28	SDPSnaox	-
77	007700E6	DSan	-
78	007801E5	PDSax	-
79	00791786	DSPDSoaxxn	-
7A	007A1E29	DPSDnoax	-
7B	007B0C68	SDPxnan	-
7C	007C1E24	SPDSnoax	-
7D	007D0C69	DPSxnan	-
7E	007E0955	SPxDSxo	-
7F	007F03C9	DPSaan	-
80	008003E9	DPSaa	-
81	00810975	SPxDSxon	-
82	00820C49	DPSxna	-
83	00831E04	SPDSnoaxn	-
84	00840C48	SDPxna	-
85	00851E05	PDSPnoaxn	-
86	008617A6	DSPDSoaxx	-
87	008701C5	PDSaxn	-
88	008800C6	DSa	SRCAND
89	00891B08	SDPSnaoxn	-
8A	008A0E06	DSPnoa	-
8B	008B0666	DSPDxoxn	-
8C	008C0E08	SDPnoa	-
8D	008D0668	SDPSxoxn	-
8E	008E1D7C	SSDxPDxax	-
8F	008F0CE5	PDSanan	-

Logische Funktion (hexadecimal)	Rasteroperation (hexadecimal)	Logische Funktion in Umgekehrter Polnischer Notation	Modusname, falls definiert
90	00900C45	PDSxna	-
91	00911E08	SDPSnoaxn	-
92	009217A9	DPSDPoaxx	-
93	009301C4	SPDaxn	-
94	009417AA	PSDPSoaxx	-
95	009501C9	DPSaxn	-
96	00960169	DPSxx	-
97	0097588A	PSDPSonoxx	-
98	00981888	SDPSonoxn	-
99	00990066	DSxn	-
9A	009A0709	DPSnax	-
9B	009B07A8	SDPSoaxn	-
9C	009C0704	SPDnax	-
9D	009D07A6	DSPDoaxn	-
9E	009E16E6	DSPDSaoxx	-
9F	009F0345	PDSxan	-
A0	00A000C9	DPa	-
A1	00A11B05	PDSPnaoxn	-
A2	00A20E09	DPSnoa	-
A3	00A30669	DPSDxoxn	-
A4	00A41885	PDSPonoxn	-
A5	00A50065	PDxn	-
A6	00A60706	DSPnax	-
A7	00A707A5	PDSPoaxn	-
A8	00A803A9	DPSoa	-
A9	00A90189	DPSoxn	-
AA	00AA0029	D	-
AB	00AB0889	DPSono	-
AC	00AC0744	SPDSxax	-
AD	00AD06E9	DPSDaoxn	-

Logische Funktion (hexadecimal)	Rasteroperation (hexadecimal)	Logische Funktion in Umgekehrter Polnischer Notation	Modusname, falls definiert
AE	00AE0B06	DSPnao	-
AF	00AF0229	DPno	-
B0	00B00E05	PDSnoa	-
B1	00B10665	PDSPxoxn	-
B2	00B21974	SSPxDSxox	-
B3	00B30CE8	SDPanan	-
B4	00B4070A	PSDnax	-
B5	00B507A9	DPSDoaxn	-
B6	00B616E9	DPSDPaoxx	-
B7	00B70348	SDPxan	-
B8	00B8074A	PSDPxax	-
B9	00B906E6	DSPDaoxn	-
BA	00BA0B09	DPSnao	-
BB	00BB0226	DSno	MERGEPAINT
BC	00BC1CE4	SPDSanax	-
BD	00BD0D7D	SDxPDxan	-
BE	00BE0269	DPSxo	-
BF	00BF08C9	DPSano	-
C0	00C000CA	PSa	MERGECOPY
C1	00C11B04	SPDSnaoxn	-
C2	00C21884	SPDSonoxn	-
C3	00C3006A	PSxn	-
C4	00C40E04	SPDnoa	-
C5	00C50664	SPDSxoxn	-
C6	00C60708	SDPnax	-
C7	00C707AA	PSDPoaxn	-
C8	00C803A8	SDPoa	-
C9	00C90184	SPDoxn	-
CA	00CA0749	DPSDxax	-
CB	00CB06E4	SPDSaoxn	-

Logische Funktion (hexadecimal)	Rasteroperation (hexadecimal)	Logische Funktion in Umgekehrter Polnischer Notation	Modusname, falls definiert
CC	00CC0020	S	SRCCOPY
CD	00CD0888	SDPono	-
CE	00CE0B08	SDPnao	-
CF	00CF0224	SPno	-
D0	00D00E0A	PSDnoa	-
D1	00D1066A	PSDPxoxn	-
D2	00D20705	PDSnax	-
D3	00D307A4	SPDSoaxn	-
D4	00D41D78	SSPxPDxax	-
D5	00D50CE9	DPSanan	-
D6	00D616EA	PSDPSaoxx	-
D7	00D70349	DPSxan	-
D8	00D80745	PDSPxax	-
D9	00D906E8	SDPSaoxn	-
DA	00DA1CE9	DPSDanax	-
DB	00DB0D75	SPxDSxan	-
DC	00DC0B04	SPDnao	-
DD	00DD0228	SDno	-
DE	00DE0268	SDPxo	-
DF	00DF08C8	SDPano	-
E0	00E003A5	PDSoa	-
E1	00E10185	PDSoxn	-
E2	00E20746	DSPDxax	-
E3	00E306EA	PSDPaoxn	-
E4	00E40748	SDPSxax	-
E5	00E506E5	PDSPaoxn	-
E6	00E61CE8	SDPSanax	-
E7	00E70D79	SPxPDxan	-
E8	00E81D74	SSPxDSxax	-
E9	00E95CE6	DSPDSanaxxn	-

Logische Funktion (hexadecimal)	Rasteroperation (hexadecimal)	Logische Funktion in Umgekehrter Polnischer Notation	Modusname, falls definiert
EA	00EA02E9	DPSao	-
EB	00EB0849	DPSxno	-
EC	00EC02E8	SDPao	-
ED	00ED0848	SDPxno	-
EE	00EE0086	DSo	SRCPAINT
EF	00EF0A08	SDPnoo	-
F0	00F00021	P	PATCOPY
F1	00F10885	PDSono	-
F2	00F20B05	PDSnao	-
F3	00F3022A	PSno	-
F4	00F40B0A	PSDnao	-
F5	00F50225	PDno	-
F6	00F60265	PDSxo	-
F7	00F708C5	PDSano	-
F8	00F802E5	PDSao	-
F9	00F90845	PDSxno	-
FA	00FA0089	DPo	-
FB	00FB0A09	DPSnoo	PATPAINT
FC	00FC008A	PSo	-
FD	00FD0A0A	PSDnoo	-
FE	00FE02A9	DPSoo	-
FF	00FF0062	1	WHITENESS

A6 OpenGL Benennungsvereinbarungen

Funktionsgruppe	Präfix
OpenGL Funktionen mit direktem Zugriff auf alle Schnittstellenleistungen	gl<weiterer Name der Funktion>
OpenGL utitlity library GLU Vereinfachte Handhabung von komplexeren OpenGL-Operationen	glu<weiterer Name der Funktion>
Windows-OpenGL Verbindung Funktionen zur Vorbereitung, Handhabung und Endebehandlung der OpenGL-Schnittstelle von Seiten des WIN32.	wgl<weiterer Name der Funktion> Insiderbenennung: wiggle-Funktion (wegen wgl...)

Weitere Benennungsregeln gelten für ein Namenspostfix. Hier wird in der Regel definiert, welcher Variablentyp bearbeitet wird und ob es sich um 2D- oder 3D-Koordinaten (Objekte) handelt. Dies geht so weit, daß für jede Funktion nur der aus Präfix und Name bestehende Funktionnamensstamm angegeben wird, der dann um das Postfix erweitert wird.

Bedeutung	Postfix	Beispiel
Dimension		
2D-Daten	2	glVertex2d()
3D-Daten	3	glVertex3f()

Bedeutung	Postfix	Beispiel
Parametertyp/Art-Angaben		
Gldouble	d	glVertex4d()
GLfloat	f	glVertex2f()
GLint	i	glVertex2i()
GLshort	s	glVertex2s()
GLbyte	b	glColor3b()
„unsigned" (hier z.B. GLubyte)	u	glColor3ub()
Feld	v	glVertex2dv()

Für das Beispiel des Funktionsstamms glvertex gibt es insgesamt die Ausprägungen der Funktion wie folgt.

```
glVertex2d, glVertex2f, glVertex2i, glVertex2s, glVertex3d,
glVertex3f, glVertex3i, glVertex3s, glVertex4d, glVertex4f,
glVertex4i, glVertex4s, glVertex2dv, glVertex2fv, glVertex2iv,
glVertex2sv, glVertex3dv, glVertex3fv, glVertex3iv,
glVertex3sv, glVertex4dv, glVertex4fv, glVertex4iv,
glVertex4sv.
```

Da es häufig derartige Funktionsstämme gibt, werden wir im Text immer nur den Funktionsstamm angeben; um dies unterscheidbar zu machen von Funktionen, die kein Postfix erlauben, werden wir die Funktionsstämme ohne „( )" angeben. Funktionen ohne Postfix werden wie immer als `<funktionsname>( )` benannt.

Interessant ist auch die Tatsache, daß OpenGL seine eigenen Basistypen zentral (GL.H) definiert hat, sodaß ein änderbarer Layer zwischen den in den Funktionen verwendeten Typen und den C-Typen liegt.

Es gilt dabei folgende Zuordnung

```
typedef unsigned int GLenum;
typedef unsigned char GLboolean;
typedef unsigned int GLbitfield;
typedef signed char GLbyte;
typedef short GLshort;
typedef int GLint;
typedef int GLsizei;
typedef unsigned char GLubyte;
typedef unsigned short GLushort;
typedef unsigned int GLuint;
typedef float GLfloat;
typedef float GLclampf;
typedef double GLdouble;
typedef double GLclampd;
```

A7 OpenGL Systemparameter

Die folgenden Systemparameter (genannt ist jeweils der Parametername) werden durch die Funktionen glPushAttrib() und glPopAttrib() gespeichert bzw. restauriert.

GL_ACCUM_BUFFER_BIT	Akkumulation Puffer Clear Wert
GL_COLOR_BUFFER_BIT	Aktivierungsbit
GL_ALPHA_TEST	Alpha Test Funktion und Referenz Wert
GL_BLEND	Verschneiden Quelle und Ziel Funktionen
GL_DITHER	Aktivierungsbit
GL_DRAW_BUFFER	Parameterdefinition
GL_LOGIC_OP	Logik Operation Funktion
GL_CURRENT_BIT	Aktuell RGBA Farbe
	Aktuell Farbe Index
	Aktuell normal Vektor
	Aktuell Textur Koordinaten
	Aktuell Raster Position
GL_CURRENT_RASTER_- POSITION_VALID	Zustandswert
	RGBA Farbe verbunden mit aktueller Raster Position
	Farbe Index verbunden mit aktueller Raster Position
	Textur Koordinaten verbunden mit aktueller Raster Position
GL_EDGE_FLAG	Zustandswert
GL_DEPTH_BUFFER_BIT	

GL_DEPTH_TEST	Aktivierungsbit
	Tiefe Puffer Test Funktion
	Tiefe Puffer Clear Wert
GL_DEPTH_WRITEMASK	Aktivierungsbit
GL_ENABLE_BIT	
GL_ALPHA_TEST	Zustandswert
GL_AUTO_NORMAL	Zustandswert
GL_BLEND	Zustandswert
	Aktivierungsbits für benutzerdefinierbare clipping Ebenen
GL_COLOR_MATERIAL	
GL_CULL_FACE	Zustandswert
GL_DEPTH_TEST	Zustandswert
GL_DITHER	Zustandswert
GL_FOG	Zustandswert
GL_LIGHTi	wobei $0 <= i < $ GL_MAX_LIGHTS
GL_LIGHTING	Zustandswert
GL_LINE_SMOOTH	Zustandswert
GL_LINE_STIPPLE	Zustandswert
GL_LOGIC_OP	Zustandswert
GL_MAP1_x	wobei x Abbildungstyp ist
GL_MAP2_x	wobei x Abbildungstyp ist
GL_NORMALIZE	Zustandswert
GL_POINT_SMOOTH	Zustandswert
GL_POLYGON_SMOOTH	Zustandswert
GL_POLYGON_STIPPLE	Zustandswert
GL_SCISSOR_TEST	Zustandswert
GL_SENCIL_TESTT	Zustandswert
GL_TEXTURE_1D	Zustandswert

GL_TEXTURE_2D	Zustandswert
Flags GL_TEXTURE_GEN_x	wobei *x* S, T, R, oder Q ist
GL_EVAL_BIT	
GL_MAP1_x	Aktivierungsbits, wobei *x* ist Abbildungstyp
GL_MAP2_x	Aktivierungsbits, wobei *x* ist Abbildungstyp
	1-D Gitter Endpunkte und Abteilungen
	2-D Gitter Endpunkte und Abteilungen
GL_AUTO_NORMAL	Aktivierungsbit
GL_FOG_BIT	
GL_FOG	Zustandswert
	Nebel Farbe
	Nebel Dichte
	Linear Nebel Anfang
	Linear Nebel Ende
	Nebel Index
GL_FOG_MODE	Wert
GL_HINT_BIT	
GL_PERSPECTIVE_- CORRECTION_HINT	Parameterdefinition
GL_POINT_SMOOTH_HINT	Parameterdefinition
GL_LINE_SMOOTH_HINT	Parameterdefinition
GL_POLYGON_SMOOTH_HINT	Parameterdefinition
GL_FOG_HINT	Parameterdefinition
GL_LIGHTING_BIT	
GL_COLOR_MATERIAL	Aktivierungsbit
GL_COLOR_MATERIAL_FACE	Wert
	Farbe Material Parameter die die aktuelle Farbe beeinflussen
	Ambient Szene Farbe

GL_LIGHT_MODEL_LOCAL_VIEWER	Wert
GL_LIGHT_MODEL_TWO_SIDE	Parameterdefinition
GL_LIGHTING	Aktivierungsbit
	Aktivierungsbit für jedes Licht
	Ambient, diffuse, und specular Intensität für jedes Licht
	Richtung, Position, Exponent, und Abschnitt Winkel für jedes Licht
	Konstante, lineare, und quadratische Sättigungsfaktoren für jedes Licht
	Ambient, diffuse, specular, und emissive Farbe für jedes Material
	Ambient, diffuse, und specular Farbindices für jedes Material
	Specular Exponent für jedes Material
GL_SHADE_MODEL	Parameterdefinition
GL_LINE_BIT	
GL_LINE_SMOOTH	Zustandswert
GL_LINE_STIPPLE	Aktivierungsbit
	Linie-Punktierungs-Muster und Wiederholungszähler
	Linie Breite
GL_LIST_BIT	
GL_LIST_BASE	Parameterdefinition
GL_PIXEL_MODE_BIT	
GL_RED_BIAS und GL_RED_SCALE	Parameterdefinitionen
GL_GREEN_BIAS und GL_GREEN_SCALE	Werte
GL_BLUE_BIAS und GL_BLUE_SCALE	

GL_ALPHA_BIAS und
GL_ALPHA_SCALE

GL_DEPTH_BIAS und
GL_DEPTH_SCALE

GL_INDEX_OFFSET und   Werte
GL_INDEX_SHIFT

GL_MAP_COLOR und   flags
GL_MAP_STENCIL

GL_ZOOM_X und GL_ZOOM_Y   Faktoren

GL_READ_BUFFER   Parameterdefinition

GL_POINT_BIT

GL_POINT_SMOOTH   Zustandswert

                             Punktgröße

GL_POLYGON_BIT

GL_CULL_FACE   Aktivierungsbit

GL_CULL_FACE_MODE   Wert

GL_FRONT_FACE   Indikator

GL_POLYGON_MODE   Parameterdefinition

GL_POLYGON_SMOOTH   Zustandswert

GL_POLYGON_STIPPLE   Aktivierungsbit

GL_POLYGON_STIPPLE_BIT   Polygon Punktierung

GL_SCISSOR_BIT

GL_SCISSOR_TEST   Zustandswert

                             Scherebox

GL_STENCIL_BUFFER_BIT

GL_STENCIL_TEST   Aktivierungsbit

                             Muster Funktion und Referenz Wert

                             Muster Wert Maske

GL_TEXTURE_BIT

	Aktivierungsbits für vier Textur Koordinaten
	Grenzfarbe für jede Textur ,
	Minimalisierung Funktion für jede Textur ,
	Maximalisierung Funktion für jede Textur ,
	Textur Koordinaten und Wechsel Modus für jede Textur ,
	Farbe und Modus für jede Textur
GL_TEXTURE_GEN_x,	x ist S, T, R, und Q
GL_TEXTURE_GEN_MODE	Parameterdefinition für S, T, R, und Q
GL_TRANSFORM_BIT	
	Koeffizienten von sechs clipping Ebenen
	Aktivierungsbits für Benutzerdefinierbare clipping Ebenen
GL_MATRIX_MODE	Wert
GL_NORMALIZE	Zustandswert
GL_VIEWPORT_BIT	Tiefe Bereich (nah und weit)

 A8   X-Windows-Funktionen und WIN32

Die Funktionen der GLX-Bibliothek des OpenGL sind nicht unter WIN32 verfügbar, sondern müssen durch geeignete WIN32-Funktionen und/oder wgl-Funktionen ersetzt werden. Die nachfolgende Tabelle zeigt eine Gegenüberstellung der beiden Funktionsmengen für den X-Windows-Programmierer, der hier eine Verbindung zur WIN32-Programmierung herstellen will.

GLX-Funktionen (X-Windows)	WGL/Win32-Funktionen
glXChooseVisual	ChoosePixelFormat
glXCopyContext	---
glXCreateContext	wglCreateContext
glXCreateGLXPixmap	CreateDIBitmap/
CreateDIBSection	
glXDestroyContext	wglDeleteContext
glXDestroyGLXPixmap	DeleteObject
glXGetConfig	DescribePixelFormat
glXGetCurrentContext	wglGetCurrentContext
glXGetCurrentDrawable	wglGetCurrentDC
glXIsDirect	---
glXMakeCurrent	wglMakeCurrent
glXQueryExtension	GetVersion
glXQueryVersion	GetVersion
glXSwapBuffers	SwapBuffers
glXUseXFont	wglUseFontBitmaps/

GLX-Funktionen (X-Windows)	WGL/Win32-Funktionen
wglUseFontOutlines	
glXWaitGL	---
glXWaitX	---
XGetVisualInfo	GetPixelFormat
XCreateWindow	CreateWindow CreateWindowEx GetDC BeginPaint
XSync	GdiFlush
---	SetPixelFormat
---	wglGetProcAddress
---	wglShareLists

 A9 WIN32 Objekte

WIN32-Objekte (z. B. Kernelobjekte, GDI-Objekte) werden von bestimmten Funktionen kreiert; dabei wird ein Handle für dieses Objekt erzeugt.

Für diese Objekte gibt es jeweils eigene Funktionen zur Kreation und zur Löschung des Objekts.

Nachfolgende Tabelle listet die WIN32 Objekte und die zugehörigen Funktionen zur Erzeugung und Zerstörung des Objekts auf.

Objekt	Erzeugende Funktion	Löschende Funktion
Accelerator table	`CreateAcceleratorTable`	`DestroyAcceleratorTable`
Cursor	`CreateCursor, LoadCursor, GetCursor, SetCursor`	`DestroyCursor`
DDE conversation	`DdeConnect, DdeConnectList, DdeQueryNextServer, DdeReconnect`	`DdeDisconnect, DdeDisconnectList`
Desktop	`GetThreadDesktop`	-
Hook	`SetWindowsHook, SetWindowsHookEx`	`UnhookWindowsHook, UnhookWindowsHookEx`
Menu	`CreateMenu, CreatePopupMenu, GetMenu, GetSubMenu, GetSystemMenu, LoadMenu, LoadMenuIndirect`	`DestroyMenu`

Objekt	Erzeugende Funktion	Löschende Funktion
Window	CreateWindow, CreateWindowEx, CreateDialogParam, CreateDialogIndirectParam, CreateMDIWindow, FindWindow, GetWindow, GetClipboardOwner, GetDesktopWindow, GetDlgItem, GetForegroundWindow, GetLastActivePopup, GetOpenClipboardWindow, GetTopWindow, WindowFromDC, WindowFromPoint, and others	DestroyWindow
Window position	BeginDeferWindowPos	EndDeferWindowPos
Window station	GetProcessWindowStation	-
Bitmap	CreateBitmap, CreateBitmapIndirect, CreateCompatibleBitmap, CreateDIBitmap, CreateDIBSection, CreateDiscardableBitmap	DeleteObject
Brush	CreateBrushIndirect, CreateDIBPatternBrush, CreateDIBPatternBrushPt, CreateHatchBrush, CreatePatternBrush, CreateSolidBrush	DeleteObject
Font	CreateFont, CreateFontIndirect	DeleteObject
Palette	CreatePalette	DeleteObject
Pen	CreatePen, CreatePenIndirect	DeleteObject
Extended pen	ExtCreatePen	DeleteObject

Objekt	Erzeugende Funktion	Löschende Funktion
Region	CombineRgn, CreateEllipticRgn, CreateEllipticRgnIndirect, CreatePolygonRgn, CreatePolyPolygonRgn, CreateRectRgn, CreateRectRgnIndirect, CreateRoundRectRgn, ExtCreateRegion, PathToRegion	DeleteObject
Device context (DC)	CreateDC, GetDC	DeleteDC, ReleaseDC
Memory DC	CreateCompatibleDC	DeleteDC
Metafile	CloseMetaFile, CopyMetaFile, GetMetaFile, SetMetaFileBitsEx	DeleteMetaFile
Metafile DC	CreateMetafile	CloseMetaFile
Enhanced metafile	CloseEnhMetaFile, CopyEnhMetaFile, GetEnhMetaFile, SetEnhMetaFileBits	DeleteEnhMetaFile
Enhanced-metafile DC	CreateEnhMetaFile	CloseEnhMetaFile

A10 DirectDraw Hardwarekonstanten

dwCaps	Treiberkapazitäten
DDCAPS_3D	Monitor Hardware hat 3D Beschleunigung.
DDCAPS_BANKSWITCHED	Monitor Hardware ist bank switched, und potentiell langsam im random access zu VRAM.
DDCAPS_BLT	Monitor Hardware ist zu Bitblit Operationen fähig.
DDCAPS_BLTCOLORFILL	Monitor Hardware ist zu Farbfüllen mit blitter fähig
DDCAPS_BLTQUEUE	Monitor Hardware ist zu asynchron Bitblit Operationen fähig.
DDCAPS_BLTFOURCC	Monitor Hardware ist zu Farbraum Umsetzungen während Bitblit Operationen fähig.
DDCAPS_BLTSTRETCH	Monitor Hardware ist zu Skalieren während Bitblit Operationen fähig.
DDCAPS_GDI	Monitor Hardware ist gemeinsam genutzt mit GDI.
DDCAPS_OVERLAY	Monitor Hardware kann Overlay.
DDCAPS_OVERLAYCANTCLIP	Monitor Hardware unterstützt Overlays aber kein clipping .
DDCAPS_OVERLAYFOURCC	Bedeutet, daß Overlay Hardware zu Farbraum Umsetzungen während Overlay Operation fähig ist.
DDCAPS_OVERLAYSTRETCH	Bedeutet, daß Skalierungen von Overlay Hardware gemacht werden.
DDCAPS_PALETTE	Bedeutet, daß DirectDraw zum Kreieren und Unterstützen von DIRECTDRAWPALETTE-Objekten für mehr als eine Oberfläche fähig ist.

dwCaps	Treiberkapazitäten
DDCAPS_PALETTECANVSYNC	Bedeutet, daß DirectDraw zum updating der Palette in Synchronisation mit dem vertikalen refresh fähig ist.
DDCAPS_READSCANLINE	Monitor Hardware kann aktuelle scan Linie zurückgeben.
DDCAPS_STEREOVIEW	Monitor Hardware hat Stereo Kapazitäten. DDSCAPS_PRIMARYSURFACELEFT kann kreiert werden.
DDCAPS_VBI	Monitor Hardware ist zum Generieren von vertikal blank Interrupts fähig.
DDCAPS_ZBLTS	Unterstützt Benutzung von Z Puffer mit Bitblit Operationen.
DDCAPS_ZOVERLAYS	Unterstützt Benutzung von OverlayZOrder als z Wert für Overlays.
DDCAPS_COLORKEY	Wird ersetzt von DDCAPS_OVERLAYCOLORKEY und DDCAPS_BLTCOLORKEY.
DDCAPS_ALPHA	Monitor Hardware unterstützt alpha Kanal während Bitblit Operationen.
DDCAPS_COLORKEY-_HWASSIST	Colorkey ist Hardware unterstützt.
DDCAPS_NOHARDWARE	Überhaupt keine Hardwareunterstützung.

dwCaps2	Treiberkapazitäten
DDCAPS2_CERTIFIED	Monitor Hardware ist zertifiziert.

dwCKeyCaps	Farb-key Kapazitäten.
DDCKEYCAPS_DESTBLT	Unterstützt transparentes blitting mit Benutzung des Farb-keys RGB um ersetzbare Bits zu identifizieren
DDCKEYCAPS_DESTBLTCLR-SPACE	Unterstützt transparentes blitting mit Benutzung des Farb-Raums RGB um ersetzbare Bits zu identifizieren

dwCKeyCaps	Farb-key Kapazitäten.
DDCKEYCAPS_DESTBLT-CLRSPACEYUV	Unterstützt transparentes blitting mit Benutzung des Farb-keys YUV um ersetzbare Bits zu identifizieren
DDCKEYCAPS_DESTBLTYUV	Unterstützt transparentes blitting mit Benutzung des Farb-Raums YUV um ersetzbare Bits zu identifizieren
DDCKEYCAPS_DESTOVERLAY	Unterstützt Overlay mit Benutzung des Farb-keys RGB um ersetzbare Bits zu identifizieren
DDCKEYCAPS-_DESTOVERLAYCLRSPACE	Unterstützt Overlay mit Benutzung des Farb-Raums RGB um ersetzbare Bits zu identifizieren

dwFXCaps	Skalieren und Effekte Kapazitäten.
DDFXCAPS_BLTARITH-STRETCHY	Benutzt arithmetische Operationen für Skalierung von Oberflächen
DDFXCAPS_BLTARITH-STRETCHYN	Benutzt arithmetische Operationen für Skalierung von Oberflächen
DDFXCAPS_BLTMIRROR-LEFTRIGHT	Unterstützt Spiegelung Links zu Rechts bei Bitblit.
DDFXCAPS-_BLTMIRRORUPDOWN	Unterstützt Spiegelung Oben zu Unten bei Bitblit.
DDFXCAPS_BLTROTATION	Unterstützt beliebige Rotation.
DDFXCAPS_BLTROTATION90	Unterstützt 90 Grad Rotation.
DDFXCAPS_BLTSHRINKX	Unterstützt beliebige Skalierung der Oberfläche entlang x Achse (horizontal Richtung). Zustandswert ist nur gültig für Bitblit Operationen.
DDFXCAPS_BLTSHRINKXN	Unterstützt integer shrinking (1x,2x,) der Oberfläche entlang x Achse (horizontal Richtung). Zustandswert ist nur gültig für Bitblit Operationen.
DDFXCAPS_BLTSHRINKY	Unterstützt beliebiges shrinking der Oberfläche entlang y Achse (horizontal Richtung). Zustandswert ist nur gültig für Bitblit Operationen.
DDFXCAPS_BLTSHRINKYN	Unterstützt integer shrinking (1x,2x,) der Oberfläche entlang y Achse (vertikal Richtung). Zustandswert ist nur gültig für Bitblit Operationen.

dwFXCaps	Skalieren und Effekte Kapazitäten.
DDFXCAPS_BLTSTRETCHX	Unterstützt zufällig Skalieren der Oberfläche entlang x Achse (horizontal Richtung). Dieser Zustandswert ist nur gültig für Bitblit Operationen.
DDFXCAPS_BLTSTRETCHXN	Unterstützt integer Skalieren (1x,2x,) der Oberfläche entlang x Achse (horizontal Richtung). Dieser Zustandswert ist nur gültig für Bitblit Operationen.
DDFXCAPS_BLTSTRETCHY	Unterstützt beliebiges Skalieren der Oberfläche entlang y Achse (horizontal Richtung). Zustandswert ist nur gültig für Bitblit Operationen.
DDFXCAPS_BLTSTRETCHYN	Unterstützt integer Skalieren (1x,2x,) der Oberfläche entlang y Achse (vertikal Richtung). Zustandswert ist nur gültig für Bitblit Operationen.
DDFXCAPS_OVERLAYARITHSTRETCHY	Benutzt arithemtische Operationen für stretch und shrink der Oberflächen während Overlay.
DDFXCAPS_OVERLAYARITHSTRETCHYN	Benutzt arithemtische Operationen für stretch und shrink der Oberflächen während Overlay
DDFXCAPS-_OVERLAYSHRINKX	Unterstützt beliebiges shrinking der Oberfläche entlang x Achse (horizontal Richtung). Zustandswert ist nur gültig für DDSCAPS_OVERLAY Oberflächen
DDFXCAPS-_OVERLAYSHRINKXN	Unterstützt integer shrinking (1x,2x,) der Oberfläche entlang x Achse (horizontal Richtung). Zustandswert ist nur gültig für DDSCAPS_OVERLAY Oberflächen
DDFXCAPS-_OVERLAYSHRINKY	Unterstützt beliebiges shrinking der Oberfläche entlang y Achse (vertikal Richtung). Zustandswert ist nur gültig für DDSCAPS_OVERLAY Oberflächen.
DDFXCAPS-_OVERLAYSHRINKYN	Unterstützt integer shrinking (1x,2x,) der Oberfläche entlang y Achse (vertikal Richtung). Zustandswert ist nur gültig für DDSCAPS_OVERLAY Oberflächen

dwFXCaps	Skalieren und Effekte Kapazitäten.
DDFXCAPS-_OVERLAYSTRETCHX	Unterstützt beliebiges Skalieren Oberfläche entlang x Achse (horizontal Richtung). Zustandswert ist nur gültig für DDSCAPS_OVERLAY Oberflächen.
DDFXCAPS-_OVERLAYSTRETCHXN	Unterstützt integer Skalieren (1x,2x,) der Oberfläche entlang x Achse (horizontal Richtung). Zustandswert ist nur gültig für DDSCAPS_OVERLAY Oberflächen
DDFXCAPS-_OVERLAYSTRETCHY	Unterstützt beliebiges Skalieren der Oberfläche entlang y Achse (vertikal Richtung). Zustandswert ist nur gültig für DDSCAPS_OVERLAY Oberflächen
DDFXCAPS-_OVERLAYSTRETCHYN	Unterstützt integer Skalieren (1x,2x,) der Oberfläche entlang y Achse (vertikal Richtung). Zustandswert ist nur gültig für DDSCAPS_OVERLAY Oberflächen
DDFXCAPS_OVERLAY-MIRRORLEFTRIGHT	Unterstützt Spiegelung entlang vertikaler Achse.
DDFXCAPS_OVERLAY-MIRRORUPDOWN	Unterstützt Spiegelung entlang horizontaler Achse.

dwFXAlphaCaps	alpha Kapazitäten.
DDFXALPHACAPS-_BLTALPHAPIXELS	Unterstützt alpha information in pixel format
DDFXALPHACAPS-_BLTALPHAPIXELSNEG	Unterstützt alpha information in pixel format
DDFXALPHACAPS-_BLTALPHASURFACES	Unterstützt alpha nur für Oberflächen.
DDFXALPHACAPS-_OVERLAYALPHAEDGEBLEND	Unterstützt alpha Clipping
DDFXALPHACAPS-_OVERLAYALPHAPIXELS	Unterstützt alpha information in pixel format
DDFXALPHACAPS-_OVERLAYALPHAPIXELSNEG	Unterstützt alpha information in pixel format.

dwFXAlphaCaps	alpha Kapazitäten.
DDFXALPHACAPS-_OVERLAYALPHASURFACES	Unterstützt alpha nur für Oberflächen

dwPalCaps	Palette Kapazitäten.
DDPCAPS_4BIT	Index ist 4 bits.
DDPCAPS_8BITENTRIES	Index ist 8 bit Farb Index
DDPCAPS_8BIT	Index ist 8 bits. 256 Farbeinträge in der Palette.
DDPCAPS_ALLOW256	Palette kann alle 256 Einträge nutzen.
DDPCAPS_INITIALIZE	Bedeutet, daß DIRECTDRAWPALETTE das Feld lpDDColorArray zum initialisieren von DIRECT-DRAWPALETTE Objekten nutzen sollte.
DDPCAPS_PRIMARYSURFACE	Palette gehört zur Hauptoberfläche. Änderungen dieser Tabelle werden sofort sichtbar
DDPCAPS_VSYNC	Modifikationen der Palette werden mit der monitor refresh rate synchronisiert.

dwSVCaps	Stereo Kapazitäten.
DDSVCAPS_ENIGMA	Stereo via Enigma Codierung.
DDSVCAPS_FLICKER	Stereo via high frequency flickering.
DDSVCAPS_REDBLUE	Stereo via Rot/Blaufilterung
DDSVCAPS_SPLIT	Stereo mit split screen Technologie.

dwCaps	
DDSCAPS_3D	Bedeutet, daß die Oberfläche front Puffer, back Puffer, oder Textur Abbildung ist
DDSCAPS_ALPHA	Bedeutet, daß Oberfläche alpha information enthält
DDSCAPS_BACKBUFFER	Bedeutet, daß Oberfläche backbuffer ist.
DDSCAPS_COMPLEX	Komplexe Oberflächenstruktur
DDSCAPS_FRONTBUFFER	Oberfläche ist frontbuffer
DDSCAPS_HWCODEC	Oberfläche beherrscht stream decompression

dwCaps	
DDSCAPS_LIVEVIDEO	Oberfläche beherrscht live Video.
DDSCAPS_MODEX	Oberfläche ist 320x200 oder 320x240 ModeX Oberfläche.
DDSCAPS_OFFSCREENPLAIN	Bedeutet, daß Oberfläche offscreen Oberfläche ist
DDSCAPS_OVERLAY	Overlayfähig
DDSCAPS_PALETTE	DirectDrawPalette Objekte kann kreiert werden
DDSCAPS_SYSTEMMEMORY	Bedeutet, daß Oberflächenspeicher im System Speicher liegt.
DDSCAPS_TEXTUREMAP	Bedeutet, daß Oberfläche benutzt werden kann als 3D Textur
DDSCAPS_VIDEOMEMORY	Bedeutet, daß Oberfläche in Video Speicher existiert.
DDSCAPS_VISIBLE	Änderungen sind sofort sichtbar
DDSCAPS_WRITEONLY	Nur nach Oberfläche schreiben
DDSCAPS_ZBUFFER	Bedeutet, daß Oberfläche z Puffer ist

Sachwortverzeichnis

B

C

M

S

X

Z

Sonderzeichen